AF509513

TRAITÉ

THÉORIQUE ET PRATIQUE

DE

L'ART DE BÀTIR,

PAR JEAN RONDELET,

MEMBRE DE L'INSTITUT.

SIXIÈME ÉDITION.

TOME PREMIER.

IMPRIMERIE ET FONDERIE DE FAIN,
RUE RACINE, N°. 4, PLACE DE L'ODÉON.

1830.

TRAITÉ

THÉORIQUE ET PRATIQUE

DE

L'ART DE BÂTIR,

PAR JEAN RONDELET.

A PARIS,

CHEZ M. A. RONDELET FILS, ARCHITECTE,

ÉDITEUR DES ŒUVRES DE SON PÈRE,

PLACE SAINTE-GENEVIÈVE, VIS-A-VIS L'ÉCOLE DE DROIT.

M. DCCC. XXX.

TRAITÉ

THÉORIQUE ET PRATIQUE

DE

L'ART DE BÂTIR,

PAR

JEAN RONDELET.

INTRODUCTION.

TRAITÉ

THÉORIQUE ET PRATIQUE

DE

L'ART DE BÂTIR,

PAR

JEAN RONDELET,

ARCHITECTE, MEMBRE DE L'INSTITUT.

SIXIÈME ÉDITION.

INTRODUCTION.

Dans les temps les plus reculés, les peuples, presqu'entièrement livrés aux travaux agrestes, n'ont dû connaître d'autre architecture que cette construction primitive, essentiellement subordonnée aux besoins physiques de l'homme [1] : l'expérience et la civilisation perfectionnèrent insensiblement les procédés de cet art, et dans l'histoire des nations, les monumens religieux furent le premier objet des études de l'Art de Bâtir. Des temples, l'application de l'architecture passa successivement aux autres édifices, que les besoins toujours croissans de la société rendirent bientôt nécessaires : partout l'érection de monumens durables devint, aux yeux des générations vivantes, un moyen assuré de perpétuer l'existence de leurs institutions.

[1] Voyez Vitruve, Liv. II, Chap. I, *De Initiis tectorum.*

DE ARTE

IN SPECULANDO

NEC NON IN EXPERIENDO

ÆDIFICATORIA,

TRACTAVIT

JOANNES RONDELET,

ARCHITECTUS, REGIÆ ARTIUM ACADEMIÆ SOCIUS.

EDITIO SEXTA.

INTRODUCTIO.

Homines ex remotissimis temporibus, quum in agris colendis vitam fere totam degerent, nullum aliud architecturæ genus procul dubio noverunt, eas præter ædificationes, quas a principio reposcebant utilitates hominis, ut ita dicam, *physicæ* [1]: mox autem, famulante usu, nec non emollitis gentium moribus, in melius profecit artis disciplina, sed ita, ut prima ejus rudimenta ad sacras ædes, si fides historiæ, spectaverint. Inde architectura in alia defluxit ædificia, quæ crescens magis ac magis hominum societas vindicabat; et totum per orbem terrarum, dum sua gentes in perpetuum commemorata vellent instituta, erigendum esse aliquod perenne monumentum penitus intellexerunt.

[1] Vide Vitruvium, Lib. II, Cap. 1, *De Initiis tectorum.*

INTRODUCTION.

Les essais de l'Art de Bâtir diffèrent entre eux, autant par la nature des ressources matérielles que pouvaient offrir aux premières peuplades les lieux où elles se trouvèrent rassemblées, que par les influences politiques et morales, sous lesquelles se développa leur intelligence. C'est pourquoi, indépendamment du degré de richesse du sol en matériaux propres à bâtir, cet art paraît d'abord plus près de sa perfection, là, où le raisonnement, bien plus que la simple pratique, vient présider à ses premières combinaisons.

Chez les Égyptiens, qui les premiers semblent avoir entrevu l'avenir dans les âges les plus reculés, l'Art de Bâtir n'eut en vue, dès son origine, qu'une immuable solidité. Ce but, une fois atteint par des procédés qui ressortent bien plus des facultés instinctives [1], que d'une intelligence éclairée, détermina pour toujours le système de l'architecture égyptienne. En effet, parmi les monumens de l'Égypte qui sont parvenus jusqu'à nous, et qui, d'après d'anciennes traditions, ou d'après certains caractères distinctifs, semblent appartenir à des époques très-éloignées entre elles, il est presque impossible de reconnaître aucun progrès dans cet art. D'ailleurs, les Égyptiens, ayant exécuté d'abord avec la matière qu'ils n'ont cessé de mettre en œuvre, ne devaient trouver dans la suite aucune raison de modifier les combinaisons que leur avaient fait adopter les qualités architectoniques de cette matière.

---

[1] Dans les monumens des Celtes, les plus informes de tous, on retrouve, à la façon près, les élémens des constructions égyptiennes. Leur disposition présente même, quelquefois, une recherche que ces derniers n'ont pas connue; témoin le *Stone-Henge*, près de *Salisbury*, dans le *Wiltshire*, monument décrit par *Inigo Jones*, et dans lequel cet architecte croit, contre toute vraisemblance, reconnaître un ouvrage romain. Voyez, *The most notable antiquity of Great Britain Stone-Henge on Salisbury plain restaured by Inigo Jones, esquire, architect general to the late king.* In-fol., *London*, 1655.

Au reste, ce qui est dit ici de l'architecture égyptienne peut également s'appliquer aux monumens de la Perse et de l'Inde; ainsi qu'on peut le reconnaître dans les ouvrages de Chardin et Corneille Le Brun, sur la Perse, et celui de M. Langlès sur les monumens de l'Indoustan.

Quidquid vero in arte ædificatoria inchoabant, non tantum ex proprietate materiæ in loco, in quem convenerant, subpetentis, sed etiam ex civitate publicisque moribus, diversam ingeniis formam tribuentibus, in magnam varietatem abiit. Ergo, si excipiamus soli copias ad ædificandum idoneas, hæc erit præcipua progrediendi causa, quod apud quosdam meditatione et intellectu, nec vero quotidiana tantum et fere cæca exercitatione, tentamina fulcirentur.

Videlicet apud Ægyptios, qui futuras in ætates primi longius prospexisse videntur, nihil aliud quam stabilitatem immotam, ars ædificatoria quæsivit; qua quidem inventa (instinctu quodam, potius quam solerti animo id gignente [1]), ægyptiacum architecturæ genus in æternum stetit. Et enim inter Ægypti monumenta, quæ ad nos pervenerunt, et in quibus, suadente historia perantiqua, vel adspectu ipso ædificii proprio, ætatum intervalla produntur longinqua, vix ullum procedentis artis vestigium deprehenditur. Ægyptiis præterea, qui eamdem ab initio materiam adhibuerant, qua in posterum usi sunt, nulla causa fuit cur a priscis ædificandi formis, olim natura ipsa materiæ architectonica semel adductis, recederent.

---

[1] In Celtarum monumentis, quæ maxime informia habentur, omnia præter artificis ipsissimum operandi modum, ægyptiacæ architecturæ elementa reperiuntur. Imo apud illos dispositio interdum aliquid præbet exquisiti, quo caruerunt Ægyptii; et argumento mihi erit monumentum adpellatum *Stone-Henge*, prope Salesburiam in *Wiltshire*, ab architecto *Inigo Jones* descriptum, et in quo (et si minime verisimile est), opus Romanorum vetustum agnoscere vir doctus sibi videtur. Vide *The most notable antiquity of Great Britain Stone-Henge on Salisbury plain, restaured by Inigo Jones, esquire, architect general to the late king*. In-fol., *London*, 1655.

Cæterum, quod nunc de Ægyptiaca dicitur, pariter de Persica et Indica structura intelligendum est, quod satis nos docent scripta *Chardini* et *Cornelii Le Bran*, Persicam spectantia, et doctissimi *Langlès* (*Sur les monumens de l'Indoustan*).

Dans la Grèce, l'architecture, qui sous un certain rapport parvint
à un si haut degré de perfection, fut, dans la direction prise après ses
premiers essais, induite en erreur sur quelques données élémentaires
de l'art de bâtir. Avant d'employer la pierre et le marbre à la construction de leurs édifices, les Grecs avaient comme consacré par un système
d'édifices en charpente les élémens de leur architecture [1]; et, lorsqu'ils
eurent recours à des substances plus durables, on les vit se borner à
l'imitation pure et simple de formes et de combinaisons bien adaptées
aux premiers édifices en bois, et que son emploi semblait seul pouvoir
admettre. La scrupuleuse fidélité qu'ils apportèrent dans cette imitation,
tout en révélant la cause des égaremens de l'art, vient aussi déposer en
faveur du discernement, qu'ils mêlèrent à leur erreur capitale. Trop judi-
cieux pour s'aveugler entièrement sur la fausse route qu'ils prenaient,
on les vit s'appliquer à faire disparaître, à force d'art, les contradi-
ctions choquantes que présentait, à chaque instant, cette étrange
métamorphose. On dirait que, déjà instruits par la sculpture à faire
oublier dans la reproduction des formes des êtres animés, l'inertie, la

---

[1] Plusieurs passages de Pausanias ne laissent aucun doute à cet égard. Entr'autres exemples de constructions en charpente rapportés par cet auteur, voici ce qu'il
dit au sujet d'une colonne de bois conservée dans le temple de Jupiter, à Olympie.

« En allant du grand autel au temple de Jupiter, on trouve une colonne de
» bois, que les Éléens appellent la colonne d'Œnomaüs ; c'est à gauche. Quatre autres
» colonnes soutiennent le plafond de ce côté-là, et servent aussi d'appui à la colonne
» de bois, tellement cariée de vétusté, qu'on a été obligé de la revêtir de cercles de
» fer. On dit que c'était autrefois une colonne du palais d'Œnomaüs ; et que ce fut
» tout ce qui en resta, lorsque ce palais fut dévoré par le feu du ciel ; des vers gravés
» sur une lame de cuivre attestent cette particularité... » (*Eliac.* **V, C. XX**, § 3.)

En parlant du temple de Junon, à Olympie, il avait déjà observé : « que l'une
» des deux colonnes, que l'on voyait figurer à la partie postérieure du temple, était
» en bois de chêne. » (*Ibid.* **C. XVI**, § 1.)

Voici les autres exemples cités par cet auteur : « Les Éléens, dit-il, ont dans
» leur place publique un autre temple d'une espèce singulière ; ce temple est d'une
» hauteur médiocre, et n'a point de murs ; il est soutenu par des piliers de bois de
» chêne. On croit à Élis que c'est la sépulture de quelque grand personnage, mais
» on ne sait pas de qui ; s'il en faut croire un vieillard que je questionnai, c'est le
» tombeau d'Oxilus. » *Idem* (Liv. **VI**, Chap. **XXIV**).

Pausanias cite en dernier lieu le nouveau temple de Neptune, que l'on voyait

Apud Græcos, architectura, quæ summum artis cacumen in qui-
busdam tetigit, a veris tamen ædificandi legibus aberravit, dum in
tentamina quædam abiret. Nempe antequam lapides atque marmora
construendo adhibuissent, Græci assueta lignearum ædificationum
compositione elementa artis quasi constituerant [1]; et, postquam ad
firmiorem materiam recurrerunt, id duntaxat curaverunt, ut formas
et structuræ rationem imitarentur, ligneis ædificiis olim bene con-
gruentes, sed quas nova materia respuere videbatur. Illa autem obse-
quiosa imitatio, cui sese adstrinxerunt, tum erroris causam patefacit,
tum acre simul judicium testatur, quo in ipsa hallucinatione ista non
caruerunt. Callidiores nempe, quam ut se aberrare a recto aliquantulum
non intelligerent, toto animo incubuerunt ad corrigendum iterum
atque iterum arte ingeniosa quidquid discrepantis in nova ædificandi
ratione observabatur. Græcos dixeris, quos sculptura spirantem formam inerti ponderosaque ac fragili materia exprimendam edocuerat,

---

[1] Hoc Pausanias variis in locis ullo sine dubio adstruit, nonnullaque inter structuræ materiariæ exempla ab auctore illo relata, sic loquitur de lignea columna in
Jovis Olympico templo conservata.

« OEnomai quam adpellant ipsi etiam Elei columnam, ea exstat ab ara maxima ad
» Jovis ædem euntibus. Quatuor sane erectæ sunt ad lævam columnæ, quibus lacunar
» sustinetur. Fulciunt eædem ligneam columnam jam vetustate ruentem, ferreisque
» incinctam vinculis. Columnam eam fama pervulgavit, in OEnomai domo fuisse,
» solamque stetisse, quum domus reliqua fulmine conflagrasset. Id elegi testantur in
» ænea tabella ante ipsam columnam incisi...» (Cf. Pausan. *Eliac.* sive, Lib. V, C. XX,
§ 3.)

Idem de templo Junonis Olympico jam notaverat : « columnarum, quæ in postico
» templi sunt, alteram e quercu esse. » (*Ibid.*, C. XVI, § 1.)

Aliæ en exempla ab auctore illo referuntur : «Novam etiam quamdam, ait, in Eleorum
» foro templi formam vidi. Modicæ est ædes altitudinis, sine parietibus, tectum a
» quercu dolatis fulcientibus tibicinibus. Monimentum id esse inter omnes populares
» convenit : ecquisquam vero in eo sit conditus, non memorant. Quod si vera senex
» quidam, quem sum percontatus, mihi exposuit, Oxyli esse monimentum statuen-
» dum fuerit. » (Pausan. *Eliac.* II, sive Lib. VI, C. XXIV, § 7.)

Et tandem laudat Pausanias novum Neptuni fanum, quod juxta Mantineam

pesanteur et la fragilité de la matière[1], ils se sont efforcés de transmettre figurément à la pierre l'apparence des qualités nécessaires pour des combinaisons de charpente.

Guidés par cet esprit d'observation qui les distingue dans tous leurs ouvrages, on les voit masquer avec soin le nombre de pierres qu'ils emploient pour remplacer la poutre formant l'architrave. Le besoin d'offrir par l'enchaînement apparent l'aspect d'une stabilité rassurante, les conduit à unir entre elles d'une manière imperceptible[2] les extrémités des parties ajoutées : mais le désir de dissimuler davantage cette jonction leur fait tracer des lignes transversales en relief, qui imitent la longueur continue des solives. L'œil fut d'autant plus facilement abusé par cet artifice, qu'ailleurs ils accusent, sans restriction, le nombre et la grandeur des morceaux, qui entrent dans la formation des murailles.

Dès lors, les procédés de l'Art de Bâtir devinrent les mêmes en Grèce qu'en Égypte; à cette différence près, que les Égyptiens, peu enclins à sacrifier la réalité à l'apparence en matière de construction, avaient d'abord compris que toutes les conditions de la solidité, dans l'emploi qu'ils faisaient de la pierre, ne pouvaient résider que dans une certaine massivité; tandis que les Grecs, ayant, en quelque sorte, fixé l'art sur les propriétés inhérentes au bois, furent naturellement conduits à simuler l'apparence des qualités essentielles de cette matière, lorsqu'ils lui substituaient la pierre et le marbre.

auprès de Mantinée : « C'est Adrien qui l'a fait bâtir, avec la précaution de » commettre des surveillans , pour empêcher que les ouvriers ne regardassent dans » l'ancien temple, et n'en enlevassent aucune démolition ; et il a voulu que l'ancien » temple fût renfermé dans le nouveau. Quant à l'ancien temple, il est entièrement » formé de pièces de bois de chêne assemblées avec art, et l'on croit qu'il fut construit par Agamèdes et Trophonius. » *Idem,* Liv. VIII, Chap. X , § 2. (Voyez aussi Vitruve, Liv. IV, Chap. II.).

[1] Parmi tous les chefs-d'œuvre de la sculpture antique que le temps nous a conservés, il suffira d'indiquer ici la statue désignée sous le nom de *Gladiateur Borghèse,* pour rappeler jusqu'à quel point les Grecs poussèrent la hardiesse en ce genre.

[2] Il est d'ailleurs bien essentiel d'observer que leur calcul ne se bornait pas à ces démonstrations. On peut voir, Livre VII, Chap. II, par quels moyens cachés ils opéraient effectivement cette liaison.

tunc contendisse, ut lapidem ea specie inducerent, quæ proprietates ligni in ædificando præ se ferrent [1].

Mox illi, utpote perspicaci ingenio præditi (quod quidem omnibus in eorum operibus nitet), ad id incumbunt, ut accurate celent quot lapides adhibuerint in loco trabis, quæ epistylium figurabat. Quum autem stabilitatis adspectu carere hoc epistylium nollent, partium conjunctarum extremitates connexione oculos sensumque fugiente, adsuunt : imo, ne connexionis vestigium ullum superesset [2], lineas anaglypticas transverse ducunt, trabum longitudinem continuam referentes. Qua quidem industria eo facilius deceptus fueris, quod alioquin nuda ostentatione prodant quot et quanta in formandis parietibus fragmenta collocaverint.

Jam tunc ædificatoriæ eædem leges apud Græcos atque Ægyptios vigent, si hoc unum excipias, quod hi, quum ædificando rei speciem anteponere parum studerent, soliditatem in adhibendis lapidibus, mole quadam constare ab initio intellexerint; dum illi, postquam artem lignea materia quasi instituissent, inde ad id unum spectarent, ut lapides et marmora ligni speciem imitarentur, cujus in vicem succedebant.

stabat : « Illud, ait, exædificandum curavit D. Adrianus, adhibitis inter fabros
» speculatoribus, ne quis aut intra vetus templum aspiceret, aut ruderis ex eo quic-
» quam sineret alio transportari : ita vero ædificari jussit, ut vetus templum novo
» circumquaque incingeretur. Priscum illud templum quernis inter se arcte compac-
» tis trabibus, Agamedes et Trophonius erexisse dicuntur. » (Pausan. *Arcad.*,
sive. Lib. VIII, C. X, §. 2. Cf. et Vitruvium, IV, 2.)

[1] Inter omnia, quæ supersunt, antiquæ sculpturæ specimina, unum tantummodo, scilicet statua *Gladiator Borghesensis* adpellata, hic exemplo erit, ut in memoriam revocetur, quanta Græcorum fuerit hujus modi temeritas.

[2] Neque cogitandum est, eorum curam in ea tantum specie præbenda positam fuisse. Verum ex libro VII, Cap. II, cognoveris, quibus abditis artibus hanc juncturam, ipsius firmitatis gratia, efficerent.

Une fois abandonnés à cette hypothèse, l'ensemble de leurs constructions n'offrit plus qu'une énigme inexplicable. On y voyait figurer les matériaux, tantôt avec leurs qualités réelles, tantôt avec des qualités apparentes. La sculpture vint encore ajouter à cette confusion d'idées, en reproduisant traditionnellement l'apparence des poutres, des fermes, des solives et des chevrons, qui formaient le couronnement des anciens édifices de charpente [1] ; mais d'un autre côté, le goût avec lequel ces imitations furent opérées les mit à l'abri de tout reproche; on sembla même se prêter avec complaisance à des travestissemens ingénieux, présentés d'ailleurs sous les formes les plus séduisantes.

A la suite de ce premier perfectionnement, le bois n'avait donc encore disparu qu'à l'extérieur de leurs édifices : il continua de demeurer l'unique ressource de la construction, pour la couverture des grands espaces [2]. Ainsi, le grand problème de l'Art de Bâtir, celui de l'homogénéité dans les matières employées à la construction, restait encore à résoudre.

Tel fut l'état de cet art, tant qu'il ne connut d'autres règles en construction que l'union intime et la superposition des parties, et que, restreinte dans beaucoup de cas par la frangibilité de la pierre, l'architecture, qui aurait dû choisir ses élémens et en subordonner l'emploi à ses vues générales, était au contraire forcée d'assujettir ses combinaisons aux exigences de la matière successivement employée.

On peut donc avancer avec confiance que, jusqu'aux temps des dominations étrangères, l'Art de Bâtir demeura constamment dans l'enfance en Égypte et en Grèce.

Trop éloignés peut-être des ressources qu'avaient offertes à l'architecture les matériaux dont les Égyptiens et les Grecs étaient entourés, ou plutôt mieux éclairés sur les diverses qualités propres à ces matières, les Romains durent sans doute à ce dénûment ou à l'expérience,

---

[1] Vitruve, Liv. IV, Chap. II, *De Ornamentis columnarum.*
[2] Voyez Liv. I, 2ᵉ. sect., Chap. III, et Liv. IIIᵉ., 3ᵉ. sect., Chap. I de cet ouvrage.

Qua semel invalescente apud Græcos hypothesi, inde manavit ædificandi ratio quædam inextricabilis, materia modo suas ipsius, modo alienas proprietates, præbente. Immo major ex eo orta confusio, quod lapidem sculpendo, trabum, lignorumque et canteriorum, quibus in principio materiariæ structuræ fastigium constabat [1], adspectum imitarentur. Sed tam ingeniosa hujus modi imitatio in exsequendo visa est, ut vituperationem effugeret, nec sine voluptate quadam solertibus fallaciis, elegantissimas insuper formas induentibus, arriderent.

Quæ quum ita sese haberent, externa tantum ædificiorum species lignea non erat; sed ligni tantum usus perstabat in tegendis latioribus fastigiis [2]. Quod igitur in ædificando summum judicandum est atque absolutum, homogenea nempe operis compages, id reperiendum etiam superfuit.

Quo quidem in statu ars quasi obdormivit, quamdiu partibus arcte jungendis et superponendis tantummodo constabat, et sæpius fragilitate lapidis coarctata, quidquid excogitatum erat, id materiæ assuetæ conditionibus adstringebat, dum elementa ædificandi ad arbitrium eligere, et materiæ usus proposito suo subjicere, debuisset.

Haud temere igitur ponendum erit, artem ædificandi apud Græcos atque Ægyptios minime processisse, et in cunabulis sorbuisse, antequam extraneæ ditioni subjicerentur.

Quod ad Romanos adtinet, aut quia architectonicis copiis egerent, quas Ægyptiis Græcisque locorum natura largius partita erat, aut quia varias earum virtutes scitius noscerent, potuit forsan ea vel inopia, vel perspicacia, egregiam industriam gignere, qua prima

[1] Vitruv., Lib. IV, Cap. II, *De Ornamentis columnarum.*
[2] Vide Lib. I, segm. 2, Cap. III; et Lib. III, segm. 3, Cap. I, hujus operis.

l'idée de cette savante industrie qui caractérise d'abord leurs travaux[1]. Leur premier ouvrage[2], ou du moins le seul de ces anciens temps qui soit parvenu jusqu'à nous, d'une manière authentique, présente à la fois le témoignage d'un jugement éclairé et d'une pratique ingénieuse. On y voit la pierre, quittant sa pose verticale, se diviser en coins ou voussoirs, qui se partagent également entre eux le poids d'une voûte, échappent aux conditions de la frangibilité, et ne connaissent de terme à leur résistance, que celui que la nature a mis à la densité de cette matière. Ainsi, dès leur début, ils savent suppléer par une ingénieuse combinaison, au secours périlleux[3] et trop restreint, que l'adhérence

---

[1] Les constructions romaines sont remarquables par l'emploi constant des arcs pour réunir les piliers et les murs, au lieu de plates-bandes comme en Égypte et en Grèce. Vitruve, au Livre VI, Chap. XI, en parle comme d'une construction propre aux Romains. Là, de même qu'au Livre Ier, Chap. V, à l'occasion des tours rondes, il apprécie les effets des constructions circulaires, composées de pierres en forme de coins. D'ailleurs, l'avantage que présentait l'emploi des arcades pour la sûreté et la facilité de l'exécution, était encore augmenté par l'affranchissement où l'on s'était mis des anciennes proportions inhérentes à chaque ordre grec.

[2] La décharge du lac d'Albano, construite l'an 358 de la fondation de Rome.

On peut encore citer les égouts de Rome, bâtis sous le règne de Tarquin-l'Ancien, 580 ans avant l'ère vulgaire. Il est bon d'observer ici que ce prince, né chez les Étrusques, dans un temps où cette nation était le plus florissante, amena, en venant à Rome, un grand nombre de personnes, parmi lesquelles il s'en trouvait d'instruites dans tous les arts et les sciences, qu'il avait cultivés lui-même. Cette précieuse tradition, et d'autres faits consignés dans cet ouvrage, attestent que l'art de bâtir fut dans un état assez avancé chez cette nation; mais à cause de la destruction presque totale de leurs édifices, et du peu de notions que présentent à ce sujet les documens de leur histoire, il est désormais impossible de suivre, ailleurs que chez les Romains, tous les développemens de cet art en Italie.

[3] Depuis que l'art a suppléé par divers moyens à ces plafonds formés de pièces de marbre, qui couvraient, à l'instar des poutres, les portiques des temples et des propylées d'Athènes; il semble qu'à la vue de ces constructions fragiles, on ne pourrait se défendre aujourd'hui d'un sentiment d'effroi, semblable à celui qu'éprouvèrent devant les maisons de Saint-Jean d'Acre les Bédouins du fond du désert, amenés dans cette ville du temps de Daher. Ces Arabes, dit Volney, qui ne connaissaient d'autres abris que leurs tentes tissues de poils de chèvre ou de chameau, ne pouvaient comprendre comment les maisons tenaient debout, ni comment on osait habiter dessous (*Voyage en Syrie;* Paris, 1787, tome 1er., page 358).

jam eorum opera nitent [1]. Ex quibus antiquissimum [2], unum saltem
ex illa prisca ætate ad nos sine ulla suspicione transmissum, acuti
judicii simul atque exercitationis ingeniosæ testimonium superest.
Lapidem reperire est, ab altitudine recta recedentem, cuneorum formam induere, qui fornicis pondus inter se æqualiter impertiuntur, et
fragilitati minus obnoxii, quanta densitate materia ipsa lapidea prædita
est, tanta vi pollent resistenti. Sic ab initio, quod alii in loco trabum
lapidibus transversis periculose [3] et arctius pepererant, idem et amplius iis ingeniosa quadam industria obvenit.

[1] Romanorum structura, eo insignis est, quod semper fornicibus, non vero corsis,
ut in Ægypto et Græcia, pilæ parietesque conjungantur. Vitruvius, Lib. VI,
Cap. XI, de ea structura loquitur, perinde ac si Romanorum esset propria. Ibi,
sicut Lib. I, Cap. V, quum de turribus rotundis agitur, perpendit quales rotunda-
tionibus virtutes addant saxa quadrata. Fornices præterea, quum ad facile et certe
operandum utiliores erant, tum libertatem inducebant a solita Græcorum ordinum
compositione necessaria recedendi.

[2] Argumento sit lacus Albani emissarium, ab urbe condita anno 538 erectum.
Adde Romæ cloacas, Tarquinio prisco regnante exstructas, ann. 580 ante Christ.
Hic autem animadvertendum erit hunc principem, etrusca gente ortum, dum flo-
reret, secum adduxisse permultos, e quibus nonnulli erant quarumlibet artium
scientiarumque periti, quas et ipse excoluerat. Quod quidem gravissimum, et
nonnulla insuper exempla in nostro de ædificatoria arte tractatu relata, testantur
artem apud Tuscos haud mediocriter floruisse; sed nunc, illorum ædificiis fere omnino
deletis, et de iis quasi silente historia, in posterum apud Romanos tantum progre-
dientem artem in Italia sequamur necesse est.

[3] Ex quo tempore variæ artis opes in vicem venerunt illorum e marmore lacuna-
rium, quæ, trabum instar, templorum propylæorumque porticus atticas tegebant,
si quis istam fragilem structuram adspexerit, mihi videtur non posse non quasi
eodem metu moveri, quo perculsi fuerunt Beduini, ex remotis desertis Daheri ætate
Ptolemaïdem deducti, dum domos urbis contemplarentur. Isti Arabes, ait *Volney*,
quum nulla alia tecta, præter e textilibus caprarum camelorumve pilis tabernacula
noscerent, vix atque ægre intelligebant, quomodo starent ædes, quantumque ferreo
animo præditi essent ii, qui sub eis habitarent. (*Voyage en Syrie*, Parisiis, 1787,
tom Ier., pag. 358.)

horizontale de la pierre avait offert ailleurs pour remplacer les poutres dans la construction des édifices.

Pendant qu'ils abordaient ainsi une difficulté par laquelle les Égyptiens et les Grecs semblent avoir été arrêtés, une construction d'un autre genre, et plus conforme à l'urgence des besoins d'un peuple dont les développemens furent si rapides, marchait aussi vers sa perfection ; c'est celle où le moyen d'union entre les matériaux joue le plus grand rôle. Enfin les moyens de l'Art de Bâtir parurent constamment s'accroître, en raison de l'agrandissement successif de l'empire [1]; et lorsqu'une longue suite de succès eut mis le comble à sa prospérité, on vit l'architecture devenir entre tous les arts l'unique objet de l'orgueil d'un peuple qui avait surpassé les autres dans plus d'un genre de gloire. Alors des architectes furent appelés de la Grèce pour concourir avec ceux de Rome à élever cet art au niveau de sa nouvelle destination.

C'est du sein de cette émulation générale qu'on vit sortir ces monumens superbes, dont on pourrait à peine croire le nombre et l'importance, sans les ruines majestueuses qui, aujourd'hui encore, excitent notre étonnement. Au milieu d'une foule d'édifices plus ou moins remarquables par différens genres de mérite, il en est un surtout qui atteste d'immenses progrès dans toutes les parties de l'art, c'est celui connu de nos jours sous le nom de Temple de la Paix. En effet, l'architecture n'avait peut-être jamais rien produit de comparable ; et, pour ne parler de son mérite que sous le rapport de l'art de bâtir [2], quelle immensité d'espace couvert ! quelle étonnante justesse de proportion entre les murs, les points d'appui et les voûtes ! et en même temps la garantie d'une durée qui paraît n'avoir de terme que celle même de la matière !

Cet ouvrage fut le dernier effort de l'art chez les Romains. Beaucoup

---

[1] Les Romains firent usage des métaux, pour remplacer la charpente, dans la construction des édifices ; ils en formèrent même des combles, des voûtes et des plafonds, comme au portique du Panthéon et aux Thermes d'Antonin Caracalla. Voyez la Planche XXVIII, Fig. 17, et l'introduction de la 2e. Sect. du Liv. VII.

[2] Voyez ce qui est dit à ce sujet dans l'Introduction du Livre IXe.

Dum hanc difficultatem superarent, quam Ægyptii atque Græci ne tentasse quidem videntur, aliud quoque construendi genus (quod quidem populus tam rapide auctus magis requirebat) in dies provehebatur, illud nempe, in quo fragmentorum junctio præcipuas vices agebat. Denique ars ædificatoria, patente latius imperio [1], simul et patuit, ita ut, postquam longa triumphorum serie ad summam fortunam pervenerint, multiplici super alias gentes laude parta, solam ex artibus architecturam summa cura excolere ambitiose studuerint. Tunc architecti e Græcia advocati sunt, qui, certatim adjuvantibus Romanis artificibus, hanc artem ad destinatum culmen adducerent.

Quibus autem generatim æmulantibus, ea magnifice erecta adparuerunt monumenta, quorum et numero et splendori vix fides adhiberetur, nisi tantam ipsa ruinarum majestas admirationem moveret. Innumera illa inter ædificia, magis ac magis vario quodam decore insignia, surgit unum quod immensos artis in quocumque genere progressus testatur, id est, ut fama perhibetur, Pacis Templum. Cui autem aliquid architecturæ componendum difficile erit, et, ne ultra ædificandi artem miremur [2], quam immensum tegitur spatium, quam apte parietes et fulcimenta et fornicata congruant? Adde diuturni status experientiam, cujus, salva tantum non manente materia, finem prospicere licet.

Quod monumentum romanæ artis summum est. Longa quidem

---

[1] In materiationis vicem metallis Romani ad construenda ædificia usi sunt: ex iis etiam fastigia, fornices et lacunaria, veluti in Panthei porticu, Thermisque Antonini Caracallæ, fabricaverunt. Vide tabul. XXVIII, Fig. 17, et Lib. VII, introductionem, segm. 2.

[2] De quo vid. Introduct. in Lib. IX.

d'autres édifices, postérieurs à celui-ci, conduisent d'époque en époque jusqu'au terme de leur puissance, sans présenter les traces d'aucun perfectionnement sensible dans leur structure.

A la suite des vicissitudes sans nombre qui assiégèrent ce vaste empire, la connaissance d'un art si perfectionné demeura ensevelie sous les ruines des ouvrages les plus étonnans qu'ait jamais produits le génie de l'homme. Ce ne fut guère qu'au commencement du seizième siècle, que l'ancienne capitale du monde vit se ranimer dans son sein, avec le retour de la paix, un nouvel enthousiasme pour les beaux-arts.

De tant de titres à l'admiration de la postérité, l'architecture des Romains, quoique mutilée par la main des Barbares, dut en premier lieu arrêter les regards de la nation régénérée. La contemplation habituelle de ces ruines, restes d'une aveugle fureur, mais sur lesquelles le temps n'avait encore porté qu'une légère atteinte, tout en excitant de profondes impressions, dévoilait à la curiosité studieuse le mécanisme secret de ces constructions hardies. Aussi lorsque, par sa vétusté, la première basilique chrétienne fut menacée d'une prompte destruction, tous les esprits applaudirent-ils à l'idée de la reconstruire sur ces anciens modèles ; et il se trouva à la fois, un génie assez élevé pour fixer le choix sur les plus beaux exemples, et des hommes assez confians pour oser en entreprendre l'exécution [1].

Ce nouveau triomphe de l'architecture antique, fut en même temps le premier et le dernier pas des modernes vers cette haute perfection de

---

[1] On sait qu'en 1506, sous le pontificat de Jules II, Bramante, qui fut le premier architecte de Saint-Pierre de Rome, avait conçu le projet de réunir ce que les anciens ont fait de plus grand et de plus magnifique, en élevant, selon son expression, le Panthéon au-dessus du Temple de la Paix.

Au reste, l'idée première d'un dôme appuyé sur de grands arcs, se retrouve dans plusieurs églises des bas siècles, et notamment dans celles de Sainte-Sophie de Constantinople, de Saint-Vital de Ravennes, de Saint-Marc de Venise, etc. En 1300, Arnolpho di Lapo l'avait reproduite dans l'église de Sainte-Marie-des-Fleurs, à Florence ; mais ce fut seulement de la main de Bramante que ce motif reçut toute sa perfection.

postea ædificiorum series usque ad labantis imperii tempora procedit, sed nulla ibi vere progredientis artis vestigia deprehenduntur.

Postquam autem variis fortuna casibus vastum illud imperium fatigaverit, perfectissimæ artis leges quasi sepultæ sub ruinis jacuerunt ædificiorum, quæ humani ingenii præclarissima monumenta jure prædicari possunt; quindeciesque lapsa sunt secula, donec antiqua orbis terrarum regina, redeunte pace, novo liberalium artium amore incensa floruerit.

Scilicet monumenta æterna laude prorsus digna, conspicuas etiam Barbarorum reliquias renascenti genti præbebant : quas autem ruinas, rapidissimi furoris vestigia, sed vetustate nondum exesas, quotidiana cum admiratione contemplantibus, nec non diligenti cum studio perscrutantibus, patuit arcana audacioris hujus architecturæ ratio. Itaque christianam principem labantem basilicam ad antiquum exemplar reædificare omnibus consentaneum visum est, idque opportuni occurrit, ut præstantissimi vir fuerit ingenii, qui optimum quidquid imitandum erat, elegerit, nonnullique exstiterint satis viro confidentes, qui exsequendum opus susceperint [1].

Potsquam autem novo cultu antiquam architecturam recentiores prosequuti fuissent, eo primum ad summum artis cacumen perrexe-

---

[1] Constat, anno 1506, Julio Secundo pontifice, Bramantam, qui Romanæ Sancti Petri ecclesiæ prior architectus fuit, animo habuisse in unum cumulare quidquid maxime ingens et immane antiqui ediderant, scilicet, ut ait, Pantheum Pacis ædi superponendo.

Cæterum concamerati fastigii magnis arcubus enixi specimen in nonnullis antiquis ecclesiis adparet, exempli gratia in Sanctæ Sophiæ ecclesia bysantina, in Sancti Vitali Ravennæ, in Sancti Marci Venetiis, etc. Anno 1300, *Arnolpho di Lapo* idem excogitaverat in florentina ecclesia Sanctæ Mariæ Floreæ; sed a Bramanta tantum res perfecta fuit.

l'Art de Bâtir. Mais comme cette superbe cité avait rassemblé les plus beaux modèles dans tous les arts, l'enthousiasme qu'avaient d'abord excité ces vastes fabriques, désormais hors de toutes mesures avec les besoins de ses nouveaux habitans, se reporta insensiblement sur les détails de tous genres qui avaient concouru à leur embellissement. Cette nouvelle direction donnée à l'étude de l'antiquité, fit naître cette brillante école d'artistes, également habiles dans la peinture, la sculpture et l'architecture. Au milieu de leurs immortels travaux, la plupart de ces maîtres, moins occupés d'édifices publics que d'entreprises particulières, et trouvant une application plus fréquente et plus facile de l'étude des ornemens, semblent avoir voulu s'en dédommager dans leurs écrits par l'exposition des grands principes, et faire sentir la supériorité de l'architecture, lorsqu'elle est appelée à développer ses moyens dans une plus vaste carrière. C'est sans doute à ce sentiment particulier, qu'il faut attribuer, entre autres ouvrages importans sur l'architecture, ces systèmes d'*Ordonnances* qu'ils nous ont laissés, et qui, formés comme les chefs-d'œuvre de la sculpture antique, des beautés éparses dans différens modèles[1], servirent en quelque sorte à fixer le goût en Europe, en révélant aux nations les élémens de la grande architecture

Cependant, avant l'époque de la régénération des arts dans le centre de l'Italie, les peuples les plus éloignés de Rome n'ayant aucun conseil à prendre dans les ouvrages de leurs prédécesseurs, et encore livrés à leur propre industrie, étaient parvenus à se créer une architecture. Ici, comme en Égypte, cet art offre dès le principe, le système de construction sur lequel doivent désormais reposer toutes ses compositions; comme en Égypte aussi, il se montre préoccupé d'assurer la plus grande durée à ses ouvrages : mais au lieu de masses péniblement entassées, comme chez ce dernier peuple, l'art de bâtir opéra, le plus ordinairement, avec des matériaux que les Égyptiens auraient rebutés; et guidé

---

[1] Les cinq ordres d'architecture (Voir la Préface de Vignole, en tête de sa *Regola delli cinque ordini d'architettura*).

runt, et ultimum simul steterunt. Tunc illustri in civitate illa, in
quam, veluti conspiratione quadam, optima cujusque artis specimina
confluxerant, summus artium amor, ex grandioribus operibus iis,
novo populo jam haud satis congruentibus, in singula seorsum ornamenta, quibus summa operis enitebat, paulatim descendit. Proinde
antiquitati secus studere placuit, statimque tam picturæ quam sculpturæ, nec non architecturæ, periti artifices nascuntur. Clarissimorum
autem virorum plerique, privatis potius, quam publicis, ædificiis
curam impendere coacti, et sæpius occasionem nacti ornamenta ex
veteribus sumta adhibendi, solatium arctioris hujus laboris quæsivisse
scribendo videntur, et monstrandum curavisse, quanti præstet architectura, si in latioribus operibus vires et consilia exerceat. Quo
sane intimo animi sensu moti, tum multa luculenta scripta, tum
expositionem *Ordinum* reliquerunt, quæ, antiquæ instar sculpturæ,
perfectissimas ex pluribus exemplaribus dotes mutuantis [1], exquisitum
Europæ judicium tradiderunt, summæque architecturæ elementa
gentes edocuerunt.

Attamen, antequam artes in Italia renascerentur, populi ab urbe
Roma remotissimi, nulla majorum structura adjuvante, propriaque
tantum industria duce, architecturam quamdam creaverant. Hic sicut
in Ægypto, ars ædificandi modum a principio præbet, quo omnis
postea structura constabit, pariterque in id præcipuum incumbit,
ut quam diutissime stare monumentis contingat. Sed materiam, quam
Ægyptii procul dubio abjecissent, plerumque adhibuerunt, nedum
moles operose congestas, Ægyptiaco more, struerent; solaque exercitatione laboris moniti, in ædificandi arte usque ad inauditum pro-
gressi sunt fastigium.

---

[1] Quinque architecturæ ordines. (Vide Præfationem Vignolii, *Regola delli cinque ordini d'architettura.*)

seulement par une mécanique pratique, il parvint pas à pas aux résultats les plus inouïs.

S'il était besoin de justifier cet éloge de l'architecture gothique, il suffirait de rappeler comment, au moyen de formes et de combinaisons, la matière seule, par le double effort de sa pesanteur et de sa résistance, vient composer les ensembles les plus stables, indépendamment de la force d'union du ciment, qui ne prête qu'un faible secours aux constructions en pierre de taille; comment ensuite, par de sages dispositions, elle sait procurer une longue durée à des matières périssables; comment enfin, au milieu d'un système où tout est en action, rien cependant ne paraît fatiguer à l'œil, ni dans l'ensemble ni dans aucune de ses parties.

En un mot, savoir reconnaître et assigner pour chaque matière le mode d'emploi dans lequel l'art de bâtir peut en obtenir les services les plus durables, telle semble avoir été la règle constante de l'architecture gothique : et l'on ne peut s'empêcher de regretter de voir un système de construction si bien approprié aux ressources et à la nature de notre climat, qui pourrait convenir encore en tant de circonstances, entièrement abandonné de nos jours.

L'architecture gothique avait déjà produit les plus étonnans ouvrages, en France, en Angleterre, en Allemagne, et dans le nord de l'Italie[1], lorsque les élémens de cet art, puisés dans les monumens de Rome, se répandirent chez les nations, déjà préparées par les traditions de l'histoire à l'estime des travaux de l'antiquité. Alors comme entraîné

---

[1] Les monumens les plus remarquables bâtis dans l'intervalle du dixième au seizième siècle sont : *En France*, Sainte-Croix d'Orléans, la cathédrale de Chartres, Notre-Dame de Paris, Notre-Dame de Reims, la cathédrale d'Amiens ; — *En Angleterre*, l'église de Winchester, l'église de Cantorbéry, l'église de Westminster, l'église de Bristol, la cathédrale d'York ; — *En Allemagne*, l'église de Halberstadt, Saint-Étienne de Vienne, Elisabethskirche à Marburg, l'église de Cologne, l'église et le clocher d'Ulm ; — *En Italie*, le dôme de Pise, le dôme de Sienne, la Chartreuse de Pavie, Notre-Dame de Milan, San-Petronio de Bologne, etc.

Si autem argumento opus sit in prædicando gothico genere architecturæ, satis erit quod animadvertendum dederimus, per formas
et dispositiones quasdam materiæ, ex duplici ponderis et pressionis
virtute adæquata, ortam fuisse ædificiorum compagem firmissimam,
conglutinatione carentem arenati, quod parum in structura ex quadrato lapide prodest : inde intelligendum erit, quomodo callida
caducæ materiæ dispositio eam a lenta tabe fere texerit; et tandem,
partibus omnibus undique in sese invicem agentibus, nulla vel in
summa, vel in singulis, fatiscere videatur.

Uno verbo, architecturæ gothicæ præcipuum usque studium fuisse
videtur, ut dignosceretur et monstraretur cautior cujuslibet materiæ
usus, unde diutissima utilitas suppeteret : neque temperare possumus
a desiderio, quod ædificandi rationem regioni nostræ ejusque terrenis
divitiis idoneam, atque etiamnum in permultis construendis optandam, omnino his diebus deseruerimus.

Gothica autem architectura, in Gallia, et Anglia et Germania, septentrionalique Italia, mirabilia monumenta jam ediderat [1], quum artis
elementa, ex Romæ monumentis mutuata, latius apud gentes, quas
historia antiquis laboribus æstimandis jampridem assueverat, magis
ac magis diffusa fuerant. Tunc subito quodam motu omnis artis

---

[1] Insignia monumenta a decimo usque ad sextum decimum sæculum constructa,
ea sunt : In Gallia, Sancta Crux Aurelianensis, cathedralis ecclesiæ Carnutensis,
ædes Nostræ Dominæ Parisiensis, Nostræ Dominæ Remensis, cathedralis ecclesia
Ambianensis : In Anglia, ecclesia *Wincester*, ecclesia Cantuariensis, ecclesia *Westminster*, ecclesia *Bristol*, cathedralis ecclesia *Yorck* : In Germania, ecclesia *Halberstadt*, Sancti Stephani Vindobonæ, *Elisabethskirche* in urbe *Marburg*, ecclesia Coloniensis, ecclesia et æris campani turris in urbe *Ulm* : In Italia, concameratum
fastigium Pisanium, concameratum fastigium Senense, Carthusianorum monasterium
Ticinense, ædes Nostræ Dominæ Mediolanensis, Sancti Petronii Bononiensis, etc.

par une influence magique, cet art changea entièrement de système. Jusque-là, tout ce qui dans les édifices n'avait été réglé que par le besoin, la convenance, enfin par une étude appropriée à l'usage, devint subordonné à l'emploi de simulacres de constructions. Renonçant ainsi à tous les avantages que procurait l'architecture primitive, on ne rencontra d'abord aucun de ceux qu'on pouvait retirer de l'emploi de ces nouveaux modèles. Tel devait être, au reste, le premier résultat de l'introduction de ces élémens, chez des peuples éloignés du théâtre où l'architecture antique avait développé toutes ses ressources, et des maîtres qui s'étaient formés à cette grande école[1].

A la suite des cinq ordres d'architecture, la connaissance des monumens antiques commença insensiblement à se répandre; et le goût de la grande architecture se développa de plus en plus avec elle. Cependant, comme au milieu des chefs-d'œuvre de plus d'un genre, ces habiles maîtres s'étaient spécialement appliqués à mesurer la modinature des ordres grecs, pour en déduire les règles qu'ils nous ont transmises, ils nous avaient laissés sans guides pour tout ce qui relève de la science des constructions[2]. Ceux d'entre eux qui publièrent les édifices

---

[1] Les Romains furent si vivement frappés de la beauté des ordonnances grecques, que, tout habiles qu'ils étaient déjà dans l'art de bâtir, ils n'hésitèrent pas à les considérer comme le type de l'architecture. Mais tout en accueillant avec enthousiasme ces ordonnances si parfaites, on les vit s'efforcer à concilier les difficultés attachées à leur emploi, avec les vastes données que leur imposaient les besoins qu'ils avaient à remplir. C'est ainsi que dans leurs plus importantes constructions, les colonnes ne figurèrent en effet que pour la décoration; et que bien loin de subordonner la composition des édifices aux fonctions restreintes de ces élémens, ils ne leur donnèrent la plupart du temps qu'un rôle fictif à remplir dans l'ensemble. Entre autres exemples à l'appui de cette observation, il suffira de citer celui des énormes pendentifs demeurés suspendus à la masse après l'enlèvement des colonnes, qui semblaient soutenir la retombée des voûtes d'arrête du temple de la Paix.

[2] Baldassare Zamboni a consigné dans son ouvrage sur les monumens publics de Brescia, publié dans cette ville en 1778, les opinions émises par Sansovino, Palladio, Rusconi et plusieurs autres architectes célèbres, consultés sur la loge et le dôme de cette ville. On voit dans ces écrits par quelles ingénieuses inductions ces maîtres suppléaient, au besoin, à la connaissance des principes sur lesquels repose la stabilité des constructions. Nous donnons, au Livre IX, la traduction de ces précieux mémoires.

ratio immutatur. Quodcumque in architectura necessitas convenien-
tiaque, et ad quotidianum usum reducta meditatio, suaserant, illud
ad exemplar quoddam, vel structuræ typum, composuerunt. Atque
ita derelictis primigeniæ architecturæ commodis, primum etiam defuit
utilitas, quæ ex nova disciplina manare poterat. Nec aliter fieri potuit,
dum nova artis elementa apud populos spargerentur, remotos a locis,
eximia antiquæ architecturæ specimina præbentibus, et a summis ma-
gistris, qui suam inde doctrinam hauriebant [1].

Post cognitos columnarum ordines quinque, in antiquorum monumentorum notitiam paulatim adducti fuerunt; et inde magis ac magis
summæ architecturæ studium invaluit. Sed illi quidem præstantes
magistri, quum inter varia artis prodigia, græcos fere tantum ordines
perpendissent, ut leges illas excerperent, quæ ad nos pervenerunt,
nihil de struendi scientia ipsissima statuerunt [2]. Inter quos, qui *Ædifi-*

---

[1] Romanos autem græcorum ordinum decor tanta admiratione perculsit, ut,
quamvis in arte ædificatoria jam periti, illa specimina sine dubio architecturæ typum
habuerint. At, dum perfectissimos illos ordines divino quasi cultu colerent, ad id quoque animo enitebantur, ut simul vincerent quid asperum et difficile inerat in adhibendis
ordinibus illis, et simul non recederent ab amplissima ædificandi ratione, quam publica
utilitas tunc temporis requirebat. Idcirco præcipuis in eorum constructionibus columnæ tantum decori fuerunt; et plerumque fictivas partes tantum implebant ista
elementa, nedum ædificii structura tota arctis eorum proprietatibus subjiceretur. Inter cætera, hoc argumento satis erit, scilicet in templo Pacis ingentes arcus utrique
lateri suspensos æquilibrio quodam hæsisse, avulsis columnis, quæ cameratas partes
sustinere videbantur.

[2] In opere Baldasarii Zambonii de monumentis publicis Besciæ, ibi edito anno
1778, notatur quid senserunt *Sansovino, Palladio, Rusconi,* nonnullique alii cele-
bres architecti, consulti de tholo hujus urbis ; ex iis scriptis apparet, quibus in-
geniosis consecutionibus illi magistri, notitiæ regularum quibus structura stabilis
erit, sæpius supplere possent. Quorum commentariorum insignium interpretationem
in lib. nostro IX exhibuimus.

de Rome[1], se contentèrent d'en reproduire les formes et les dimensions, avec plus ou moins d'exactitude, sans en déduire les grandes leçons qui eussent pour toujours complété la doctrine de l'architecture, et prévenu les nombreux écarts où cet art tomba dans la suite. Éloignés, sans doute, des études abstraites sur lesquelles repose cette science, par le charme entraînant des arts du dessin; on pourrait dire d'eux, selon l'expression de Vitruve, qu'ils ne parurent pas dans la lice armés de toutes pièces[2].

C'est aux mathématiciens du siècle qui vient de s'écouler, qu'était réservée la gloire d'aborder et de résoudre ces questions difficiles. La théorie des voûtes fut le premier objet des recherches de la science[3], et l'occasion qui se présenta bientôt d'en appliquer les résultats au plus grand monument moderne, révéla à tous les esprits l'importance des données sur lesquelles se fondent les opérations de l'art de bâtir. De nombreux accidens s'étaient manifestés à la coupole de Saint-Pierre de Rome; déjà plusieurs architectes et ingénieurs, induits en erreur par de fausses théories, avaient fait concevoir des doutes sur la solidité originaire de cet admirable ouvrage, lorsque le marquis Poléni, savant professeur de Padoue, fut appelé par Benoît XIV, alors souverain Pontife, pour approfondir cette question délicate. Après un mûr examen de l'état des choses et des diverses opinions émises à ce sujet, cet homme habile dissipa entièrement les inquiétudes que ces accidens avaient fait naître, et prouva, à l'aide d'une démonstration aussi ingénieuse que concluante, le parfait équilibre de cette belle construction[4].

Un édifice du même genre[5] vint ensuite solliciter chez nous l'étude de ces hautes théories. Ici la possibilité du dôme, avec les moyens proposés, était non-seulement contestée[6], on allait jusqu'à prétendre que

---

[1] Sebastiano Serlio, Andrea Palladio, etc.

[2] *Omnibus armis ornati*. Vitruve, Liv. Ier., Chap. Ier.

[3] Voyez, IVe. section du livre IX de cet ouvrage.

[4] Voyez *Memorie historiche della gran cupola del tempio Vaticano*. Padoue, 1748, Liv. I, Chap. IX.

[5] L'église de Sainte-Geneviève.

[6] Mémoire contre la construction de la coupole projetée pour couronner la nou-

cia romana [1] ediderant, eorum tantum formam et mensuram plus minusve apte reddiderant, nullis autem depromptis præceptis, quæ in perpetuam architecturæ doctrinam perfecissent, impedimentoque salutari fuissent, ne sæpius in errorem ars postea delaberetur. Conjiciendum est eos improbo labori, in quo scientia illa versatur, minus incubuisse, et artis tantum quasi picturam adamasse, procul dubio illecebrosam : quiquidem, ut ait Vitruvius, *non omnibus armis ornati* [2] curriculum inierunt.

Mathematicos autem, qui superiore seculo floruerunt, id gloriæ manebat, ut difficiles eas quæstiones et adgrederentur et solverent. Primum ad leges de fornicibus exquirendas scientia spectavit [3], moxque oblata occasione eas leges ad amplissimum recentiorum monumentorum accommodandi, omnibus patuit quanti essent momenti doctrinæ, quibus artis ædificatoriæ opera nituntur. Scilicet quum romano Sancti Petri tholo nonnihil detrimenti sæpius accidisset, jamque architecti plures, erranti doctrinæ obsequuti, mirabilis illius monumenti stabilem naturam in dubium vocavissent, doctus Patavii professor, Poleni, a Benedicto XIV, summo pontifice, ad rem arduam enucleate tractandam arcessitus venit : et, postquam vir ille peritus quomodo quæque se haberent attente consideraverit, variasque hac de causa sententias pependerit, quidquid reformidatum fuerat evanuit, atque non minus recta quam solerti argumentatione, quali eximia hæc structura æquilibrio staret, innotuit [4].

Ædificium postea simile quoddam apud nos exstruendum [5], summarum disquisitionem legum proposcit : tunc, non tantum, num concameratum fastigium propositis rationibus effici posset, sed etiam

---

[1] Sebastiano Serlio; Andrea Palladio, etc.
[2] Vitruv. lib. I, cap. 1.
[3] Vid. VI. segm., lib. IX hujus operis.
[4] Vide *Memorie historiche della gran cupola del tempio Vaticano, Patavii,* 1748. Lib. I, Cap. IX.
[5] Ecclesia Sanctæ Genovefæ.

les piliers n'avaient pas les dimensions suffisantes pour supporter le poids de la coupole. Quoique dépourvues de fondemens solides, ces assertions, dictées à leur auteur par ce zèle qui le distingua dans l'exercice de sa profession, contribuèrent puissamment aux progrès de l'art de bâtir. On détruisit victorieusement les bases sur lesquelles ses raisonnemens étaient appuyés, et par des expériences entièrement neuves, et dont le résultat ne pouvait laisser aucune incertitude[1], il fut démontré que la résistance des piliers, bien loin d'être inférieure au fardeau qu'ils avaient à soutenir, était au contraire de beaucoup supérieure à son effort. Cette circonstance mémorable fait assez connaître l'état de l'architecture, à une époque très-rapprochée de nous.

Ces savantes discussions venaient de répandre le plus grand jour sur les vrais principes de la construction; et c'est à dater de ce moment, que l'on fut à même de pouvoir concilier les données de l'art avec celles de la théorie. Dès-lors, on en vint généralement à reconnaître que le but essentiel était, avant tout, de construire des édifices solides, en y employant une juste quantité de matériaux choisis et mis en œuvre avec art et économie.

En effet, c'est le mérite de la construction, qui constitue à tous les yeux le premier degré de beauté d'un édifice; et la perfection qu'il tient de l'art de bâtir, excite surtout notre admiration, par cela seul qu'elle devient le garant d'une plus longue durée.

L'art de bâtir consiste dans une heureuse application des sciences exactes aux propriétés de la matière. La construction devient un art, lorsque les connaissances de la théorie unies à celles de la pratique président également à toutes ses opérations.

velle église de Sainte-Geneviève, par M. Patte, architecte du duc de Deux-Ponts. Paris, 1770.

[1] M. Gauthey, inspecteur général des ponts et chaussées, dans un mémoire publié en 1771, réfuta celui de M. Patte, et conclut par dire que, non-seulement les piliers étaient suffisans pour supporter la coupole projetée, *mais qu'il était possible de s'en passer et de ne conserver que les douze colonnes qui y sont engagées.* (Voyez la note à la fin du cinquième livre.) C'est à ce sujet qu'il imagina cette machine pour éprouver la force des pierres, dont MM. Soufflot et Peyronnet firent usage pour les grands travaux qui leur étaient confiés, et que nous avons modifiée dans la suite.

an structiles columnæ sustinendo tholi oneri essent pares, in dubio erat [1]. Hæc dubitatio, infirmis quidem argumentis enixa (qui autem objiciebat, eo ardore, quo semper artem suam coluit, incitabatur) progredienti ædificatoriæ arti valde profuit. Quidquid pro obstantibus pugnare videbatur, omnino dilutum est, ignotisque adhuc experimentis, unde nihil non aperti consequebatur [2], demonstratum est, structiles columnas vi resistenti graviora multo onera ferre posse, nedum sustinendo suo impares essent. Ex iis satis intelligendum erit, qualibus in tenebris, ætate vix præteritâ, architectura etiamnum jaceret.

Quibus doctissimis controversiis certæ struendi leges plurimum illustratæ fuerant, et ab eo tantum tempore exercitatio artis et doctrina sibi mutuo facem præbuerunt; jam tunc generatim constat ad id præcipuum perveniendum esse, ut in struendis stabilibus ædificiis justa tantum materiæ moles adhibeatur, sed caute et cum judicio disposita.

Etenim apta structura omnium oculis præcipuus ædificiorum decor habetur; et quanto plus in iis artem struendi callidam dignoscimus, eo major nos movet admiratio, quia subit speratæ longinquitatis provisio.

Ars ædificandi in hoc constat, ut stabilitatis et æquilibrii leges variis materiæ virtutibus feliciter accommodentur. Structura autem ars erit, si modo meditationes, tum ex ratiocinatione, tum ex usu ortæ, æquam laboris componendi partem vindicant.

---

[1] Commentarium contra structuram tholi propositi ad culmen novæ ecclesiæ Sanctæ Genovefæ, auctore *Patte*, architecto Bipontini Ducis, Lutetiæ 1770.

[2] Quod quidem commentarium, *Gauthey*, vir pontibus viisque præpositus, in commentario anno 1771 edito, refutavit, et conclusit non tantùm pilas tholo proposito sustinendo esse pares, *sed etiam eas fortasse non esse necessarias, inclusasque duodecim columnas sufficere*. (Vide notam in fine, lib. V.) Quamobrem hanc ad experiendam vim lapidum invenit machinam, qua architecti *Peyronnet* et *Soufflot*, ad conficiendos magnos sibi commissos labores usi sunt, et in qua posteà aliquid mutavimus.

On appelle théorie le résultat de l'expérience et du raisonnement, fondé sur les principes de mathématique et de physique appliqués aux différentes combinaisons de l'art. C'est par le moyen de la théorie, qu'un habile constructeur parvient à déterminer les formes et les justes dimensions qu'il faut donner à chaque partie d'un édifice, en raison de leur situation et des efforts qu'elles peuvent avoir à soutenir, pour qu'il en résulte proportion, solidité et économie : c'est par elle qu'il peut rendre raison de tous les procédés qu'il propose pour l'exécution d'un ouvrage ; elle est encore son guide dans les cas difficiles et extraordinaires. Mais comme on ne peut raisonner juste que sur les choses que l'on connaît à fond, il en résulte qu'un théoricien doit joindre à la connaissance des principes et de l'expérience, celle des opérations de la pratique et de la nature des matériaux qu'elle met en œuvre.

Ce sont ces différentes connaissances, que l'auteur a tâché de réunir dans son ouvrage, afin d'en former un traité, qui renfermât ce qui est essentiellement utile à un architecte, et en général à tous ceux qui sont chargés de faire exécuter des travaux de bâtimens.

PARIS. — IMPRIMERIE ET FONDERIE DE FAIN,
RUE RACINE, N°. 4.

1830.

Ratiocinatio vocatur pars scientiæ, quæ ex ratione et experientia constat, elementisque tam mathematicis quam physicis ad varios artis modos accommodatis enititur. Ratiocinatione autem auxiliante, peritus ædificator inveniet qualis forma, quanta mensura cunctas ædificiorum partes, pro cujusque loco et onere sustinendo, deceat, ut omnia inter se apta congruant et aliquid stabile modico pretio fiat: docente tantum scientia, quidquid ad conficiendum opus excogitatum erit, demonstrare licet; illaque iterum duce, bene res sese expedire poterit, si quid difficile et insolitum eveniat. At, quum de iis tantum, quæ apprime noverimus, judicium vigere possit, necesse est in speculando architectum, non tantum artis legibus et experientia generali, sed etiam operis exercitatione et materiæ adhibendæ cognitione, instructum esse.

Hujusmodi est doctrina, quam auctor colligere conatus est, ut quidquid architecto, nec non cuivis ædificium quodlibet suscipienti utile erit, hic liber complectatur.

PARISIIS. — TYPIS IN PROPRIA ÆDE FUSIS FAIN EXCUDEBAT,
VIA RACINA, Nº. 4, JUXTA ODEON.
1830.

 Avis.

De nouvelles demandes du **TRAITÉ DE L'ART DE BATIR** nous étant journellement adressées depuis que le tirage des huit livres déjà publiés de la nouvelle édition se trouve épuisé, les trois premiers volumes vont être remis sous presse.

Conditions de la Souscription.

Le premier volume sera mis en vente avant la fin de janvier 1830. Le prix est de 20 francs, et celui des autres volumes sera le même pour les personnes qui, dans l'intervalle du premier au deuxième volume, se seront fait inscrire pour la totalité de l'ouvrage.

Passé ce terme, le prix de chaque volume sera porté à 25 francs.

Cette sixième édition n'apportera aucun retard à la publication des deux derniers livres.

Le quatrième volume, comprenant le livre IX, THÉORIE DES CONSTRUCTIONS, ET DE LA POUSSÉE DES VOUTES, *va bientôt paraître; l'ouvrage, formant cinq volumes in-4°., imprimés sur papier grand-raisin, avec 200 planches, sera entièrement terminé en 1830.*

PARTIES DÉJÀ PUBLIÉES :

Livre I. Connaissance des matériaux.	Livre IV.	Maçonnerie.
	Livre V.	Charpente.
Livre II. Constructions en pierres de taille.	Livre VI.	Menuiserie.
	Livre VII.	Serrurerie.
Livre III. Stéréotomie.	Livre VIII.	Couverture.

ON SOUSCRIT
CHEZ M. A. RONDELET FILS,
ARCHITECTE,

ÉDITEUR DES ŒUVRES DE SON PÈRE.

a Paris.

PLACE SAINTE-GENEVIÈVE, VIS-A-VIS L'ÉCOLE DE DROIT.

M. DCCC. XXX.

TRAITÉ

DE

L'ART DE BÂTIR.

LIVRE PREMIER.
CONNAISSANCE DES MATÉRIAUX.

PREMIÈRE SECTION.
DESCRIPTION ARCHITECTONIQUE DES PRINCIPALES MATIÈRES EN USAGE DANS LA CONSTRUCTION DES BATIMENS.

CHAPITRE PREMIER.
DES PIERRES.

ARTICLE 1ᵉʳ. — NOTIONS MINÉRALOGIQUES SUR LES PIERRES.

Les pierres sont composées de substances ou terreuses, ou sablonneuses, endurcies au point de ne plus s'amollir dans l'eau. Les parties qui les composent sont plus ou moins étroitement liées les unes aux autres, selon qu'elles sont plus atténuées et homogènes.

Il parait que les pierres doivent leur origine à l'affluence, aux dépôts et aux couches successives ou externes des particules intégrantes de la terre ou du sable. Il entre quelquefois dans leur composition d'autres particules hétérogènes. Le véhicule de ces différentes parties qui concourent ensemble à former les pierres est un liquide. Les principes moteurs sont l'air et le feu. La cause de leur liaison est la pression des autres corps, la cohésion et l'attraction des parties similaires qui croissent en raison du contact des surfaces. Toutes les pierres se forment par juxta-position.

Les différentes espèces de pierre sont divisées en quatre classes par les minéralogistes, savoir :

Les pierres argileuses,

Les pierres calcaires,

Les pierres gypseuses,

Les pierres scintillantes, ou qui font feu avec l'acier.

PREMIÈRE CLASSE. — Des pierres argileuses.

Les caractères distinctifs des pierres argileuses sont, de ne pas faire effervescence avec les acides, et de durcir au feu ordinaire; de ne pouvoir se réduire ni en chaux, ni en plâtre. Elles sont douces au toucher, composées de filamens, d'écailles ou de lames qui peuvent se séparer. Tels sont les asbestes ou amiantes, les micas, les vrais talcs, les pierres ollaires, les schistes ou différentes espèces d'ardoises, et les roches appelées de corne.

Quelques-unes de ces pierres, telles que les ardoises, remplacent avantageusement les tuiles pour la couverture des édifices; d'autres servent dans plusieurs pays à faire des contre-cœurs de cheminée, des chenets, des vases qui peuvent aller sur le feu. Les basaltes, les pierres de touche, les pierres à rasoir sont comprises dans cette classe, et une infinité d'autres qui se trouvent détaillées dans les ouvrages de minéralogie, mais qui ne sont pas d'usage dans l'art de bâtir.

DEUXIÈME CLASSE. — Des pierres calcaires.

Les pierres calcaires sont celles dont on fait le plus grand usage dans la construction des édifices. On les appelle ainsi, parce qu'étant exposées à l'ardeur du feu pendant un certain temps, elles se réduisent en chaux. On les distingue encore parce qu'elles sont presque entièrement dissolubles par les acides, avec lesquels elles font une forte effervescence; c'est-à-dire que si l'on verse une goutte d'eau-forte sur une pierre calcaire, elle réduit en bouillie la place sur laquelle elle est tombée, en faisant un bruit semblable à celui d'un fer chaud qu'on trempe dans l'eau. Ces pierres étant frappées avec un briquet ne donnent point d'étincelles.

Les carrières de pierres calcaires sont, pour la plupart, formées de bancs ou assises naturelles, placés les uns au-dessus des autres, presque toujours horizontalement. La largeur et la hauteur des bancs varie selon la quantité de matière, la profondeur, l'étendue et la nature de la carrière. L'opinion des naturalistes est que les pierres calcaires tirent leur origine des corps organisés et durs provenant du règne animal, tels que les coquilles, les madrépores, etc.

Toutes les pierres à bâtir des environs de Paris et de presque toute la France sont calcaires.

TROISIÈME CLASSE. — *Des pierres gypseuses.*

Les pierres gypseuses ne font point d'effervescence avec les acides, c'est-à-dire que si l'on verse dessus de l'eau-forte ou un acide quelconque, ils ne produisent aucun effet; ces pierres, frappées avec l'acier, ne produisent aucune étincelle; mais, si on les expose pendant un certain temps à l'action de feu, elles se réduisent en une espèce de chaux qu'on appelle plâtre, dont il sera question dans un article particulier.

Les gypses se trouvent assez souvent par lits ou couches, sous différentes formes, qui servent à les distinguer en cinq espèces, savoir : le gypse commun ou pierre à plâtre; le gypse feuilleté; le gypse strié ou filamenteux; le gypse écailleux; et l'alabastrite ou faux albâtre.

La pierre à plâtre n'a pas assez de consistance pour être employée comme moellons dans la construction des murs; elle s'écrase sous le fardeau et se décompose à l'humidité; c'est pourquoi il est défendu de l'employer à Paris pour cet usage, surtout dans les bâtimens. On l'emploie cependant quelquefois pour des murs de clôture.

QUATRIÈME CLASSE. — *Des pierres scintillantes.*

Les pierres scintillantes ou ignescentes sont celles qui produisent des étincelles de feu lorsqu'on les frappe avec l'acier. Ces pierres ne font aucune effervescence avec les principaux acides; les unes résistent au feu le plus violent, telles que les grès purs, les pierres à briquet et les pierres de meulière; les autres se vitrifient à un très-grand feu, comme les granites, les porphyres et les laves.

Des grès.

Cette espèce de pierre paraît formée de particules homogènes plus ou moins grossières; ce sont des grains de sable quartzeux, de diffé- rentes figures, liés ensemble à l'aide d'un gluten particulier. Le grès se partage ou se débite facilement en gros cubes, qui servent à paver les rues, ou en blocs de tout autre forme pour différentes sortes d'ouvrages. Il suffit d'étonner, à petits coups, dans une direction déterminée, les parties de la masse de grès : on se sert pour cela de marteaux ou de pics tranchans. Les grès se trouvent en masses ou rochers informes, quelquefois par bancs ou couches de différentes épaisseurs. On observe dans les carrières de grès ou *grésières*, que les masses en sont moins dures, à proportion de la profondeur où elles se trouvent; et que plus le grès est dur, plus il est aisé de le diviser en morceaux d'une figure déterminée. Cette espèce de pierre, n'ayant pas de lit, se débite sur tous sens de la grandeur que l'on veut [1].

Des pierres quartzeuses appelées pierres à briquet ou à fusil, et des pierres de meulière.

On trouve dans plusieurs pays des pierres à briquet en morceaux assez gros pour former des pavés, et pour être employés en constructions; mais l'expérience a fait connaître que leurs surfaces sont trop

[1] La taille du grès est dangereuse pour les ouvriers qui le piquent; ce travail exige de leur part des précautions particulières, à cause d'une poussière extraordinairement fine qui en sort. Cette poussière est si subtile, qu'elle passe au travers des pores du verre. On a éprouvé que le fond d'une bouteille bien bouchée et cachetée, posée auprès d'un tailleur de grès, en était couvert au bout de deux ou trois jours.

Cette poudre cause aux piqueurs de grès une toux très-fâcheuse, surtout lorsqu'ils ne travaillent pas en plein air. Pour s'en garantir, les ouvriers accoutumés à ce travail, ont la précaution de se placer de manière que le courant d'air chasse cette poussière en dehors.

On se sert de pierres de grès pour bâtir dans plusieurs pays où il s'en trouve de propres à cet usage. Le grès, employé comme pierre de taille, fait de bonnes constructions, quand cette pierre est bien choisie; mais il n'en est pas de même lorsqu'elle est employée comme moellons, parce que le mortier, qui fait la principale force de ce genre de construction, ne se lie pas bien avec le grès. C'est une des raisons qui en a fait proscrire l'usage à Paris; d'ailleurs la bonne pierre et le bon moellon y sont assez abondans, et souvent coûtent moins.

lisses pour que le mortier ou le ciment puisse s'y attacher fortement et former un ouvrage solide[1].

De la pierre de meulière.

Cette pierre est un composé de concrétions quartzeuses et grossières dont le tissu est criblé de trous; on en distingue de deux espèces, l'une qui se trouve par bancs ou grandes masses, propre à faire des meules de moulin d'une seule pièce, et l'autre en roches ou morceaux isolés et épars dans les campagnes, avec lesquels on forme des meules de plusieurs pièces. Il y en a qui se débitent en petits morceaux pour être employés comme moellons dans les ouvrages de maçonnerie.

On trouve des carrières de la première espèce à Montmirel, département de la Marne, aux environs de La Ferté-sous-Jouarre, département de Seine-et-Marne; à Menotey et Moissey, département du Jura et à Châtellerault, département de la Vienne. On en trouve de la seconde espèce dans les environs de Paris, et à Houlbec près de Pacy, département de l'Eure.

Les pierres de meulière, débitées en moellons, étant employées avec du mortier, forment une excellente maçonnerie, parce que le mortier s'y attache fortement et s'insinue dans toutes les cavités de manière à former une liaison solide.

La meulière qu'on emploie à Paris vient des environs de Corbeil, où elle se trouve à un pied ou deux de profondeur en terre; les paysans l'extraient en labourant leurs champs, et en font des tas qu'ils vendent à la voiture à des marchands qui la transportent à Paris.

---

[1] La terrasse au-dessus de l'Observatoire de Paris avait été pavée avec des cubes de cette espèce de pierre, enchâssés dans une forte couche de ciment. Cet ouvrage, fait avec le plus grand soin, n'ayant pu garantir cet édifice des filtrations qui détruisaient les voûtes, Germain Soufflot avait le projet de remplacer ce pavé par une forte couche du ciment Loriot; mais, sur les observations que je lui fis, il s'était déterminé à une couverture en pierres à recouvrement dont je lui avais présenté les détails, et qui différait de celle qui a été exécutée depuis.

En visitant l'ancien pavé avec cet habile architecte, dans le temps où on travaillait à le supprimer, je lui fis remarquer que ces pavés n'adhéraient presque pas au ciment, et que, lorsqu'ils n'étaient pas retenus par leur forme dans l'espèce d'alvéole où ils se trouvaient placés, on les en retirait facilement sans qu'il restât aucune trace de mortier sur les faces de ces sortes de pavés, et que celles de l'alvéole restaient lisses.

Des roches composées.

Ces espèces de roches sont formées d'un mélange de différens débris de pierres de diverses natures, fortement unis entre eux et composant des masses d'une très-grande dureté : tels sont les granites et les porphyres.

ART. II. — BASALTES ANTIQUES ET MODERNES.

Nous venons d'exposer, dans leur ordre minéralogique, les matières comprises par les lithologistes modernes sous la dénomination générale de pierres. Bien que cet ordre eût dû naturellement déterminer celui à suivre dans leur description, nous avons cependant préféré les classer d'après le degré de mérite qu'elles ajoutent aux ouvrages d'art en raison de la difficulté de les travailler, et le rang que leurs qualités leur assignent dans les combinaisons de l'art de bâtir.

Des basaltes antiques.

Le basalte qui, selon Pline, venait de la Haute-Égypte ou de la Thébaïde, est une espèce de lave d'un gris noir et quelquefois verdâtre Cette pierre a le tissu serré, le grain fin, et prend un beau poli; elle est brillante dans ses fractures; on n'y découvre point de corps étrangers; sa dureté la rend difficile à travailler. Le basalte antique est très-rare; on trouve cependant à Rome des statues faites de cette pierre, surtout des figures égyptiennes [1].

Le basalte vert foncé des anciens est infiniment plus précieux et plus rare que les basaltes gris et noirs [2].

---

[1] Les lions que l'on voit au bas de l'escalier du Capitole, et les sphinx de la Villa Borghèse sont de basalte noir.

[2] Les plus beaux morceaux qui nous soient parvenus sont : 1°. la cuve ovale qui forme les fonts baptismaux du baptistère de Saint-Jean-de-Latran, à Rome; elle est d'un basalte noir tirant sur le vert : sa longueur est de 5 pieds (1 mètre 624 millimètres) sur 2 pieds 6 pouces de large (812 millimètres).

2°. Deux tombeaux d'un vert foncé avec des veines de chalcédoine, découverts, en 1792, dans une vigne près de l'église de Saint-Césaire et des thermes de Caracalla. La longueur de ces tombeaux est d'environ 6 pieds (2 mètres). Ces tombeaux sont les seuls morceaux de basalte de cette espèce que l'on connaisse.

Des basaltes modernes.

Dans le duché de Deux-Ponts, la montagne de Landsberg offre une masse de rocher qui paraît être un véritable basalte. La bande de ce rocher se prolonge à l'ouest par le vallon de Sitters.

La montagne de Meisner, dans la Basse-Hesse, renferme un amas de houille et de bois fossile recouvert par un massif très-considérable de basalte. Cette couche, dont la surface inférieure forme des sinuosités, sans cesser néanmoins d'être continue, a une épaisseur qui varie depuis quelques pieds jusqu'à plusieurs toises.

Quoique le basalte soit un produit volcanique, M. Gioeni, professeur d'histoire naturelle à Catane, en Sicile, observe cependant, dans son Essai sur la Lithologie du Vésuve, que le basalte y est très-rare, tandis qu'il est très-commun à l'Etna, qui paraît en être composé depuis sa base jusqu'à son sommet.

Le basalte se trouve souvent par colonnes prismatiques dont la base est un polygone; on en voit de cette manière à Saint-Tiberi, près d'Agde, et au Puy-de-Dôme, près de Clermont, dont les prismes sont réguliers, articulés et de toutes grosseurs. On en trouve en Italie, du côté de Padoue, qu'on avait pris pour des monumens étrusques.

La pierre de Stolpen, en Poméranie, est de même genre; les colonnes prismatiques qu'elle forme ont jusqu'à 14 pieds de hauteur d'une seule pièce (4 mètres 548 millimètres). Les polygones qui forment leurs bases ont depuis cinq jusqu'à huit côtés; il y en a aussi de quadrangulaires qui ressemblent à des pièces de bois équarries. La position de ces prismes est perpendiculaire au sol; ils sont placés les uns à côté des autres comme des tuyaux d'orgue. Il s'en trouve aussi en Allemagne, auprès de Marienbourg.

Les carrières les plus curieuses de cette espèce de pierre sont celles appelées la Chaussée des Géans, dans le comté d'Antrim, au nord de l'Irlande. Elles présentent un assemblage immense de prismes, dont quelques-uns ont plus de 40 pieds de hauteur (13 mètres); ils diffèrent de la pierre de Stolpen en ce que les prismes ne sont pas d'une seule pièce, mais composés d'articulations qui les divisent en plusieurs morceaux posés l'un sur l'autre. Les joints naturels de chaque articulation sont formés par des surfaces convexes et concaves, qui s'ajustent exactement l'une avec l'autre. Chaque morceau a environ 18 pouces de haut (un demi-mètre), et 20 pouces de diamètre (542 millimètres). Cette carrière immense forme une espèce de digue composée de plus de 30 mille prismes.

ART. III. — DES PORPHYRES ANTIQUES ET MODERNES.

Le porphyre est un caillou de roche opaque, plus dur que le granite, dont les parties sont plus compactes et mieux liées. La base de cette espèce de pierre est le *petrosilex*, les petites taches dont il est marqueté sont de quartz laiteux ou de feldspath; on y voit aussi des points noirs et brillans. Il se trouve du porphyre rouge et du vert. Le premier est d'un rouge foncé, couleur de pourpre, dont il tire son nom; il est semé de petites taches irrégulières blanchâtres, et quelquefois de noires et brillantes. Celui dont les taches sont jaunes est appelé brocatelle d'Égypte.

Le porphyre vert a des taches plus grandes; il s'en trouve de presque carrées, de rectangulaires et de formes irrégulières; elles sont blanches et verdâtres sur un fond presque noir. Les anciens l'appelaient ophite ou serpentin, à cause de sa ressemblance avec la peau de certains serpens. Les Italiens modernes le désignent sous le nom de *verde antico* ou *serpentino antico orientale*.

Les anciens tiraient leurs porphyres d'Égypte, de Numidie, d'Éthiopie, des bords de la mer Rouge, des îles de l'Archipel, et de plusieurs endroits de l'Italie.

Des porphyres qui se trouvent en France et autres pays.

Dans le département de la Loire-Inférieure, à une demi-lieue de Châteaubriant, près d'un village nommé les Fougeraies, on trouve une espèce de porphyre dont les couleurs sont très-vives; il est parsemé de taches rouges et blanches, qui se détachent sur un fond violet foncé.

Le porphyre qu'on trouve dans les montagne de l'Esterel ou du Puget, département du Var, est semblable au porphyre rouge antique; il en a la dureté [1]. Il y a un grand rocher auprès de Roquebrune d'où

[1] On prétend que les bustes et les urnes de la galerie de Versailles sont de ce porphyre, ainsi que la grande cuve de Saint-Denis.

l'on tire deux espèces de porphyres, dont l'un est semblable au précédent et l'autre plus tendre.

Dans le département de la Côte-d'Or on trouve, près d'un endroit appelé Fixin, du porphyre *rouge semé de taches blanches*, qui reçoit un beau poli; mais il est moins dur que celui d'Esterel.

On trouve aussi du porphyre dans le département des Vosges, auprès de Remiremont.

Les porphyres modernes les plus connus, qui se trouvent hors de France, sont ceux de Transylvanie, de Norwége, de Suède et de Saxe. Le porphyre rouge de Dalécarlie, province de Suède [1], et celui de Wilsdorf, en Saxe, sont fort beaux, et comparables à ceux que les anciens tiraient d'Égypte et de Numidie.

* * *

NOTES

SUR LES PORPHYRES ANTIQUES.

Détail des principaux ouvrages connus, exécutés en cette matière,
par les anciens.

La dureté extraordinaire de cette pierre a fait croire que les anciens avaient une manière particulière de la travailler, et un secret pour la trempe des outils qui a été perdu; cependant on en fait encore des vases, des colonnes et des ouvrages précieux. Léon-Baptiste Alberti prétendit avoir trouvé un moyen de donner aux outils une dureté assez grande pour le travailler comme le

---

[1] On voit depuis quelque temps, à Paris, des vases, des colonnes et des tables en porphyre et granite de Suède : ces divers objets donnent une haute idée des procédés employés pour l'exploitation de ces matières. Sous les rapports de l'exactitude des formes et du fini de l'exécution, ces ouvrages peuvent soutenir avantageusement le parallèle avec ce que les anciens nous ont laissé de plus parfait en ce genre. De pareils résultats, et la modicité de leur prix, déposent, sans doute, des perfectionnemens apportés dans les moyens d'opérer un travail si difficile.

L'avis suivant, consigné dernièrement dans les journaux, peut encore servir à faire juger de l'étendue de ces moyens : « On vient de tailler, pour le compte de S. M. suédoise, dans la mine de porphyre d'Elfeldahl, un vase colossal, d'après un vase antique d'Herculanum; il a 9 pieds de hauteur, sur 12 de largeur, pèse 165 quintaux, et peut contenir 1,007 mesures de Suède (Kannehn), environ 2,770 pintes (25 hectolitres, 87 litres, 55 centilitres).

marbre, en les trempant avec du sang de bouc ; mais l'expérience n'ayant pas répondu à ses prétentions, en 1555, le duc Côme de Médicis chercha, en distillant différentes herbes, une liqueur qui pût produire ce que ne faisait pas le sang de bouc. Il crut l'avoir trouvée. Un artiste, nommé François Tadda, fit avec des outils ainsi trempés un bassin et quelques bas-reliefs, ce qu'on n'avait pas encore exécuté ; les modernes n'ayant pu jusqu'alors donner au porphyre qu'une forme ronde ou plate. La découverte de Côme de Médicis n'a pas eu de suite, ou parce qu'elle n'était pas aussi réelle qu'il le croyait, ou parce qu'il a gardé son secret ; mais le sang de bouc et les liqueurs distillées, n'ont probablement pas plus de vertu pour la trempe des outils que l'eau commune dont on se sert ordinairement pour cet objet. On ne cherche, en trempant les outils, que l'avantage de les rendre plus durs en rapprochant leurs parties. Ainsi, toute liqueur qui aura un certain degré de froid, pourra produire cet effet ; Guettard pense que l'eau commune est pour le moins aussi bonne que toutes les liqueurs distillées et le sang de bouc, ou d'autres animaux. Il ne s'agit peut-être, pour réussir à travailler le porphyre et exécuter ce que faisaient les anciens, que d'y mettre beaucoup de temps, et d'y apporter de la patience et de la persévérance : c'est ce que j'ai éprouvé en faisant travailler sous mes yeux plusieurs ouvrages en cette matière, par un ouvrier adroit et patient.

Il est à présumer que ce ne fut que sous le règne des Ptolomées que l'on commença à travailler le porphyre. Dans la suite, les empereurs romains l'employèrent pour la décoration des thermes et de leurs palais ; ils en firent faire des colonnes, des cuves pour les bains, des tombeaux, des vases, des tables, des pavés, des bustes et même des statues.

Les plus grandes colonnes de porphyre qui existent sont celles qui sont à Sainte-Sophie de Constantinople, auxquelles Daviler donne 40 pieds de haut (12 mètres 994 millimètres) Il s'en trouve une très-grande quantité à Rome, mais pas d'aussi hautes.

Dans l'église de Saint-Paul hors les murs, on compte trente colonnes de porphyre, dont quatre de 20 pieds 7 pouces 6 lignes de haut (6 mètres 7 décimètres) sur 2 pieds 7 pouces de diamètre (839 millimètres).

Les huit colonnes de porphyre du baptistère de Saint-Jean-de-Latran sont très-belles, mais elles sont inégales ; le diamètre des plus grosses est de 21 pouces (568 millimètres) sur 14 pieds de haut (4 mètres 548 millimètres).

Les colonnes des petits autels du Panthéon de Rome ont 16 pouces 6 lignes 447 millimètres) sur 10 pieds 10 pouces $\frac{7}{}$ (3 mètres 537 millimètres) de hauteur.

On compte 16 colonnes de porphyre à Sainte-Marie-Majeure, 4 à Saint-

Barthélemy dans l'Isle, 4 à Saint-Marc, 4 à Sainte - Marie-*in-Transtevere*, 4 à Saint-Laurent hors les murs, 2 à Sainte-Marie de la Navicella, et 2 à Saint-Pancrace.

Colonnes en porphyre vert.

Les plus belles et les plus grandes colonnes faites de cette espèce de porphyre, sont les deux qui se voient au palais des Conservateurs au Capitole, à Rome; elles ont 11 pieds de haut (3 mètres 573 millimètres) sur environ 17 pouces de diamètre (460 millimètres).

Les niches qui décorent la nef de l'église de Saint-Jean-de-Latran sont ornées de vingt-quatre colonnes de vert antique, mais elles sont d'un petit diamètre.

Les quatre de la chapelle du Saint-Sacrement, qui sont les plus grandes, n'ont guère que 3 mètres de hauteur.

A Saint-Paul-des-Trois-Fontaines, il y en avait deux fort belles qu'on a transportées au muséum du Vatican.

Dans l'église de Sainte-Marie-*in-Campitelli*, l'autel de la chapelle de Sainte-Anne est orné de deux colonnes de vert antique.

On en voit aussi de fort belles à la villa Borghèse, à la villa Médicis, au palais Justiniani.

Dans les ruines du palais des Césars, qui ont été découvertes dans les jardins Farnèse, près l'arc de Titus, on a trouvé des débris de fort grosses colonnes de vert antique brisées et gâtées par le feu.

Les cathédrales de Saint-Marc à Venise, de Pise, sont décorées d'une infinité de colonnes tirées des anciens édifices de Constantinople, dont plusieurs sont en porphyre et en vert antique.

Tombeaux en porphyre.

Un des plus beaux est celui vulgairement nommé d'Agrippa, placé autrefois dans une des grandes niches extérieures du Panthéon de Rome, et qui en a été retiré pour être employé au mausolée de Clément XII, à Saint-Jean-de-Latran. Sa longueur est de 7 pieds 4 pouces (2 mètres 382 millimètres) sur 4 pieds un pouce de largeur (1 mètre 326 millimètres), et autant de hauteur.

Dans l'église de Sainte-Constance hors les murs, est un superbe tombeau de porphyre orné de bas-reliefs en forme de frise, avec des enfans qui vendangent, des têtes, des guirlandes et des figures d'animaux. Ce tombeau est de deux pièces; la partie formant le coffre a 7 pieds 5 pouces et demi de long (2 mètres 405 millimètres) sur 5 pieds de largeur (1 mètre 624 millimètres), et 3 pieds 10 pouces de haut (1 mètre 245 millimètres). L'autre pièce, formant le dessus, a 7 pieds 7 pouces et demi de long (2 mètres 462 millimètres) sur 3 pieds 2 pouces de large (1 mètre 678 millimètres), et 1 pied d'épaisseur (324 millimètres).

Le tombeau de sainte Hélène, qui est à Saint-Jean-de-Latran, est de même matière et de même forme, orné aussi de sculptures.

On voit au muséum du Vatican un des plus grands tombeaux de porphyre qui soient à Rome; il fut trouvé avec celui de sainte Hélène sur la voie Labicane, près du chemin de Palestrine; il est orné de bas-reliefs où l'on voit un lion et trois enfans avec des festons, un combat à cheval et des prisonniers au-dessous.

Dans l'église de Saint-Jean et Saint-Paul, l'autel de saint Saturnin est formé d'un beau tombeau de porphyre, dans lequel repose le corps de ce saint.

A Sainte-Marie-Majeure, l'autel pontifical est composé d'un tombeau antique de porphyre, dont la longueur est de 7 pieds (2 mètres 274 millimètres) sur 3 pieds 10 pouces de large (1 mètre 245 millimètres) et 2 pieds de haut (650 millimètres).

Le tombeau de Carle Marrate, qui est dans la rotonde des thermes de Dioclétien, faisant partie de l'église de Sainte-Marie-des-Anges, est orné d'une urne antique de porphyre.

Le tombeau du comte de Caylus, placé d'abord dans l'église de Saint-Germain-l'Auxerrois, vient du palais Vérospi à Rome; il fut acheté par M. Bouret, et cédé à M. le comte de Caylus, qui en a donné la description dans le tome VIII de ses Antiquités. Suivant M. Lalande, c'est le seul tombeau de porphyre qui soit à Paris.

Dans l'église de Saint-Nicolas-*in-carcere*, près de la place de Montanara, on voit sous le grand autel un ancien tombeau de porphyre noir, où il y a deux têtes égyptiennes en relief. Ce porphyre est remarquable, parce qu'on le croit unique en son espèce.

A Ravenne, dans le couvent de Saint-Apollinaire, on voit le tombeau du roi Théodoric, formé d'une cuve en porphyre de huit pieds de long (2 mètres 599 millimètres) sur quatre de hauteur (1 mètre 299 millimètres), et autant de largeur, provenant de quelques bains antiques.

La cuve du roi Dagobert, qui se voyait à Saint-Denis, avait 5 pieds 3 pouces de long (1 mètre 705 millimètres) sur 2 pieds 2 pouces de large (705 millimètres), et 16 pouces de profondeur (433 millimètres). Dagobert la fit venir de Poitiers, où elle servait de fonts baptismaux.

Il se trouve beaucoup de bustes d'empereurs, faits en porphyre, et plusieurs figures, entr'autres la Rome antique du Capitole.

Après avoir examiné attentivement ces divers ouvrages, on reconnaît avec étonnement que cette matière semble ne pas avoir offert plus de difficultés aux travaux de la sculpture, qu'à l'exécution des formes régulières des élémens de l'architecture.

ART. IV. — GRANITES ANTIQUES ET MODERNES.

Des granites antiques.

On désigne en général sous le nom de granites, une espèce de pierre fort dure, composée de petites parties ou grains, de nature et de couleurs différentes, qui sont fortement réunis. Ce nom est moderne, il vient de l'italien *granito* : c'est l'apparence qui résulte de ces grains différemment colorés qui l'a fait appeler ainsi[1].

Les Grecs nommaient cette espèce de pierre *pyropœcilon*, et les Romains la désignaient sous le nom de *marbre syénite* ou *thébaïque*.

Les granites paraissent composés de trois matières principales, que les minéralogistes distinguent sous les noms de *quartz*, de *pétrosilex* et de *mica*. La première est de la nature des pierres de meulière, la seconde de celle du caillou, la troisième est la partie brillante en forme de paillettes, qui se trouve mélangée aux deux autres.

La dureté du granite varie en raison des parties qui le composent; le plus beau et le plus dur est celui où le quartz et le pétrosilex dominent, comme dans le granite d'Égypte, appelé oriental.

Les Égyptiens sont, de tous les peuples connus, ceux qui paraissent avoir fait les premiers usage du granite pour élever des temples et des monumens, qui, par la solidité de leur construction et la dureté de la matière, ont résisté, depuis plusieurs milliers d'années, à toutes les intempéries de l'air, et aux dévastations des différens peuples qui ont successivement fait la conquête de l'Égypte.

Les carrières de granite, les plus anciennes, se trouvent depuis Syène ou Assuan jusqu'aux cataractes du Nil; elles sont situées sur le flanc des montagnes. On y voit encore des blocs ébauchés d'une très-grande longueur, qui paraissent avoir été préparés pour des obélisques et des colonnes. Cette espèce de roche, qui n'a point de lits, se trouve par masses d'une très-grande dimension, dont on peut tirer des morceaux d'une grandeur considérable. Ces ébauches font voir comment les anciens Égyptiens procédaient pour trancher dans la masse des blocs assez grands pour former des obélisques, des colonnes et même des édifices d'une seule pierre.

---

[1] Plusieurs auteurs écrivent granit; mais cette orthographe ne répond ni à l'étymologie de ce mot, ni à la manière dont il se prononce.

Ils commençaient à tailler dans la masse le devant et le dessus de la pierre dont ils avaient besoin ; ils faisaient ensuite avec des outils minces des tranchées d'environ un décimètre ou trois pouces de largeur, et des trous plus profonds espacés d'environ un mètre pour y enfoncer des coins de fer, ou, suivant quelques auteurs, de bois sec, qu'ils mouillaient pour les faire renfler et détacher la pierre. Il est bon de remarquer que c'est, à très-peu de chose près, la manière dont on exploite encore, dans les carrières, les pierres qui n'ont pas de lits, c'est-à-dire qui ne se trouvent pas par bancs ou couches.

⸻

NOTE

SUR L'EMPLOI DU GRANITE CHEZ LES ANCIENS.

C'est probablement au désir de perpétuer la mémoire de quelques grands événemens, ou de quelques hommes célèbres, qu'il faut attribuer l'idée de travailler le granite, dans un pays où les habitations ordinaires n'étaient qu'en terre et couvertes de roseaux ou de paille.

En consultant ce qui nous reste des annales des anciens Égyptiens, on trouve que les premiers ouvrages en granite, furent faits sous Tosorthrus, roi de Memphis, qui vivait plus de douze mille ans avant l'ère vulgaire, d'après le calcul d'Hérodote, et près de quinze mille ans d'après celui de Diodore de Sicile, c'est-à-dire plus de seize mille ans avant le siècle où nous sommes.

En général, les ruines immenses des anciens édifices d'Égypte attestent le goût des Égyptiens pour tout ce qui était grand et durable; les pierres employées à leur construction étaient d'une grandeur étonnante. Hérodote parle d'un édifice qui faisait partie du temple de Latone, à Buto, dont les murs étaient formés d'une seule pierre de quarante coudées de long sur autant de hauteur. Le plafond qui servait de couverture à cet édifice était aussi d'une seule pierre qui avait quatre coudées d'épaisseur.

Dans un autre endroit, il dit qu'Amasis fit transporter de l'île d'Éléphantine à la ville de Saïs, éloignées l'une de l'autre de vingt journées de navigation, une chapelle formée d'un seul bloc de pierre; sa longueur extérieure était de 21 coudées sur 14 de largeur et 8 de hauteur. Il avait à l'intérieur 18 coudées ⅔ de longueur sur douze coudées de largeur, et cinq de hauteur. Deux mille hommes furent employés pendant trois ans à ce transport.

La masse de ce monument monolythe, en déduisant le vide de l'intérieur était de 1,222 coudées cubiques, et son poids de 440 milliers (ou 208,000 kilogrammes), en supposant qu'il ait été formé de granite ainsi que les obélisques.

Quant à l'autre édifice qui faisait partie du temple de Latone, à Buto, le texte grec d'Hérodote paraît dire que les quatre murs étaient formés d'une seule pierre creusée comme une auge. Dans ce cas, il aurait fallu un bloc dont la solidité aurait été de plus de 64 mille coudées cubiques, et le poids de 22 millions de livres (ou 11 millions de kilogrammes); et quand on supposerait qu'il ne fut transporté qu'après avoir été creusé, son poids aurait encore été de plus de neuf millions de livres (ou quatre millions cinq cent mille kilogrammes).

Après ces monumens, qui ne sont plus connus aujourd'hui que par les récits des anciens historiens, les ouvrages les plus remarquables, exécutés en granite, par les Égyptiens, sont les obélisques. Demeurés seuls, presqu'intacts, après tant de siècles, la plupart se voient encore, soit en Égypte, aux lieux mêmes où les Égyptiens les avaient érigés, soit à Rome, à Constantinople, et autres lieux où les Romains les transportèrent dans la suite.

Nous avons rassemblé, par ordre de grandeur, dans le tableau suivant, les principaux obélisques, d'après les auteurs qui en ont parlé, et les mesures prises sur ceux qui existent encore [1].

---

[1] Les mêmes obélisques se voient, dessinés sur une même échelle, planche 1re. de ce livre et de l'ouvrage.

La figure xv‴ offre en plus grand le bas-relief sculpté sur l'une des faces du piédestal de l'obélisque de Constantinople, et qui a rapport aux moyens employés pour l'érection de cette aiguille. Il en est question au livre neuvième, 2e. section, *mouvement des matériaux*; ainsi que de l'érection de l'obélisque de la place de Saint-Pierre et autres, élevés à Rome par les pontifes.

La figure vi‴ représente la disposition des clefs à double queue d'aronde, en granite, imaginées par Dominique Fontana, pour lier ensemble les trois morceaux de l'obélisque de Constance, élevé par cet architecte devant l'église de Saint-Jean-de-Latran, sous le pontificat de Sixte-Quint.

TABLEAU

Des Obélisques de granite d'Égypte connus, avec leurs dimensions exprimées en coudées moyennes, pieds de Paris et mètres.

(Voy. planche Ire. les mêmes obélisques dessinés sur une même échelle.)

N°	N	Désignation	Coudées moyennes de 14 pouc. 12/10 HAUTEUR	GROSSEUR du haut	du bas	Pieds de Paris HAUTEUR (p. po. l.)	GROSSEUR du haut (p. po. l.)	du bas (p. po. l.)	Mètres HAUTEUR (m. mil.)	du haut (m. mil.)	du bas (m. mil.)
I	2	Grands obélisques dont il est parlé dans Diodore de Sicile.	120	6	9	148 6 2	7 6 2	11 1 7	48.239	2.412	3.616
II	2	Obélisques de Nuncoréus, fils de Sésostris, selon Hérodote, Diodore de Sicile et Pline.	100	5	8	123 9 0	6 2 3	9 10 9	40.199	2.009	3.214
III	1	Obélisque de Rhamessès, transporté à Rome par Constance.	90	4 2/7	7 1/7	111 4 6	5 10 0	9 7 1	36.179	1.895	3.115
IV	2	Obélisques attribués par Pline à Smerrés et Eraphius.	88	4 1/2	7 1/2	108 10 9	5 6 10	9 3 4	35.374	1.809	3.014
V	1	Obélisque de Nectanebis, élevé auprès du tombeau d'Arsinoé par Ptolomée Philadelphe.	80	4	7	99 0 0	5 0 0	8 8 0	32.159	1.624	2.815
VI	1	Obélisque de Constance, restauré et placé auprès de Saint-Jean-de-Latran.	80	4 1/7	7 1/4	99 0 0	5 10 0	9 0 0	32.159	1.895	2.923
VII	1	Partie de l'un des obélisques du fils de Sésostris, dressé actuellement au milieu de la place de Saint-Pierre de Rome.	63	4 1/12	7 1/16	78 0 0	5 6 0	8 9 4	25.135	1.786	2.887
VIII	2	Autres à Luxerein.	60	4	6	74 3 0	5 0 0	7 6 2	24.119	1.624	2.441
IX	1	Obélisque d'Auguste, provenant du grand cirque, dressé sur la place de la Porte du peuple à Rome.	59 1/2	3 1/2	5 3/7	73 6 9	4 3 6	7 0 0	23.896	1.394	2.273
X	2	Il existe encore dans les ruines de Thèbes, deux obélisques de.	55 1/7	4	5 1/2	68 4 2	4 9 0	7 0 4	22.202	1.543	2.283
XI	1	Obélisque d'Auguste, élevé par Pie VI, sur la place de Monte Citorio.	54 1/7	4	6	67 6 4	4 8 4	7 6 0	21.936	1.525	2.436
XII	2	Obélisque d'Alexandrie, vulgairement appelé aiguille de Cléopâtre, et celui d'Héliopolis.	51	4	6	63 0 0	4 11 0	7 6 0	20.465	1.570	2.463
XIII	1	Obélisque que Pline attribue à Sothis.	48	3 1/2	6	59 4 9	4 3 6	7 6 0	19.294	1.394	1.570
XIV	2	Obélisques dans les ruines de Thèbes.	48	3 1/2	6	59 4 9	4 3 6	7 6 0	19.254	1.394	1.570
XV	1	Grand obélisque de Constantinople.	45	3 1/3	5 1/2	56 0 0	4 3 6	6 9 8	18.190	1.394	2.210
XVI	1	Obélisque de la place Navone, tiré du cirque de Caracalla.	41 1/7	2 1/7	3 1/4	51 6 9	2 9 0	4 1 6	16.749	0.893	1.340
XVII	1	Obélisque d'Arles.	38	3 1/2	5 1/7	47 0 0	4 3 6	7 0 9	15.267	1.394	2.273
XVIII	1	Obélisque de Sainte-Marie Majeure, tiré du Mausolée d'Auguste.	36 1/7	2 1/7	3 1/7	45 4 6	2 9 9	4 4 6	14.739	0.913	1.421
XIX	1	Obélisque des jardins de Salluste, d'après Mercati.	36 1/7	2 1/2	3 1/7	45 4 6	2 9 9	4 0 9	14.739	0.913	1.320
XX	1	Obélisque de Bijije en Égypte.	32 1/2	2	3 1/3	40 3 9	2 9 9	4 0 0	13.095	0.803	1.299
XXI	1	Petit obélisque de Constantinople, selon Gyllius.	28	3	4 1/2	32 1 0	3 8 6	5 6 10	10.422	1.205	1.809
XXII	1	Obélisque de Barberini.	25 1/7	1 1/7	2 1/7	28 2 3	2 0 6	2 9 0	9.156	0.663	0.893
XXIII	1	Obélisque de la villa Mathei.	20	1 1/7	2 1/7	24 9 0	2 1 0	2 9 0	8.040	0.677	0.823
XXIV	1	Obélisque de la place de la Rotonde.	15 1/7	1 1/7	2	18 10 10	2 0 0	2 4 10	6.141	0.650	0.742
XXV	1	Obélisque de la place de Minerve.	14	1 1/7	1 1/2	16 6 0	1 10 8	2 2 1	5.360	0.613	0.787
XXVI	1	Obélisque de la villa Médicis.	12 1/6	2 1/7	1 1/2	15 1 6	1 10 3	2 2 9	4.913	0.602	0.725
Total.	33										

Des colonnes et statues de granite d'Égypte d'une seule pièce.

La colonne d'Alexandrie, dite vulgairement colonne de Pompée, est la plus grande que l'on connaisse. Les savans ne sont pas d'accord sur le nom de celui en l'honneur de qui elle fut érigée, parce que les anciens auteurs n'en font pas mention. (Voyez planche IIe., figure 2.)

Quoi qu'il en soit, le fût de cette colonne, qui est d'une seule pièce de beau granite rouge, a 63 pieds 1 pouce 3 lignes de hauteur (ou 20 mètres 498 millimètres); sa grosseur par le bas est de 8 pieds 4 pouces 4 lignes (ou 2 mètres 716 millimètres), et par le haut de 7 pieds 2 pouces 8 lignes (ou 2 mètres 345 millimètres) : ces dimensions produisent un cube de 3031 pieds (ou 103 mètres $\frac{82}{100}$) et un poids de 577,405 livres (ou 282,645 kilogrammes). Ce poids est de près d'un tiers plus considérable que celui de l'édifice monolithe qu'Amasis fit transporter à Saïs; mais il n'est que les trois quarts du poids de l'obélisque de la place de Saint-Pierre.

On peut croire que cette colonne a été formée d'un fragment de quelque ancien obélisque. Sa proportion, qui est d'un peu moins de 9 diamètres et demi, compris base et chapiteau, ainsi que la manière dont les moulures de la base et du piédestal sont profilées, indiquent plutôt le style de l'architecture grecque que celui de l'architecture romaine.

Après la colonne d'Alexandrie, dite de Pompée, la plus grande de granite d'une seule pièce était celle dont les fragmens se trouvent près le Monte-Citorio, à Rome. La longueur du fût, compris l'astragale du haut et le listel du bas, est de 45 pieds 6 pouces 2 lignes (ou 14 mètres 784 millimètres); son diamètre par le bas est de 5 pieds 8 pouces (ou 1 mètre 840 millimètres); c'est l'empereur Trajan qui la fit venir d'Égypte. Dans la suite, elle fut élevée à Rome en l'honneur d'Antonin le Pieux.

Benoît XIV devait la faire élever au devant du palais de Monte-Citorio; mais l'entreprise fut abandonnée, et il n'y eut que le piédestal d'érigé.

Les plus grandes colonnes de granite d'une seule pièce qui existent à Rome, après celles que nous venons de citer, sont celles du portique du Panthéon, dont la hauteur est de 36 pieds 8 pouces (ou 11 mètres 910 millimètres). (Figure 6.)

Deux autres dans l'église de Saint-Paul hors les murs, qui soutiennent l'arcade qui termine la nef du milieu, dont la hauteur est de 36 pieds (ou 11 mètres 694 millimètres).

Celles des thermes de Dioclétien sont de même hauteur. Une des colonnes des thermes de Caracalla, élevée à Florence, auprès du pont de la Trinité, est aussi de même grandeur. (Figure 7.)

Les anciens Egyptiens remplaçaient quelquefois les colonnes par des figures colossales en granite. Ils faisaient en outre des statues d'une grandeur prodigieuse. Diodore de Sicile en cite de 24 à 30 coudées de haut, formées d'un seul bloc. Mais l'ouvrage le plus étonnant en ce genre est la statue du roi Osymandyas, faite par un sculpteur que Diodore appelle Memnon le Syénite. Pour donner une idée de cette figure colossale, qui passait pour la plus grande de toute l'Égypte, cet auteur dit que la longueur de ses pieds était de plus de sept coudées; et comme le moindre rapport du pied d'une figure avec sa hauteur est de six fois et demie, on peut en conclure que, si cette figure eût été debout, sa hauteur aurait été de 45 coudées et demie (ou 17 mètres 291 millimètres); mais comme elle était assise, sa grandeur devait être de 36 coudées (ou 14 mètres 472 millimètres).

Les artistes français qui ont fait partie de l'expédition d'Egypte, ont retrouvé dans les ruines d'un monument de la plaine de Thèbes les fragmens d'un colosse qui présentent plusieurs rapports identiques avec la statue décrite par Diodore.

DES GRANITES, LES PLUS CONNUS QUI SE TROUVENT EN EUROPE.

Granites d'Italie.

Les principaux, c'est-à-dire ceux qui se trouvent en plus grandes masses, sont les granites des îles de Sardaigne, de Corse et d'Elbe. Parmi ceux de l'île de Corse, il y en a qui sont d'un vert de pré pâle avec de petites taches blanches et noires, et d'autres qui sont roux avec des taches blanches. Ceux de l'île d'Elbe sont à peu près de la même couleur; le plus beau se tire d'une montagne appelée Poloneta. Il y en a d'une autre espèce dont le fond est gris tacheté de points noirs et blancs, qui paraît être celui que les anciens appelaient psaronien.

La Toscane fournit aussi des granites. Celui que l'on appelle *Granito di Arno* est olivâtre, piqueté de points blancs et bruns.

Un autre, que l'on tire auprès de la rivière de *Grassino*, est d'un rouge foncé avec des taches blanches et noires. Celui qu'on appelle dans le pays *Minierale della Grassina*, est gris parsemé de taches blanches.

Il se trouve dans les environs du lac Majeur deux espèces de granite dont on fait usage pour bâtir dans le Milanais. L'un, appelé *Migliarolo rosso*, se tire de la *terra di Bravano*; il est picoté de points gris, rouges, noirs et blancs.

L'autre, appelé *Migliarolo bianco*, est marqueté de petites taches grises et noires, sur un fond blanc; il se tire de la *terra di Montorfano* [1].

Il se trouve une autre espèce de granite, appelé *Ceppo di Gerone*, qui paraît être un composé de fragmens de différentes couleurs unies par un ciment grisâtre, qui n'a pas beaucoup de dureté [2].

Des granites de France.

Il se trouve des granites dans presque tous les départemens, surtout dans ceux de la Manche, des Côtes-du-Nord, du Finistère, du Morbihan, de la Loire, de la Charente-Inférieure, de la Creuse, du Puy-de-Dôme, de la Côte-d'Or, du Lot, des Hautes et Basses-Pyrénées, de l'Ariège, des Pyrénées-Orientales, des Bouches-du-Rhône, du Var, des Hautes et Basses-Alpes, de la Drôme, de l'Isère, du Haut et Bas-Rhin, des Vosges, de la Meurthe et de la Moselle.

Le granite du département de la Manche est d'un grain grossier qui prend difficilement le poli; on s'en sert comme pierre de taille [3].

Auprès de Saint-Lo, il se trouve un espèce de granite pointillé de jaune et de brun, qui est dur, compacte et susceptible de recevoir un assez beau poli.

Le granite qu'on nomme carreau de Saint-Sever, qui se tire dans la forêt du Gast, est très-dur; il est tacheté de gris et de blanc, et se polit très-bien. On le débite facilement avec des coins de fer; c'est vraisemblablement ce qui lui a fait donner le nom de carreau. Il s'en trouve un autre plus dur et plus foncé appelé carreau de Gatmos, et un autre plus tendre et d'un ton plus clair appelé carreau du Champ-du-Bout.

Les granites des départemens du Calvados, du Finistère et des Côtes-du-Nord sont de qualités inférieures, et ne sont propres que pour de

---

[1] Presque toutes les colonnes des portiques, péristyles et églises de Milan, ainsi que des villes circonvoisines, sont faites de cette pierre, de même que les architraves, les montans de portes, les appuis et les marches d'escaliers.

[2] On s'en sert pour les ouvrages d'un caractère rustique, où il fait un très-bon effet. On en fait aussi usage pour les murs de ville et canaux.

[3] Les ouvrages des ports de Saint-Malo, de Granville et de Cherbourg sont construits avec cette espèce de granite.

grosses constructions. Il se trouve cependant auprès de Quimper une espèce de granite noir dont le grain est fin, et qui se taille bien en sortant de la carrière.

Dans le département du Morbihan, près du port de Lorient, on tire du granite assez beau, dont le fond est gris de lin, avec des taches blanchâtres de formes carrées; il est susceptible de recevoir un assez beau poli. Dans l'île d'Aran, qui est auprès, on trouve une espèce de granite d'un jaune pâle, semé de petits points bruns avec des paillettes argentées de talc.

Dans le département de la Loire, il y a, dans les environs de Nantes, une sorte de granite pointillé de jaune et de brun qui est plus ou moins foncé; il y en a qui est presque noir par la quantité de taches brunes qu'il contient. Ces granites sont très-durs et compactes, et peuvent recevoir un aussi beau poli que les granites antiques. Le granite qui se trouve à Erbée, à deux lieues de Châteaubriant, est d'un gris roux avec de petites taches blanches, rouges et bleuâtres.

Dans le département de la Charente-Inférieure, aux environs de La Rochelle, on trouve une espèce de granite tacheté de blanc, de jaune et de brun, qui est assez beau. Depuis Thiers jusqu'à Rochefort, le chemin est naturellement pavé de granite gris, blanc et rouge, remarquable par de grandes plaques quartzeuses ou spatheuses d'un assez beau blanc. Depuis Rochefort jusqu'au Bouin, on voit des granites rouges, mais moins fréquemment que des gris et blancs.

Dans le département de l'Orne il y a deux espèces de granite; l'un appelé *pierre d'Artrai*, dont le grain est un peu gros; l'autre, *de Pont-Percé*, a le grain plus beau et mieux lié. Les granites du département de la Haute-Vienne tiennent le milieu entre les deux espèces précédentes. Le grain est plus gros que celui du granite du Pont-Percé et moins beau. Ces différentes espèces de granite sont marquetées de points bruns et jaunâtres, avec des paillettes talqueuses moins abondantes que dans ceux du département du Morbihan. Le brillant doré et argenté de ces paillettes donne de l'éclat au blanc et au brun de ces granites.

Dans le département de l'Ariége, près de la ville de Pamiers, on trouve beaucoup de granites susceptibles de recevoir un beau poli. Toute la partie des monts Pyrénées qui avoisine cette ville est semée, de roches de granite dont quelques-unes sont d'une grosseur considérable.

On trouve dans le département des Bouches-du-Rhône, à Pennafort, des granites à fond blanc tachetés de gris et de noir, d'une assez grande dureté. La vallée de vitrolles est remplie de blocs de granite de différentes couleurs : le plus beau est tacheté de rose et de vert sur une base cristalline mêlée de quartz.

Dans le département de la Drôme, sur les bords du Rhône, près l'embouchure de l'Isère, on trouve des granites d'une bonne qualité.

Les granites du Mont-Dauphin, dans le département des Hautes-Alpes, sont d'une belle qualité et reçoivent un beau poli. Il y en a de deux espèces : l'une est tachetée de grains d'un beau blanc, vert d'olive et brun; l'autre a des grains rouges de cerise, verts et bruns foncés.

On trouve des roches de granite dans les départemens de la Haute-Loire et de l'Ardèche, sur les côtes de Garabie, en deçà et au delà du pont qui est sur la rivière de Truère, ainsi que dans les montagnes près du chemin de Massiac. En général, le granite rouge est commun dans les montagnes qui sont entre celles de Saint-Amant et celles d'Aube.

Le rocher sur lequel est bâtie la ville d'Avallon, dans le département de l'Yonne, est d'un granite rouge susceptible d'un beau poli.

Dans le département de la Côte-d'Or, la ville de Sémur est située sur un rocher de même nature.

Le granite qu'on trouve auprès de Rouvrai, situé sur la route de Dijon à Auxerre, passe pour être le plus beau de France; c'est celui qui a le grain le plus fin, qui reçoit le plus beau poli; il peut être comparé aux plus beaux granites antiques. Il s'en trouve encore de fort beaux dans les environs d'Agey, près de la montagne de Sombernon; il est comparable à celui d'Égypte par sa dureté, sa pesanteur et sa fermeté; il reçoit un assez beau poli; on en trouve des roches d'une grandeur énorme.

Dans le département de Saône-et-Loire, à un quart de lieue au sud de Montbrison, on exploite un granite primitif, à petits grains, dont on tire de gros blocs sans scissures; il est d'un gris blanc, se taille facilement; il est d'un très-bon usage. C'est le seul qu'on emploie à Montbrison et dans les environs comme moellons et pierres de taille.

On trouve dans les montagnes des Vosges des granites de plusieurs espèces, dont les principaux sont le vert, le gris et celui appelé feuille-morte. Ces trois espèces de granite sont fort dures, compactes et susceptibles d'un beau poli. La première est marquetée de petites taches noires et blanches, semées sur un fond verdâtre; les deux autres sont marquetées de noir sur un fond blanc et roux [1].

Granites qui se trouvent dans les autres parties de l'Europe.

Presque toutes les montagnes de Suisse et de Savoie contiennent du granite. Selon M. de la Saussure, les rochers du Mont-Blanc sont de véritables granites.

En Angleterre, dans la province de Cornouailles, on trouve cinq espèces différentes de granites distinguées par leur couleur ou teinte générale; savoir, celles où le blanc domine, le gris bleuâtre ou couleur de pigeon biset, le jaune, le rouge appelé oriental, et le noir ou véritable granite de Cornouailles; ces deux derniers sont d'une extrême dureté.

Dans Hingstone-Downs, à quinze milles de Plymouth, on trouve le granite par gros blocs roulés, et on le refend par le moyen de coins de fer avec une régularité admirable. Il se trouve aussi par bancs sous terre; on le nomme *Moorstone* dans le pays, parce qu'il se rencontre plus fréquemment sur les *moors* ou lieux élevés [2].

On trouve des granites en Allemagne, en Danemarck, en Suède et en Russie.

Le golfe de Finlande est rempli de petites îles d'où l'on tire une grande quantité de granite. Ce granite se trouve par couches de cinq

---

[1] Le péristile extérieur de l'église de Sainte-Geneviève est pavé avec ces deux dernières espèces de granite. La grandeur des carreaux est de 85 centimètres ⅓ (ou 31 pouces 7 lignes) pour chaque côté; ils sont posés en losange, et encadrés par des plate-bandes de même matière, dont la largeur est de 65 centimètres (ou 2 pieds). Voyez, à la deuxième section de ce livre, les expériences faites pour connaître les différens degrés de dureté des granites, marbres et autres matières propres à être employées au pavement des édifices.

[2] C'est ce granite qu'on a employé au revêtement extérieur de la tour du phare d'Édystone, construite sur le roc de ce nom, a l'entrée du canal de la Manche, quatorze milles en mer au sud-ouest de la rade de Plymouth. Il est question, au deuxième Livre, des détails de l'appareil de cette construction.

à six pieds d'épaisseur; on en fait usage à Saint-Pétersbourg pour les murs des quais et autres grands ouvrages. Ce granite est composé de cristaux irréguliers, les uns d'un blanc laiteux, et les autres bruns et noirs; en sorte que le résultat présente une teinte d'un gris roussâtre.

NOTE

SUR L'EXPLOITATION DES GRANITES EN RUSSIE.

Le fameux bloc de granite que l'impératrice de Russie, Catherine II, a fait transporter à Saint-Pétersbourg pour servir de base à la statue équestre de Pierre le Grand, était dans un marais près d'une baie que forme le golfe de Finlande, à une lieue et demie environ du bord de la mer : ce bloc pesait trois millions; il est question des moyens employés pour son transport, au Livre IXe., 2e. Section, *Mouvement des matériaux*.

On a tiré du même lieu 36 colonnes d'une seule pièce, de 7 pieds de diamètre (2 mètres 274 millimètres) sur 56 de longueur (18 mètres 191 millimètres), destinées à former les portiques de l'église de Saint-Isaac à Saint-Pétersbourg. Témoin des travaux de leur exploitation, M. A Montferrand, architecte de S. M. I., en a publié la relation détaillée (*Saint-Pétersbourg*, 1820). Nous avons pensé qu'il pouvait être utile de consigner ici le récit de cette opération, l'une des plus importantes en ce genre, dans les temps modernes. Voici comment il s'exprime :

« Le granite des colonnes de Saint-Isaac est, sans contredit, le plus beau
» connu; il est composé de feld-spath rougeâtre, de quartz brun et de mica
» noir. Il est susceptible de recevoir le poli le plus parfait, et sa dureté est
» telle, qu'il soutiendrait avec avantage la concurrence avec les granites d'O-
» rient.

» Ainsi que chez les anciens, la seule force des bras est le mobile de toutes
» les opérations aux carrières de granite : c'est là que l'on peut observer cette
» parfaite discipline des hommes du Nord qui double les moyens en ajoutant
» l'ordre à la force. Toutes les manœuvres sont commandées par un chef; à sa
» voix les instrumens se placent, tous les bras agissent ensemble; alors des
» masses énormes se détachent et sont renversées lentement au pied de la masse
» dont elles faisaient partie.

» La carrière de l'entrepreneur Soukanoff, dont j'ai parlé plus haut, est pla-
» cée à cent vingt-cinq toises de la mer sur le penchant d'une colline. Sa di-

» mension, à sa base, est de douze toises et demie (24 mètres 363 millimètres
» sur huit (15 mètres 592 millimètres); sa hauteur depuis le sol est de neuf pieds
» (2 mètres 924 millimètres). On commença par en découvrir toute la partie
» supérieure pour s'assurer de son étendue et pour reconnaître si aucune fis-
» sure ne pouvait nuire à la perfection des masses que l'on voulait en extraire;
» elle fut ensuite dégrossie sur ses quatre côtés, et divisée sur sa surface en
» onze parties égales, nombre des colonnes qu'elle pouvait fournir. A chacune
» des divisions mentionnées sur toute la largeur de la masse, l'on pratiqua une
» rigole de quatre pouces d'ouverture (108 millimètres), sur dix (271 milli-
» mètres) de profondeur. Cette rigole se fait par le moyen de marteaux à
» piquer. Les ouvriers la commencent, placés à trois pieds l'un de l'autre sur
» toute son étendue. Lorsqu'elle est achevée, on la divise par des trous à
» six pouces de distance l'un de l'autre, qui, à partir du fond de la rigole,
» traversent la masse d'outre en outre. Ces trous ont deux pouces de diamètre
» à leur ouverture, et un pouce et demi à leur extrémité. On les perce au
» moyen de pics en fer trempé, de diverses longueurs, dont les ouvriers se
» servent en raison de la profondeur. A cet effet deux hommes frappent avec
» des marteaux sur l'extrémité du pic, tandis qu'un troisième le guide en
» lui faisant faire à chaque coup un mouvement de rotation. Pour faciliter
» ce travail et donner plus de mordant à l'instrument, on jette de temps
» en temps de l'eau dans les trous, qui sert aussi à mouiller la poussière
» qui résulte du travail, et on l'enlève avec un bâton émoussé à l'une de ses
» extrémités.

» Afin d'éviter qu'il ne s'introduise des corps étrangers dans ces trous lors-
» qu'ils sont en œuvre ou achevés, l'ouvrier a soin de les tenir exactement
» bouchés avec des chevilles de bois.

» Lorsque tons les trous sont percés jusqu'au bas de la masse on procède
» aux moyens pour détacher complétement la colonne. De forts coins en fer, de
» quinze à dix-huit pouces de longueur , sont alors placés sur toute l'étendue de
» la rigole, à un pouce de distance l'un de l'autre. Ils sont assujettis entre des
» cales en fer, afin de ménager les paremens de la pierre et faciliter leur intro-
» duction. Les ouvriers se placent sur toute la ligne, en sorte que chacun
» puisse avoir en face trois de ces coins. A un signal convenu, tous les bras,
» frappant à la fois, étonnent la pierre qui résonne. C'est alors qu'il faut se
» transporter à l'une de ses extrémités pour la voir, peu d'instans après , se
» fendre lentement, jusqu'au moment où, arrivée au tiers de son épaisseur,
» la fente parcourt, avec la rapidité du trait, le reste de la masse jusqu'au bas.
» Cette fente ne s'écarte jamais de la direction qui lui est donnée par les trous
» nombreux qui déterminent le plan de séparation.

» La masse ainsi fendue, les coins sont remplacés par huit énormes leviers

» en fer de quinze pieds de hauteur. Leur extrémité inférieure est placée dans
» la rigole à des distances égales. La partie supérieure de ces leviers est ter-
» minée par un large anneau, qui reçoit un câble auquel pendent plusieurs
» bouts d'égale longueur. Quarante hommes sont employés à chacun de ces câ-
» bles; ils font agir simultanément ces leviers, dont l'effet est d'écarter la masse
» d'environ un pied et demi, pour permettre de placer dans l'écartement des
» pièces de bois de bouleau de vingt-cinq pieds de hauteur sur sept pouces
» de diamètre. Ces nouveaux leviers, au nombre de huit, sont manœuvrés de
» la même manière que les leviers de fer et par le même nombre d'hommes.

    » Ces pièces, après cette manœuvre, sont arrêtées et maintiennent la co-
» lonne dans la position que lui a fait prendre l'action des leviers, jusqu'à ce que
» des ouvriers, introduits entre la colonne et la masse, aient eu le temps de percer
» des trous d'environ six pouces de profondeur sur la face de la partie dé-
» tachée qui adhérait à la masse principale. Ces trous terminés, l'on y fixe des
» crampons de fer d'environ trois pouces de diamètre sur un pied de longueur
» auxquels on attache les câbles. Ces crampons, au nombre de quatre, cor-
» respondent à autant de cabestans avec moufles, placés en avant de la car-
» rière, lesquels agissent en même temps. La colonne alors s'isole entièrement
» de la masse et va s'asseoir sur la face déjà dégrossie, qui est reçue par une
» forte charpente servant de cale, ou chantier, sur laquelle elle est travaillée.
» La colonne étant bien fixée sur ces cales, un grand nombre d'ouvriers s'en
» emparent pour la dégrossir entièrement; après l'avoir grossièrement arrondie,
» le travail est réglé sur la longueur de la colonne par des lignes parallèles
» qui forment autant de faces ou cannelures, qu'un dernier travail fait dispa-
» raître avec des instrumens plus petits. La colonne ainsi avancée, on la di
» rige sur le bord de la mer. Elle est chargée ensuite sur un bâtiment dont
» la solidité est en harmonie avec le poids énorme dont il doit être chargé.
» Deux colonnes sont placées sur le pont et fortement maintenues pour éviter
» toute espèce d'accident. »

ART. V. — MARBRES ANTIQUES ET MODERNES.

Marbres antiques.

Les anciens comprenaient sous le nom de marbre toutes les pierres dures, dont le grain était assez fin et la texture assez compacte pour recevoir la taille et le poli. L'étymologie du mot marbre, qui vient du mot grec *marmarein*, signifiant reluire, briller, prouve que ce mot convient à toutes les espèces de pierres susceptibles du poli ; c'est pourquoi les anciens ont compris dans le nombre des marbres les granites, les porphyres, les jaspes et les albâtres.

Les lithologistes modernes n'admettent dans la classe des marbres que les pierres *calcaires* qui peuvent être polies. Mais les architectes et les constructeurs, qui ne considèrent ordinairement les marbres que par rapport à l'effet qu'ils produisent, peuvent très-bien ranger dans cette classe toutes les espèces de pierres que les anciens y comprenaient.

Nous commencerons cette énumération par le marbre vert antique, différent de l'espèce de porphyre que nous avons désigné sous le nom de vert antique, et que les Italiens désignent sous le nom de *verdello*. Ce marbre est beaucoup moins dur, et présente un mélange de vert tendre et de vert foncé, avec des points noirs.

Il y a une autre espèce de marbre vert que les anciens appelaient laconique, et d'autres qu'on tirait du mont Taïgète.

Les marbres qui portaient le nom d'Auguste et de Tibère étaient aussi verts ; celui d'Auguste était semé de petites taches, et celui de Tibère était coquillé comme le *lumachello* antique.

Le *Cipolino antico* est veiné de blanc, de jaune doré, et d'un gris tirant sur le vert ; les anciens Romains le désignaient sous le nom de *lapys phrygius*, marbre phrygien [1].

Le vrai jaune antique est d'une seule couleur, d'un beau jaune doré, susceptible d'un très-beau poli ; il est fort rare et ne s'emploie que par

---

[1] Les dix colonnes qui restent du temple d'Antonin et Faustine sont de ce marbre ; elles ont 4 pieds 6 pouces de diamètre (1 mètre 462 millimètres) sur 36 pieds de haut 11 mètres 694 millimètres).

incrustation. On croit que c'est celui dont il est parlé dans Pausanias, qui se tirait près de Lacédémone.

La brèche de jaune antique est un marbre superbe; il est veiné de rouge et de jaune fondus ensemble, avec quelques veines blanches; il prend un très-beau poli [1].

Il y a une autre brèche de jaune antique qui est aussi un fort beau marbre, imitant la brocatelle; il est semé de petites taches jaunes, rouges verdâtres, distinguées par des traits noirs.

Le portor est un superbe marbre noir, avec des veines d'un jaune doré; il se tirait du port de *Luna*, aujourd'hui *Luni*, auprès de Carrare [2].

Le marbre appelé par les Italiens *rosato antico* présente de grandes taches jaunes et rouges fondues ensemble; c'est un beau marbre qui se polit bien.

La brèche antique de Rome est un assez beau marbre tacheté de jaune, de gris et de rouge.

Le marbre rouge antique, appelé *Ægyptium*, était d'une seule couleur; on en voit une figure au muséum du Capitole à Rome.

Le *Synnadicum* était un marbre d'une grande beauté; il était blanc, veiné de rouge; il se tirait de *Synnas* ou de *Docimium* dans la Phrygie: on en trouvait aussi dans l'Asie-Mineure auprès du fleuve Méandre. Les Romains faisaient venir des colonnes et de très-grandes tables de ce marbre dont ils se servaient pour décorer et revêtir les murs dans leurs plus beaux édifices.

Il y a une espèce de marbre antique appelé *nero e bianco* par les Italiens; il est mélangé de blanc, de noir et de jaune.

Le marbre *lumachello* est ainsi appelé parce qu'il est rempli de taches grises, noires et blanches, tournées comme de petites coquilles de limaçons. On ne connaît pas les carrières dont les anciens le tiraient. Il y a une espèce de *lumachello* moderne, en Italie, qui diffère peu de l'antique [3].

---

[1] Les grandes colonnes de l'intérieur du Panthéon de Rome paraissent être de cette espèce de marbre; elles ont 3 pieds 5 pouces 4 lignes de diamètre (1 mètre 120 millimètres), sur 27 pieds 4 pouces de haut (7 mètres 892 millimètres).

[2] Il y avait deux colonnes de cette espèce de marbre au mausolée de Charles de Valois, dans l'église des Minimes de la Place Royale; deux autres à la chapelle de Rostaing, dans l'église des Feuillans; et deux dans l'appartement des bains de Versailles; ces dernières avaient 11 pieds de long (3 mètres 68 millimètres).

[3] Les douze colonnes composites cannelées de la chapelle des *Strozzi*, dans l'église de Saint-André de la Valle à Rome, sont de ce marbre.

4.

Le marbre africain est un superbe marbre mélangé d'un rouge couleur de chair, et d'un rouge sanguin foncé, avec des veines obscures et noires, fort minces et ondoyantes; il est d'une grande dureté, et reçoit un fort beau poli. Ce marbre est très-rare, et ne s'emploie que par incrustation : on ne connaît pas le lieu précis d'où les anciens le tiraient.

Il y a une autre espèce de marbre africain antique mélangé de blanc et de noir, avec des taches qui forment comme des îles.

Le marbre appelé par les Italiens *pidocchioso* est un marbre grisâtre tacheté de petits points noirs, gris et jaunes, qui lui ont fait donner ce nom, qui signifie *pouilleux*.

Celui qu'ils appellent *imboscato* venait du mont Sinaï; il est d'un blanc roux, avec des ramifications qui forment comme des arbres.

La brèche antique, appelée *porta santa*, est un beau marbre mélangé de taches inégales, bleues, blanches, rouges et grises; on ne sait pas d'où les anciens le tiraient.

Le cynite était un marbre oriental que les anciens tiraient de l'Arabie; il est rempli de taches singulières, dont quelques-unes, qui ressemblent à la tête d'un chien, lui ont fait donner ce nom.

Le marbre numidique était assez beau ; sa couleur tirait sur le gris, avec de petites taches jaunes. Ce marbre numidique est une espèce de granite [1].

Pline prétend que les premiers marbres de couleurs mélangées qui furent amenés à Rome venaient de l'île de Chio et de l'île de Rhodes.

On tirait de la Thébaïde, dans la Haute-Égypte, entre l'île de Philé et Syène, une espèce de marbre, ou granite, dont le fond était blanc, avec des veines et des taches rondes en forme de gouttes d'un jaune doré.

Les marbres qu'on tirait de Syène étaient d'une couleur presque

---

[1] On trouve dans Vopiscus que l'empereur Tacite fit présent de cent colonnes de ce marbre aux habitans d'Ostie, pour décorer leurs édifices publics, et que ces colonnes avaient 23 pieds romains de hauteur, qui font environ 21 pieds de Paris (6 mètres 811 millimètres).

Les grandes cuves des fontaines de la place du palais Farnèse, à Rome, sont de marbre numidique; l'une de ces cuves a 18 pieds 2 pouces de long (5 mètres 89 millimètres) sur 9 pieds 1 pouce de large (2 mètres 951 millimètres), et 3 pieds 6 pouces de haut (1 mètre 137 millimètres). L'autre a 18 pieds 6 pouces de long (6 mètres) sur 10 pieds 9 lignes de large (3 mètres 269 millimètres), et 4 pieds 2 pouces 9 lignes de haut (1 mètre 374 millimètres).

noire, avec des taches rousses. Capitolin dit que l'empereur Gordien fit venir des colonnes de ces deux espèces de marbres ou plutôt de granites.

Le marbre appelé *carystium* se tirait de l'île d'Eubée, aujourd'hui Négrepont, auprès de la ville de Caryste. Les carrières se trouvaient dans une montagne près du rivage, aux endroits appelés Styra et Marmoreum; on en tirait des colonnes d'une seule pièce. Quelques auteurs prétendent que ce marbre était d'un vert mélangé, et passait pour être un des plus précieux, ce qui pourrait faire présumer que c'est celui que les Italiens nomment *verdello*.

Strabon, qui vivait du temps d'Auguste, dit qu'on tirait de Luna, auprès du golfe de la *Spezzia*, de très-grands blocs de marbres blancs et de couleur, que l'on conduisait par mer et par le Tibre jusqu'à Rome; ces marbres étaient les mêmes que ceux que nous appelons marbres de Carrare.

Les marbres du mont Hymette, près d'Athènes, servaient à faire des colonnes qui étaient fort estimées à Rome. C'est une espèce de marbre blanc veiné, plus beau que le marbre penthélique employé à la construction des temples d'Athènes.

On tirait de l'île de Brattia, sur les côtes de Dalmatie, un marbre à peu près de même qualité.

Les plus beaux marbres blancs, dont les anciens ont fait usage, sont:

1°. Le marbre de Paros, une des îles de l'Archipel: ce marbre, qui est un peu transparent, ressemble à de l'ivoire; c'est celui qui a été employé pour les plus belles figures antiques. Les anciens Grecs l'appelaient *lychnite*, parce qu'on le tirait de grottes profondes à la lueur des lampes.

2°. Le marbre du port de Luna est plus blanc que celui de Paros; le marbre de Carrare employé par les sculpteurs modernes est moins beau que celui de Luna, dont les carrières sont épuisées.

3°. Le marbre thasien, qu'ils tiraient de l'île de Thasos dans la mer Égée.

4°. Celui de l'île Proconnèse, dans la Propontide, aujourd'hui mer de Marmara. On prétend que le nom de Marmara a été donné à cette mer à cause de la quantité de marbres que l'on tirait de l'île de Proconnèse et de plusieurs autres endroits des côtes de cette mer.

5°. Le *lygdinus*, qui est transparent comme l'albâtre, dont les plus grands morceaux ne passaient pas une coudée ou un demi-mètre ; il se tirait de l'île de Paros.

6°. Celui appelé *coraliticus lapis* est un marbre d'un blanc d'ivoire, qui se tirait de l'Asie-Mineure.

7°. Le marbre arabique avait toutes les bonnes qualités du marbre de Paros, et le surpassait en blancheur.

8°. Celui de l'île de Chio se tirait du mont Pelleno, qui est la plus haute montagne de l'île ; on en pouvait tirer des blocs de toute grandeur [1].

9°. Le marbre blanc cappadocien était si transparent qu'on le débitait en lames minces pour garnir les fenêtres. Les plus grands blocs n'excédaient pas 6 pieds romains (1 mètre 946 millimètres) [2].

Les marbres noirs antiques sont le ténarien, le lydien, l'alabandique. Celui qui portait le nom de Lucullus venait de l'île de Chio.

De l'albâtre antique.

L'albâtre est une espèce de marbre demi-transparent, moins dur que le marbre ordinaire, et dont la texture, fine et compacte, est susceptible d'un très-beau poli. Le vrai albâtre ne diffère du marbre que par la finesse et la pureté de ses parties qui le rendent transparent. Il fait effervescence avec les acides, se calcine au feu, et produit tous les effets de la pierre calcaire ; sa couleur la plus ordinaire est blanche ; il y en a de grisâtre, de rougeâtre, de jaunâtre, veiné, rayé, jaspé, et de plusieurs couleurs : le plus transparent est celui qui est d'un blanc de cire.

Les anciens distinguaient deux sortes d'albâtres, l'albâtre oriental et l'albâtre commun ; le premier, qui est le plus beau, se tirait des montagnes d'Arabie. Il en venait aussi de Caramanie, de Syrie et d'Égypte. L'albâtre commun venait de Grèce, d'Italie et de Germanie.

---

[1] La colonne d'une seule pièce, du temple de la Paix, que Paul V a fait ériger devant l'église de Sainte-Marie-Majeure (voyez planche II, figure 3), est probablement de ce marbre : sa hauteur est de 15 mètres 998 millimètres (49 pieds 3 pouces), et le diamètre du bas de 1 mètre 847 millimètres (5 pieds 8 pouces 3 lignes). Cette colonne est plus grande que celles du portail de l'église de Sainte-Geneviève, dont le fût a 15 mètres 781 millimètres (48 pieds 7 pouces), et le diamètre du bas, un mètre 786 millimètres (5 pieds 6 pouces).

[2] On dit que Néron en fit faire, dans son palais, un temple dédié à la Fortune Seïa, dont les murs étaient si transparens, qu'on y voyait distinctement, les portes fermées, quoiqu'il fût sans fenêtres.

L'albâtre de Damas passait pour être le plus blanc; celui d'Égypte se trouvait en plus grandes masses.

L'albâtre appelé *onyx* était le plus estimé; le premier qui fut apporté à Rome, n'était qu'en petits morceaux, et venait d'Arabie; on en faisait des coupes à boire, des vases et des pieds pour les lits et les siéges; dans la suite on en fit des statues et des colonnes. Pline cite, comme une chose extraordinaire, des colonnes de 32 pieds romains de hauteur (9 mètres 528 millimètres).

L'albâtre d'Égypte se tirait de la Thébaïde, près d'une ville appelée Alabastron, nom qui semble indiquer qu'il s'en trouvait des carrières abondantes dans les environs, et qu'il s'en faisait un grand commerce dans cette ville [1].

Les albâtres dont on vient de parler sont tous calcaires. Plusieurs lithologistes ont compris, dans la classe des albâtres, une espèce de gypse qui en a toutes les apparences; mais il est moins dur. Ce faux albâtre est quelquefois désigné sous les noms de gypse solide ou alabastrite; c'est une espèce de pierre à plâtre dont il a déjà été fait mention à l'article 1er., première section de ce livre.

NOTE

SUR L'EMPLOI DU MARBRE CHEZ LES ANCIENS.

Les anciens employaient le marbre en bloc pour les édifices les plus somptueux, tels que les temples, les arcs de triomphe et autres monumens, où ils se plaisaient à étaler la magnificence. Ils se servaient, de préférence, du marbre blanc pour les entablemens, les chapiteaux et les bases des colonnes, pour les bas-reliefs et les ornemens de sculpture; mais ils employaient les marbres de couleur pour les colonnes et les compartimens dont ils décoraient l'intérieur de leurs édifices, et des débris ils formaient des pavés en mosaïque.

Pour retenir les lambris de marbre dont ils revêtaient les murs, ils faisaient usage de crampons de bronze; et, de plus, ils scellaient dans les murs des espèces de tasseaux de marbre, sur lesquels ils arrêtaient les principales pièces du

---

[1] A la Villa Albani, on voyait une statue d'Isis en albâtre d'Égypte, et deux grands vases d'environ 7 pieds de diamètre (2 mètres $\frac{2}{4}$). Il existe à Rome plusieurs colonnes d'albâtre; mais leur grandeur ne passe pas 9 à 10 pieds (3 mètres $\frac{1}{4}$).

revêtement. On voit encore dans les ruines du palais des empereurs à Rome et à la Ville-Adrienne, près de Tivoli, plusieurs de ces tasseaux, et les trous de crampons de bronze qui indiquent le compartiment des lambris de marbre dont les murs étaient décorés, et on reconnaît par quelques morceaux qui sont encore en place, et par ceux qui se trouvent dans les débris, que ces marbres n'avaient pas plus de 4 à 5 lignes, ou 10 millimètres d'épaisseur.

Il se trouve des monumens que l'on croirait construits en blocs de marbre, et qui ne sont formés que par des revêtemens : tel est celui connu à Rome sous le nom d'arc des orfèvres. C'est une espèce de porte carrée dont les pieds-droits sont décorés aux angles par des pilastres en marbre blanc, ravalés et sculptés avec des trophées militaires et des rinceaux d'ornemens. Ces pilastres sont élevés au-dessus d'un stylobate avec base et corniche; ils soutiennent un entablement complet fort riche, dont toutes les moulures sont taillées d'ornemens, ainsi que la frise. La partie au-dessus de l'ouverture, servant de linteau à cette espèce de porte, est d'une seule pièce de marbre, pour chaque face, dont chaque extrémité pose sur les pilastres intérieurs. Ces pièces, qui forment architrave en dessous, comprennent aussi la hauteur de la frise ; elles renferment à l'intérieur un plafond divisé en caissons, orné de rosaces.

Les parties renfoncées entre les pilastres sont formées par de grandes dalles ou pièces de marbre, sur lesquelles sont sculptés des bas-reliefs. On voit par une de ces dalles, qui est rompue par le bas, que son épaisseur n'est que d'environ un décimètre, ou 3 pouces $\frac{2}{3}$; le surplus est en maçonnerie de blocage ; mais ce qu'il y a de particulier, c'est qu'elle est assemblée avec le pilastre et la base continue, avec des rainures et des espèces de tenons, comme on le voit à la figure A de la planche II.

Après l'énumération des principaux marbres architectoniques des anciens, nous pensons que ceux qui n'ont pas eu occasion de parcourir l'Italie verront ici avec intérêt une notice des colonnes en marbres précieux qui se trouvent dans le Musée royal de Paris.

Galeries des antiques.

La salle des Hommes illustres est décorée de huit colonnes antiques de granite gris, tirées du tombeau de Charlemagne, à Aix-la-Chapelle. Le diamètre de ces colonnes est de 365 millimètres ou 13 pouces $\frac{1}{2}$ sur 2 mètres 923 millimètres de hauteur de fût, ou 9 pieds.

Dans la salle du Centaure, on admire quatre magnifiques colonnes de marbre vert, avec des taches noires et blanches comme le vert antique, mais d'une teinte plus claire, et semblable à celui désigné par les Italiens sous le nom de *verdello*, dont il a été déjà parlé à l'article des marbres antiques. Ces colonnes proviennent du tombeau du connétable Anne de Montmorency. Leur diamètre est de 15 pouces ¼, ou 430 millimètres, et la hauteur de leur fût de 10 pieds 9 pouces 3 lignes, ou 3 mètres et demi.

Dans la salle de la Diane, quatre colonnes de granite rouge oriental de la plus belle qualité, qui viennent du tombeau de Charlemagne, à Aix-la-Chapelle; leur diamètre est de 430 millimètres (15 pouces 10 lignes ½), et la hauteur de leur fût de 3 mètres 440 millimètres, ou 10 pieds 7 pouces. Le pavé de cette salle offre un magnifique compartiment, formé des marbres antiques et modernes les plus rares et les plus précieux, tels que le granite, le vert antique, le marbre africain, le serancolin, la brocatelle, etc.

Dans l'ancienne salle des Muses, deux superbes colonnes, dont une de marbre africain, 11 pouces de diamètre, ou 3 décimètres environ; la hauteur du fût est de 7 pieds 4 pouces, ou 2 mètres 4 décimètres.

L'autre colonne est de granite oriental, d'un gris foncé, tirant sur le vert, et légèrement nuancé de rose avec de grandes marques blanches. Elle est, à très-peu de chose près, de même dimension que la précédente.

Colonnes de la grande galerie des tableaux.

Quatre colonnes de marbre cipolin, qui proviennent du baldaquin de l'église de Saint-Germain-des-Prés; leur diamètre est de 18 pouces ½, ou 501 millimètres, et la hauteur du fût de 12 pieds 3 pouces, ou 3 mètres 979 millimètres.

Huit colonnes de brèche violette, tirées des Grands-Augustins; leur diamètre est de 17 pouces ½ ou 475 millimètres, et la hauteur de leur fût de 3 mètres 648 millimètres, 11 pieds 2 pouces 9 lignes.

Deux petites colonnes de marbre noir de 5 pouces de diamètre, ou 136 millimètres, sur 3 pieds 4 pouces de hauteur de fût, ou 1 mètre 83 millimètres.

Deux autres en marbre de Californie, de 5 pouces ½ de diamètre, ou 149 millimètres, et un mètre 191 millimètres de haut, ou 3 pieds 8 pouces.

Deux autres de beau marbre africain, de 6 pouces de diamètre, ou 163 millimètres, et 1 mètre 191 millimètres de haut, ou 3 pieds 8 pouces.

Deux colonnes de brèche jaune antique, de 5 pouces 10 lignes de diamètre, ou 158 millimètres, et 1 mètre 263 millimètres de haut, ou 3 pieds 10 pouces 8 lignes.

Deux autres de vert antique, de 5 pouces 5 lignes de diamètre, ou 153 millimètres, sur 1 mètre 227 millimètres de hauteur de fût, ou 3 pieds 9 pouces 4 lignes.

Deux autres d'albâtre oriental, de 6 pouces de diamètre, ou 163 millimètres, sur 4 pieds de hauteur de fût, ou 1 mètre 299 millimètres.

Indépendamment de ces colonnes, le Musée royal possède en statues, bustes, sphinx, vases, tables et autres objets, la collection la plus curieuse pour ceux qui désirent connaître les matières employées par les anciens aux ouvrages des arts.

MARBRES MODERNES D'ITALIE [1].

Comme c'est particulièrement par la beauté et la variété des couleurs que la plupart des marbres contribuent à la magnificence et à la décoration des édifices, nous avons préféré les arranger d'après leurs couleurs et leurs nuances, plutôt que d'en faire l'énumération en suivant l'ordre des lieux où ils se trouvent, afin de ne pas confondre ceux qui sont de couleurs différentes. Chaque série commence par un marbre uni d'une seule couleur, ou par celui qui présente une teinte dominante. Ainsi, toutes les variétés de nuances et de couleurs se trouvent placées en allant toujours des plus simples aux plus composées : en sorte que les marbres qui ne diffèrent que par les nuances d'une même couleur, sont placés avant ceux de deux couleurs différentes, et ces derniers avant ceux de trois. Dans leur description, on distingue la manière dont le mélange est fait, par les mots usités les plus propres à les indiquer, tels que ceux de *veinés*, *jaspés*, *panachés*, *maculés*, *mouchetés*, *tigrés*, *picotés*, *pointillés*, *arborisés*, etc., qui ont tous une signification différente, quoique plusieurs paraissent synonymes ; ainsi le marbre tacheté diffère de celui qui est maculé ; dans le premier, les taches sont plus distinctes ; dans le second, elles se confondent ; celui qui est moucheté les a rondes, le tigré les a plus petites et rangées plus régulièrement ; on en peut dire autant de tous les autres mots. Ainsi un marbre veiné diffère d'un marbre jaspé ou diapré : dans le premier, les accidens ou variétés de teintes sont plus continus, et dans le troisième ils sont plus brouillés.

[1] Quoique Pline ait dit (Liv. XXXVI, Chap. VII), qu'il n'était pas de pays qui ne fournît son marbre particulier, les ressources que la France peut offrir en ce genre paraissent avoir été peu connues des anciens ; à peine même le sont-elles aujourd'hui des modernes : et cependant nous possédons dans chaque espèce des marbres qui égalent sous tous les rapports, non-seulement ceux de l'Italie, mais encore ceux que les Romains tiraient à si grands frais de la Grèce et de l'Égypte. Pour détruire les préventions qui existent encore à ce sujet, il suffirait de mettre en parallèle les qualités analogues qu'on trouve dans chaque pays, et la calcographie présente un moyen facile d'opérer ce rapprochement de la manière la plus profitable. On connaît, par plusieurs ouvrages d'histoire naturelle, la fidélité avec laquelle l'art imite le ton, les nuances et les accidens des différentes matières. Au reste, cette entreprise a déjà été tentée avec succès, ainsi qu'on peut le reconnaître dans le recueil publié à Nuremberg en 1775, par A.-L. Wirsing, ayant pour titre : *Marmora et ad fines aliquos lapides coloribus suis exprimi*.

Marbres blancs et autres où cette couleur domine.

Première Série.

1. On trouve dans le Piémont deux espèces de marbres blancs; l'un se tire d'un endroit appelé *Foresto.*

2. Et l'autre de *Brosasco.*

3. Marbre blanc de *San-Juliano*, dans le territoire de Pise, a le grain plus fin que celui de Carrare; mais il ne prend pas un aussi beau poli. Il y a plusieurs édifices à Pise bâtis de ce marbre, tels que la Cathédrale, le Baptistère, la Tour penchante, le Campo-Santo, etc.

4. Le marbre blanc de Gênes, *Bianco di Genova*, est très-beau; c'est celui qui convient le mieux pour faire des statues, parce qu'il est d'un beau grain, d'un blanc égal et sans veines.

5. Le marbre blanc de Carrare, *Bianco di Carrara*, appelé marbre statuaire, a le grain plus gros que celui de Gênes; il est souvent rempli de veines rousses et grisâtres; les deux carrières les plus considérables sont celles *del Pianello* et *del Polvazzo.*

6. Marbre blanc de Sienne, *Bianco di Sienna*, qui se tire d'un endroit appelé *il Convento* dans la *Maremma di Sienna.*

7. On trouve dans le même pays trois autres espèces de marbres blancs : le premier appelé *Bianco di Pelli*;

8. Le second, *Bianco della Rochetta;*

9. Le troisième, *Bianco Alberino* ou *Albarese.*

10. On tire encore du marbre blanc d'un endroit appelé *Grafagnana.*

11. Marbre blanc de Padoue ou de *Rovigo*, dans les États de Venise, moins beau que celui de Gênes.

12. On trouve sur le lac Majeur, au lieu nommé *Cava della Gandoglia*, un marbre blanc statuaire semé de petites taches d'un blanc salé : sa texture offre des particules brillantes comme des grains de sel, ce qui le range dans la classe de ceux que les Italiens désignent sous le nom de *Marmo salino.* Winckelman pense que c'était la nature du marbre pentélicien [1].

----

[1] L'église de Notre-Dame de Milan est entièrement construite avec le marbre de la carrière de Gandoglia. Cet immense édifice, commencé en 1387, était presque achevé en 1813 seulement. A cette époque il ne manquait que quelques ornemens aux flèches latérales. Cent quatre-vingt-trois architectes ou ingénieurs ont été successivement employés ou consultés pendant quatre cent vingt-six ans qu'a duré la construction de cette église, sans qu'il en soit résulté de disparates sensibles dans l'ordonnance de son architecture.

Ce marbre, assez difficile à travailler, exige une étude particulière de la part du praticien, qui consiste à bien calculer la direction et la portée de ses coups : faute de cette adresse, les outils, qu'il consomme, ne lui permettent pas de faire un gain raisonnable en le travaillant.

13. On trouve dans le Véronais un marbre blanc appelé *Biancone*, qui est couleur de papier sali; il se tire de plusieurs endroits, tels que *Gregorio*, *Maseruga*, *Suisi*, *della Pozze di Cona*, *Zambelli*, *Lavandara* et *Arzago*.

Il se trouve du marbre blanc veiné de gris ou de roux dans presque tous les endroits où il y a du marbre blanc. Mais le plus beau après celui de Gênes, et le plus connu, est celui de Carrare.

14. Marbre blanc veiné de roux, appelé *Scuro di Arno*.

15. Marbre *idem*, appelé *Rognoso di Milano*.

16. Marbre d'un blanc jaunâtre clair avec des rayures fines et de petits points noirs, appelé *Albarese*, c'est-à-dire arborisé. Il se tire de *Mugnione*.

17. Marbre semblable au précédent, désigné sous le nom de *Albarese di Rignano*.

18. Autre appelé *Albarese di Vichio*. Il y a plus de rayures et moins de petits points.

19. *Albarese d'Ombrone* dans le genre de celui de *Mugnione*, avec moins de rayures et plus de petits points, ce qui le rend plus confus.

20. *Fiorito di Pisa*, sur un fond de même, mais plus brodé, avec des taches et des petits points.

21. *Bianco di Arno*, dont le fond est aussi d'un blanc roussâtre, et avec des rayures et des points noirs.

22. Autre, appelé *Bianco da Carce*, est d'un blanc roux, traversé de lignes noires.

23. Marbre blanc de *Luni*, avec des taches couleur de sang.

24. *Mischio di Serra Valle*, d'un blanc sale, brouillé de gris, de noir et de jaune.

25. *Breccia di Ronta*, dont le fond est d'un blanc rougeâtre, mélangé de taches d'un rouge foncé.

26. Marbre blanc et noir de *Chianciano*.

27. Entre *Patra* et *Massa di Maremma*, on trouve une brèche blanche et noire.

Marbres bleus et autres où cette couleur domine.

Deuxième Série.

28. Bleu turquin des côtes de Gênes, mêlé de taches d'un blanc sale. On désigne aussi ce marbre sous le nom de *Bardiglio.*

29. *Bardiglio di Carrara*, est une espèce de bleu turquin veiné de blanc.

30. *Bardiglio Liniato di Massa*, est un marbre rayé bleu clair, bleu foncé et blanc.

31. *Bardiglio di Carrara*, bleu gris et blanc, fondus ensemble.

32. *Turchino di Rossa*, sur une montagne à neuf milles de Sienne, est un marbre bleu avec des veines cendrées.

33. Marbre couleur d'ardoise clair, appelé *Bottazo.*

34. Bleu turquin foncé et gris d'ardoise, est une espèce de marbre dont presque toutes les colonnes des églises de Sicile sont faites; il se tire par très-grands morceaux.

Marbres gris et cendrés et autres où cette couleur domine.

Troisième Série.

35. Marbre gris de plomb et blanc, appelé marbre de *Cé*, se tire de la vallée de *Seriana* dans le Bergamasque.

36. Marbre veiné gris et blanc, appelé *Valdieri*, vient de Sardaigne.

37. Marbre cendré clair, appelé *Mischio di Marmoraja*, se trouve dans les environs de Sienne.

38. Celui appelé *Bigio di Radi* est de même couleur, et se trouve dans le même pays.

39. Le marbre appelé *Bigio del Fiume Grassino* est gris brouillé de blanc.

40. On trouve dans le Piémont une espèce de marbre gris, appelé *Pietra di Grassino.*

41. Un autre cendré à plusieurs nuances, à *Frabosa.*

42. Un autre de même couleur, appelé *Mojola.*

43. Marbre gris tacheté, appelé *Pietra Pernice*, ou pierre de perdrix; il se tire de *Lugo* dans le Véronais.

44. Dans le même pays, on trouve un marbre gris-de-fer.

45. Marbre gris olivâtre veiné des environs de Florence, appelé *Scuro Liniato di Mugnione.*

46. Marbre gris avec des taches olivâtres, appelé *Bigio con frappa di Pisa.*

47. Marbre gris rougeâtre, appelé *Nuvoloso di Mugnione.*

48. Marbre gris brouillé de blanc et de roux, appelé *Mischio di Volterra.*

49. Marbre gris cendré tacheté de rouge, des environs de Sienne.

50. Gris veiné de noir, appelé *Scuro di Castel Franco.*

51. Gris noir picoté de roux, appelé *Scuro di Porto Venere.*

52. Gris-de-lin pâle, avec des taches brunes appelé *Mischio dei Conti.*

53. Gris et jaune de Vérone, appelé *Brantonico*, formant une brèche brouillée, haute en couleur, avec des taches orbiculaires, dont les ouvriers font des placages très-beaux.

Marbres à trois couleurs où le gris domine.

54. Marbre gris, noir et blanc, pommelé, du *val de Camonica*, dans le Brescian.

55. Marbre gris, blanc et rouge, vif et bien bigarré du Bergamasque, appelé *Ardese.*

56. Marbre veiné gris, blanc et rougeâtre de Toscane, appelé *Minierale di Tagliaferro.*

57. Gris jaune, marqueté de brun et de blanc, appelé *Breccia di Mitigliano* en Toscane : ce marbre est d'un effet fort agréable.

Marbres jaunes et autres où le jaune domine.

Quatrième Série.

58. Jaune de Sienne à petites taches blanches, qui se trouve sur une petite montagne, dans un endroit appelé *Pelli.*

59. Marbre jaune coquillé, qui se tire de *Torri*, sur les bords du lac *Garda*, du côté du mont Balde.

60. Brèche jaune de plusieurs nuances, appelé *Palliato di Casentino.*

61. Brèche d'un jaune roux, semblable au précédent, avec des points noirs, appelé *Giallo brecciato di Fiesoli.*

62. Marbre d'un beau jaune de plusieurs nuances, fondues ensemble, nommé *Giallo di Volterra.*

63. Brèche jaune de plusieurs nuances, appelé *Giallo Brecciato di Arno.*

64. Marbre jaune, rougeâtre clair, assez agréable, et veiné comme du bois, désigné sous le nom de *Giallo Liniato di Mugnione.*

65. Marbre jaune couleur de bois de chêne, avec des veines fines d'une couleur plus foncée appelé *Giallo Brecciato della Sieve.*

66. Marbre veiné de jaune et de taches obscures de *Marmoraja*, situé sur une petite montagne, à sept lieues de Sienne.

67. Marbre jaune lavé et tacheté, appelé *de Nembro.*

68. Marbre jaune olivâtre et couleur de bois, appelé *Pillora del fiume Ema.*

69. Brèche jaune olivâtre avec des petits points, appelée *Caia di Mugnione.* Il ressemble aux racines de bois dont on fait des meubles.

70. Marbre jaune avec des points noirs, appelé *Tigrato di Arno.*

71. Marbre jaunâtre veiné avec des points noirs, connu sous le nom de *Pillora del fiume di Arno.*

72. *Giallo Liniato di Arno* est un marbre jaune avec des rayures fines, d'un jaune foncé.

73. *Giallo con frappa di Arno* est un marbre jaune comme le précédent, mais dont les rayures sont plus larges, et des points noirs.

74. Jaune rayé de plusieurs nuances avec des taches et des points noirs, appelé *Caia di pillora di Arno.*

75. Jaune arborisé à points noirs, appelé *Fiorito di Arno.*

76. *Fiorito di Arno* avec des taches et de petits points, formant des espèces de fleurs noires.

77. Marbre veiné, semé de plaques jaunes et noires, qui se trouve à *Poggio di Rossa*, à huit milles de Sienne.

78. Jaune olivâtre clair, appelé *Giallo di Fiesoli.*

Marbres à trois couleurs où le jaune domine.

79. Brèche d'un jaune olivâtre veiné, appelée *Giallo Brecciato di Compiopi.*

80. Jaune, noir, blanc et gris brouillés, appelée *Breccia del fiume Grassino.*

81. Jaune rouge, rayée de lignes noires, appelée *Giallo di Vichio.*

82. Marbre appelé *Mandolato*, avec des taches ovales, jaunes et rousses en forme d'amande, qui se trouve dans le Véronais, à *Preorsa Costa Longa*, et auprès de la forêt de *val Pollicella* : on en peut tirer des blocs assez grands pour en faire des colonnes.

83. Jaune verdâtre avec des veines roussâtres et des points noirs, appelé *Pillora di Arno*.

84. Marbres de *Tonni*, à neuf milles de Sienne, bariolé de taches jaunes, violettes et blanches.

85. Marbre de *Brantonico* à fond jaune, mélangé de différentes couleurs.

Marbres à fond olive ou olivâtre de différentes nuances.

Cinquième Série.

86. Vert, couleur d'olive confite, de Sicile, qui se tire près de *Trapani*.

87. Marbre olivâtre veiné comme du bois, avec des taches d'un rouge brun, appelé *Liniato di Arno*.

88. Olivâtre de plusieurs nuances, séparées par des traits fins plus foncés. C'est une espèce de brèche qui se tire de *Terra di Paese di Mugnione*.

89. Olivâtre avec des tâches rousses nuancées, en forme de montagnes, appelé *Breccia con frappa di Arno*.

90. Marbres noirs et autres de différentes nuances où le noir aomine.

Sixième Série.

90. Marbre noir de Piémont qui se tire de *Castel Nuovo nel Canavesata*.

91. Autre du même pays qui se tire de *Frabosa*.

92. Marbre noir de *Barga*, en Toscane.

93. Marbre noir de *Vallerano*, près de Sienne.

94. Marbre noir de *Gazzaniga*, dans le Brescian.

95. Marbre d'un beau noir pur, appelé *Parangone*, qui se tire du Bergamasque : c'est le plus estimé.

96. Marbre noir et blanc veiné, de *Porto Venere*, en Toscane.

97. Marbre noir veiné de blanc, du mont *Alcino* dans le pays de Sienne.

98. Marbre noir veiné de gris et de blanc, de *Monte Pulciano*.

99. Autre de même par taches tranchées comme une brèche.

100. Marbres noirs et blancs de plusieurs nuances, du Bergamasque.

101. Marbre noir et blanc avec des taches rousses appelé *Diaspro di Poggio*, en Toscane.

102. Le marbre du même pays, appelé *Barga*, est à peu près semblable.

103. Marbre noir et gris sur un fond verdâtre. C'est une brèche à grands cailloux, appelée *Ardese Brocato*, qui vient de la vallée de *Seriana*, dans le Bergamasque

Marbres rouges, roses et roux, et autres où ces couleurs dominent.

Septième Série.

104. Marbre rouge brun du Véronais, dont l'amphithéâtre de Vérone est bâti, appelé *Rosso S. Ambrogio di val Pollicella.*

105. Rouge foncé veiné de plusieurs nuances et picoté de petits points noirs, arborisé et représentant des plantes et des paysages, connu sous le nom de *Rosso Fiorito di Arno.*

106. Marbre fond rouge et lignes dorées, appelé *Garatonio.* C'est un fort beau marbre qui se tire du Bergamasque.

107. Marbre rouge foncé qui se trouve près de la ville de Trente.

108. Brèche rouge, de la vallée de *Vallarsa*, dans le même pays que le précédent.

109. Brèche rouge brun, à fond rougeâtre et taches blanches, de *Monte Quercioli*, dans le pays de Sienne.

110. Brèche rouge brun, gris et jaune, appelée *Breccia del fiume Grassino.*

111. Brèche rouge, gris et blanc brouillés, et vert d'olive si mêlés, qu'il est difficile de la décrire : ce marbre, qui est fort beau, est connu sous le nom de *Diaspro di Sicilia.*

112. Marbre rouge brun mélangé de blanc et de vert, de *Trapani* en Sicile.

113. Brocatelle de Sicile, dont le fond est rouge mélangé avec des taches jaune doré.

114. Autre du même pays, mélangée de rouge brun, rouge clair mêlé de blanc avec des taches jaunes et couleur de bistre.

115. Marbre panaché d'un rouge changeant, avec des veines blanches et jaunes.

116. Rouge pâle veiné de blanc, de *Brescia*, capitale du Bressan.

117. Rouge *Mandolato* du Véronais, à fond rouge avec des marques blanches, qui ressemblent à des amandes pelées. Ce marbre, qui est fort beau, se tire d'un endroit appelé *Orsara di Lugezzano.*

118. Brèche rouge, tachetée de blanc, appelée *Breccia delle Monache di Siena*.

119. *Mischio di Mitigliano* est un marbre rouge pâle et jaune mélangés, des environs de Sienne, comme le précédent.

120. Rouge pâle, avec des lignes fines noires, appelé *Cornicino di Poppi*, du même pays.

121. Rouge pâle ou fleur de pêcher, tacheté de roux et de blanc, de *Ripanaja*, dans le Véronais.

122. Brèche de Vérone, qui paraît formée d'un amas de cailloux d'un rouge pâle, mêlé de jaune, de noir et bleu céleste. Ce marbre, qui est très-beau, se tire des hautes montagnes de *Vallarsa*, dans le Trentin, et se trouve en assez grandes masses pour y pouvoir tailler des colonnes et autres objets de fortes dimensions.

123. Marbre rose et blanc, du Bressan, appelé *Mischio*.

124. Brèche rose de Trapani, en Sicile, est un superbe marbre couleur de chair claire, veiné de jaune et de blanc.

125. Marbre *Brantonico* rose, de Vérone, à grandes taches jaunes, qui est fort beau.

126. Marbre couleur de chair, mélangé de blanc, appelé *Mischio di Siena*. Ce marbre, qui tient un peu de l'albâtre, est assez beau.

127. Brèche de *Monsumana*, couleur de chair, avec des taches d'un blanc rougeâtre.

128. Brèche rose de Sienne, et d'une couleur de chair plus pâle que la précédente.

129. *Paonazzetto di Sale* est d'une couleur foncée, avec des taches plus pâles.

130. *Mischio di Frosini*, près l'abbaye *S. Galgano*, à douze milles de Sienne, est un marbre roux avec des taches blanches.

131. *Rosetto di Gerfalco* est de couleur rousse un peu ardente. Ces six derniers marbres sont du même pays.

132. Marbre à fond roussâtre, tacheté de blanc, appelé marbre de Saint-Vital, qui se trouve dans le Véronais, dans un endroit nommé *Rovero di Velo*.

133. Marbre roux du Trentin, appelé *Sasso Rosso*

134. Marbre d'un roux brûlé, veiné de blanc, qui se trouve auprès de la ville de *Grosseto*, territoire de Sienne.

135. Marbre roux de Toscane, qui se trouve près de Florence.

Marbres verts et autres où cette couleur domine.

Huitième Série.

136. Marbre vert de Piémont, appelé *Verde di Susa*.

137. Autre du même pays, appelé *Seravezza di mojola*.

138. Marbre vert de Sicile tacheté avec des veines noirâtres.

139. Marbre vert, de l'*Improneta*, près de Florence, tacheté de brun vert clair et olivâtre.

140. Autre appelé *Verde di Pratolina*, d'un vert sale et couleur de rameaux de palmiers.

141. Autre appelé *Verde di Prato*, est d'un vert noir avec des taches plus claires.

142. Vert de Gênes, qui se tire de *Porto Venere*, est d'un vert foncé avec des taches noires et blanches.

143. Le marbre du mont *Pisano* en Toscane est mélangé de jaune et de roux; il prend un assez beau poli.

144. Marbre dont le fond est d'un vert pâle, avec des taches jaune-clair, appelé *Verde e Giallo di Arno*.

145. Marbre des mêmes teintes que le précédent, dont les couleurs se confondent ensemble, appelé *Nuvoloso di Arno*.

146. Vert de *Trapani* en Sicile, rayé de jaune.

147. *Breccia di Pillora di Arno*, dont le fond est vert pâle avec des marques jaunes et rayées.

148. Vert pâle et jaune olivâtre par grandes taches, des bords de l'*Arno*.

149. Vert bleuâtre et terne, rayé de jaune olivâtre, de *Mugnione*.

150. Brèche vert-d'eau sale avec des parties de jaune rougeâtre, traversée de lignes un peu plus foncées qui semblent présenter des dessins de fabriques. Le nom de *Casuale di Mugnione* lui vient de cette singularité. Il est connu chez nous sous celui de marbre figuré de Florence.

151 .Vert olivâtre pâle avec des nuances rougeâtres, de *Mugnione*.

152. *Verde di Girone*, d'une couleur olivâtre sale.

153. Vert grisâtre veiné et bréché de jaune, de *Poppi*, dans le Florentin.

154. Vert gris pâle, de Pise.

155. Vert grisâtre rayé et veiné, appelé *Liniato di Pratolino*.

156. Vert *idem*, nommé *Tagliaferro*.

157. Vert rouge pâle du même endroit, dont les teintes sont fondues

158. Vert olivâtre rayé de noir, appelé *Verde di Castel Franco*.

159. *Verde di Pistoja*, d'un vert olivâtre foncé, brouillé de vert plus ou moins clair.

160. *Verde di Genova* est d'un vert noir avec des nuances plus claires.

161. Marbre de *Vallerano* dans le territoire de Sienne, semé de petites taches vertes et noires.

162. Vert pâle de Gênes, dont on tire des blocs assez grands pour faire des colonnes.

163. Vert naissant et ondoyant, de *Vaglis* dans le Véronais.

164. Dans la vallée d'*Arn* du Trentin, on trouve des marbres vert-de-gris mêlé de blanc sale et de marcassites de cuivre, qui les rendent difficiles à polir.

165. *Verde Mischio* du Padouan, veiné de blanc et de noir comme celui de Gênes.

Marbres violets, diaprés; brocatelles et lumachini, *de différentes nuances.*

Neuvième Série.

166. Brocatelle de Sienne, avec des taches violettes et couleur d'orange. Ce marbre, qui est fort beau, se tire des *Marmiere*, qui sont à neuf milles de Sienne.

167. *Brocatello di Rosia*, avec des taches jaunes et violettes, vient du même endroit.

168. Autre brocatelle verte et violette du mont *Arrenti*, qui est dure comme le porphyre.

169. Brocatelle du mont *Alcino*, avec des veines blanches.

170. *Brocatello della pieva*, a *Molli* sur le mont *Arrenti*, tacheté de blanc, de violet et couleur de chair.

171. *Brocatello della Gherardesca* près de Florence, est moins beau que les précédens.

172. On trouve dans le Véronais un marbre semblable à l'africain, avec des taches d'agates mêlées de marcassites.

173. *Diaspro della Rocheta*, dans le territoire de Sienne, est un mélange de plusieurs couleurs brouillées.

174. Marbre *lumachino* ou coquillé avec des taches blanches, se trouve dans le même territoire, à *Monte Antico*.

175. On trouve près les *Marmière* un marbre de même genre, appelé *Caldana*.

Albâtres d'Italie.

176. La Sicile fournit un très-bel albâtre blanc, dont on peut faire des vases et des statues; il vient du territoire d'Entella, dans la vallée de Mazara.

177. En Toscane, dans les environs de *Volterra*, on trouve plusieurs sortes d'albâtres et surtout du blanc; il est fort beau et transparent.

178. Celui appelé *alabastro della Cecina* est d'un blanc sale, brouillé de gris.

179. L'*alabastro bigio di Volterra* est aussi d'un gris brouillé, mais il est pointillé de blanc.

180. L'albâtre que l'on tire de *Cotognino*, de *Montacuto* et de *Montieri* est d'un jaune brun, couleur de sucre brûlé; il est veiné de plusieurs nuances, et prend un beau poli.

181. Celui appelé *alabastro giallo di Volterra* est d'un blanc jaunâtre veiné de jaune.

182. L'albâtre *Pecorello* est brouillé de blanc et de gris jaunâtre.

183. On trouve près de *Montieri* de fort jolis albâtres veinés de brun, de jaune et de blanc, dont les veines sont fines, ondulées et tranchées; c'est pourquoi on l'appelle *Liniato*.

184. Il y a une autre espèce d'albâtre rayé appelé *liniato di Roma*; il est d'un blanc roux rayé d'un jaune olivâtre.

MARBRES DE FRANCE.

Il y a en France des marbres de toutes les espèces, aussi beaux que ceux d'Italie et d'Espagne; ils peuvent être comparés aux marbres antiques les plus estimés. Mais la célébrité dont jouissent depuis si longtemps les marbres étrangers, l'habitude, et le défaut d'exploitation de nos carrières, sont les seules causes qui nous ont rendus jusqu'ici tributaires, pour cet objet, de l'Espagne et de l'Italie. Il se trouve des carrières de marbre dans presque tous les départemens; leur nombre est de près de deux cents. Si l'on voulait décrire tous les marbres de France, ce travail formerait seul un ouvrage considérable; mais le détail suivant des principaux et des plus connus, suffit pour faire voir combien notre pays est riche en cette matière, et que l'on peut trouver chez nous ce que l'on va chercher, à si grands frais, chez nos voisins.

Marbres blancs, et ceux où le blanc domine.

Première Série.

185. Il se trouve plusieurs carrières de marbre blanc dans les départemens des Hautes et Basses - Pyrénées, aux environs de Bayonne.

186. Une autre à environ un quart de lieue de Bagnères, dans un endroit appelé Medon. Ce dernier est le plus beau.

187. Marbre de Caunes, dans le département de l'Aude, à quatre lieues de Carcassonne; il n'est pas aussi dur que le marbre blanc de Carrare.

188. Il y a une carrière de marbre blanc à huit lieues de Moulins (département de l'Allier) auprès d'un village appelé Chatel, à une lieue de Jaligny.

189. Une autre auprès de Cluny, petite ville à quatre lieues de Macon (département de Saône-et-Loire).

190. Une autre à Chipal, près du mont Sainte-Marie (département de la Meuse).

Marbres de deux couleurs où le blanc domine.

191. On trouve aussi du marbre blanc veiné dans la plupart de ces carrières, surtout dans celles des Pyrénées.

192. Du marbre blanc et bleu veiné auprès de Laval (département de la Mayenne).

193. Du blanc et couleur de chair veiné et maculé, qui se trouve dans le territoire de Bigorre, près de Bagnères (département des Hautes-Pyrénées).

194. Blanc et rougeâtre près Brignoles (département du Var).

195. Du blanc sale rayé de rouge, qui se trouve dans les montagnes de Sainte-Baume (département des Bouches-du-Rhône).

Marbres de trois couleurs où le blanc domine.

196. Blanc, rouge et vert de la vallée d'Aure, près de Périgueux (département de la Dordogne).

197. Blanc jaune et rouge mélangés, appelé marbre de Sainte-Baume, imitant la brocatelle d'Espagne; il est fort beau et se tire du même endroit que le précédent.

198. Marbre blanc, jaune et rouge d'Aigualière, près Tarascon (département des Bouches-du-Rhône). Ce marbre est fort beau, on l'appelle marbre de Saint-Remy, parce qu'il se travaille dans ce village.

199. Autre d'un endroit appelé Oreilles, à 9 lieues d'Aix. Ce marbre est nuancé comme le précédent, mais plus beau.

200. Marbre blanc, rouge et jaune de Montbart (département de la Côte-d'Or).

Marbres de quatre couleurs où le blanc domine.

201. Marbre blanc, rouge brun, avec des veines blanches, cendrées et bleues, appelé marbre de Rance, qui se tire de Liessies à une lieue d'Avesnes (département du Nord).

Marbres bleus et autres où le bleu domine.

Deuxième Série.

202. Bleu turquin de Caunes (département de l'Aude).

203. Autre marbre bleu de Valle-en-Pollières, à deux lieues d'Arbois (département du Jura). Ce marbre est assez beau.

204. Marbre bleu de Pleugastel, rade de Brest (département du Finistère).

205. Marbre dont le fond est bleu, avec des veines jaunes couleur d'or, des environs de Châtillon-sur-Seine (département de la Côte-d'Or).

Marbres de trois couleurs où le bleu domine.

206. Marbre bleu jaspé de gris et de blanc des environs de Salins (département du Jura). C'est un très-beau marbre dont le grain est très-fin.

207. Marbre bleu avec de grandes taches noires mêlées de quelques filets d'un rouge pâle, des environs de Moulins (département de l'Allier).

Marbres de quatre couleurs où le bleu domine.

208. Marbre dont le fond est bleu tacheté de rouge, de noir et de gris, du même endroit que le précédent.

209. Bleu sale avec des taches brunes et noires, et des veines blanches, de Barbançon, à trois lieues de Maubeuge (département du Nord).

Marbres bruns et autres où cette couleur domine.

Troisième Série.

210. Marbre brun coquillé avec des taches blanches de Mont-Martin ; à deux lieues de Baume (département du Doubs).

211. Brun gris bariolé de plusieurs autres couleurs, de Dourlers (département du Nord).

Marbres cendrés et gris et autres où ces couleurs dominent.

Quatrième Série.

212. Marbre cendré veiné de blanc, de la montagne de Fauche, à six lieues de Perpignan (département des Pyrénées-Orientales).

213. Autre qui se trouve dans le même endroit que le n°. 201.

214. Marbre gris blanc de Saint-Béat (département de la Haute-Garonne).

215. Espèce de marbre gris veiné d'un spath blanc, qui prend un beau poli ; il se tire d'Entrevaux, près d'un torrent qui tombe dans le Var (département des Basses-Alpes).

216. Gris tacheté de Barbançon, qui se trouve au même endroit que le numéro 209.

217. Gris et couleur de fèves bariolées, du Val-de-Suzon (département de la Côte-d'Or).

218. Autre de même nuance, appelé de Coarlon, même département.

219. Gris sale veiné de jaune, de Gilly, près de Bourbon-l'Archambault (département de l'Allier).

220. Gris et jaune jaspé, de Caunes (département de l'Aude). Il est fort beau.

221. Gris et rouge appelé Linghon, qui se tire près d'Ambleteuse (département du Pas-de-Calais).

222. Gris-blanc, des carrières de Marquise, commune située à trois lieues et demie de Boulogne, même département [1].

---

[1] Les marbres qui ont servi à la construction de la colonne de Boulogne, terminée en 1821, ont été extraits de ces carrières. Ce monument, qui n'est pas moins remarquable par sa grandeur que par la beauté de ses proportions, doit être placé parmi les plus célé-

223. Gris et rouge, de Salle-au-Roi (département du Cher).

224. Gris brun, de la Charence et de Morgon, près de Gap (département des Hautes-Alpes). Il est légèrement tacheté de gris et facile à tailler; il prend un beau poli.

225. Gris noir veiné de blanc sale, de Cartraves, à deux lieues de Quintin (département des Côtes-du-Nord).

Marbres de trois couleurs où le gris domine.

226. Marbre gris et noir avec des veines blanches, de Grandrieux, à trois lieues de Maubeuge (département du Nord).

227. Gris avec des taches noires et des veines jaunes et brillantes, appelé de l'Estendar, auprès de Saint-Maximin (département du Var).

228. Gris jaune couleur de sang, transparent comme l'agate, connu sous le nom de Sérancolin, pour Sarrancolin (département des Hautes-Pyrénées).

229. Marbre grisâtre bariolé de taches rondes et rougeâtres avec un

bres de ce genre. L'énoncé de ses principales dimensions suffira pour donner une idée de son importance.

	pieds	pouc.	mèt.	mill
Le piédestal, compris les gradins qui le surhaussent, porte de hauteur.	30	»	9	745
La colonne, compris base et chapiteau.	103	6	33	621
L'acrotère et son couronnement.	23	»	7	471
HAUTEUR TOTALE.	156	6	50	837
Le carré de la base du piédestal porte.	23	9	7	715
Le dé.	19	3	6	253
Le diamètre inférieur de la colonne.	12	8	4	115
Le diamètre supérieur.	11	6	3	735
Le tailloir du chapiteau, en carré.	15	5	5	008

L'ensemble du monument est divisé en 58 assises dans sa hauteur. L'assise, en quatre morceaux, qui forme le tailloir portant quart de rond, a de hauteur 4 pieds 3 pouces (1 mètre 380 millimètres.)

Chaque assise porte, en outre, un morceau de forte dimension, formant noyau d'escalier plein, et cinq marches développées, plus une retombée en coupe.

L'escalier tourne dans un vide de 7 pieds 3 pouces de diamètre (2 mètres 355 millimètres) à la naissance du fût, et le vide diminue dans la proportion de la colonne. L'escalier a 27 pouces de large (731 millimètres).

M. Labarre, architecte de ce beau monument, cédant au désir que nous lui avons manifesté de le placer en parallèle avec ceux du même genre, dont nous avons parlé précédemment, a bien voulu nous communiquer les détails qu'on vient de lire, sur cette colonne, ainsi que le dessin d'après lequel nous avons fait graver la figure qui se voit sur la Planche IIe.

tissu rayé, appelé de Cousance, près la ville de Lons-le-Saulnier (département du Jura).

230. Le marbre de Sirod, même département, a les mêmes nuances; mais il prend un plus beau poli.

Marbres jaunes et autres où cette couleur domine.

Cinquième série.

231. Marbre à fond jaune, maculé de même, et veiné de bleu foncé, qui se tire dans le village de Bruc, à deux lieues de Rennes (département d'Ille-et-Vilaine).

232. Marbre jaune et rouge, appelé marbre d'Antin ou de Veyrette; le brun est fort estimé; il se tire près de Bagnères (département des Hautes-Pyrénées).

233. Jaune avec des couleurs pourpres, de Corgoloin, près de Nuits (département de la Côte-d'Or).

234. Jaune rougeâtre, picoté de rouge foncé; c'est une espèce de brèche qui prend un fort beau poli : elle se tire à un quart de lieue d'Arc-sur-Tille (département de la Côte-d'Or).

235. Marbre à fond jaune, ou café clair, avec des taches couleur de chair, qui se tire près de Melin-sur-Arches, même département que le précédent.

Marbres à trois couleurs où le jaune domine.

236. Jaune rayé de rouge, avec des veines blanches, de Sablé (département de la Sarthe). Il est d'une nuance fort agréable.

237. Rouge gris et noir, appelé à Paris brèche d'Alet, se tire de Tholonet, à une lieue de la ville d'Aix (département des Bouches-du-Rhône). Ce marbre est fort estimé et prend un beau poli.

238. On trouve dans les environs du même lieu un autre marbre des mêmes nuances, plus jaune, plus bariolé et plus beau ; c'est une espèce de brocatelle appelée marbre de Beaurecueil, à une demi-lieue d'Aix.

Marbres noirs d'une seule couleur.

Sixième série.

239. Noir, de l'île Ronde, au delà de Brest (département du Finistère)
240. Noir, de Laval (département de la Mayenne).
241. Noir, de Bisé (département de la Haute-Garonne).

242. Noir, de Caunes (département de l'Aude).

243. Noir, de Castres (département du Tarn). Ce marbre est de qualité moyenne.

244. Noir, de Saint-Fortunat, à deux lieues de Lyon (département du Rhône).

245. Noir, de Fremaye, à trois lieues de Mâcon (département de Saône-et-Loire).

246. Noir, de Charleville (département des Ardennes).

247. Noir, de Pouilly, à une lieue de Besançon (département du Doubs).

248. Noir, de Barbançon (département du Nord).

Marbres noirs et blancs.

249. Noir et blanc, qui se tire du même endroit que le numéro 240.

250. Noir et blanc, de Serges, près d'Angers (département de Maine-et-Loire).

251. A Chalonne, situé à quatre lieues d'Angers, on trouve de semblable marbre.

252. Marbre noir et blanc, de Regny (département de la Loire). Il se polit très-bien, mais il résiste peu à l'air.

253. Noir et blanc, de Santête, à deux lieues de Bourbon-l'Archambault (département de l'Allier).

254. Noir et blanc de Charleville, même lieu que le numéro 246.

255. Noir et blanc, de Mont-Martin, à deux lieues de Baume (département du Doubs).

256. Noir et blanc, de Charlemont (département des Ardennes).

257. Noir et blanc, de Givet, même département.

258. Noir et blanc, d'Avesnes auprès de Charlemont (département du Nord)

259. Noir et blanc coquillé, de Miery, près de Poligny (département du Doubs). C'est une espèce de *Lumachelle.*

260. Noir veiné et jaspé de jaune, de Caunes (département de l'Aude), assez beau. C'est une espèce de *portor.*

261. Noir, gris, blanc, rouge et bleu mélangé, d'Ogimont, dans le pays d'Avesnes (département du Nord).

262. Marbre olive, tacheté de points rougeâtres et de marques blanches, de Baume-la-Roche (département de la Côte-d'Or).

263. Marbre olivâtre, avec des ondulations, d'un rouge pâle et des mouches, qui se trouve auprès de Crozet, à deux lieues de Saint-Claude (département du Jura).

Marbres rouges et autres où cette couleur domine.

Septième série.

264. Marbre pourpre mêlé de petites taches blanches, qui se tire près de Doué, entre les villes de Nuits et de Beaune (département de la Côte-d'Or).

265. Marbre rouge pourpré, qui se tire à une lieue de Dôle (département du Jura). Son grain est fin : on peut en tirer des blocs de telles longueur et grosseur que l'on veut.

266. Rouge cerise ou griotte, de Caunes (département de l'Aude).

267. Marbre rouge jaspé, d'Alais (département du Gard), qui est fort beau.

268. Marbre jaspé, de Tournus (département de Saône-et-Loire).

269. Dans le même endroit, on trouve du marbre de même couleur, qui est coquillé. On fait beaucoup d'usage de ces marbres pour les chambranles de cheminées à Lyon.

270. Marbre rouge jaspé avec des coquillages, des environs de Charleville (département des Ardennes).

271. Marbre rouge veiné de blanc, de Saint-Palais (département du Cher).

272. Marbre rouge et blanc, de Charlemont (département des Ardennes).

273. Marbre rouge et blanc, de Barbançon (département du Nord).

274. Marbre incarnat et blanc, de Caunes (département de l'Aude); très-beau marbre qui était réservé pour le roi.

275. Il se trouve près de la ville de Narbonne, même département, une carrière de même marbre incarnat veiné de blanc, qui est aussi fort beau.

276. Les marbres couleur de chair, jaspés de rouge vif, qui se trouvent à Malpas, la Cluse et Oye, entre Pontarlier et le lac de Saint-Pont (département du Doubs), sont superbes. Le grain est très-fin et susceptible du plus beau poli : on les appelle jaspes-agates.

277. Marbre appelé de Languedoc, dont le fond est pâle avec de grandes taches blanches; est commun dans les départemens de l'Aude, de la Lozère et de l'Hérault.

278. Marbres rouges et blancs, de la vallée des Pennes, de Fabregoule, de Castries et de Rousset (département des Bouches-du-Rhône); sont à peu près de même nuance et qualité, et assez beaux.

279. Marbre rouge pâle, tacheté de blanc, de Bagny, à cinq lieues de Lyon (département de l'Ain).

280. Marbre rouge et blanc, de Langeot, près de la ville de Brioude (département de la Haute-Loire); est un marbre de moyenne qualité.

281. Marbre rouge et blanc, de Sainte-Catherine, près de Nancy (département de la Meurthe). On s'en est servi pour bâtir le portail des Jésuites à Nancy.

Marbres de trois couleurs où le rouge domine.

282. Rouge veiné de blanc et de bleu qui se trouve aux environs de Cahors (département du Lot). Ce marbre est assez beau.

283. Marbre rouge, bleu et gris d'ardoise, jaspé, de Saint-Berthevin à une lieue de Laval (département de la Mayenne).

284. Marbre veiné rouge pâle, et rouge de cerise, marqueté de blanc, appelé Sampans, nom du lieu où il se tire, à une lieue de Dôle (département du Jura). Ce marbre a le grain fin et se polit très-bien.

285. Marbres de mêmes nuances que le précédent, qui se trouvent dans un village appelé Rocologne, à deux lieues et demie de Besançon (département du Doubs).

286. Marbre rouge et gris cendré, avec des taches et des veines blanches, appelé marbre de Rance, près de la ville d'Avesnes (département du Nord).

Marbres de quatre couleurs où le rouge domine.

287 Marbre rouge foncé, nuancé de blanc, rouge pâle et rougeâtre; du bourg de Trelon, à deux lieues d'Avesnes (département du Nord). Ce marbre est assez beau.

288. Marbre mélangé de rose, de vert, de jaune et d'un peu de violet, d'une très-belle qualité, qui se trouve près de Brioude (département de la Haute-Loire).

289. Marbre tacheté de rouge, blanc, fauve, gris et points argentés, du village de Bouc, près de Sainte-Baume (département des Bouches-du-Rhône).

290. Marbre rouge bariolé de plusieurs couleurs, de Laval (département de la Mayenne.)

291 Marbre bariolé de taches rouges, noires et blanches, qui se trouve près de la ville de Luçon (département de la Vendée).

292. Marbre rouge, mélangé de plusieurs autres couleurs, de Fontaine-l'Évêque (département du Nord).

293. Marbres transparens et argentés qui se trouvent à une lieue d'Émentier et près de la ville d'Uzerche (département de la Corrèze).

294. Marbre dont le fond est ventre de biche, tacheté de rouge, près de Sirod (département du Jura).

295. Marbre dont le fond est peau de cerf, semé de petites taches blanches, qui se trouve près le village de Chenove, à une lieue de Dijon (département de la Côte-d'Or).

Marbres verts et autres où cette couleur domine.

Huitième Série.

296. Marbre vert des environs de Niort (département des Deux Sèvres).

297. Marbre vert qui se trouve près d'une ancienne tour appelée la Keiric, à une lieue d'Aix (département des Bouches-du-Rhône).

Marbres à trois couleurs où le vert domine.

298. Marbre dont le fond est verdâtre mêlé de rouge et de blanc, appelé Balvacaire; il se tire auprès de Saint-Bertrand de Comminges (département de la Haute-Garonne.)

299. Marbre vert brun, tacheté de rouge, appelé marbre de Signa (département des Hautes-Pyrénées)

300. Marbre vert mélangé de taches et de veines rouges, blanches et couleur de chair, appelé vert Campan, même département que le précédent. Ces deux marbres se ressemblent assez.

301. Marbre verdâtre semé de taches rouges et cendrées, d'Etroeungt, entre la ville d'Avesnes et celle de la Chapelle (département du Nord)

Albâtres de France.

302. A Berzé-la-Ville, située à trois lieues de Mâcon, il se trouve deux carrières d'Albâtre; l'un est blanc et l'autre jaunâtre.

303. Auprès de Poligny, département du Jura, on trouve de l'albâtre très-blanc et transparent, et d'autre qui est jaspé.

304. Il se trouve aussi de bel albâtre blanc à Flexbourg (département du Bas-Rhin).

Il y a beaucoup d'autres endroits de la France où l'on trouve des albâtres, tels que les départemens des Vosges, des Alpes et des Pyrénées; mais nous ne les connaissons pas assez pour les décrire [1].

MARBRES DES PAYS-BAS, CONNUS SOUS LE NOM DE MARBRES DE FLANDRE.

305. Marbre blanc et rouge, appelé marbre de Hou, près de Dinant.

306. Marbre blanc, bleu et rouge marqueté, qui se tire aux environs de la ville de Fontaine-l'Évêque.

307. Marbre blanc, rouge-brun, avec des veines blanches, cendrées et bleues, appelé marbre de Rance.

308. Marbre bleu et rouge qui se trouve dans le même lieu que le numéro 306.

309. Marbre cendré, veiné de bleu, de Rance.

310. Marbre gris-bleu de Bruxelles et de Tournay.

311 Marbre gris-rouge, appelé de Cerfontaine, près de Philippeville.

312. Marbre mélangé de rouge, cendré et veines blanches, appelé marbre de Tilbaudoin dans le pays de Liége (royaume des Pays-Bas).

313. Marbre noir de Namur.

314. Marbre noir de Dinant, plus beau que le précédent.

315. Marbre rouge-cerise, dit *Griotte de Flandre.*

---

[1] On a découvert à Lagny, près de Paris, une carrière de faux albâtre, ou alabastrite, qui est très-beau, dans laquelle il se trouve des morceaux de presque toutes les teintes de l'albâtre oriental. On en forme des tablettes, des vases, des colonnes, des chambranles de cheminée; quelques-uns de ces vases et colonnes sont creusés et disposés de manière à pouvoir placer à l'intérieur une bougie allumée, dont la lumière, en traversant l'épaisseur, éclaire en transparent à une certaine distance, ce qui produit un effet mystérieux. On remarque, comme une particularité, que cette carrière d'albâtre gypseux se trouve située au milieu d'un pays calcaire.

Il se trouve des albâtres de ces deux espèces en Allemagne, en Suisse et même en Angleterre; il s'en trouve aussi en Italie et en France. *Il a déjà été question des alabastrites aux articles 1er. et 5 de ce Chapitre : nous renvoyons ce qui nous reste à dire sur cette matière au Chapitre IV, du* PLATRE.

316. Marbre rouge pâle, traversé de veines et de plaques blanches, près de Dinant.

317. Marbre rouge de porphyre, à taches d'agate noires et blanches, appelé brèche de Florenne, près de Namur.

MARBRES D'ESPAGNE, D'ALLEMAGNE ET D'ANGLETERRE, LES PLUS CONNUS.

Marbres d'Espagne.

Les marbres que nous plaçons ici sont les plus beaux de ce royaume; les autres ne nous sont pas connus.

318. Le coralino d'Espagne est une brèche à grandes taches blanches, avec d'autres plus petites jaunes, brunes et violettes, imitant le corail.

319. Brocatelle d'Espagne à fond d'un rouge sanguin, avec de petites taches jaunes dorées, grises et blanches.

320. Autre mélangée de couleur isabelle, jaune, rouge pâle et gris; ces marbres viennent de Tortose dans l'Andalousie.

321. Brèche violette mêlée de noir, de rouge et de violet, sur un fond blanc.

322. Brèche de Serra-Vezza du mont Stozzema, avec des taches blanches, jaunes et violettes, sur un fond rougeâtre.

323. Marbre imitant la brèche d'Alet, avec des taches rondes inégales, rouges, blanches et grises, d'une couleur pâle.

MARBRES D'ALLEMAGNE.

Marbres blancs et autres où cette couleur domine.

324. Le marbre blanc d'Annaberg en Saxe, est un des plus beaux d'Allemagne.

325. Marbre blanc de Wolfenbutel.

326. Marbre blanc de Ratisbonne.

327. Le marbre Hildesheim est comme de l'ivoire.

328. Le marbre blanc de la principauté de Bareith est un peu gris.

329. Marbre blanc, rayé de noir, de Priborn en Silésie.

330. Marbre blanc, gris et jaune tacheté, d'Ostergillen.

331. A Regeldorf, près de Ratisbonne, on trouve du marbre blanc bariolé de différentes couleurs.

332. A Weldenbourg, il y a du marbre comme le précédent.

333. Même espèce de marbre à Blakenburg.

Marbres cendrés et gris, et autres où ces couleurs dominent.

334. A Querfurt, en Saxe, on trouve du marbre cendré.

335. Marbre cendré et ramifié de Goslar.

336. Marbre cendré avec des veines fauves, de Diegeighen.

337. Marbre cendré veiné de blanc et de noir, de Greiffenberg près de Nuremberg.

338. Gris cendré, d'Hildesheim.

339. Le gris tacheté de blanc, de Zœblitz, est une espèce de serpentin.

340. Marbre gris bariolé de taches jaunes et rouges, de la montagne de Heydenberg aux environs de Nuremberg.

341. Marbre gris cendré obscur, avec des taches fauves, de Selbitz.

342. Marbre jaunâtre, plus ou moins clair, de la principauté de Bareuth.

343. Marbre châtain et de couleur hépatique, veiné, auprès de la route de Leipzick à Bareuth.

344. Marbre brun à taches blanches, de Stelzburg.

345. Le marbre noir tirant sur le rouge, de Stolpen en Poméranie, est une espèce de basalte.

346. Marbre noir, d'Osnabruck.

347. Marbre noir et blanc de Misnie.

Marbres rouges et autres où cette couleur domine.

348. Marbre rouge foncé de Bohême.

349. Marbre rouge à taches blanches, de Ratisbonne.

350. Marbre couleur de chair et taches verdoyantes, d'Hurtignag, dans la principauté de Wolfenbutel.

Marbres verts.

351. A Rochiltz, en Misnie, on trouve des carrières de marbre vert.

352. Le marbre de Hesse est vert foncé avec des brillans talqueux.

353. Marbre de Hesse arborisé et figuré.

Dans les montagnes de Pinifero et en plusieurs autres endroits de l'Allemagne, on trouve des marbres colorés de diverses qualités; mais qui ne sont pas assez connus pour les décrire.

MARBRES CONNUS D'ANGLETERRE.

354. On trouve en plusieurs endroits de l'Angleterre du marbr
blanc ;

355. Et du marbre blanc, veiné de gris et de roux.

356. A Kilkenny, en Irlande, on trouve du marbre bleuâtre tirant
sur le noir.

357. Le marbre de l'île de Perbec, dans la province de Dorset, paraît
composé de coquilles pétrifiées. C'est une espèce de lumachelle d'un
gris bleu et blanc.

358. On trouve aussi du marbre noir en plusieurs endroits de l'Angleterre;

359. Et du marbre noir rayé de blanc. Le marbre de Boine, qui est
rouge et blanc, se trouve dans un endroit qui est à environ cinquante
lieues d'Édimbourg.

360. On y trouve aussi du marbre rouge pâle,

361. Et du marbre rouge, veiné de jaune et de gris,

362. Et du serpentin.

363. Le marbre d'Écosse est d'un vert clair, semé de très-petites
taches.

364. On trouve aussi des marbres qui, par les taches et les lignes dont
ils sont traversés, ressemblent aux marbres dits figurés.

ART. VI. — PIERRES ORDINAIRES DE DIFFÉRENS PAYS, COMPRISES SOUS LA
DÉNOMINATION DE PIERRES DE TAILLE.

Relativement à leur emploi, les pierres se divisent généralement en
deux classes. La première comprend les pierres dures, c'est-à-dire,
celles qui ne peuvent se débiter qu'à la scie à eau et au grès comme les
marbres. La seconde comprend les pierres tendres, c'est-à-dire, celles
qui peuvent se débiter à la scie à dents, comme les pierres de Conflans
et de Saint-Leu, dont on fait usage à Paris.

Les qualités essentielles des pierres, tant dures que tendres, sont d'avoir
le grain fin et homogène, la texture uniforme et compacte; de résister
à l'humidité, à la gelée, et de ne pas éclater au feu dans le cas d'incendie.

Il y a peu de pierres qui réunissent toutes ces qualités; c'est pourquoi le premier soin d'un architecte chargé de l'exécution d'un édifice, doit être d'examiner attentivement les différentes espèces de pierres dont on fait usage dans le pays où cet édifice doit être situé, afin de les employer chacune aux ouvrages auxquels elles sont les plus propres.

Pour y parvenir, il faut, si les carrières sont anciennes, visiter les édifices construits avec les pierres qui en proviennent, examiner l'état où elles se trouvent, afin de connaître si elles résistent au fardeau, aux intempéries de l'air, à l'eau ou à l'humidité; la manière dont elles sont mises en œuvre; si elles sont sujettes à se déliter, et si elles peuvent être posées autrement que sur leurs lits de carrière.

Lorsque ce sont de nouvelles carrières que l'on exploite, il est bon d'en tirer des blocs dans toutes les saisons de l'année; d'en exposer à l'air, à l'eau, à l'humidité, à la gelée [1] et même à l'action du feu.

L'expérience a fait connaître que les pierres scintillantes, c'est-à-dire, qui font feu avec le briquet, résistent mieux à toutes ces épreuves que les pierres calcaires; elles sont ordinairement plus dures et plus difficiles à travailler.

Les pierres calcaires, qui sont moins dures, se travaillent plus facilement; mais aussi elles sont moins fortes et résistent moins aux intempéries de l'air; elles sont sujettes à éclater au feu en cas d'incendie.

On remarque, en général, dans les pierres de même espèce, que celles dont la couleur est moins foncée sont ordinairement plus tendres.

Les pierres dont la cassure est remplie d'aspérités et de points brillans, se travaillent plus difficilement que celles qui ont la cassure lisse et le grain uniforme.

Lorsqu'on mouille une pierre, si elle absorbe l'eau promptement et qu'elle augmente de poids, elle est peu propre à résister à l'humidité.

Les pierres qui rendent un son plein lorsqu'on les frappe ou qu'on les taille, ont ordinairement le grain fin et la texture uniforme.

Celles qui exhalent une odeur de soufre lorsqu'on les taille, ont beaucoup de consistance.

Enfin, dans les pierres de même espèce, plus elles sont pesantes, plus elles sont dures et fortes.

[1] Cette pratique, en usage jusqu'à ce jour, est sans contredit la plus simple et la plus naturelle; seulement elle exige quelquefois plusieurs années d'expériences. On doit à M. Brard, minéralogiste, la découverte d'un procédé qui abrège désormais le temps d'épreuves, et que nous ferons connaître à la fin de ce Livre.

Des différentes espèces de pierres de taille qui se trouvent en France.

Dans la description que nous allons faire de ces différentes espèces de pierres, nous allons suivre l'ordre des départemens, en allant du nord au midi.

Nous avons préféré cet ordre, parce que c'est un moyen de parcourir toute l'étendue de la France d'une manière uniforme et régulière.

1. On trouve une espèce de pierre bleue dans le département du Nord, à Gassinie, près le Quesnoy.

2. A Douay, dans le département du Nord, on fait usage d'une pierre blanche et tendre, que l'on tire de Aarden.

3. Celles que l'on tire des environs d'Arras, dans le département du Pas-de-Calais, sont d'une qualité médiocre.

4. On préfère une espèce de grès à bâtir qui se trouve en plusieurs endroits de ce département.

5. Dans le département du Haut-Rhin, dont le chef-lieu est Colmar, on trouve des pierres de taille plus ou moins dures, d'une médiocre qualité ; c'est pourquoi on leur préfère le grès.

6. La pierre de taille que l'on emploie dans le département des Vosges est une espèce de grès tendre, dont le meilleur se trouve près le village de Forges, près de la route d'Épinal à Mirecourt.

7. A quatre lieues de la ville de Saint-Diey, sur le penchant de la montagne du Bonhomme, on trouve des carrières d'une fort belle pierre. Il s'en trouve de même qualité près de Senones.

8. Dans le département de la Meurthe, les pierres dont on fait usage sont celles des carrières de Norroy et d'Einville.

9. La pierre tendre se tire d'un endroit appelé Balin, à une demi-lieue de Nancy.

10. On fait aussi usage de pierre de roche.

11. A Metz et dans le département de la Moselle, la pierre de taille dure se tire de Jaumont et d'Amanviller, à trois lieues de Metz ; elle est jaunâtre, d'un grain assez fin et de bonne qualité.

12. La pierre dure de Servigny, à quatre lieues de Metz, est bleuâtre on s'en sert pour les marches d'escalier et les bornes.

13. On tire encore de fort belles pierres des carrières de Longueville, à six lieues de Metz.

14. Sur les confins du département de la Marne et de la Haute-

Marne, entre Vitry-le-Français et Saint-Dizier, on trouve les carrières de Faremout, Chevillon et la Sablonnière, qui fournissent des pierres d'un blanc roux et d'une dureté moyenne.

15. On trouve encore, le long de la Marne, les carrières de Mareuil, d'Ay, de Dizy et d'Épernay, qui sont à peu près de même nature.

16. A deux myriamètres de Châlons-sur-Marne, dans un endroit appelé Falaise, on trouve une espèce de pierre tendre à gros grain, qui ne soutient pas bien ses arêtes, mais qui est très-bonne dans l'eau, où elle durcit, et ne gèle jamais.

17. Dans le département de la Meuse, dont Bar-sur-Ornain est le chef-lieu, on trouve les carrières de pierres tendres, de Brillon et de Savonnière qui sont estimées, et dont on fait usage dans les départemens voisins, pour les ouvrages précieux d'architecture et de sculpture.

18. La pierre que l'on tire du mont Sainte-Marie, près de la ville de Saint-Michel, est assez belle et de bonne qualité.

19. Les carrières de Ville-Issey, près de Commercy, fournissent des pierres coquilleuses.

20. Dans les environs de Mézières, département des Ardennes, on trouve des carrières d'une espèce de pierre dure bleuâtre, qui ne porte que 12 à 15 pouces de hauteur de banc, ou 32 à 40 centimètres.

21. Dans le même département, à une lieue de Sédan, il existe, dans un endroit appelé Saint-Mange, une carrière de pierre de taille qui est fort belle.

22. Dans le département de la Haute-Marne, à quatre lieues de Chaumont, on trouve sur les coteaux de Vignon, des carrières de pierre dure coquilleuse, de même qu'à Choine et à Esnouvaux, situés à quatre lieues de Langres. On trouve encore des pierres remplies de coquillages à Roquigny.

Les pierres de taille qui s'emploient dans le département de l'Aube, dont Troyes est le chef-lieu, viennent des départemens voisins.

23. Dans la commune de Château-Landon, à sept lieues de Fontainebleau, département de Seine-et-Marne, on trouve une pierre, ou espèce de marbre, d'un gris jaunâtre brouillé, susceptible de recevoir un beau poli. La pierre de Château-Landon est plus dure, plus pesante et plus compacte que le plus beau liais de Paris. Les éclats de cette pierre présentent une surface lisse et des arêtes transparentes : on y trouve des trous dont quelques-uns sont remplis de concrétions brillantes

comme du cristal, qui ne sont pas plus dures que la pierre, en sorte qu'elle peut se débiter facilement à la scie à eau.

La pierre de Château-Landon peut porter jusqu'à 3 pieds $\frac{1}{2}$ de hauteur d'assise [1].

24. Dans le même département, il se trouve beaucoup de carrières de grès, dont on se sert pour paver et pour bâtir.

Département de Paris ou de la Seine.

Quoique ce département soit le moins étendu en superficie, c'est cependant un de ceux où se trouve un plus grand nombre de carrières. Elles occupent presque toute son étendue. La partie méridionale de cette grande ville, et les plaines au dehors depuis la rivière jusqu'à Meudon, renferment des carrières dont la plupart sont déjà épuisées. Les pierres qu'on en tire sont calcaires, disposées par lits ou bancs de différentes épaisseurs et duretés. Leur couleur est généralement d'un blanc roux tirant sur le gris, dont la teinte est plus ou moins foncée. On en distingue cinq espèces propres à être employées comme pierres de taille, savoir : le liais, le cliquart, la roche, le banc franc et la lambourde.

25. Le liais paraît réunir toutes les qualités des plus belles pierres ; son grain est fin, sa texture compacte et uniforme; il se taille bien, et peut résister à toutes les intempéries de l'air, quand il a été tiré de la carrière dans un temps convenable, car il est sujet à geler lorsqu'il est employé dans l'arrière-saison avant d'avoir essuyé son eau de carrière. On en peut tirer des blocs de six à sept mètres de longueur, sur deux ou trois de largeur. L'épaisseur du vrai liais n'étant que d'environ deux décimètres ou 7 à 8 pouces, son usage se trouve borné à des marches d'escalier, des cymaises, des tablettes de balustrades, des chambranles de cheminées, et autres ouvrages qui exigent peu d'épaisseur.

Le beau liais se tirait des carrières qui étaient auprès de la barrière Saint-Jacques et derrière le clos des Chartreux, mais elles sont épuisées.

---

[1] On a employé cette pierre avec succès pour le pont de Nemours; elle se coupe bien au ciseau et conserve des arêtes très-vives.

On en fait maintenant usage à Paris. Le premier ouvrage auquel elle ait été employée dans cette ville, est le pavé de l'église de Sainte-Geneviève. On l'a ensuite mise successivement en œuvre au revêtement de l'arc de triomphe de l'Étoile, au bassin du Château-d'Eau, au couronnement du terre-plein du Pont-Neuf, etc.

26. On a substitué au liais une pierre de bas appareil nommée le cliquart, qui se trouve dans plusieurs carrières des plaines de Bagueux
et de Mont-Rouge. Ce nouveau liais porte depuis 10 jusqu'à 12 pouces
d'épaisseur, ou de 27 à 33 centimètres. En général, on donne le nom de
liais à toutes les pierres fines de bas appareil dont on fait usage à Paris ;
ainsi il y a le liais de Meudon[1], de Maisons, de Saint-Cloud, de Saint-
Leu, etc.

Il y a du liais de trois qualités, savoir : Le liais dur, le liais férault
et le liais tendre. Le premier est celui que l'on tire des carrières d'Arcueil, de Bagneux et des plaines de Mont-Rouge. Le liais férault est de
mauvaise qualité et difficile à travailler. Le liais tendre se tire de Maisons
au-dessus de Charenton, de Saint-Cloud ; on désigne ce dernier sous le
nom de liais rose.

Cliquart.

27. La pierre que l'on désigne actuellement sous le nom de cliquart,
est une pierre dure moins fine que le liais. Le cliquart qui se tire d'Arcueil, de la plaine de Bagneux et du val de Meudon, porte environ
12 pouces de hauteur de banc ou 33 centimètres. On en tire des
plaines de Mont-Rouge et de Vaugirard, qui porte depuis 14 pouces
jusqu'à 22, c'est-à-dire, depuis 38 jusqu'à 60 centimètres. Ce dernier
est rougeâtre et a le grain moins fin.

Roches.

28. Les pierres auxquelles on donne le nom de roches sont dures et
coquilleuses. La plus belle et la plus pleine est celle qui se tire du fond
de Bagneux ; elle ne porte que 15 pouces de hauteur de banc, ou 41
centimètres.

29. La roche de la Butte-aux-Cailles, près la barrière des Gobelins,

---

[1] La cymaise de la corniche rampante du fronton de la colonnade du Louvre, est de
pierre dure, dite *de Meudon*. Chaque côté a environ 50 pieds (16 mètres 242 millimètres)
de long, sur 8 pieds (2 mètres 599 millimètres) de large, et 16 à 17 pouces d'épaisseur
(433 à 460 millimètres), y compris le revers d'eau. Un des côtés de cette cymaise est d'un
seul morceau ; l'autre devait l'être semblablement, mais elle se cassa en la montant.

*Il est question des moyens employés pour le transport et l'élévation de ces pierres,
au Livre IX, 2ª. Section, Chapitre III, Mouvement des Masses.*

a le grain plus gros que la précédente, et elle est moins coquilleuse; elle a 24 pouces de hauteur de banc ou 66 centimètres.

30. La roche du fond d'Arcueil a le grain plus fin; mais elle est plus coquilleuse; elle porte 18 pouces de hauteur de banc, ou 50 centimètres environ.

31. La roche de Châtillon est à peu près du même genre et un peu plus grise; elle porte de 22 à 24 pouces de hauteur de banc, c'est-à-dire de 60 à 66 centimètres.

32. La roche de Passy est plus blanche, a le grain plus fin, mais elle est sujette aux fils; elle porte de 18 à 22 pouces de hauteur de banc (50 à 68 centimètres).

33. On tire du village de Saint-Maur une roche moins belle et de meilleure qualité, qui porte 18 pouces, ou 50 centimètres de hauteur de banc.

34. La roche de Saint-Cloud est rousse et coquilleuse, mais de bonne qualité; elle porte depuis 18 pouces jusqu'à 2 pieds de hauteur de banc; on en peut tirer des colonnes d'une seule pièce de 5 à 6 mètres de hauteur (15 à 18 pieds), qui résistent à toutes les intempéries de l'air, quoique posées en *délit* [1].

Banc franc.

La pierre désignée sous ce nom est celle qui va, pour la finesse du grain et la dureté, après le cliquart.

35. La meilleure est celle d'Arcueil, qui porte environ 12 pouces d'épaisseur [2].

36. On en tire des carrières des plaines de Bagneux et de Mont-Rouge, qui portent de 12 à 15 pouces de hauteur de banc.

37. Les pierres qu'on tire des plaines de l'Hôpital, d'Yvry et de Vitry sont de même qualité; elles portent depuis 12 jusqu'à 28 pouces de hauteur de banc. Les plus fines sont celles qui ont le moins d'épaisseur.

38. Les pierres de Creteil, de Saint-Maur et de Charenton sont de même espèce; elles portent de 12 à 15 pouces de hauteur de banc; les plus belles sont celles de Creteil.

---

[1] Les colonnes isolées qui décorent les façades de la cour du Louvre et du château des Tuileries, du côté des jardins, sont exécutées avec cette pierre.

[2] Les parties inférieures de l'église de Sainte-Geneviève, jusqu'à 3 mètres de hauteur, sont construites de cette pierre.

39. La pierre que l'on tire de la vallée de Fécamp, sous Saint-Denis, est encore de la même espèce. Elle est aussi fine, aussi pleine que les pierres des carrières de Bagneux et de Mont-Rouge, et porte la même hauteur de banc. Celle qu'on désigne sous le nom de banc royal est aussi belle que le liais.

40. Il se trouve, dans les plaines de l'Hôpital et du faubourg Saint-Marcel, une espèce de pierre appelée haut banc, dont le grain n'est pas si beau que celui du banc franc, et qui porte depuis vingt jusqu'à 24 pouces de hauteur.

Lambourde.

La lambourde est une espèce de pierre tendre qui porte depuis 24 jusqu'à 36 pouces de hauteur, ou depuis 66 centimètres jusqu'à 1 mètre. Son grain est grossier.

41. La moins grossière est celle qui se tire des carrières de Saint-Maur ; c'est aussi celle qui est de meilleure qualité, et dont le banc porte plus de hauteur.

42. La lambourde qu'on tire de Gentilly est la plus grossière ; sa hauteur de banc est de 24 à 26 pouces, ou 32 à 36 centimètres.

On fait usage, à Paris, de plusieurs autres espèces de pierre, dont il est fait mention aux départemens d'où elles se tirent.

Département de Seine-et-Oise.

43. Une des plus belles pierres de ce département est celle de Saint-Nom, qui est d'un blanc roux. Elle se tire du parc de Versailles, où il s'en trouve de plusieurs qualités. Celle qu'on appelle roche fine ressemble beaucoup, pour le grain et la couleur, à la roche de la plaine de Bagneux. Elle porte 49 centimètres, ou 18 pouces de hauteur de banc.

44. La roche ordinaire, dont le grain est un peu moins beau, porte de 54 à 59 centimètres, ou de 20 à 22 pouces.

45. Les pierres que l'on tire de Montesson, près de Saint-Germain, sont de trois espèces. Celle qu'on appelle Banc du Diable est une pierre moyennement dure, à gros grain, qui porte de 49 à 69 centimètres de hauteur de banc.

46. On tire de la même carrière une lambourde qui porte même hauteur de banc ; elle est plus blanche, son grain est grossier, elle ne soutient pas ses arêtes.

47. Il se trouve une carrière auprès de Nanterre, dont la pierre est fort blanche et d'un beau grain; elle ne porte que 24 à 27 centimètres de hauteur de banc (9 à 10 pouces) : on ne l'emploie que pour les ouvrages délicats.

48. La pierre de la Chaussée se tire des carrières qui sont près de Bougival et de Saint-Germain-en-Laye; c'est une espèce de roche coquilleuse qui ressemble à celle qu'on tire des plaines de Mont-Rouge et de Châtillon; elle porte jusqu'à 20 pouces de hauteur de banc ou 54 centimètres. Il s'en trouve qui a le grain presque aussi fin que le liais, mais elle est sujette aux *moyes*, c'est-à-dire, à des parties tendres dans les lits, qui obligent de réduire son épaisseur à 40 ou 45 centimètres (15 ou 17 pouces).

49. On tire de Poissy, près de Saint-Germain, une espèce de pierre calcaire, appelée roche, qui porte environ 18 pouces, ou 50 centimètres de hauteur de banc. Cette pierre est aussi belle que le liais que l'on tire du fond de Bagneux; elle est de même couleur et a le grain aussi fin.

50. Le banc franc de Poissy a le grain plus gros et plus rude que la roche du numéro précédent; il est aussi moins dur, et porte de 18 à 20 pouces de hauteur de banc.

51. La pierre de l'Isle-Adam sur l'Oise, à 8 ou 9 lieues de Paris, est une espèce de roche coquilleuse rougeâtre, qui porte environ 15 pouces, ou 40 centimètres de hauteur de banc.

52. Celle qui se tire de l'abbaye du Val, dans le même pays, est d'une dureté moyenne et plus blanche; elle a le grain très-fin, et porte 22 pouces de banc ou 60 centimètres.

Les carrières de Saillancourt, qui sont aux environs de Pontoise, contiennent quatre espèces de pierres dont on peut tirer de très-grands blocs [1]. Le grain de cette pierre est grossier, composé de parties hétérogènes, dont quelques-unes sont calcaires. Lorsqu'on verse dessus de l'acide nitrique, les parties calcaires se dissolvent en faisant une forte effervescence, et il ne reste plus qu'un tissu aride sur lequel l'acide n'a plus de prise.

53. La première qualité, qu'on appelle banc vert, est extrêmement

---

[1] On en a fait usage pour les ponts de Neuilly, de Louis XVI, d'Iéna et plusieurs autres.

dure; sa couleur est grise, mêlée de blanc, avec des points noirs. Cette pierre n'est pas belle, mais elle est d'une bonne qualité.

54. La seconde espèce a le grain plus gros et la couleur plus foncée; elle est moins dure; elle porte 24 pouces ou 65 centimètres de hauteur de banc.

55. La troisième qualité est d'une couleur rousse, son tissu paraît aride; elle est encore moins dure que la précédente et d'une moindre épaisseur, savoir, de 18 pouces, ou 50 centimètres environ.

56. La quatrième espèce a le grain fort gros, et ne porte que 14 pouces de hauteur de banc; c'est la moindre de toutes en dimension et en qualité.

Les carrières de Conflans Sainte-Honorine, à 6 lieues de Paris, auprès du confluent de la Seine et de l'Oise, fournissent les plus belles pierres tendres qu'on emploie à Paris : il s'en trouve de trois espèces, d'un blanc un peu roux.

57. Le banc royal, dont le grain est le plus beau, porte depuis quatre pieds jusqu'à sept pieds de hauteur, c'est-à-dire, depuis 13 décimètres jusqu'à 2 mètres $\frac{1}{4}$; on peut en tirer des blocs de toutes grandeurs [1].

58. Il se rencontre dans ce banc des parties extrêmement dures, qu'on désigne sous le nom de Conflans-Ferré.

59. Le banc au-dessous a le grain un peu plus gros et plus tendre; c'est celui dont on fait le plus d'usage.

60. On en trouve encore une autre espèce, appelée Lambourde de Conflans, dont le grain est aussi fin que celui du banc royal; mais elle est beaucoup plus tendre et de moindre qualité, sujette même à se décomposer à l'eau et à l'humidité.

Pierres du département de l'Oise.

61. La plus belle est celle qu'on appelle liais de Senlis, qui se tire de la carrière de Saint-Nicolas; elle a le grain aussi beau que le liais de Paris, mais elle est moins dure, et sa couleur est moins foncée; elle porte depuis 12 jusqu'à 16 pouces de hauteur de banc, c'est-à-dire, de 32 à 42 centimètres.

---

[1] Les deux pierres angulaires du frontispice de l'église de Sainte-Geneviève, ont été prises dans des blocs qui avaient trois mètres en carré, sur deux mètres de haut, et qui pesaient environ 53 milliers, ou 24,600 kilogrammes. *On parle de leur transport au* Mouvement des matériaux, *Livre IX.*

Les voûtes du portail et des nefs, la tour du dôme et les voûtes sphériques et conoïdes de la même église, sont construites avec cette pierre, ainsi que l'entablement et les cha‑ piteaux du grand ordre extérieur.

62. La pierre dure ordinaire, dont le grain est un peu moins fin, porte de 18 à 20 pouces, c'est-à-dire, de 49 à 54 centimètres ; elle ressemble, pour le grain et la couleur, à celle qu'on tire de la plaine d'Ivry, près Paris.

Les carrières des environs de Compiègne fournissent des pierres à peu près de même espèce.

63. Celle qui se tire de Verberie, à trois lieues de Compiègne, est aussi belle que le liais de Senlis ; elle porte depuis 20 centimètres jusqu'à 65 de hauteur de banc, c'est-à-dire, de 15 à 24 pouces.

64. La pierre qui se tire de la carrière du roi, à une lieue de Compiègne, est moins belle, plus grise et coquilleuse ; elle porte 65 centimètres de hauteur de banc (24 pouces).

65. Les pierres de Gamelon, à même distance de Compiègne, sont plus blanches et moins dures ; leur grain, qui est assez beau, ressemble à celui de la pierre de Passy.

66. La pierre qui se tire de la forêt de Compiègne, de la montagne dite *de la Princesse*, est grise, et ressemble à du grès ; son grain est assez fin, mais rude ; son épaisseur ou hauteur de banc est de 65 centimètres, ou 24 pouces.

67. Auprès de Beauvais on tire les pierres dures de Merare et de Rousselon, qui sont d'une qualité inférieure aux précédentes.

68. On emploie encore comme pierre de taille une espèce de grès.

Les pierres tendres de ce département sont celles de Saint-Leu, de Trossy, de Vergelée et de Beauvais.

69. Les plus estimées sont celles de Trossy ; il s'en trouve d'aussi belles que le Conflans.

70. La pierre de Saint-Leu est d'une qualité inférieure ; son grain est plus gros et sa texture inégale ; il s'en trouve depuis 65 centimètres de hauteur de banc, jusqu'à un mètre.

71. La pierre de Vergelée [1] est de deux espèces : l'une, plus dure, est d'une bonne qualité, quoique grossière, résistant bien à l'air et à l'eau ;

72. L'autre, presque aussi tendre que le Saint-Leu, et portant même hauteur d'assise, mais d'un grain plus gros.

---

[1] La voûte qui forme le dôme extérieur de l'église de Sainte-Geneviève est construite en pierre de Vergelée.

73. Dans le département de l'Aisne, on trouve les pierres de Soissons, de Crouy et de Saint-Pierre-d'Aigle.

74. La pierre de Saint-Pierre-d'Aigle ressemble à celle de Senlis, mais elle est coquilleuse; elle porte 49 centimètres de hauteur de banc.

75. La pierre de Crouy est moins dure et plus blanche; son banc porte jusqu'à 81 centimètres de haut, ou 30 pouces. Elle ressemble à celle qui se tire de Gamelon près de Compiègne; son grain est cependant un peu plus rude.

76. Dans le département de l'Eure, on trouve la pierre dure de Vernon, qui est d'une très-belle qualité, d'un grain fin et compacte, comme le beau liais auquel elle ressemble; sa couleur est un peu plus grise. Cette pierre porte depuis 65 centimètres de hauteur de banc jusqu'à un mètre, ou de 24 à 36 pouces.

77. A Évreux, on fait usage de la pierre dure de Louviers, qui est d'une bonne qualité;

78. Et d'une pierre tendre qu'on tire de Beaumont-le-Roger.

Les principales pierres du département de la Seine-Inférieure sont celles de Caumont, à cinq lieues au-dessous de Rouen, dont il se trouve de cinq espèces, qui sont :

79. Le bas appareil,

80. Le gros liais,

81. Le banc franc,

82. Le libage,

83. Et la bize.

Ces pierres sont séparées dans la carrière par des couches de silex.

84. Dans le département du Calvados, on fait usage d'une pierre coquilleuse qui est d'une assez bonne qualité.

On emploie cette même pierre dans le département de la Manche.

85. A Quimper, dans le département du Finistère, on fait usage d'une espèce de pierre de taille dure et quartzeuse, qui se tire de Pena-creach;

86. De Querhouenec,

87. Et de Porsmoulic, aux environs de Quimper. Il s'en trouve de

différentes nuances, dont le grain est plus ou moins fin. On peut en tirer des blocs de toutes grandeurs.

88. Dans le département du Morbihan, on trouve la pierre de Burgo, près de Grandchamp, à trois lieues de Vannes, dont le grain est beau : elle est d'une dureté moyenne.

89. La pierre de Kiboular, qui se tire à deux lieues de Vannes, a le grain plus dur.

90. La pierre dure qui se tire d'Arradon, près la côte, a le grain fin.

91. Les pierres de Besso, qui se tirent à deux lieues de Dinan, département des Côtes-du-Nord, sont pleines de coquillages.

92. La pierre de taille dont on fait usage à Rennes, dans le département d'Ille-et-Villaine, est une espèce de granite, qu'on appelle pierre de grain ; elle est grise, et susceptible de poli.

93. On tire de Fontenai, à deux lieues de Rennes, une pierre qui est très-belle.

94. Il y en a une autre espèce, qu'on nomme Grison ou Roussière.

95. Pierre de Sacé, qui se tire à trois lieues de Laval, département de la Mayenne; c'est une espèce de granite d'un gris bleuâtre, tacheté de blanc.

96. Dans le département de l'Orne, la pierre dure est aussi une espèce de granite; il se trouve de la pierre tendre qui est blanche, et qui se tire des carrières de Villaine, près d'Alençon.

97. Pierre d'Écomoy, à cinq lieues du Mans, département de la Sarthe. C'est une pierre bleuâtre, qui est fort belle et de bonne qualité; son grain est fin et compacte.

98. On fait aussi usage, pour bâtir, de grès dont le grain est très-fin et qui se taille bien.

99. Pierre de Berchères, à deux lieues et demie de Chartres, sur la route d'Orléans, département d'Eure-et-Loir.

100. Dans le département de Loir-et-Cher, à deux lieues au-dessous de Vendôme, près du village de Thoré, de l'autre côté de la rivière du Loir, on trouve une carrière coupée perpendiculairement qui n'a pas

été exploitée; on y voit onze couches ou bancs de pierre, faisant ensemble 10 mètres 40 centimètres, ou 32 pieds.

101. On se sert à Blois d'une pierre très-dure, qui est d'une bonne qualité, mais qui n'est pas susceptible d'un travail soigné.

102. Pierre tendre de Saint-Aignan, qui est fort belle, dont le grain est fin et serré; elle est d'un blanc roux.

103. Pierre de Bouré, près de Montrichard, ressemble à celle de Saint-Aignan; elle est plus tendre et plus légère que la précédente.

104. Dans le département du Loiret, on trouve les carrières des Muids, près Saint-Mesmin,

105. De Lignerolles,

106. Des Crottes,

107. De Briare,

108. De Bonny,

109. De Beaugency.

110. La pierre de Tonnerre, dans le département de l'Yonne, est une des plus belles pierres tendres connues; son grain est extrêmement fin et compacte; elle porte depuis 43 jusqu'à 46 centimètres, ou depuis 16 jusqu'à 18 pouces. Cette pierre, qui est d'un beau blanc, est réservée pour la sculpture et les ouvrages précieux d'architecture.

Dans le département de la Côte-d'Or, on fait usage de deux espèces de pierres dures, calcaires, qui se travaillent bien, et sont même susceptibles du poli.

111. Celle appelée banc franc est susceptible de geler, lorsqu'elle est employée dans l'arrière-saison, avant d'avoir essuyé son eau de carrière.

112. A quatre lieues de Châtillon-sur-Seine, même département, on trouve au bourg de Villaines une pierre calcaire qui réunit les qualités les plus précieuses pour l'architecture. Cette pierre, qui approche par sa nature, du liais de moyenne qualité, se trouve par masses d'une grandeur considérable dans tous les sens. Sa couleur présente une légère teinte de rouille; elle est sonore, et sa texture est traversée de veines de marbre parfaitement formées [1].

En 1824, M. le marquis Boissy du Coudray, pair de France, a fait ériger, dans son parc du Plessis-aux-Bois, sur les dessins de mon fils, un obélisque de 100 pieds cubes-

113. Les pierres des environs de Salins et de Lons-le-Saulnier, département du Jura, paraissent composées de détrimens de coquilles.

114. Pierre dure de Colombe, près de Vesoul, département de Haute-Saône : cette pierre qui est calcaire, se taille bien, et peut recevoir le poli.

115. Les pierres dont on fait usage dans le département de Saône-et-Loire, sont blanches et rougeâtres; ces dernières sont les plus dures; elles se tirent des environs de Tournus.

116. Les blanches sont d'une dureté moyenne.

117. Les pierres de Givry, auprès de Châlons-sur-Saône sont de même nature, mais d'une qualité inférieure : la rouge est la plus dure;

118. La blanche est d'une dureté moyenne.

119. La pierre dure des environs de Nevers, dans le département de la Nièvre, est d'une bonne qualité, mais elle est sujette à des veines bleues qui n'ont pas de consistance; sa dureté augmente à l'air où elle se maintient bien, lorsqu'on a la précaution de ne l'employer qu'après qu'elle a essuyé son eau de carrière.

120. Les pierres qu'on tire près de la ville de Bourges, département du Cher, ressemblent à celles d'Arcueil, près Paris.

121. On trouve dans les Bois de Boulaise, département de l'Indre, à trois lieues de la Châtre, une espèce de pierre de taille fort dure, dont le grain est fin.

122. Pierre de taille tendre et calcaire qui se tire des carrières d'Ambrault, à quatre lieues de Châteauroux, assez belle, mais sujette à la gelée.

123. Dans le village de Savigné, Indre-et-Loire, on tire une espèce de pierre qui résiste au feu le plus violent; on s'en sert pour faire des fourneaux de forges et de verreries : sa nature paraît être un grès cristallisé.

monté sur un piédestal de même volume, avec la pierre extraite de ces carrières qui se trouvent dans ses propriétés.

La difficulté d'opérer le transport a seule déterminé la fixation des mesures. L'obélisque cité, qui a 27 pieds 6 pouces de hauteur (8 mètres 933 millimètres), sur 30 pouces de base (812 millimètres), a été tranché dans une masse parfaitement saine dans une longueur de 67 pieds (21 mètres 764 millimètres), sur une épaisseur plus que suffisante pour les proportions d'une aiguille de cette hauteur.

124. Pierre dure d'Atée, à trois lieues de Tours, département d'Indre-et-Loire; elle est coquilleuse et persillée.

125. La pierre de Sainte-Maure, à onze lieues de Tours, est assez belle et moyennement dure; elle a le grain fin et compacte, se taille proprement et soutient bien ses arêtes.

126. La pierre de Chinon a un grain moyennement gros et rude, mêlée de coquillages.

Dans le département de Maine-et-Loire, on trouve les carrières de Fourneux et de Champigny, à deux lieues de Saumur.

127. La pierre de Fourneux est d'un gris roussâtre, coquilleuse et très-dure;

128. Celle de Champigny est de même qualité, mais plus coquilleuse.

129. La pierre de Roiries, près Durtal, est d'une couleur jaunâtre, d'une dureté moyenne, se taille bien, et soutient ses arêtes; mais elle est sujette à s'exfolier lorsqu'on la débite.

130. On fait usage en plusieurs endroits de ce département, pour les marches d'escaliers, les bornes et le pavé, d'un grès qu'on tire de Soucelles.

131. On tire des environs de Nantes, département de la Loire-Inférieure, une pierre très-dure appelé Roussin : elle est d'un gris foncé.

132. Dans le département de la Vendée, on trouve, à une lieue de Fontenai-le-Comte, une pierre roussâtre, pesante et sonore, qui résiste à toutes les intempéries de l'air, excellente pour les grandes constructions;

133. Et une autre pierre blanche, moins dure, pour les constructions ordinaires; mais elle est sujette à geler quand on l'emploie trop *verte*.

134. On trouve dans les environs de Niort, département des Deux-Sèvres, une pierre de même couleur et qualité que la précédente, sujette aussi à la gelée;

135. Et une pierre rousse, moins tendre, d'une bonne qualité, qui ne gèle point, et qu'on emploie pour les soubassemens, les marches d'escalier, et pour le pavé.

136. Les carrières de Bonnillet, près de Poitiers, dans le département

de la Vienne, fournissent de belles pierres blanches et calcaires; mais il faut choisir les bancs;

137. Et une autre espèce de pierre tendre, appelée Louchard.

138. Dans le département de la Haute-Vienne, la pierre de taille est une espèce de granite qui se tire des montagnes de Grammont, à quatre lieues de Limoges. Il y en a de deux espèces; l'une a le grain fin et serré, susceptible d'être taillée proprement et à vives arêtes. La plus belle vient des carrières de Fanel.

139. L'autre espèce, qui a le grain plus gros, ne soutient pas les arêtes.

140. On se sert pour bâtir, dans plusieurs endroits du département de la Creuse, d'un granite bâtard qui se fend et se débite comme le grès.

141. A Moulins, dans le département de l'Allier, la pierre de taille dont on fait usage est une espèce de grès facile à tailler, dont les carrières ne sont éloignées de Moulins que d'une lieue environ.

142. A Clermont-Ferrand, chef-lieu du département du Puy-de-Dome, on se sert d'une pierre de taille qui se tire de Volvic, à quatre lieues de Clermont; c'est un produit de volcan, d'un gris foncé, qui est très-dur et très-solide.

Dans le département de la Loire, la pierre de taille est une espèce de marbre bâtard qui est difficile à tailler.

Les pierres de taille qui se trouvent dans le département du Rhône, sont:

143. La pierre d'Anse,

144. La pierre de Lucenay,

145. La pierre de Pomiers. Ces pierres sont à peu près de même qualité; elle sont d'un blanc roux, d'une dureté moyenne et d'un beau grain. La plus belle est celle de Pomiers; elle est pleine et sonore [1].
On en fait des chambranles de cheminées.

146. La pierre de Chessy est d'un blanc jaunâtre, dont le grain est aussi fin que celui des précédentes.

147. On tire des environs de Saint-Fortunat, au pied du Mont-d'Or,

---

[1] La plupart des anciennes églises de Lyon sont construites avec cette espèce de pierre.

à trois lieues de Lyon, une espèce de pierre très-dure et coquilleuse, avec des veines rouges et bleuâtres, dont on fait des linteaux, des jambages de portes, des parpaings, des murs d'échiffre et des marches d'escaliers; elle peut se poser en délit.

La pierre de Saint-Cyr, dans le même pays, est d'un jaune rouge; elle est moins belle et moins forte que la précédente; on ne l'emploie que dans les bâtimens ordinaires construits en moellons. Les carrières d'où l'on tire cette espèce de pierre sont à bouche : on y remarque quatre masses de pierre distinguées par leurs couleurs et leurs qualités.

148. La première, qui a dix pieds d'épaisseur, est souci foncé, ne s'emploie que comme moellon, et les autres comme pierres de taille.

149. La deuxième, qui a sept pieds d'épaisseur, fournit **une pierre** dont le grain est plus fin et la couleur plus foncée.

150. La troisième, qui a dix-huit pieds d'épaisseur, fournit une pierre dont la couleur tire sur le rouge.

151. La quatrième ne diffère de la troisième que par la teinte qui est un peu plus rousse, et parce qu'elle est remplie de coquillages.

152. Les carrières de Couson, qui sont à peu de distance des précédentes, fournissent des pierres jaunes de deux qualités. L'une s'emploie comme pierre de taille pour les jambages de portes, croisées, chambranles de cheminées et encoignures des murs en moellons.

153. L'autre, qui est remplie de géodes et de veines de silex, se débite en moellons.

154. Dans le département de l'Ain, il y a des carrières de pierres dures d'une excellente qualité, connues sous le nom de pierres de Choin; on en fait beaucoup d'usage à Lyon, surtout de celle qui se tire de Villebois, qui en est éloigné de 12 lieues. Cette pierre est d'une couleur grise; son grain est fin, homogène et compacte; elle résiste bien au fardeau et à toutes les intempéries de l'air, et a une si forte consistance, qu'on en forme des linteaux de portes d'une seule pièce, des limons d'escaliers et des plafonds de 5 ou 6 mètres de longueur, qui ne sont soutenus que par leurs extrémités [1].

155. Le choin de Fay a les mêmes qualités que le précédent; il a le

---

[1] La partie inférieure des façades de Bellecourt, à Lyon, a été construite avec cette Pierre, jusqu'au premier bandeau.

grain plus fin; il est d'une couleur moins foncée et susceptible d'un aussi beau poli que le marbre. On en peut tirer des blocs d'une grandeur considérable et d'un mètre d'épaisseur. Mais il est sujet à se déliter quand il n'est pas bien choisi, et il s'y trouve des cristallisations qui le rendent difficile à travailler.

156. A sept lieues de Belley, dans le même département, on trouve à Seyssel, une pierre d'une finesse et d'une blancheur qui la rendent très-propre à l'exécution des ornemens de l'architecture. Cette pierre, qui est très-tendre, et se débite à la scie à dents, acquiert plus de consistance à l'air [1].

Dans plusieurs autres endroits de ce département, il se trouve des pierres de taille d'une dureté moyenne, et des pierres tendres dont on fait usage pour les constructions ordinaires.

157. A Grenoble, dans le département de l'Isère, on emploie pour bâtir la pierre dure de Fontanil, dont les carrières sont à environ deux lieues de la ville. Cette pierre, qui est d'un gris tirant sur le bleu, se taille proprement, mais elle est sujette à se décomposer quand elle n'a pas été bien choisie.

158. La pierre de Sassenage, qui est d'un blanc roux, est de très-bonne qualité, et se travaille bien, mais on ne peut s'en procurer que des blocs d'une grandeur médiocre.

159. Il se trouve un rocher auprès d'une des portes de la ville de Grenoble dont on tire des pierres d'une grandeur considérable, qu'on emploie pour les rez-de-chaussées.

160. On fait aussi usage d'une espèce de grès tendre, appelé molasse, que l'on tire de Vorrèpe, à trois lieues de Grenoble; on l'emploie principalement pour les jambages de portes et croisées.

161. A Gap, dans le département des Hautes-Alpes, la pierre de taille est une espèce de marbre d'un gris noir, facile à tailler.

162. Dans le département du Var on trouve une espèce de pierre dure grise, qui est d'une fort bonne qualité;

---

[1] La partie supérieure des façades de la place de Bellecourt, à Lyon, est construite avec la pierre de Seyssel.

163. Et une espèce de pierre blanche d'un bleu grisâtre, qui est calcaire, dont on peut tirer des blocs d'un mètre de hauteur de banc sur autant de largeur, et un mètre et demi de longueur.

164. Dans le département des Bouches-du-Rhône, il y a deux espèces de pierres dures calcaires; l'une, désignée sous le nom de pierre froide, se tire de Cassis, près d'Aix;

165. L'autre, plus fine, est appelée pierre de Callisanne.

166. Une autre espèce moins dure, dite de Saint-Leu d'Arles;

167. Et la pierre tendre de la Couronne.

168. A Avignon, dans le département de Vaucluse, il y a une espèce de pierre moyennement dure, d'un blanc roux, qui est d'une très-belle qualité, dont on fait usage pour les ouvrages soignés d'architecture et pour la sculpture.

Il se trouve dans le département du Gard plusieurs espèces de pierres, qui sont toutes d'une bonne qualité.

169. La pierre qu'on tire sur le chemin de Nîmes à Alais est très-dure; elle ne se taille qu'à la pointe, mais elle est belle et susceptible du poli.

170. A une lieue de la ville de Nîmes, on trouve à Barutel la carrière de la pierre de ce nom [1].

171. On fait encore usage de cette pierre, ainsi que de celle appelée Roque-Maillères, pour les escaliers. Cette dernière est moins dure et résiste à la gelée.

172. On trouve à Lens, sur le chemin de Russan, à environ 3 lieues de Nîmes, une fort belle pierre qui résiste bien à toutes intempéries; elle est d'un gris blanc [2].

173. La pierre tendre de Beaucaire est d'un gris blanc; elle durcit à l'air, conserve son poli; elle est belle, et propre pour les moulures et autres ornemens d'architecture.

174. On tire du même endroit une pierre jaunâtre d'une dureté moyenne;

175. Une autre grisâtre de même qualité.

[1] Les Arènes de Nîmes ont été construites avec la pierre de Barutel.
[2] Le beau temple antique, connu sous le nom de Maison-Carrée, de Nîmes, est construit avec de la pierre de Lens.

176. Les pierres de Roque-Partide sont de meilleure qualité que les précédentes et résistent mieux aux injures de l'air. Les carrières de ces dernières sont à quatre lieues de Nimes.

177. On trouve encore dans ce département les pierres de Mus ou d'Aigue-Vives, qui sont d'un gris très-bleu et remplies de coquillages. Ces pierres ont la propriété de résister au feu et craignent l'humidité; elles se tirent à quatre ou cinq lieues de Nimes.

178. Dans le département de l'Ardèche, à Privas, on fait usage de grès qui se taille facilement,

179. Et d'une pierre calcaire qu'on tire de Chamarac, qui approche de la beauté du marbre.

180. La pierre dure de Crussolles, sur la rive droite du Rhône, est aussi très-belle et susceptible du poli.

181. Dans le département de la Drôme, à Valence et aux environs, on emploie la pierre de molasse de Châteauneuf-d'Isère, qui se taille facilement et durcit à l'air. On en fait les jambages de portes et croisées et les âtres de cheminées.

182. La plus dure, qu'on nomme Rachat, sert à faire des dalles, dont on pave les rez-de-chaussées.

183. Pierre blanche de Cambouin, calcaire et d'une belle qualité; elle a l'apparence du marbre, et elle est susceptible du poli. On la réserve pour les ouvrages précieux d'architecture et de sculpture.

184. Dans le département de la Haute-Loire, qui a pour chef-lieu le Puy, la pierre de taille dont on fait usage est un grès. On en distingue de deux espèces, l'un gris blanc à gros grains qui ne soutient pas ses arêtes;

185. L'autre, qui est bleuâtre, a le grain très-fin, et très-dur, susceptible d'être poli.

186. Une autre pierre de taille, qui est une espèce de poudingue volcanique, se tire du Mont-d'Anis ; elle a la propriété de résister au feu.

187. Dans le département de la Lozère, dont Mende est le chef-lieu, la pierre de taille que l'on emploie est extrêmement dure.

188. La pierre de taille dont on fait usage à Aurillac, chef-lieu du département du Cantal, est une espèce de basalte qu'on trouve dans les montagnes qui entourent cette ville. On le débite en morceaux d'environ un mètre, ou 3 pieds de longueur sur 30 centimètres (11 pouces) de largeur, et 21 centimètres (8 pouces) d'épaisseur. Cette pierre est d'une dureté moyenne, sa couleur est un gris mélangé très-foncé.

189. Il se trouve aussi une pierre calcaire; mais, outre qu'elle est difficile à tailler, elle n'est pas d'une bonne qualité.

190. Pierre de taille blanche qui se tire à deux lieues de Tulle, département de la Corrèze. Cette pierre, qui est fort dure, est un schiste granité qui se travaille bien.

191. Il y en a une autre espèce, qui est un schiste noir fort dur.

192. A Périgueux, département de la Dordogne, on se sert d'une pierre dure calcaire, qui est d'une fort bonne qualité.

A Angoulème, dans le département de la Charente, on emploie de la pierre tendre calcaire, qui durcit à l'air en peu de temps.

193. Il y en a de deux sortes : celles qu'on tire des carrières de Larche sont moyennement dures ;

194. Celles des carrières du Lion sont plus tendres.

Dans le département de la Charente-Inférieure, les carrières qui sont aux environs de Saintes fournissent de fort belles pierres, surtout celles de Saint-Vivien, qui sont composées de cinq bancs.

195. Le premier est d'une pierre douce et tendre ;

196. Le second est formé d'une pierre dure et raboteuse;

197. Le troisième, qu'on appelle Brodé, est rempli de cailloux et de coquilles;

198. Le quatrième est mélangé;

199. Et le cinquième, qu'on appelle Rapin, est de peu d'usage.

200. Près de l'église de Saint-Eutrope-les-Saintes, est une semblable carrière, dont les pierres sont remplies de pétrifications.

201. La pierre de Saint-Vaizé est la meilleure et la plus belle de ce département, celle qui résiste le mieux à la gelée. Les carrières sont au bord de la Charente, à une lieue de Saintes.

202 et 203. Les pierres blanches de Bresane et de Saint-Sorlin, qui se tirent à deux lieues de Saintes, de l'autre côté de la Charente, sont très-belles, ont le grain très-fin, et peuvent être employées pour les ouvrages les plus délicats de l'architecture et de la sculpture;

204. On trouve encore des pierres blanches d'un grain très-fin à Saint-Savinien près de Taillebourg, à trois lieues de Saintes;

205. Dans le village de Saint-Même qui en est à sept;

206. Et dans celui de Retos qui n'en est qu'à deux.

207. Dans le village d'Arcicos, on trouve une espèce de pierre singulière, dont les pores paraissent s'ouvrir au soleil et se fermer à l'humidité.

Les pierres qu'on emploie le plus ordinairement à Bordeaux, département de la Gironde, se tirent des bords de la Garonne, en la remontant, depuis environ quatre lieues jusqu'à dix de cette ville.

208. Les carrières les plus proches sont celles de Langoiran;

209. Au-dessus sont celles de Rioms;

210. Celles de Cerons;

211. Celles de Cadillac dont la pierre est un peu *fiere*;

212. De Barsac, qui est de bonne qualité;

213. Et de Saint-Macaire, qui sont les plus éloignées.

Ces pierres se débitent en petits blocs, et se conduisent par eau jusqu'à Bordeaux. Mais on en peut faire débiter exprès d'un plus grand échantillon.

214. Les pierres dures qu'on tire de Saint-Michel sur la Dordogne, sont propres à faire des marches d'escaliers.

215. Celle qu'on tire de Rausans est plus belle et d'une aussi bonne qualité[1].

216. La pierre de Bourg, auprès du Bec-d'Ambez, est d'une dureté moyenne.

217. Les pierres tendres sont celles qui se tirent des carrières de Roque-du-Tau, Combes et Baurech. On les distingue sous le nom de petite et de grande Roque.

---

[1] C'est de ces deux dernières espèces de pierres dures que l'on s'est servi pour la construction du grand théâtre de Bordeaux.

218. La grande Roque est moins tendre; on en fait usage pour les murs de refend.

219. Les pierres de taille qui se trouvent dans le département de Lot-et-Garonne sont d'une dureté moyenne.

220. Dans le département du Lot, la pierre de taille est très-dure, et sujette à la gelée lorsqu'elle n'est pas bien choisie.

221. Il s'en trouve de blanches moins dures; la plus belle est celle qui se tire de Fumel, dont on fait des chambranles de cheminées qu'on envoie à Bordeaux.

222. Il y a une autre sorte de pierre roussâtre plus commune qui se trouve par assises.

Dans le département du Gers, dont Auch est le chef-lieu, on se sert de deux espèces de pierre de taille :

223. L'une dure et grise est de la nature du tuf;

224. L'autre, qui est tendre, est calcaire.

Les pierres de taille dont on se sert dans le département de la Haute-Garonne, et surtout à Toulouse, viennent du département de l'Aude.

225. Aux environs de Carcassonne, dans le département de l'Aude, on trouve deux espèces de pierres dures : une qui paraît être de la nature du grès;

226. L'autre, qui vient de Roquefort, est de trois qualités différentes : la première, qui est blanche, est la plus dure;

227. La deuxième est d'un gris bleuâtre;

228. La troisième est la plus belle; son grain est très-fin; on la réserve pour les ouvrages soignés d'architecture et de sculpture.

Dans le département de l'Hérault, dont le chef-lieu est Montpellier, on trouve deux espèces de pierre dure;

229. L'une, qui est grise et blanche, se tire de Vandargues, à environ deux lieues de Montpellier;

230. L'autre, qui est d'un gris roux, vient de Saint-Jean-de-Véda, elle est un peu coquilleuse.

231. La pierre qu'on tire des carrières de Pignan est une espèce de grès qui se débite en morceaux de peu d'épaisseur.

232. On tire des environs du port de Cette une autre espèce de pierre dure, dont le grain est fin et bien lié, fort belle, et susceptible d'être polie ; qui résiste à l'eau, à la gelée, et à toutes les intempéries de l'air.

233. La pierre de Rocaule, qui se tire près d'Agde, est bonne pour les ouvrages qui se construisent dans l'eau ; c'est une espèce de lave d'un gris cendré.

234. Les pierres tendres se tirent des carrières de Saint-Geniez et de Castries.

235. On tire aussi des carrières de Bresme et de Nissan, près de Béziers, des pierres tendres.

236. Dans le département des Pyrénées-Orientales, il se trouve des pierres moyennement dures et poreuses, qui se tirent des carrières de Las-Fons et de Baixas, à trois lieues de Perpignan ; elles sont difficiles à tailler ; mais elles sont de bonne qualité et résistent à toutes les intempéries de l'air. On s'en sert pour faire les jambages de portes et croisées et les encoignures.

237. A Foix, dans le département de l'Ariége, la pierre de taille dont on se sert est une espèce de grès de couleur grise, qui se tire de Marseillon.

238. A Tarbes, dans le département des Hautes-Pyrénées, on emploie pour pierre de taille des marbres qu'on tire des carrières de Lourdes, qui sont blancs et gris veiné de noir, de bonne qualité et susceptibles d'un beau poli.

239. Dans le département des Basses-Pyrénées, dont le chef-lieu est Pau, on fait usage des pierres dures qu'on tire de Box-d'Arros et de Gan.

240. On y trouve des pierres tendres, mais elles sont de mauvaise qualité et sujettes à geler. On ne peut en faire usage qu'à l'intérieur.

Pierres dont on se sert pour bâtir, dans les provinces limitrophes au nord et à l'est de la France.

Dans les provinces limitrophes au nord de la France, la majeure partie des constructions est en briques. Les pierres qui s'y trouvent étant fort dures, leur taille devient coûteuse ; c'est pourquoi on n'en met qu'aux endroits où elles sont absolument nécessaires, par raison de solidité ou de décoration, comme pour les jambages de portes ou de croisées, pour les linteaux, les appuis, les marches d'escalier, les corniches, pilastres, colonnes et autres ornemens d'architecture.

PAYS-BAS

241. Les plus belles pierres se tirent dans le royaume des Pays-Bas : elles sont d'une couleur bleuâtre, leur grain est fin ; elles se taillent bien et sont même susceptibles d'être polies : elles résistent à l'air, à l'eau et à la gelée ; on en peut tirer des blocs assez grands pour en faire des colonnes d'une seule pièce, de sept à huit mètres de haut. Les bonnes qualités de cette pierre font qu'elle est employée dans tous les pays voisins, et qu'on en transporte jusqu'en Hollande où elle est fort estimée. Les carrières d'où l'on tire les pierres sont celles de Soignes, d'Arque-Sorel et Feluil.

242. Autre pierre de même espèce, mais inférieure en qualité, de Nivelle, dans le même royaume.

243. On trouve encore dans les Pays-Bas, sur les bords de la Meuse, au-dessous de Namur jusqu'au delà de Huy, des carrières de cette espèce de pierre bleuâtre, dont le grain est plus ou moins fin. On remarque que celle qu'on tire près de Namur s'éclate plus facilement, et qu'il s'en trouve qui ne résiste pas à la gelée quand on la tire dans l'arrière-saison.

244. Pierre blanche des environs de Bruxelles, royaume des Pays-Bas ; c'est une espèce de grès moyennement dur, qui se taille facilement et qui durcit à l'air. Cette pierre s'exploite par petits quartiers qui forment un bel appareil ; elle s'unit fort bien au mortier, et a toutes les qualités désirables, même pour les ouvrages qui se construisent dans l'eau.

11.

CERCLE DU BAS-RHIN.

245. A Trèves, dans le cercle du Bas-Rhin, on se sert, pour la construction des édifices, de pierres blanches et rouges qui sont moyennement dures, et d'une autre qui est plus ferme, que l'on débite en dalles pour le pavé des églises et des rez-de-chaussées des maisons particulières et édifices publics.

GRAND-DUCHÉ DU BAS-RHIN.

246. La pierre de taille en usage à Coblentz, dans le grand-duché du Bas-Rhin, est noire, de nature volcanique, fort dure, et difficile à tailler lorsqu'elle a été exposée à l'air pendant quelques jours.

DUCHÉ DE HESSE-DARMSTADT.

247. A Mayence, dans le duché de Hesse-Darmstadt, on fait usage d'une pierre bleuâtre de même espèce que celle dont nous avons parlé; elle est très-compacte et difficile à tailler : on ne s'en sert que pour du pavé.

248. Pour la construction des édifices, on se sert de grès, dont il se trouve de trois sortes; la première est rougeâtre et d'une dureté moyenne; on le tire de Richterhausen sur le Mein, à 38 lieues de Mayence. Son grain est assez fin, il se taille proprement, il résiste à l'air, à l'eau, n'est pas sujet à se déliter; on en peut extraire des blocs d'une grandeur considérable. On débite dans ces mêmes carrières des dalles pour paver les rez-de-chaussées.

249. La seconde espèce est blanchâtre, son grain est beaucoup plus fin; on la réserve pour les ouvrages les plus délicats et pour la sculpture; elle se trouve à 2 lieues et demie de Worms, dans un endroit appelé Vakeinheim sur la rivière de Pfrim; elle est d'une dureté moyenne; mais elle durcit à l'air, résiste à toutes les intempéries de l'air et à l'eau; on en peut extraire des blocs aussi grands que de la première espèce.

250. La troisième espèce est à gros grain; elle se décompose à l'air; on ne l'emploie que pour les ouvrages dans l'eau, où elle se maintient; elle vient de Flonheim, distant de 7 lieues trois quarts de Mayence.

ALLEMAGNE.

251. On tire d'Allemagne une espèce de pierre calcaire à spath pesant, dont on forme des tuyaux pour les latrines, parce qu'elle a la

propriété de ne pas s'imprégner d'humidité ni d'aucune odeur. Ces pierres arrivent à Mayence par petits blocs de forme cubique, dont les côtés sont de 29 centimètres (10 pouces $\frac{3}{4}$), percés d'un trou rond de 20 centimètres ou 7 pouces $\frac{1}{2}$, avec des feuillures pour s'emboîter l'un dans l'autre.

ROYAUME DE PRUSSE.

252. On fait usage à Mayence de deux espèces de tuf qui sont des productions volcaniques, venant d'une montagne près d'Andernach, dans le royaume de Prusse. Celui qui est le moins poreux sert à faire des carreaux, dont on forme l'aire des fours de boulangers.

253. L'autre, qui est très-poreux, est presque aussi léger que la pierre ponce; on en forme des espèces de briques dont on se sert pour faire des cloisons de séparation sur les planchers[1].

254. On trouve encore une espèce de pierre, semblable à la pierre de Namur, dans le royaume de Prusse, près d'Aix-la-Chapelle, dans les carrières de Cornelimunster, Busbach, Hahn et Breinich.

SUISSE ET SAVOIE.

255. A Genève, canton de la Suisse, la pierre de taille dont on se sert pour bâtir, est une espèce de roche calcaire qui est d'une très-bonne qualité.

256. Il s'y trouve aussi du grès,

257. Et une espèce de pierre sableuse, appelée molasse.

258. A Chambéry, dans le royaume de Sardaigne, on fait usage de pierres de même nature que celles dont on se sert à Genève, c'est-à-dire de roche calcaire, de grès et de molasse.

Pierres d'Italie, partie septentrionale.

Pierres dures.

PIÉMONT.

A Turin, la majeure partie des constructions se fait en briques; on n'emploie des pierres de taille que pour les soubassemens et les marches d'escaliers. Celles dont on fait usage sont de deux espèces :

---

[1] Cette seconde espèce de tuf, pulvérisé, forme une pouzzolane, que les Hollandais appellent *trass d'Andernach*, dont on se sert avec succès au lieu de sable ou de ciment, pour faire, avec de la chaux, un mortier qui durcit dans l'eau. *Il en est question au Chap. III, Art. III de la Ire. Section de ce Livre.*

259. L'une est bleuâtre et vient des environs de Suze.

260. Et l'autre, d'un blanc roux, est remplie de trous et de coquillages; c'est une excellente pierre calcaire dont le grain est très-fin.

MILANAIS.

261. A Milan, outre les granites désignés sous le nom de *Migliarolo rosso e bianco*, dont il a été question à l'article des granites modernes. page 18, on se sert, pour bâtir, d'une espèce de pierre appelée *Beola*, qui vient de *Bevera*, auprès du lac Majeur; elle est d'un gris clair semé de paillettes brillantes et argentées, et ne fait aucune effervescence avec les acides.

262. On tire du même pays une fort belle pierre d'un blanc roux tacheté, dont le grain est très-fin, et qui est susceptible de recevoir le poli; l'église de Saint-Fidèle, à Milan, est bâtie avec cette pierre. L'usage en était perdu, parce que les premières carrières étaient épuisées, mais on en a découvert de nouvelles que l'on exploite depuis une vingtaine d'années.

263. La pierre de *Veggiu* est d'un gris clair assez agréable; on l'emploie pour les façades des grands édifices.

264. Celle appelée *Ceppo di Brambata*, qui se tire à dix lieues à l'est de Milan, est de même qualité que celle de *Veggiu*, mais elle a le grain un peu plus gros; on en fait un plus grand usage parce qu'elle coûte moins.

265. La *Mollera di Vigano* a la couleur un peu plus foncée; elle est rude au toucher et parsemée de points noirs; c'est de cette pierre dont on se sert le plus communément : elle coûte encore moins que la précédente.

266. Celle appelée *Ceppo gerone* est une espèce de granite imparfait, composé de fragmens de différentes couleurs, unis avec un ciment grisâtre, qui n'a pas beaucoup de dureté. On emploie cette pierre pour les ouvrages d'un caractère rustique, comme des grottes. Les murs de la ville et les canaux sont construits en partie de cette pierre.

BRESSAN.

267. On tire des montagnes de Botesin, à six mille de *Brescia*, une très-belle pierre blanche, assez dure, dont on peut extraire des blocs d'une grandeur considérable.

268. La pierre de *Zandobio*, village situé sur une colline, à huit milles de Bergame, est semblable à la précédente, et susceptible de recevoir le poli comme le marbre.

269. On trouve dans le même pays une pierre dure couleur bleuâtre, dont on se sert ordinairement pour la construction des édifices.

VÉRONAIS.

270. Dans les environs de Vérone, il y a plusieurs espèces de pierres; l'une, appelée *Bronzo*, est une des plus belles d'Italie. Son grain est extrêmement fin et compacte, d'une dureté moyenne; on s'en sert pour la sculpture et les ouvrages précieux d'architecture. Le nom de Bronze lui a été donné, parce qu'elle rend un son comme ce métal quand on la travaille.

271. Les pierres de *Nembro*, et celles appelées *Biancone* et *la Presa* sont à peu près de même espèce; elles se refendent en dalles, et sont susceptibles de recevoir un demi-poli.

VICENTIN.

272. On tire des montagnes de *Chiampio*, dans le Vicentin, des pierres blanches et sonores comme le *Bronzo*, et susceptibles d'un certain poli; on en fait des statues, des chapiteaux et des corniches [1].

273. Les pierres qu'on tire de *Piovena* sont moins belles; on en peut tirer de très-grands blocs, dont on fait des colonnes d'une seule pièce de 6 à 7 mètres de hauteur de fût.

274. Les pierres des monts de *Madre* qui sont d'un blanc roux, servent à faire des dalles pour revêtir les murs de moellons, des appuis et des carreaux.

275. On trouve au pied des collines de *Montechio Maggiore* une pierre très-noire disposée par masses, dans lesquelles on tranche des morceaux à volonté. Elle est dure et pesante, et ne rend aucun son quand on la travaille; on s'en sert pour faire des âtres de cheminées et des contre-cœurs.

276. Dans les monts de *Bassano*, vers la source de la *Brenta*, on exploite une grande quantité de pierres dures franches, qui sont blanches

---

[1] Les façades de la Basilique de Vicence construites par Palladio, sont construites avec cette espèce de pierre, de même que plusieurs autres édifices de cette ville.

et sonores, mais elles sont un peu quartzeuses, ce qui les rend difficiles à travailler; on en tire des blocs de toutes grandeurs, que l'on mène à Padoue par la *Brenta*.

277. Dans le territoire de Padoue, on trouve des pierres de deux espèces, dont une, qui est d'une très-grande dureté, sert à paver les rues, et les parties intérieures des édifices.

278. L'autre, qu'on appelle *Macigno*, est d'un gris argenté. On en fait des colonnes, des corniches et des pieds-droits pour les portes et fenêtres, son grain est assez fin, mais moins beau que celui des pierres de Vicence; on en peut tirer des blocs de 4 à 5 mètres de longueur.

Pierres tendres.

Les plus belles pierres tendres se trouvent dans le Vicentin; on en distingue de cinq qualités différentes, relativement à leurs degrés de finesse et de fermeté. Celles de la première qualité pour la finesse du grain se tirent de

279. *Castelbomberto,*

280. Et de quelques endroits de *Monteberico*. Elles se travaillent bien et sont susceptibles de recevoir un si beau poli, qu'à la dureté près, on pourrait les comparer au marbre. Elles sont exellentes pour faire des statues et autres ouvrages de sculpture. Lorsqu'on les a laissé sécher pendant quelque temps, après les avoir tirées de la carrière, on peut les placer à l'air, où elles se conservent très-bien.

Les pierres tendres de la seconde qualité, dont le grain est un peu moins fin, sont celles de

281. *Montemezzo,*

282. *San Lorenzo,*

283. *Montechio Maggiore,*

284. *Montegualda.*

La troisième qualité est ferme, a le grain fin, et résonne lorsqu'on la taille. Elle comprend les pierres qui se tirent des montagnes

285. De *Soizzo,*

286. *Sant'Urbano,*

287. *Valbona,*

288. *Brandola,*

289. *Costora,*

290. *Fossano.*

291. *La Rocca*,

292. *Sonigo*,

293. *Pozzolo*,

294. Et *Grancona*.

La quatrième qualité comprend celles de

295. *Lagara*,

296. *Bugano*,

297. Et *Nanto*. **Ces** dernières sont d'une couleur jaunâtre, et quelques-unes tirent sur le gris ; elles résistent peu à l'air, et ne sont bonnes que pour les intérieurs. On les transporte à Padoue par eau.

298. La cinquième qualité a le grain plus gros; elle se tire de *Creazzo*,

299. *Sarego*,

300. *Casalo*,

301. Et *Lumignan*.

302 et 303. Dans les montagnes du *Trevigiano* et au delà de celle de *Marca*, on trouve différentes espèces de pierres tendres qui sont d'une couleur jaunâtre, et particulièrement près la ville d'*Asolo*. Ces pierres, qui sont très-tendres, se débitent facilement à la scie.

304. Dans les montagnes de *Monfumo* au delà d'*Asolo*, on trouve des pierres d'un gris cendré obscur, qui sont très-fortes et ont beaucoup de consistance; elles sont difficiles à débiter à la scie, mais elles se maintiennent bien à l'air. On en peut tirer des blocs assez grands pour faire des colonnes d'une seule pièce, de 4 à 5 mètres de hauteur.

305. On trouve encore différentes espèces de pierres tendres dans les montagnes qui se continuent jusqu'à Udine.

306. La pierre tendre, dont on fait usage à Milan, est appelée *Ceppio*. Elle est jaune et facile à travailler; mais elle se durcit à l'air et prend un ton grisâtre. C'est celle qu'on emploie le plus ordinairement[1]. Elle se tire des rives de l'*Adda* et du petit canal, par lesquels on la conduit à Milan.

307. On fait encore usage de la pierre grise de Côme.

308. Et de celles de *Lugano*, qui ne s'emploient qu'à l'intérieur, parce qu'elles sont plus tendres et ne résistent pas à l'air.

309. Parmi les pierres les plus faciles à travailler, on peut compter celles de *Valchiavena* au delà du lac de Côme, auprès du fleuve *Meiza*. Elles se tirent d'une montagne très-longue où elles se trouvent par

---

[1] Les églises de Saint-Laurent-le-Majeur, de Saint-Étienne, de Saint-Sébastien, et plusieurs autres fabriques de Milan sont construites avec cette pierre.

grandes masses; leur grain est plus ou moins fin, selon la veine : cette pierre, qui est d'un gris azuré, est d'une dureté moyenne; mais elle a beaucoup de consistance et se travaille facilement au tour. On en fait des sortes de vases qu'on appelle *Laveggi*, dont les parois sont très-minces : ils peuvent servir à faire cuire des alimens. Ces vases sont travaillés avec beaucoup d'adresse; il s'en fait un grand débit en Italie, et on en exporte dans les pays voisins.

Une des plus belles pierres dures d'Italie est la pierre d'Istrie, qui se tire d'une petite île dépendante du territoire de *Rovigno*, et d'une autre, appelée île de *Breone*. On en distingue de trois espèces, qui sont :

310. Les blanches fines,

311. Les blanches cendrées,

312. Et les blanches rousses.

Les blanches fines sont les plus belles; leur grain est extrêmement fin et compacte; elles se taillent très-bien et se polissent comme le marbre. On en peut tirer des blocs de toutes grandeurs pour faire des colonnes, des architraves et des corniches.

Les blanches cendrées sont un peu plus dures et plus fortes que les deux autres espèces : c'est pourquoi elles sont plus propres à soutenir de grands fardeaux; mais elles noircissent à l'air.

Les blanches rousses sont les moins dures et les moins fortes; elles sont plus faciles à travailler, et résistent moins aux intempéries des saisons : les émanations salines de la mer les décomposent promptement.

Pierres d'Italie, partie méridionale.

PIERRES DE TOSCANE.

Les pierres de taille dont on se sert à Florence, sont :

313. La *Pietra Bigia*, dont la couleur est d'un gris foncé; elle est assez dure, et se tire à la pointe de la *Ginevra*, auprès du palais *Pitti*. Les blocs n'ont pas plus d'un mètre et demi de long; elle se trouve par bancs dont l'épaisseur varie depuis 16 centimètres jusqu'à 65. Son grain est rude : c'est celle dont on se sert le plus communément.

314. Il y a une autre espèce de pierre qu'on désigne sous le nom de *Macigno*, ou pierre de taille. On en distingue de deux sortes : l'une, dont la couleur est d'un gris bleuâtre, est appelée *Pietra Serena*;

315. Et l'autre, d'un gris roux, *Pietra Bigia*, ou simplement *macigno*. Elles viennent de *Fiesoli* et de *Ceseri*, où elles se trouvent en grandes

masses de 15 à 16 mètres de long sur 5 ou 6 de large et autant de profondeur. On tranche dans ces masses des blocs de la grandeur que l'on veut[1].

Le grain de cette pierre, qui fait feu avec l'acier, est assez fin, mais rude et semé de parties brillantes : elle se taille assez bien et reçoit même le poli.

316. A Sienne, à Lucques et à Pise, la pierre de taille qu'on emploie pour bâtir est une pierre dure et calcaire d'un blanc roux; son grain est fin, mais elle est remplie de trous, et de l'espèce de celle connue à Rome sous le nom de *travertino*.

PIERRES DE ROME.

317. La plus belle est celle appelée *travertino*; on la tire de Tivoli, de carrières, soit anciennes soit modernes; près de *Civita Castellana* et de *Monte Rotondo*. C'est une excellente pierre calcaire d'une couleur plus foncée que celle de Sienne; son grain est très-fin, mais elle est persillée. Elle est dure, forte, et résiste à toutes les intempéries de l'air, mais elle éclate au feu[2].

318. La pierre qu'on emploie le plus ordinairement est appelée *Peperino*. C'est une espèce de lave grise : on en tire de *Frascati*, d'*Albano*, de *Rocca di Papa*, du lac de *Nemi* et de plusieurs autres endroits des environs de Rome. Elle n'est pas si dure que le travertin, mais elle est plus difficile à tailler, parce qu'elle est remplie de points noirs d'une nature différente, et très-durs.

319. La pierre de *Marino* et de *Monte Cavo* est une espèce de *Peperino* d'un bleu cendré, plus compacte que le précédent, dont on fait les marches d'escalier et les cheminées de beaucoup de maisons.

320. La partie inférieure du grand égout, appelé *Cloaca Massima*, et les arcs qui le couvrent, sont bâtis, en partie, avec une pierre blanche d'un grain fin, qui vient des environs de Palestrine ou de *Piperno*. Cette pierre est moins belle que le travertin et ne se travaille pas si bien, mais elle se conserve mieux à l'eau et dans les endroits humides.

---

[1] Les colonnes de l'église de Saint-Laurent de Florence, qui ont 90 centimètres de grosseur par le bas, sur 7 mètres ¾ de hauteur, d'une seule pièce, sont de cette pierre; de même que celles de l'église du Saint-Esprit, du palais des Offices, et de plusieurs autres édifices de cette ville.

[2] Le théâtre de Marcellus, le Colisée et plusieurs temples antiques, l'extérieur de la basilique et les colonnades de Saint-Pierre, ainsi que la plupart des églises modernes et des palais de Rome, sont construits avec cette pierre.

321. **Les** pierres tendres, que Vitruve désigne sous les noms de *Pallienses*, *Fidenates* et *Albanæ*, sont des espèces du tufs moins durs que les laves, dont les uns sont rougeàtres et les autres d'un gris jaunàtre.

322. Les *Amiternæ* et les *Soractinæ* sont de la nature de celles de Palestrine.

PIERRES DE NAPLES.

323. La plus belle pierre est celle qu'on tire de Caserte, à cinq lieues de Naples; elle est d'un gris blanc; son grain est fin et sa texture compacte; elle se taille bien et reçoit le poli. On en fait usage pour les plus beaux morceaux d'architecture[1].

324. La pierre dure ordinaire, dont on se sert pour les bàtimens, est une lave d'un gris foncé tirant sur le bleu, appelée *Piperno* : son grain est rude, sa texture inégale; on en tire de plusieurs endroits différens des blocs assez gros; elle est forte et soutient bien le fardeau

325. Il y en a une autre espèce plus dure dont le grain est plus fin, la texture compacte, qui sert pour les façades d'une certaine importance; on en tire de très-grands blocs : cette pierre est d'une très-forte consistance.

326. La pierre de Pouzzol, qui est d'une couleur cendrée, a le grain rude; elle est aussi de bonne qualité.

327. Celle désignée sous le nom de *Pietra-forte*, qui est d'un gris obscur, a le grain très-rude, et ne sert que pour le pavé.

328. On tire du Vésuve des laves grises, jaunes et rouges qui sont d'une grande dureté, et qui servent au même usage; elles se trouvent par blocs irréguliers d'une grandeur moyenne.

329. On se sert, pour les bàtimens ordinaires, d'une espèce de tuf d'un gris jaunàtre, qui est fort tendre en sortant de la carrière, et de moindre qualité que celui de Rome; mais il durcit à l'air et se conserve assez bien[2].

330. Les temples de Pestum sont construits avec une pierre dure et calcaire, qui est une espèce de travertin rempli de trous, et moins beau que celui de Rome.

331. La pierre avec laquelle les temples de Sicile sont construits, est de la nature de celles de Saillancourt, employées au pont de Neuilly et

---

[1] Le château de Caserte est construit avec cette pierre.

[2] Les murs des édifices ordinaires qu'on découvre à Pompeïa paraissent avoir été construits avec cette espèce de tuf.

à celui de la place de Louis XV. Elle se trouve par très-grandes masses, dans lesquelles on peut trancher des blocs de la grandeur que l'on veut [1].

332. A Malte, le rocher qui forme le sol de l'île, fournit partout une pierre calcaire, d'un blanc roux, plus ou moins dure, qui est de même qualité pour la texture et le grain que celle de Conflans-Sainte-Honorine, dont on a fait usage à Paris pour les voûtes et les parties su périeures de l'église de Sainte-Geneviève.

[1] J'ai mesuré, au grand temple de Selinonte, des pierres d'architrave qui avaient 20 pieds 2 pouces de long, 6 pieds 8 pouces de haut, et 4 pieds 6 pouces d'épaisseur; et en nouvelles mesures 6 mètres 524 millimètres sur 2 mètres 165 millimètres, et 1 mètre 462 millimètres.

Les tronçons des colonnes avaient 6 pieds 8 pouces de diamètre, et 8 pieds 6 pouces de haut, c'est à dire 3 mètres 140 millimètres, sur 2 mètres 761 millimètres.

CHAPITRE DEUXIÈME.

DES PIERRES ARTIFICIELLES.

ARTICLE PREMIER. — DES BRIQUES CRUES.

Les briques peuvent être considérées comme des espèces de pierres que l'art est parvenu à fabriquer pour suppléer aux pierres naturelles, dans les endroits où elles sont rares, ou de mauvaise qualité. Les premières briques de terre qu'on essaya de former, furent probablement des masses d'argile grossièrement façonnées, séchées à l'air, et durcies par l'action du soleil. Le temps et l'expérience apprirent à les mouler, et, par ce moyen, à leur donner une figure régulière et uniforme, sous un volume médiocre, qui en rendit le transport et l'emploi beaucoup plus facile, plus prompt et moins coûteux que celui des pierres. Pour donner plus de consistance à ces briques, on y mêla de la paille hachée ou coupée fort courte.

Le défaut des briques crues est de ne pas pouvoir résister à l'humidité dans les climats froids, c'est pourquoi leur usage n'a pu avoir lieu, et se conserver que dans les pays chauds et les climats secs. Les briques de cette espèce, qu'on trouve dans les ruines de Babylone, prouvent que leur invention remonte à la plus haute antiquité, et que, dans ces climats, elles sont aussi durables que les briques cuites et les pierres les plus dures dans les pays froids et humides.

La fameuse tour de Babel, ou plutôt la tour de Bélus, dont plusieurs voyageurs prétendent avoir découvert les restes, peut passer pour le plus ancien monument en briques crues dont il existe des vestiges.

Le Goux de la Boulaye, qui parcourut le pays de Babylone, vers l'an 1645, a fait la description d'un monceau de ruines, que les habitans du pays croient être les restes de la tour de Babel ou de Nembrod : mais, quoi qu'il en soit, ces restes peuvent donner une idée de la manière dont pouvaient être construites la tour de Bélus et les murailles de Babylone. Ces ruines présentent les débris d'une espèce de tour massive de plus de 400 mètres de base sur 23 de hauteur. Les briques crues, employées à sa construction, ont un peu plus de 3 décimètres, ou 1 pied en carré, sur 1 décimètre d'épaisseur; elles sont maçonnées avec une espèce de mortier fait avec de la terre et du bitume. Les joints horizontaux qui séparent chaque rang de briques, ont environ 2 centimètres d'épaisseur. Cette manière de bâtir est encore, à très-peu de chose près, celle en usage à Bagdad, à cause du voisinage d'un grand lac, dont on tire le bitume. Mais ce qu'il y a de remarquable dans les ruines de cette ancienne tour, c'est qu'alternativement, après sept rangs de briques, la maçonnerie est reliée par une couche générale de roseaux brisés, mêlés avec de la paille et du bitume. Ces couches sont éloignées les unes des autres d'environ 1 mètre, leur épaisseur est de 1 décimètre. On compte cinquante de ces couches dans la partie la plus élevée de ces ruines.

Les anciens Égyptiens ont aussi construit de grands monumens en briques crues, qui se sont conservés jusqu'à nos jours. A dix lieues environ au-dessus du Grand-Caire, on voit les restes d'une pyramide construite en briques crues, que l'on présume être les ruines de celle dont parle Hérodote, élevée par un roi d'Égypte nommé Asychis, qui fit graver dessus cette inscription :

« Ne me méprise point, en me comparant aux pyramides de pierres;
» je suis autant au-dessus d'elles que Jupiter est au-dessus des autres
» dieux; car j'ai été bâtie en briques faites avec du limon du fond
» du lac. »

Le docteur Pockoke ayant parcouru et mesuré les restes de cette pyramide en 1738, trouva que sa hauteur était d'environ 150 pieds anglais ou 45 mètres $\frac{7}{10}$, et que sa base formait un rectangle dont le grand côté était de 210 pieds ou 64 mètres, et le petit de 157 pieds ou 47 mètres $\frac{81}{100}$.

Les briques crues employées à la construction de cette pyramide, sont composées d'un mélange de terre noire et argileuse, de petits cailloux, de coquillages et de paille hachée. Il s'en trouve de deux grandeurs différentes; les plus grandes ont 38 centimètres de long, 18 centimètres de large et 12 centimètres d'épaisseur; les autres ont 34 centimètres de long, 16 $\frac{1}{2}$ de large et 10 d'épaisseur.

Les anciens Grecs et Romains ont aussi fait usage de briques crues, tant pour les maisons des particuliers que pour les édifices publics. Vitruve cite, à ce sujet, un mur d'Athènes qui regardait le mont Hymette; les murs du temple de Jupiter et d'Hercule, dont les colonnes étaient en pierres, ainsi que les corniches; le palais du roi Attale, à Tralles; ceux de Crésus, à Sardes, et de Mausole, à Halicarnasse.

Relativement aux briques crues, en usage chez les Grecs et les Romains, il ne nous reste plus, aujourd'hui, tant sur leur fabrication que sur leurs mesures, d'autres renseignemens que ce que Vitruve en rapporte au Livre II, Chap. III de son ouvrage; voici comment il s'exprime :

Des briques crues; des terres propres à leur fabrication; du temps où il convient de les faire, et de leurs formes [1].

« Avant de parler des briques, je dirai quelle terre convient le mieux
» à leur fabrication. D'abord la pâte, ou mortier, qui servira à les
» former, ne doit contenir ni sable ni graviers, ni aucuns cailloutages ;
» car lorsque ces matières entrent dans leur composition, elles les
» rendent plus pesantes; et lorsque les murs où on les emploie viennent
» à être battus par les pluies, elles se divisent et se décomposent :
» d'ailleurs, la paille que l'on a coutume d'y insérer ne peut opérer de
» liaison au milieu de matières solides et concrètes.

» On doit y employer de la terre crayeuse, blanche ou rouge, ou
» du sablon mâle. Les terres de cette nature se solidifient fortement à
» cause de leur onctuosité. Les briques qui en sont faites acquièrent,
» en séchant, une grande diminution de poids, peuvent se transporter
» et se monter avec la plus grande facilité.

» Le printemps et l'automne sont les temps les plus favorables pour
» la fabrication des briques, parce qu'alors elles sèchent plus également.
» Des briques préparées pendant les grandes chaleurs ne sauraient être
» que défectueuses, en cela que, l'action du soleil venant à former dessus
» une espèce de croûte, elles paraissent sèches au premier abord,
» tandis que dans la suite, en finissant de sécher, elles se resserrent : alors
» les parties qui les premières avaient été durcies se fendent de toutes
» parts, et ces briques ainsi éclatées ne sont propres à aucun emploi.

[1]   *De lateribus, ex quâ terrâ, quo tempore, et quâ formâ duci eos oporteat.*

Itaque primum de lateribus, quâ de terrâ duci eos oporteat dicam. Non enim de arenoso, neque calculoso, neque sabuloso luto sunt ducendi, quod ex his generibus cùm sint ducti, primùm fiunt graves; deinde cùm ab imbribus in parietibus asperguntur, dilabuntur et dissolvuntur; paleæque, quæ in his ponuntur, non cohærescunt propter asperitatem.

Faciendi autem sunt ex terrâ albidâ cretosâ, sive de rubricâ, aut etiam masculo sabulone : hæc enim genera propter levitatem habent firmitatem, et non sunt in opere ponderosa, et faciliter aggeruntur.

Ducendi autem sunt per vernum tempus et autumnale, ut uno tenore siccescant. Qui enim per solstitium parantur, ideò vitiosi sunt, quod summum corium sol acriter cùm

» Quant à l'emploi elles seront d'un usage bien plus sûr, deux ans
» après avoir été faites; car il faut au moins ce temps pour les sécher
» entièrement.

» C'est pourquoi lorsqu'elles sont mises en œuvre trop tôt après
» leur fabrication, et qu'elles ne sont pas entièrement ressuyées, l'en-
» duit qu'on applique sur le mur, prenant une consistance prompte
» et durable, il arrive que ces briques, venant à s'affaisser sous leur
» propre poids, les murs ne peuvent se soutenir long-temps au même
» niveau que les bords de l'enduit; en sorte que, déplacées par l'effet du
» tassement, elles cessent d'adhérer avec lui, et il n'existe plus aucune
» liaison entre eux.

» L'enduit une fois détaché du mur, et ne pouvant plus se main-
» tenir par lui-même, vu son extrême minceur, ne tarde pas à tomber
» en morceaux; et les murs eux-mêmes, éprouvés par ce tassement
» imprévu, ne sauraient plus mériter aucune confiance.

» Aussi voit-on, qu'à Utique, avant de mettre les briques crues en
» œuvre pour la construction des murs, il faut qu'au jugement des
» magistrats, elles aient été reconnues parfaitement sèches, et fabri-
» quées depuis au moins cinq années.

» On fait des briques de trois sortes; l'une, appelée par les Grecs *di-*
» *doron*, est la même que celle en usage parmi nous : elle est longue
» d'un pied, et large d'un demi-pied. Les Grecs seuls font usage des
» deux autres dans la construction des édifices. Ils les distinguent par
» les noms de *tetradoron* et de *pentadoron*.

» Au reste les Grecs donnent au palme le nom de *doron*, parce que

percoquit, efficit ut videantur aridi, interiùs autem sint non sicci, et cùm posteà siccescendo se contrahunt, perrumpunt ea, quæ erant arida, ita rimosi facti efficiuntur im-
becilli.

Maximè autem utiliores erunt, si antè biennium fuerint ducti; namque non antè possunt penitùs siccescere.

Itaque cùm recentes et non aridi sunt structi, tectorio inducto rigidèque obsolidato
permanente, ipsi sidentes non possunt eamdem altitudinem quâ est tectorium, tenere :
contractioneque moti non hærent cum eo, sed à conjunctione ejus disparantur. Igitur tectoria ab structurâ sejuncta, propter tenuitatem per se stare non possunt, sed franguntur,
ipsique parietes fortuitò sidentes, vitiantur.

Ideòque etiam Uticenses latere, si sit aridus, et antè quinquennium ductus, cùm arbi-
trio magistratus fuerit ità probatus, tunc utuntur in parietum structuris.

Fiunt autem laterum genera tria : unum quod Græcè διδῶρον appellatur, id est quo

» chez eux ce mot signifie une offrande, et que dans cette action la
» main paraît toujours étendue.

» Le pentadoron ne saurait convenir que pour les ouvrages publics;
» le tetradoron s'emploie dans les constructions des particuliers.

» On fait aussi des demi-briques de ces deux dernières espèces. En
» construisant, on pose alternativement sur chaque face des murs
» une brique et une demi-brique en parement : en sorte que, les as-
» sises étant alignées sur chaque face du mur, les briques forment
» liaison à l'intérieur; et comme on a toujours le soin de couper les
» joints montants il résulte de cet arrangement, une grande solidité,
» et une régularité parfaite. »

En évaluant les tétradorons et pentadorons avec le même pied dont
Vitruve s'est servi pour le didoron, on trouve pour le tétradoron, deux
pieds romains en tout sens, (596 millim.) ou 22 pouces du pied de Paris.

Et pour le pentadoron, 2 pieds $\frac{1}{2}$ romains, en tout sens, (745 millimètres) ou 27 pouces $\frac{1}{2}$ du pied de Paris.

Conséquemment, l'épaisseur des demi-tétradorons aurait été de
11 pouces du pied de Paris (298 millimètres), et celle des demi-pen-
tadorons de 13 pouces $\frac{3}{4}$ (372 millimètres).

La moindre épaisseur que les Grecs donnaient à leurs murs était
celle d'une brique; aux murs mitoyens ils donnaient une brique et
demie, et deux briques aux plus épais.

La figure 1 de la Planche III représente un mur en briques crues, et
deux parties en retour, dont les arrachemens indiquent la manière de
placer les briques entières A, et les demi-briques B, pour les murs
d'une brique et demie, et de deux briques d'épaisseur.

C, représente une brique entière de 4 palmes sur tous sens, appelée
tétradoron.

---

nostri utuntur, longum pede , latum semi-pede : cæteris duobus Græcorum ædificia
struuntur. Ex his unum pentadoron , alterum tetradoron dicitur.

Doron autem Græci appellant palmum, quod munerum datio Græcè δῶρον appellatur :
id autem semper geritur per manus palmum.

Ità quod est quoquoversus quinque palmorum, pentadoron; quod quatuor, tetradoron dicitur.

Et quæ sunt publica opera, pentadoro, quæ privata, tetradoro struuntur.

Fiunt autem cum his lateribus semi-lateres, qui cùm struuntur, unâ parte lateribus
ordines, alterâ semi-lateres ponuntur. Ergo ex utrâque parte ad lineam cùm struuntur,
alternis coriis parietes alligantur ; et medii lateres supra coagmenta collocati, et firmitatem, et speciem faciunt utrâque parte non invenustam.

D, est la demi-brique que Vitruve appelle didoron, dont les Romains faisaient usage, qui devait avoir un pied romain en carré sur un demi-pied d'épaisseur, répondant à 298 millimètres ou 11 pouces, sur 149 millimètres ou 5 pouces $\frac{1}{2}$.

G, brique entière de 5 palmes sur tous sens, appelée pentadoron.

F, demi-pentadoron, qui avoit 5 palmes en carré sur 2 palmes $\frac{1}{2}$ d'épaisseur.

Comme il ne se trouve point de briques crues dans les ruines des anciens édifices d'Athènes et de Rome, les commentateurs de Vitruve ont été d'avis différens sur leurs formes. Les uns, tels que Barbaro et Rusconi, ont pensé qu'elles étaient cubiques, et les autres ont prétendu qu'elles étaient méplates, comme les briques cuites. Mais, si l'on fait attention à la manière dont Vitruve s'exprime quand il parle des briques que les Grecs appelaient pentadoron, on conviendra qu'elles devaient être cubiques; car il observe qu'elles étaient nommées ainsi : *quod est quoquoversus quinque palmorum;* c'est-à-dire parce qu'elles avaient 5 palmes sur tous sens. D'ailleurs le temps considérable qu'il fallait pour faire sécher ces briques est encore une nouvelle induction pour leur supposer cette forme.

À l'égard des espèces de terre que Vitruve indique comme les plus propres à fabriquer les briques crues, il est probable que par les mots *terrá albidá, cretosá, sive de rubricá, aut etiam masculo sabulone,* il veut désigner l'argile blanche et rouge, dont on fait encore usage à Rome pour faire les briques. Il est évident qu'un mélange de terre crayeuse, ou de sablon mâle avec de la paille, n'était pas capable de former un corps solide, propre à suppléer les pierres dans la construction des murs. Mais à l'époque où Vitruve écrivait, on distinguait les différentes espèces de terre, plutôt par leur apparence que par leur nature. En beaucoup d'endroits d'Italie et de France, on désigne encore par le nom de craie les terres propres à faire de la brique, et plusieurs auteurs qui ont écrit sur la construction ou l'architecture, l'ont également employé.

Partout où l'usage des briques crues s'est perpétué, elles sont faites avec des terres argileuses. Chardin, en parlant de la manière de bâtir les maisons à Ispahan et autres endroits de la Perse et du Levant, observe que la raison pour laquelle on les construit en terre et en briques crues, n'est pas parce que la pierre y est rare, mais parce que les habitans trouvent que les constructions en pierres ne seraient guère appropriées dans les pays chauds, où la plupart des maisons n'ont qu'un étage. Dans celles qui en ont deux, le rez-de-chaussée est peu élevé; c'est ainsi qu'on le pratique dans tout l'Orient. Il pense que ce serait aussi la méthode de notre pays, si l'humidité du climat ne nous obligeait pas à nous éloigner du sol.

Les maçons, pour fabriquer les briques crues pétrissent la terre avec les pieds; c'est une espèce d'argile dans laquelle ils mêlent de la paille coupée fort courte; ils les forment dans des moules de bois très-minces; leurs dimensions sont d'environ 8 pouces ou 22 centimètres pour la longueur, 6 pouces ou 16 centimètres pour la largeur, et un peu plus de 2 pouces ½ ou 7 centimètres d'épaisseur. En les moulant, pour les rendre plus unies, ils passent la main dessus, après les avoir trempées dans un baquet d'eau, mêlée avec de la paille hachée plus menue que celle qui entre dans le corps de la brique. Au bout de deux ou trois heures ces briques ont acquis assez de consistance pour pouvoir être rangées à claire-voie, à l'ombre, où elles finissent de sécher. De son temps, ces briques, toutes faites, ne coûtaient que 8 à 9 sous le cent, et lorsqu'on les faisait faire chez soi, en fournissant la matière, elles ne revenaient qu'à 2 ou 3 sous.

Les murs de clôture et ceux des maisons ordinaires, bâtis en briques crues, sont recouverts d'un enduit d'argile et de paille hachée, qui suffit pour les mettre à l'abri de la pluie; le dessus est couvert d'un rang de briques cuites, et quelquefois de briques crues, auxquelles on donne une pente pour l'écoulement des eaux.

Les murs des maisons plus considérables sont recouverts d'une espèce de mortier fait avec un mélange de chaux et de plâtre pilés et corroyés ensemble. Cette espèce d'enduit est très-solide, et se conserve bien à l'air. Ce plâtre n'est ni aussi beau, ni aussi blanc que le nôtre; son grain est beaucoup plus grossier.

Cette explication de la manière de construire en briques crues, usitée en Perse, peut donner une idée des constructions de même genre qui se font dans les autres parties de l'Asie.

Dans plusieurs départemens de France, tels que ceux de la Somme, de l'Oise, de l'Aisne et de la Marne, on fait des murs et remplissages de pans de bois et cloisons, avec un mélange de terre broyée avec de la paille ou du foin, qu'on appelle torchis, qui ne saurait valoir les briques crues.

Des briques en mortier et des carreaux de plâtre.

M. de la Faye, qui a fait beaucoup de recherches sur le mortier des Romains, prétend que les briques crues des anciens étaient faites avec du mortier, ou du moins qu'il entrait de la chaux dans leur composition; il cite, dans un mémoire qu'il a fait à ce sujet [1], des passages de Vitruve et de Pline, dont il donne des interprétations qui paraissent autoriser son opinion. Il faut convenir qu'avec du mortier préparé selon la méthode de M. de la Faye, on pourrait faire de très-bonnes briques, et que si les anciens Romains eussent fabriqué leurs briques crues de cette manière, elles auraient résisté aux intempéries de l'air et à l'humidité, comme leur mortier, et qu'on en aurait trouvé quelques restes dans les ruines des édifices antiques de Rome ou d'Athènes.

Néanmoins les briques en mortier proposées par M. de la Faye peuvent être quelquefois d'une grande ressource dans les endroits où il serait plus difficile de se procurer des briques cuites, et dans les circonstances où l'on voudrait éviter une trop grande charge. Ces briques, à cause de leur légèreté, seraient très-propres à faire des cloisons de distribution à l'intérieur, des tuyaux de cheminée et autres ouvrages où l'on voudrait éviter de faire usage du bois.

Si l'on veut faire de bonnes briques en mortier, il faudra se procurer la meilleure chaux qu'il sera possible; et après l'avoir éteinte comme nous l'indiquons, Chapitre III, Article Ier., et qu'elle aura acquis une consistance qui permette de la couper sans qu'elle coule, on la broyera à plusieurs reprises avec du bon sable fin de fouille, ou plutôt avec de la poudre de pierre tendre sur une aire de pierre dure avec des broyoirs en fer comme ceux que nous avons indiqués dans la planche VI, par les lettres I et K. Lorsque ce mortier commencera à prendre une consistance un peu ferme, on fera faire, pour mouler les briques, des cadres de charpente comme celui représenté par la figure 2 de la Planche III, qui puissent se démonter, afin de pouvoir ôter les briques lorsqu'elles seront moulées. Pour faire ces briques, on remplira les

---

[1] Mémoire pour servir de suite aux recherches sur la préparation que les Romains donnaient à la chaux dont ils se servaient pour les constructions, et sur la composition et l'emploi de leur mortier; par M. de la Faye, trésorier général des gratifications des troupes. In-8°., imprimerie royale, 1778.

cases de ces cadres de mortier préparé, en faisant attention que tous les angles soient bien formés. Quand les cases seront bien pleines jusqu'au-dessus du bord supérieur, on massivera ce mortier avec des battes de bois semblables à celles représentées sur la figure 2. On aura soin, en massivant[1], de jeter à mesure du sable très-fin ou de la poudre de pierre passée au tamis, afin d'absorber l'eau qui sort du mortier en le battant. Comme cette eau est imprégnée des sels de la chaux, elle formera, avec ces poudres, une croûte d'une dureté singulière. Pour bien massiver ces briques, il faut que les cadres soient posés sur une aire en dalles de pierres dures, bien unie, qu'on couvre d'une légère couche de sable fin ou de poudre de pierre.

On peut encore imaginer d'autres dispositions plus simples et plus commodes pour remplir l'objet essentiel, qui est de les bien massiver, et de rendre les surfaces et les arêtes bien nettes. Les dimensions de ces briques pourraient être de 10 à 12 pouces pour la longueur, 5 à 6 pouces de largeur, et 3 à 4 pouces d'épaisseur (de 27 à 32 centimètres de long sur 13 $\frac{1}{2}$ à 16 de largeur, et 8 à 10 d'épaisseur).

Pour faire sécher ces briques, on les rangerait à claire-voie, comme l'indique la figure 3, sous des hangards. En moins de deux ans, elles deviendraient presque aussi dures que les pierres tendres, et avec le temps elles acquerraient une plus grande dureté, ainsi que le prouvent les briques sur lesquelles nous avons fait les expériences dont il est parlé, 2e. Section, Chap. II de ce Livre. On pourrait même en faire d'aussi grandes que les demi-briques des anciens, indiquées dans la même planche par les lettres D et F, et dont il a été question à la page 98.

Des carreaux de plâtre.

Depuis une trentaine d'années environ, on a imaginé de fabriquer des carreaux de plâtre pour faire des cloisons; on ne les emploie que quand ils sont bien secs, pour former des cloisons de distribution dans les appartemens qu'on veut habiter de suite, afin d'éviter les effets dangereux qui résultent de l'évaporation de l'humide des plâtres frais. Ces carreaux ont 1 pied $\frac{1}{2}$ de long (50 centimètres) sur un pied de large (32 centimètres $\frac{1}{2}$, et deux pouces $\frac{1}{2}$ (62 millimètres) d'épaisseur. On

---

[1] On peut encore consulter à ce sujet ce qui est dit au 2e. Chapitre, 1re. Section du Livre IVe, relativement à la préparation du lastrico de Naples.

les pose de champ; les joints formant l'épaisseur sont creusés dans le milieu pour recevoir le plâtre qui sert à les lier.

ART. II. — DU PISÉ.

Le pisé est une manière de construire en terre, qui est encore plus simple que celle de bâtir en briques crues. On en fait beaucoup d'usage dans les départemens de l'Ain, du Rhône et de l'Isère. Ce moyen économique, qui forme des habitations solides, à l'abri des incendies, mériterait d'être propagé dans tous les autres départemens où l'on construit en bois, surtout pour les granges et autres bâtimens ruraux.

Lorsque les murs en pisé sont bien faits, ils ne forment qu'une seule pièce ; et lorsqu'ils sont revêtus à l'extérieur d'un bon enduit, ils peuvent durer plusieurs siècles [1].

Ce genre de construction semble avoir été inconnu des anciens Romains. Pline le Naturaliste en parle comme d'une chose extraordinaire qui doit exciter l'admiration. Il s'exprime ainsi :

« Mais quoi ? ne voit-on pas en Afrique et en Espagne des murailles » de terre, appelées *murailles de forme*, parce qu'on les jette, pour ainsi » dire, en moule plutôt qu'on ne les construit, et ces murailles ne durent- » elles pas plusieurs âges, en résistant aux pluies, aux vents et aux » incendies, plus fermes que des murs de moellons ? L'Espagne voit » encore aujourd'hui avec étonnement les guérites et tours de terre » construites par Annibal, sur le sommet des montagnes. »

Quid ? non in Africâ Hispaniâque ex terrâ parietes , quos apellant formaceos, quoniam in formâ circumdatis utvinque duabus tabulis infarciuntur veriùs, quàm instruuntur, ævis durant, incorrupti imbribus, ventis, ignibus, omnique cæmento firmiores ? Spectat etiam nunc speculas Hannibalis Hispania , terrenasque turres jugis montium impositas. (*Pline*, *liv.* 35, *chap.* 14.)

· En 1764, je fus chargé de restaurer un ancien château dans le département de l'Ain ; il était bâti en pisé depuis plus de cent cinquante ans : les murs avaient acquis une dureté et une consistance égales aux pierres tendres de moyenne qualité, telle que la pierre de Saint-Leu. On fut obligé, pour agrandir les ouvertures des croisées, et faire les nouveaux per cemens, de se servir de marteaux à pointe et taillans, comme pour la pierre de taille.

Instruction sur la manière de fabriquer le pisé.

Toutes les terres qui ne sont ni trop grasses, ni trop maigres, sont propres à faire le pisé. La meilleure est la terre franche, qui est un peu graveleuse. Toutes les fois qu'avec une pioche, une bêche, ou une charrue, on enlève des mottes de terre qu'il faut briser pour les désunir, cette terre est bonne pour piser. Les terres cultivées, les terres de jardin, les terres naturelles, formant des berges qui se soutiennent presque à plomb, ou avec peu de talus, peuvent être employées avec succès.

Pour préparer la terre, il faut l'écraser et la faire passer par une claie moyenne pour en extraire les pierres qui excèderaient la grosseur d'une noix. Si la terre est trop sèche, on la mouille par aspersion, en la remuant à mesure avec une pelle pour l'humecter également. Il suffit qu'elle soit un peu humide, de manière qu'en en prenant une poignée elle puisse, en la jetant sur le tas, conserver la forme qu'on lui a donnée en la pressant un peu dans la main.

Lorsque la terre est préparée, on la jette dans une espèce de moule, ou encaissement mobile (fig. 1 et 2, planche IV), où elle est battue par des ouvriers avec un pilon marqué 7, fig. 2 et 8 dans les détails.

Cet encaissement est formé de deux tables en bois de sapin, marquées 1 , fig. 1 et 2, que les piseurs des environs de Lyon appellent *banches*, composées de planches assemblées à rainures et languettes, et fortifiées par d'autres planches marquées 2 , posées en travers, et arrêtées par de forts clous rivés. Pour faciliter la pose en place de ces banches, on attache à chacune deux poignées indiquées aux fig. 1 et 2 par la lettre P.

Ces banches se posent sur des traverses (marquées 4 dans les mêmes figures, et 10 dans les détails) et placées dans des entailles pratiquées dans la partie de mur déjà faite. Ces quatre traverses, appelée *lassoniers* ou *clefs*, sont percées de deux grandes mortaises dans lesquelles on place des petits poteaux portant un tenon par le bas, nommées *aiguilles*, marqués 3 dans les fig. 1 et 2 , et 9 dans les détails. On laisse à l'intérieur des banches un espace égal à la plus grande épaisseur de murs à faire , c'est-à-dire, environ 20 pouces (54 centimètres), et comme on diminue l'épaisseur de ces murs à mesure qu'ils s'élèvent, il est nécessaire que l'intervalle entre les mortaises soit moindre, afin qu'on puisse, par le moyen des coins marqués 5, fig. 2, rapprocher les banches et les aiguilles qui les soutiennent, pour donner au mur la diminution et le talus convenable. Ce talus est ordinairement d'une ligne par pied de hauteur ou $\frac{1}{144}$ pour chaque côté; en sorte qu'un mur de 24 pieds (7 mètres 795 millimètres) doit être de 4 pouces (108 millimètres) moins épais par le haut que par le bas. On ne laisse ordinairement l'intervalle entre les deux mortaises des clefs que de 14 pouces (379 millimètres); la longueur des mortaises est de 10 pouces $\frac{1}{2}$ (284 millimètres), ce qui fait 35 pouces (947 millimètres), en comprenant les deux mortaises. Otant de cette mesure 4 pouces (108 millimètres) pour l'épaisseur des deux banches, aux endroits où elles sont doublées par des barres, et 7 pouces (189 millimètres) pour l'épaisseur des aiguilles, il reste 24 pouces (65 centimètres), dont 20 pouces (54 centimètres) pour la plus forte épaisseur du mur, et 4 pouces (108 millimètres) pour les coins.

Les banches ont ordinairement 10 pieds (3 mètres 248 millimètres) sur deux pieds 9 pouces (893 millimètres).

Les aiguilles, 4 pieds $\frac{1}{2}$ (1 mètre 46 centimètres), compris 6 pouces de tenon (162 millimètres), et 15 pouces (406 millimètres) pour le *liage* du haut, indiqué par le n°. 8 de la fig. 2.

Les traverses ou clefs ont environ 3 pieds 6 pouces (1 mètre 137 millimètres) de long sur environ 4 pouces (108 millimètres) de gros.

Les coins, marqués 5 dans les fig. 1 et 2, et 11 dans les détails, doivent avoir 9 pouces (244 millimètres) par le haut, 1 pouce $\frac{1}{2}$ (40 millimètres) par le bas, sur une épaisseur égale à la largeur des mortaises, qui doivent avoir le tiers de la largeur du *lassonier*. La longueur de ces coins doit être de 20 pouces (54 centimètres), pour pouvoir servir à toutes les épaisseurs.

Il faut que les entailles, dans lesquelles sont placées les clefs, soient assez profondes pour que leur dessus soit au moins de 1 pouce $\frac{1}{2}$ (40 millimètres) plus bas que le dessus du mur, afin que les banches puissent embrasser, par le bas, une partie du mur déjà fait, et le continuer d'après la même épaisseur. Le bas de ces banches est serré contre le mur par le moyen des coins 5, fig. 2, placés à l'extérieur.

Pour fixer la distance des banches par le haut, on place de petits bâtons marqués 6, même figure, appelés gros de murs, qui doivent être diminués, par rapport à l'épaisseur du mur que les banches embrassent par le bas, en raison du talus qu'on veut donner à ce mur : ainsi, en plaçant ces bâtons à 2 pieds (65 centimètres) au-dessus du fond de l'encaissement formé par le dessus du mur déjà fait, ils doivent être diminués de 4 lignes (9 millimètres). Il est nécessaire d'en placer un au droit de chaque paire d'aiguilles ; ils se trouvent fixés par les *liages* de cordes qu'on serre, au moyen d'un bâton court ou garrot marqué 6, fig. 2.

Les banches étant bien ajustées en place, comme on le voit à la figure 1, on commence par faire le long des banches, par le bas, des solins en mortier; on pourrait les faire en plâtre et même en mortier de terre, parce qu'ils ne servent qu'à empêcher de couler les premières terres qu'on jette dans l'encaissement; on couvre ensuite le dessus des clefs avec une petite planche, le long de laquelle on peut mettre aussi du mortier de terre, gâché ferme, c'est-à-dire un peu plus humecté que le pisé.

On place ensuite autant de maçons-piseurs qu'il y a de cases dans l'encaissement, c'est-à-dire un dans chaque division formée par les liages des aiguilles et les petits bâtons appelés gros de murs, ce qui fait trois pour ce cas-ci.

Après que le fond est bien nettoyé et légèrement arrosé, les manœuvres ou aides portent aux ouvriers piseurs la terre toute préparée dans des paniers d'osier, semblables à celui indiqué par le n°. 16, fig. 3. Ils étalent cette terre avec les pieds, de manière à former une couche d'une épaisseur uniforme, qui ne doit pas être de plus de 3 à 4 pouces (10 centimètres). Prenant ensuite chacun un pilon ou pisoir, dont la forme est indiquée par le n°. 7 de la fig. 2 et le n°. 8 des détails, ils massivent cette couche de terre en la réduisant à peu près à la moitié de son épaisseur. Cette première couche comprimée, les manœuvres apportent de la terre pour en former une seconde de même épaisseur que la première, que les piseurs étalent et battent de même, et ainsi de suite, jusqu'à ce que l'encaissement soit rempli.

Le pisoir est composé d'une masse de bois d'environ 10 pouces de haut (27 centimètres; elle est à peu près carrée vers le milieu de sa hauteur, c'est-à-dire à 6 pouces (162 millimètres) du bas, où sa grosseur est de 6 pouces sur 5 (162 millimètres sur 135). De là cette masse va en diminuant d'épaisseur, selon une courbe allongée, terminée par un petit arrondissement qui réduit son épaisseur à environ un pouce

(27 millimètres). Par le haut cette masse se termine par une surface circulaire d'environ 4 pouces (108 millimètres) de diamètre, au centre de laquelle on perce un trou d'un pouce de diamètre (27 millimètres) et 2 pouces de profondeur (54 millimètres). On raccorde le cercle du dessus avec la partie carrée du milieu par un adoucissement. La partie méplate du pisoir avec laquelle l'ouvrier frappe la terre est la plus essentielle; elle doit être bien unie et lisse. Les bons piseurs se font une étude d'avoir un pisoir bien fait et commode, qui puisse frapper la terre dans toutes les parties de l'encaissement. On choisit pour cet instrument un bois dur et liant, tel que les racines de frêne, d'orme, de noyer; il doit avoir, tout emmanché, 4 pieds 1 ou 2 pouces (1 mètre 33 centimètres); la grosseur du manche, par le haut, doit être de 15 lignes (33 millimètres), et par le bas, d'un pouce (27 millimètres). On fait usage du pisoir en le tournant à chaque coup, de manière à croiser les traces qu'il imprime sur la couche de terre, et à la massiver également dans toute son étendue.

Lorsqu'on commence un mur, pour former la première banchée, on met à une des extrémités de l'encaissement, un fond composé de 2 planches réunies par des barres n°. 12 des détails; on maintient ce fond par le haut, au moyen d'un ou deux sergens de menuisier, représentés par le n°. 13 des détails. L'autre extrémité de la banchée, du côté où il n'y a pas de fond, se termine par une pente d'environ 60 degrés, indiquée par les lignes C d, fig. 1. Cette coupe en glacis sert à relier la première banchée avec celle qui suit.

La première banchée étant finie, on démonte l'encaissement pour le placer à la suite, de manière que les banches recouvrent entièrement la partie en pente qui termine la précédente, pour la faire raccorder avec celle qu'on va faire, Figure 1. Pendant le cours de la construction on suit absolument les mêmes procédés que ceux que nous venons d'indiquer pour la première banchée, soit qu'il faille continuer la même assise, ou en établir une nouvelle.

La Planche V représente une maison en pisé sans enduit, pour faire voir la manière dont les banchées, placées les unes sur les autres se relient, tant dans la longueur des murs qu'aux angles saillans, où l'on voit que l'extrémité m, de la dernière banchée g h, d'une face, fait parement sur celle en retour. On voit aussi que les trous des clefs de chaque rang répondent au milieu de l'intervalle de ceux du rang au-

14.

dessus ou au-dessous, et que les pentes qui terminent chaque banchée sont inclinées en sens opposés, parce qu'on fait marcher pour chaque rang les banches en sens contraire, en recommençant pour le rang supérieur à l'extrémité de celui qu'on vient de terminer.

Cette même Planche fait aussi voir différentes manières de former les jambages des portes et croisées, 1°. en pierres de taille, composées de pierres posées en délit *c, c*, appelées *crosses*, et d'autres *d, d*, posées sur leurs lits et formant liaison avec les premières.

2°. On fait aussi les jambages en briques marquées *b, b*; on peut même les faire en moellons ou en plâtre. Quant aux linteaux, ils se font ordinairement en bois; on les pose dans l'encaissement en faisant le pisé. Ils peuvent aussi être faits en pierre de taille, en briques ou en moellons.

3°. Les baies de croisées et de portes se font encore avec des châssis ou cadres de charpente, comme on le voit en *a, a*.

Lorsque les murs de pisé sont achevés, il faut, avant de les recouvrir d'un enduit, soit de plâtre soit de mortier, les laisser sécher pendant quelque temps, en raison de la température du pays et de la saison où ils ont été faits.

On a éprouvé que, dans un pays tempéré, tel que le département du Rhône, des murs en pisé de 18 à 20 pouces d'épaisseur, achevés vers le commencement de mai, étaient assez secs à la fin de septembre ou au commencement d'octobre, pour être recouverts d'enduit, et que ceux achevés en juillet, et même en août, peuvent encore être enduits avant l'hiver; enfin que, pour ceux finis plus tard, il faut attendre au moins six mois après la terminaison de l'ouvrage. Il est inutile de dire que si ce terme arrivait dans un temps de gelée ou à une époque où elle serait encore à craindre, il faudrait différer. Il est encore convenable de ne pas les faire dans les temps humides et pluvieux.

Quoique le pisé soit formé avec de la terre à peine humectée, tandis que les briques crues des anciens étaient pétries avec de la paille et de l'eau, il est cependant prudent d'avoir égard à l'observation de Vitruve, c'est-à-dire, de ne pas appliquer l'enduit sur les murs construits de cette manière, sans être bien assuré que le milieu soit sec. Le pisé fait dans les grandes chaleurs est bientôt sec à l'extérieur, mais l'humidité se conserve au centre, d'où elle s'échappe lentement en se portant peu à peu à la surface; alors, si elle se trouve couverte d'un enduit, cette transsudation l'en sépare en s'insinuant entre cette surface

et l'enduit qui se détache alors par grandes pièces. Il ne faut pas craindre
de laisser le pisé quelque temps à l'air quand il a été bien fait, parce
que plus il est sec, mieux l'enduit s'y attache. J'ai vu, dans le département de l'Isère, des maisons fort anciennes, construites en pisé, qui
n'avaient jamais été enduites à l'extérieur, et qui cependant avaient
résisté à toutes les intempéries de l'air [1].

[1] On conseille à ceux qui voudront faire usage de cette manière économique de bâtir,
de consulter les ouvrages de M. Cointereaux, professeur d'architecture rurale, qui s'est
occupé de ce genre de construction avec beaucoup de zèle et de succès. Il a publié plusieurs cahiers qui contiennent une infinité de détails intéressans qu'il est indispensable de
connaître, afin de réussir dans ce travail et en tirer le parti le plus avantageux pour construire des bâtimens ruraux qui soient à l'abri des incendies. Ayant eu, moi-même, occasion d'en faire exécuter, j'indiquerai ici un procédé qui m'a parfaitement réussi, et
qui tend à donner au pisé plus de consistance.

Dans les additions que je fus chargé de faire au château dont j'ai parlé, page 103, se trouvait un grand corps de logis semi-double, élevé de deux étages au-dessus du rez-de chaussée,
et un grenier au-dessus, avec comble à deux égouts couvert en tuiles creuses. La terre dont
j'étais obligé de me servir me parut un peu sèche et de médiocre qualité. Pour obvier
à cet inconvénient, après l'avoir fait écraser à l'ordinaire et passer à la claie, je la fis
humecter avec du lait de chaux au lieu d'eau pure. Ce moyen simple produisit un
pisé qui avait plus de fermeté et de consistance que celui fait avec la meilleure terre. Ses
surfaces étaient tellement dures et lisses, qu'on put se passer d'enduits pour plusieurs
autres petits bâtimens et dépendances construits par ce procédé ; on se contenta de
blanchir les surfaces avec de la chaux. Quant au grand corps de logis, les murs furent
revêtus d'enduits en mortier de chaux et sable, parce qu'il faisait suite aux appartemens
du château. A le voir, on n'aurait jamais pensé que ce pût être une construction en terre.

Il est évident que, par ce procédé, on pourrait faire des briques crues, à l'imitation de
celles des anciens, qui auraient plus de consistance et de solidité. On pourrait se servir
de ces briques pour des murs intérieurs ou des cloisons. Il faudrait qu'elles fussent d'une
forme et d'une grandeur qui en rendissent l'emploi facile. Au lieu d'être cubiques, comme
on présume qu'étaient celles des anciens Grecs, on les ferait méplates. Les briques entières
seraient carrées ; elles pourraient avoir de 28 à 30 centimètres (10 pouces ½ à 11 pouces) sur
14 à 15 centimètres (5 pouces ¼ à 5 pouces ½) d'épaisseur. Les demi-briques auraient 28 à
30 centimètres de long sur 14 à 15 de largeur et autant d'épaisseur, afin de pouvoir se
combiner avec les briques entières dans un même rang d'assise, et former liaison à l'intérieur
comme à l'extérieur, lorsque l'épaisseur des murs exigerait plus d'un rang de briques.

Les briques entières posées sur le plat et employées seules, formeraient de petits murs
de 28 à 30 centimètres (10 pouces ½ à 11 pouces). Les demi-briques ou briques entières,
posées de champ, serviraient pour des cloisons. Les briques et les demi-briques réunies
pourraient former des murs d'une brique et demie ou deux briques d'épaisseur, en les
disposant comme nous l'avons dit pour les briques crues des anciens.

Ces briques pourraient être faites dans des châssis de charpente susceptibles de se
démonter, comme celui indiqué par la figure 2 de la Planche III, ou de tout autre
manière qui en rendît la manipulation plus prompte et moins coûteuse. La figure 3 indique
comment il faudrait ranger ces briques à claire-voie pour les faire sécher.

ART. III. — DES BRIQUES CUITES.

Les briques cuites qui se trouvent dans les ruines de Babylone, et les descriptions que les plus anciens auteurs ont faites de cette ville fameuse, prouvent que leur usage remonte à une très-haute antiquité. L'émail dont quelques-unes de ces briques sont couvertes, et leurs vives couleurs, indiquent un degré de perfection qui place cette invention plusieurs siècles avant la fondation de cette ville. M. de Tersan possédait dans son muséum d'antiquités une de ces briques vernissées, rapportées des ruines de Babylone par l'abbé Beauchamp ; elle est colorée de jaune et de bleu par bandes ondées. Ces briques paraissent avoir servi pour le revêtement des murs intérieurs d'un grand édifice que l'on croit, dans le pays, être les restes du palais de Nabuchodonosor.

Hérodote dit, en parlant de l'enceinte de Babylone, qu'à mesure que l'on creusait les fossés, on convertissait la terre en briques, et que, lorsqu'il y en avait une certaine quantité de faites, on les faisait cuire dans des fourneaux.

Les murs de quai formant les rives de la partie de l'Euphrate qui traversait la ville étaient en briques cuites.

Dans la description que Diodore de Sicile donne des ouvrages immenses que Sémiramis avait fait construire à Babylone, il cite une enceinte circulaire de 40 stades de tour, en briques cuites, ornées de bas - reliefs représentant des animaux de toutes espèces, avec leurs couleurs naturelles, qui étaient probablement en briques émaillées comme celle du muséum de M. de Tersan.

Il est difficile de fixer l'époque où les Grecs et les Romains ont commencé à faire usage des briques cuites. Quoique Vitruve en parle, il paraît que de son temps on s'en servait peu, et qu'on préférait les tuileaux ; car il faut savoir que les tuiles romaines ont deux formes différentes ; les unes, qui se posent immédiatement sur la charpente du toit, sont plates avec des rebords, et les autres rondes, en forme de canal, servent à couvrir les intervalles entre les rangées des premières. Probablement c'est des plates dont on faisait usage pour la construction des murs mitoyens, qu'il n'était pas permis de faire en briques crues dans l'intérieur de Rome, parce que leur épaisseur étant fixée à un pied et demi romain, n'aurait pas été suffisante pour des maisons à plusieurs étages comme étaient celles de Rome. Des murs en briques crues, d'un pied et demi, ne pouvant supporter qu'un seul étage, il aurait fallu que l'épaisseur de ces murs eût été de deux ou de trois rangs de briques; c'est pourquoi on les construisait avec des chaînes en pierre de taille[1], et de la maçonnerie en tuileaux[2] ou en moellons[3]. C'est en multipliant les étages, en diminuant les épaisseurs des murs, qu'on était parvenu à augmenter la superficie de l'intérieur de Rome, beaucoup trop petite pour son immense population[4].

Ce qui prouve que c'était réellement avec des tuileaux qu'ils construisaient ces murs, c'est qu'il dit qu'on ne peut juger de leurs bonnes ou mauvaises qualités que lorsqu'ils ont séjourné pendant un certain temps sur les toits exposés aux intempéries des saisons; car ceux qui sont formés d'argile qui n'est pas de bonne qualité, ou qui ne sont pas assez cuits, ne résistent pas aux effets de la gelée[5], et ne valent rien pour des constructions qui ont un fardeau à soutenir, et on ne peut compter, dans ces cas-là, que sur celles qui sont faites en vieilles tuiles.

Par rapport aux briques dont il est parlé dans les anciens auteurs, il faut remarquer que les mots latin *later*, et grec *plinthos* étaient plus relatifs à la forme carrée qu'on leur donnait, qu'à la matière dont elles étaient formées; c'est pourquoi ces mots ne suffisent pas toujours pour indiquer si les briques dont il est question dans les anciens auteurs étaient crues ou cuites. Les Romains, pour l'expliquer d'une manière précise, les distinguaient par les adjectifs *crudus* et *coctus*, crues ou cuites, et les Grecs par *omos* et *opteos* qui ont la même signification. Ainsi, lorsque Vitruve dit que les experts qu'on appelait pour estimer

---

[1] Pilis lapideis. (*Vitruve, Livre II, Chapitre VIII.*)

[2] Testaceis. *Ibidem.*

[3] Cœmentitiis. *Ibidem.*

[4] Ergo menianis et contignationibus variis alto spatio multiplicatis, populus romanus egregias habet sine impeditione habitationes. *Ibidem.*

[5] Nam quæ non fuerit ex *cretá boná*, aut parum erit cocta, sibi se ostendet esse vitiosam gelicidiis et pruinâ tacta. *Ibidem.*

Il faut remarquer que dans ce passage il désigne la bonne terre, pour faire la tuile, par *creta bona*; ce qui prouve ce que nous avons déjà dit, page 99, que par les mots *creta* ou *cretosa*, il désigne les terres argileuses, et non les craies, comme l'ont cru les commentateurs et les traducteurs de Vitruve.

les murs mitoyens construits en moellons tendres avaient coutume de diminuer sur le prix qu'ils avaient coûté, autant de quatre-vingtièmes qu'il y avait d'années qu'ils étaient construits, c'est qu'il était reconnu que ces murs n'étaient pas susceptibles de durer plus de quatre-vingts ans; mais ils ne diminuaient rien, si ces murs étaient construits en briques, *lateratii*, et qu'ils eussent conservé leur aplomb : il est évident qu'il ne peut être question dans ce passage des murs en briques crues, puisque ces murs ne pouvaient porter plusieurs planchers sans avoir une épaisseur extraordinaire, et que l'eau et l'humidité pouvaient les détruire. Il est encore probable que lorsque Pline répète, d'après Vitruve, que tant que ces murs conservent leur aplomb, ils sont éternels, c'est plutôt des briques cuites que des briques crues, dont il veut parler. Les restes d'anciens bâtimens qui existent encore à Rome et aux environs, sont construits en tuf et moellons tendres, tandis que depuis bien des siècles on ne trouve aucun vestige de constructions en briques crues, même postérieures à ces ruines, ce qui achève de confirmer cette opinion.

Des briques cuites des Romains, et de leur forme [1].

Les constructions les plus anciennes, en briques cuites faites exprès, ne remontent pas au delà du règne des empereurs. Le Panthéon d'Agrippa paraît être le plus ancien édifice construit de cette manière :

---

[1] On voit, par les ruines des édifices antiques de Rome, que les constructions en briques cuites, faites sous le règne des empereurs, ne sont que des revêtemens dont le milieu est en maçonnerie de blocages. Les revêtemens sont formés par des briques triangulaires : elles sont posées de manière que le grand côté est à l'extérieur, et l'angle droit à l'intérieur. Par cette disposition, ces briques laissent entre elles un intervalle qui, en s'élargissant, facilite le moyen de les relier avec la maçonnerie intérieure. Cependant, comme ce genre de construction était susceptible d'un tassement inégal, capable de détacher les revêtemens du massif du milieu, les constructeurs romains imaginèrent les grandes briques carrées, de 2 pieds, sur 1 pied ½, pour les relier à de certaines distances, c'est-à-dire, d'environ 4 pieds en 4 pieds (12 décimètres). Ces briques, qui formaient l'épaisseur des murs ordinaires, servaient à réunir les deux paremens. Avant de poser ces grandes briques, ils avaient soin de battre la maçonnerie du milieu, afin de prévenir le tassement, ce qu'ils pouvaient faire sans craindre d'écarter les briques des paremens, parce que ces murs se fabriquaient dans des encaissemens à peu près comme ceux dont on se sert pour le pisé. On remarque, dans les ruines de tous les édifices qui ont été dépouillés de leurs revêtemens de briques, les trous des traverses de bois qui servaient pour former ces encaissemens : ces trous sont rangés et espacés comme ceux des murs de pisé.

tous les édifices et monumens antérieurs sont faits en pierre de taille, en moellons de tuf, ou en tuileaux.

Il est essentiel de remarquer que toutes ces briques cuites sont carrées ou triangulaires, et que ces dernières ne paraissent être qu'une moitié des petites briques carrées, tranchées diagonalement.

Les plus grandes ont chacun de leurs côtés de deux pieds romains (22 pouces du pied de Paris ou 596 millimètres); leur épaisseur est d'un sixième du pied romain (22 lignes ou 50 millimètres).

Les briques moyennes ont un pied $\frac{1}{2}$ romain (17 pouces $\frac{1}{2}$ ou 447 millimètres), sur environ 20 lignes (45 millimètres) d'épaisseur.

Les petites ont environ 7 pouces $\frac{1}{2}$ (199 millimètres), sur 18 lignes d'épaisseur (40 millimètres).

On se servait encore de briques triangulaires, et de grandes briques carrées, pour relier les constructions en petits moellons de tuf, comme on peut le voir au Livre IVe.

Les anciens Romains firent encore usage de briques façonnées en forme de voussoirs, pour la construction des cintres et des voûtes. *Il en est question au Livre IVe, 3e. Section, Chapitre 2e.*

Des briques modernes [1].

Les briques cuites des modernes diffèrent de celles des anciens Romains, par leur forme et par leur grandeur; elles sont rectangulaires au lieu d'être carrées; leur longueur est ordinairement double de leur largeur; leur épaisseur est égale à la moitié de la largeur.

Ainsi les moyennes, dont on fait le plus d'usage, ont de 22 à 24 centimètres de long (8 à 9 pouces), sur 11 ou 11 $\frac{1}{2}$ centimètres (4 pouces à 4 pouces $\frac{1}{2}$) de large, et 5 $\frac{1}{2}$ à 6 centimètres d'épaisseur (2 pouces à 2 pouces $\frac{1}{4}$). C'est avec cette espèce de briques que l'on fait les murs, les revêtemens, les voûtes, les cloisons et les languettes des cheminées.

Les grandes briques ont depuis 30 jusqu'à 36 centimètres de longueur (11 à 13 pouces), sur 20 à 24 de largeur (7 pouces $\frac{1}{2}$ à 9 pouces),

---

[1] Voyez, pour les autres *pierres artificielles*, telles que *les tuiles*, le Livre VIIIe. I^e. Section, *Couverture;* — pour les *carreaux*, le Livre IVe., Ire. Section, CHAPITRE IIe., *des Aires et pavés intérieurs;* — *les poteries creuses pour voûtes*, Livre IVe., IIIe. Section, CHAPITRE IIIe.

et 4 à 5 centimètres d'épaisseur (18 à 22 lignes). On les pose de champ pour former des cloisons et des voûtes de peu d'épaisseur.

Les petites briques ont de 16 à 19 centimètres de long (6 à 7 pouces), sur 8 à 9 centimètres ½ de large (3 à 3 pouces ½), et 4 à 5 centimètres d'épaisseur (18 à 22 lignes); elles servent particulièrement pour construire des tuyaux de cheminée.

Telles sont à peu près les variétés que présentent, dans leurs mesures, les briques, sur toute l'étendue de la France; il en est de même dans beaucoup d'autres pays.

On fait usage à Paris, 1°. de la brique du département de l'Yonne, connue sous le nom de brique de Bourgogne [1].

2°. De la brique de Montereau et de Salins, dans le département de Seine-et-Marne [2].

3°. De la brique de Sarcelles, à trois lieues de Paris, dans le département de Seine-et-Oise [3].

4°. Enfin, de la brique qui se fabrique dans Paris même [4].

La forme des briques modernes les rend plus propres à fabriquer des cloisons et des languettes de cheminée d'une seule épaisseur de brique, qu'à faire des murs et surtout des revêtemens, par la raison que les queues qui forment liaison à l'intérieur, sont trop faibles pour résister à l'inégalité du tassement qui résulte nécessairement de la différence de construction, entre le milieu et les paremens, dans les murs qui ne sont que revêtus

[1] La brique de Bourgogne a 8 pouces 2 lignes de long (292) millimètres, 4 pouces 2 lignes de large (100 millimètres), et 2 pouces d'épaisseur (54 millimètres); la terre avec laquelle elle est formée, et les soins apportés à sa fabrication, lui procurent une qualité supérieure. Elle reçoit un degré de cuisson tel que la matière vitrifiable, qu'elle contient en assez grande quantité, entre en fusion par l'action du feu. Sa couleur est d'un rouge pâle tirant sur le violet. Le millier de briques de Bourgogne pèse 4,500 livres (ou 2,202 kil. 770 grammes). Deux cubes de 4 pouces de superficie de base sont portés avant de s'écraser, l'un, 16,500 livres (8,076 kil. 846 grammes) et l'autre 15,000 livres (7,342 kil. 587 grammes).

[2] La brique de Montereau diffère peu de la brique de Bourgogne, et elle en approche beaucoup pour sa qualité. Les longueur et largeur sont les mêmes, l'épaisseur seulement n'est que de 21 à 22 lignes (47 à 50 millimètres). Elle présente la même couleur et à peu près les mêmes accidens que la première. Le poids du millier n'est que de 4125 livres (2019 kil. 212 grammes).

[3] La brique de Sarcelles est celle dont on fait le plus d'usage; elle ne porte que 7 pouces 9 lignes de long (209 millimètres), sur 3 pouces 6 lignes de large (95 millimètres), et 22 lignes d'épaisseur (50 millimètres). Sa couleur est un rouge vif, égal et sans vitrification; le millier ne pèse que 3500 livres (1713 kilogrammes 271 grammes). Cette brique est très-fragile.

[4] La brique fabriquée à Paris approche, en qualité, de celle de Montereau; mais elle

CHAPITRE TROISIÈME.

DU MORTIER.

LE mortier est une composition de chaux et de sable, qui a la propriété de durcir, d'unir fortement les pierres et de faire corps avec elles : mais il faut, pour obtenir ce résultat, que les matières dont il est composé soient de bonne qualité, et que le volume des pierres soit dans un rapport convenable avec celui du mortier.

ARTICLE PREMIER. — DE LA CHAUX.

Il est probable que la découverte de la chaux a dû être faite longtemps après celle des briques. Il fut bien plus facile de s'apercevoir que la terre argileuse, détrempée par les pluies, pouvait prendre la forme qu'on voulait lui donner, et acquérir une certaine dureté en séchant, que de deviner, pour ainsi dire, les propriétés de la pierre calcaire. Il fallait une circonstance extraordinaire pour découvrir que cette espèce de pierre, exposée à l'action du feu, était susceptible de se dissoudre dans l'eau, et de produire une pâte fine, blanche et onctueuse, dont le mélange avec le sable, la pouzzolane, et autres matières de ce genre, acquérait, par le temps, une dureté égale à celle des pierres ordinaires. Cette découverte est peut-être la suite de l'embrasement de quelque édifice bâti en pierres calcaires. On remarqua qu'en jetant de l'eau pour éteindre l'incendie sur quelques-unes de ces pierres calcinées par la violence du feu, elles se dissolvaient. Le premier usage qu'on fit de cette matière, fut d'en couvrir les enduits, faits sur des murs en briques crues, comme ceux des palais de Crésus, de Mausole et du roi Attale, selon les rapports de Pline et de Vitruve.

Des pierres à chaux.

Les pierres calcaires qui font la meilleure chaux, sont assez ordinairement les plus dures, les plus pesantes, celles dont le grain est fin,

est très-cassante ; elle en diffère par la couleur, qui est rouge foncé, et par ses dimensions en largeur et en épaisseur : elle ne porte que 3 pouces 9 lignes à 3 pouces 10 lignes de large (101 à 104 millimètres), sur 20 à 21 lignes d'épaisseur (45 à 47 millimètres); le millier pèse 3870 livres (1894 kilogrammes, 388 grammes).

homogène, et dont la texture est la plus compacte : c'est pourquoi les cailloux calcaires et les marbres font d'excellente chaux. Dans presque toute l'Italie la chaux dont on fait usage est fort bonne, parce que la pierre qu'on y emploie est presque toujours une espèce de marbre très-pur : les plus estimées sont celles de Turin, de Padoue, de Venise et de Rome.

En France, on trouve aux environs de Metz une pierre fort dure avec laquelle on fait une chaux d'une qualité supérieure. Cette chaux, nouvellement éteinte, et mêlée avec du gravier, produit un béton, ou espèce de mortier, dont la consistance est si grande, qu'on peut en construire des voûtes sans briques ni moellons, ces voûtes ne forment, dans la suite, qu'une seule pièce aussi dure que la pierre.

Pour donner une idée de la bonté de cette chaux, on rapporte que des ouvriers qui n'en connaissaient pas la qualité, s'avisèrent d'en éteindre dans un bassin qu'ils couvrirent de sable pour la conserver. Au bout d'un an elle se trouva si dure, qu'il fallut, pour la rompre, des coins et des masses de fer, afin de l'employer comme moellon.

On fait à Lyon d'excellente chaux avec de la pierre de Saint-Cyr, qui est très-dure. Aux environs de Boulogne, dans le département du Pas-de-Calais, on fait aussi de très-bonne chaux avec une espèce de pierre dont la couleur est jaunâtre [1].

La chaux dont on se sert à Paris est d'une moindre qualité; la meilleure vient de Senlis et de Champigny : celles de Chanville, Meudon et

---

[1] Indépendamment de cette pierre à chaux, on trouve encore à Boulogne, sur la côte, un *galet* ou pierre silicéo-calcaire, qui a la propriété de fournir un mortier fort dur.

« Cette pierre, calcinée et réduite en poudre, donne une matière qui, mouillée et » gâchée comme le plâtre, a la propriété de se solidifier instantanément, de se durcir dans » l'eau, et d'y devenir d'autant plus dure et plus tenace, qu'elle y séjourne plus long- » temps. » (Rapport fait à la Société d'agriculture, de commerce et des arts, de Boulogne, en l'an X (1802), par une commission chargée d'examiner les propriétés de cette pierre, au produit de laquelle on a donné le nom de *plâtre-ciment*.)

Soumise à l'analyse chimique, par M. Guiton-Morvaux, cette pierre a présenté les proportions suivantes, dans ses parties composantes, sur 100 grains de matière.

Silice.	9	90
Alumine.	4	40
Chaux.	40	30
Carbonate de chaux.	33	00
Acide carbonique.	»	»
Oxide de fer.	11	30
Perte.	1	10
	100	00

du port de Marly, sont grasses et onctueuses; la chaux de Melun et de Corbeil est la moins estimée.

A Fontainebleau, département de Seine-et-Marne, on fait usage d'une espèce de chaux qui vient d'un endroit nommé *Champagne*, qui passe pour être d'une excellente qualité.

Dans le département d'Eure-et-Loire, on fait avec la marne de Senonches une chaux qui durcit promptement, même dans le bassin, lorsqu'elle y séjourne quelque temps. Le mortier que l'on fait avec cette chaux est fort bon pour les ouvrages construits dans l'eau.

Il existe aux environs de Gap, département des Hautes-Alpes, dans un endroit nommé Cretage, une espèce de pierre à chaux qui contient beaucoup de Manganèse de fer, avec laquelle on fait de la chaux grise d'une excellente qualité; elle s'unit plus fortement avec le sable que les chaux blanches. En général l'expérience a fait connaître que les chaux grises avaient beaucoup plus de force pour lier les constructions en maçonnerie, que les autres. Celle des environs de Metz, dont nous avons parlé, est grise. Il s'en trouve auprès de Nevers de cette couleur, qui est aussi d'une très-bonne qualité.

Les endroits de France où l'on trouve la meilleure chaux, sont Tournay, Namur, Aix-la-Chapelle, Liège, Mayence, Metz, Nevers, Nîmes, Montpellier, Cahors, Bordeaux, Lyon, Senlis, Perpignan, Pau, Tarbes, et plusieurs autres encore. On a observé qu'en France la meilleure pierre, celle qu'on appelle particulièrement pierre à chaux, est grise et pesante.

Pour pouvoir entrer dans plus de détails, il faudrait avoir fait un grand nombre d'expériences, à défaut desquelles on se borne à ces indications. On ne saurait trop recommander aux constructeurs qui auraient occasion de faire exécuter des ouvrages d'une certaine importance, à la solidité desquels la qualité de la chaux pourrait influer particulièrement, de recourir à de nombreux essais, parce que la manière de procéder des ouvriers, *qu'il faut, avant tout, observer soigneusement*, n'est pas toujours assez exacte pour qu'on puisse se fier entièrement à leur rapport, et que des connaissances plus approfondies peuvent redresser les erreurs où ils pourraient être tombés.

Observations sur la manière de cuire la pierre à chaux.

Pour convertir les pierres en chaux, il faut avoir attention de ne chauffer le four que par degrés : 1°. parce que si les pierres sont surprises par un feu trop vif, elles se brisent, et font écrouler celles que l'on dispose dans le four, en forme de voûte à claire-voie, pour faciliter leur cuisson ; 2°. parce qu'il est à craindre que les pierres trop promptement saisies par le feu, ne puissent plus se convertir en chaux : au lieu qu'un feu modéré en commençant, les fait suer doucement, et en retire l'humidité sans accident. Il faut que le degré de chaleur aille toujours en augmentant, sans interruption. Il règne, à ce sujet une erreur parmi les ouvriers, qui est répétée dans plusieurs livres, c'est que quand le feu a été interrompu avant que la pierre ait obtenu le degré de cuisson qui lui convient, un bois entier ne suffirait pas pour la réduire en chaux.

Il faut observer de ne faire chaque fournée que d'une seule espèce de pierre, d'une même carrière, s'il est possible, afin que la chaux qui doit en provenir soit d'une même qualité.

Lorsqu'on est obligé, pour remplir le four, de prendre des pierres de plusieurs espèces, ou de différentes carrières, il ne faut pas les mêler confusément, mais les ranger ensemble en raison de leur qualité, afin qu'étant réduites en chaux, on puisse les séparer, s'il est nécessaire, et éprouver le degré de chaleur qui leur convient. Les plus grosses pierres et les plus dures, doivent se placer au centre, et les plus petites, ou moins dures, à la circonférence.

La plupart des auteurs, et entre autres Alberti et Palladio, disent qu'il faut au moins soixante heures d'un feu vif, violent et continu, pour réduire les pierres en chaux. Selon Scamozzi, il faut cent heures, ou quatre à cinq jours ; c'est à peu près le temps qu'on y emploie ordinairement. Il n'est pas possible d'indiquer le temps au juste, parce qu'il dépend, 1°. de la qualité des pierres, 2°. des combustibles dont on se sert, 3°. de la manière dont le four est construit, et de différentes autres circonstances.

On connaît que la chaux est faite quand il s'élève au-dessus du fourneau, au débouchement de la plate-forme, un cône de feu vif, sans aucun mélange de fumée, et lorsqu'en examinant les pierres, on les voit d'une blancheur éclatante.

M. Macquer dit que pour réduire les pierres calcaires en chaux vive, il suffit de les exposer à l'action d'un feu capable de les rendre d'un rouge presque blanc, et de les entretenir dans cet état pendant douze ou quinze heures, et qu'on peut en faire de très-bonne avec une chaleur moindre, continuée plus long-temps, ou en beaucoup moins de temps, avec un feu plus violent, qui ne soit pas cependant assez fort pour les vitrifier

M. de Buffon a découvert, en faisant des expériences sur la chaleur obscure, un nouveau moyen de faire la chaux avec moins de dépense, c'est-à-dire, en y employant une moindre quantité de bois ou de combustible quelconque. Ce moyen consiste à faire usage d'un fourneau clos, au lieu d'un fourneau découvert. Il assure qu'avec une petite quantité de charbon on parviendrait, en moins de quinze jours, à convertir en très-bonne chaux toute la pierre calcaire que pourrait contenir le fourneau.

Il résulte des observations de ce savant naturaliste, 1°. que la chaux faite à feu lent et concentré, est plus pesante que la chaux ordinaire, réduite à moins de la moitié du poids de la pierre dont elle est faite, tandis que celle dont il s'agit n'en perd que les trois huitièmes environ ;

2°. Qu'elle n'absorbe pas l'eau avec autant de vivacité : lorsqu'on l'y plonge, elle ne donne d'abord aucun signe de chaleur ni d'ébullition ; mais peu à peu elle se gonfle et se divise, en sorte qu'on n'a pas besoin de la remuer comme la chaux ordinaire ;

3°. Que cette chaux a une saveur beaucoup plus âcre que la chaux commune ;

4°. Qu'elle est infiniment meilleure, plus liante et plus forte que l'autre chaux. On a éprouvé qu'en ne mettant, pour faire le mortier, que la moitié de la chaux ordinaire, il est encore excellent ;

5°. Que cette chaux ne s'éteint à l'air qu'après un temps très-long, c'est-à-dire, au bout d'un mois ou cinq semaines, tandis qu'il ne faut souvent qu'un jour pour réduire la chaux vive en poudre ;

6°. Qu'au lieu de se réduire en farine ou en poussière sèche, comme la chaux ordinaire, elle conserve son volume ; et lorsqu'on l'écrase, toute la masse paraît ductile et pénétrée d'une humidité grasse et liante, qui ne peut provenir que de l'humidité de l'air qu'elle a absorbé pendant les cinq semaines.

Des qualités de la chaux, et de ses propriétés relativement à l'art de bâtir.

Vitruve est le premier des auteurs connus qui ait cherché à rendre raison des causes de la dureté qui résulte du mélange de la chaux avec le sable, et de la propriété du mortier qui en résulte pour lier fortement les pierres dans les ouvrages de maçonnerie. Voici ce qu'on trouve à ce sujet au Chapitre V du second Livre. Nous rapportons le texte à la suite de la traduction littérale, dans la crainte que nos expressions n'en aient altéré le sens, et pour mettre le lecteur plus à même de comparer l'opinion de ce savant architecte avec celle des physiciens et des chimistes modernes.

Des cailloux et des pierres qui font la meilleure chaux [1].

« Après avoir expliqué ce qui concerne les différentes espèces de
» sables, il nous reste à fixer notre attention sur la chaux faite, soit avec
» des pierres blanches, soit avec des cailloux. On remarque que celle
» qui provient des pierres les plus dures et les plus compactes vaut
» mieux pour la maçonnerie, et que celle qu'on obtient des pierres
» poreuses est préférable pour les enduits.

» Quand on aura éteint la chaux, pour faire le mortier, il faudra,
» si le sable est fossile, en mêler trois parties avec une de chaux; si
» c'est du sable de rivière ou du sable de mer, en mettre deux parties
» pour une de chaux : telles sont les proportions les plus convenables
» pour faire un bon mortier. Mais si on ajoute au sable de rivière ou
» de mer un tiers de tuileaux pilés et tamisés, le mortier qui en résul-
» tera sera encore d'un meilleur usage.

» Mais comment la chaux, mêlée avec le sable, vient-elle à former
» une maçonnerie solide? voici quelle peut en être la cause : les pierres,
» de même que les autres corps, sont soumises à l'influence des prin-
» cipes qui concourent à leur formation; ceux qui contiennent plus
» d'air, sont tendres; ceux où l'eau domine, sont mous, à cause de
» leur humidité; si c'est la terre, ils sont durs; lorsque c'est le feu,
» ils sont plus fragiles. C'est pourquoi si, avant de faire cuire les pierres

---

[1] *De calce et undè coquatur optima.*

De arenæ copiis cùm habeatur explicatum, tum etiam de calce diligentia est adhibenda, uti de albo saxo, aut silice coquatur : et quæ erit ex spisso et duriore, erit utilior in structurâ : quæ autem ex fistuloso, in tectoriis.

Cùm ea erit extincta, tunc materia ita misceatur, ut si erit fossitia, tres arenæ et una calcis confundantur. Si autem fluviatica aut marina, duæ arenæ in unam calcis conjiciantur : ita enim erit justa ratio mixtionis temperaturæ. Etiam in fluviaticâ aut marinâ, si quis testam tusam et succretam ex tertiâ parte adjecerit, efficiet materiæ temperaturam ad usum meliorem.

Quare autem, cùm recipit aquam et arenam calx, tunc confirmat structuram; hæc esse causa videtur, quòd è principiis uti cætera corpora, ita et saxa sunt temperata : et quæ plus

» à chaux, on les réduit en poudre, et qu'on mêle cette poudre avec le sable
» pour l'employer dans la maçonnerie, ce mélange ne pouvant se solidifier
» n'opérera aucune liaison entre ses parties.

» Mais une fois jetée dans le fourneau, la violence et la continuité du
» feu ne tardent pas à dépouiller ces pierres de la force de cohésion qui
» faisait leur solidité; et bientôt il ne reste plus d'elles que des corps
» brûlés, dénués de consistance, et n'offrant plus à l'œil qu'une ma-
» tière désunie et décomposée. L'air et l'eau, élémens constitutifs de
» la pierre, lui sont enlevés en même temps, et son sein se remplit
» d'un amas de chaleur cachée. Trempée dans l'eau avant la déperdition
» de cette chaleur, elle recouvre une force nouvelle, et semble se rani-
» mer par le contact de l'humide qui pénètre de toutes parts sa texture
» relâchée : enfin le froid succède à cette effervescence, dès que le feu de
» la chaux s'est entièrement dégagé.

» Les pierres, dont on remplit le fourneau, ne présentent plus, lors-
» qu'on les retire, le même poids qu'elles avaient auparavant. On trouve,
» en les pesant, que sans avoir changé de volume, elles ont perdu environ
» un tiers de leur poids. C'est par l'extrême division de ses parties, que
» la pierre réduite en chaux, vient à former un mélange si intime avec
» le sable ; mélange qui, en séchant, adhère avec tant de force aux moel-
» lons qu'il enveloppe, et auquel la construction doit toute sa fermeté.»

Dans une note très-étendue que Perrault a faite sur cette explication de
Vitruve, il tâche de prouver qu'elle ne s'éloigne pas, autant qu'on aurait
pu le croire, de celle qu'en donnaient les chimistes de son temps.

Selon eux, la concrétion et la solidité de tous les corps proviennent

habent aëris, sunt tenera ; quæ aquæ, lenta sunt ob humore ; quæ terræ, dura ; quæ
ignis, fragiliora. Itaque ex his saxa, si antequàm coquantur, contusa minutè mixtaque
arenæ conjiciantur in structuram, nec solidescunt, nec eam poterunt continere.

Cùm verò conjecta in fornacem, ignis vehementi fervore correpta, amiserint pristinæ
soliditatis virtutem, tunc exustis atque exhaustis eorum viribus, reliquuntur patentibus
foraminibus et inanibus. Ergo liquor qui est in ejus lapidis corpore, et aër cùm
exhaustus et ereptus fuerit, habueritque in se residuum calorem latentem, intinctus in
aquà prius quam exeat ignis, vim recipit et humore penetrante in foraminum raritates
confervescit, et ita refrigeratus rejicit ex calcis corpore fervorem.

Ideo autem quo pondere saxa conjiciuntur in fornacem, cùm eximuntur, non possunt
ad id respondere ; sed cùm expenduntur, eâdem magnitudine permanente, excocto
liquore circiter tertià parte ponderis imminuta esse inveniuntur. Igitur cùm patent foramina eorum et raritates, arenæ mixtionem in se corripiunt et ità cohærescunt, sicces-
cendoque cum eumentis coeunt, et efficiunt structurarum soliditatem.

de l'union intime de leurs parties fixes avec leurs parties volatiles , d'où il résulte que, lorsque la pierre perd sa solidité par la violence du feu , il se fait une évaporation de la plus grande partie des matières volatiles et sulfureuses qui étaient le vrai lien des parties fixes de la pierre. Mais , de même qu'on peut dire que la perte que tous les corps font de leurs parties volatiles par l'évaporation , est la cause de leur destruction , on peut ajouter que l'introduction de ces parties dans un corps qui en est privé , doit lui rendre sa solidité ou l'augmenter. Ainsi la pierre à chaux ayant perdu , par l'action du feu , toutes les parties volatiles qui étaient la cause de sa dureté , se trouve remplie de pores vides , formés par une matière extrêmement sèche et aride , qui absorbe avec avidité les parties humides de l'air : mais , comme elles ne peuvent pas lui rendre les parties qu'elle a perdues par la calcination , il en résulte qu'elle se réduit en poudre impalpable ; c'est cette avidité de la chaux qui cause sa causticité. Quand ce principe agit sur le sable et sur les pierres , il en fait sortir , à la longue , une partie des sels sulfureux et volatils qu'ils contiennent , et produit entre eux une forte adhésion qui forme un corps dur et solide. Comme cette action dure jusqu'à ce que la chaux ait repris toutes les parties qu'elle a perdues par la calcination , il s'ensuit que long-temps après que le mortier paraît sec , il ne laisse pas d'acquérir toujours de plus en plus de la solidité. Perrault ajoute que tout ce qu'on vient de dire se confirme encore par l'expérience , qui prouve que , *plus le mortier a été broyé, plus il devient dur par la suite.* Ces chimistes pensaient que cette disposition tendait à faire sortir du sable une plus grande partie de sels volatils qui s'unissaient à la chaux, qui ne paraît brûler les corps qu'elle touche que parce qu'elle les dissout, en absorbant les sels qui unissent leurs parties. On dirait, en effet, que le sable perd de sa dureté, et que la chaux profite de cette perte, ce qui leur procure une disposition mutuelle à s'unir fortement. On voit des preuves de cette forte adhésion dans les pierres maçonnées avec d'excellent mortier; lorsqu'au bout d'un certain temps on veut les désunir, on remarque que la superficie de la pierre reste attachée au mortier.

Il semble que Philibert Delorme ait eu une idée de cette théorie, lorsqu'il conseille de faire la chaux des mêmes pierres dont le bâtiment est construit, afin que les parties qu'absorbe la chaux soient de même nature que celle qu'elle a perdues par la calcination.

M. Macquer, dans son dictionnaire de chimie, à l'article *chaux* , fait le détail des différentes opinions des chimistes qui se sont occupés de cette matière depuis Perrault jusqu'à lui. Il en résulte que la plupart des chimistes, avant Stahl, et avant les expériences de Hales, Blak, Jacquin et autres, pensaient que les pierres ne pouvaient se calciner qu'à l'air libre, parce qu'ils regardaient la calcination de la chaux comme la combustion d'une matière inflammable dont les parties salines de la pierre calcaire étaient enveloppées.

Mais la calcination dans des vaisseaux clos a fait abandonner cette opinion, et on a reconnu, 1°. que les pierres calcaires pouvaient se changer en chaux vive, sans le concours de l'air extérieur;

2°. Que pendant la calcination, il sort de la pierre la plus sèche une certaine quantité de liqueur purement aqueuse;

3°. Qu'il s'en dégage une quantité considérable d'une substance volatile vaporeuse qui a été reconnue pour le même gaz qui se dégage, en même quantité, dans l'effervescence qui accompagne la dissolution de la pierre calcaire par un acide.

Cette découverte d'un air gazeux[1] dans les pierres calcaires dont la chaux vive est totalement privée, est devenue, selon M. Macquer, d'autant plus essentielle, qu'elle a répandu un nouveau jour sur toute la théorie de la chaux. Il en résulte que la terre, ou pierre calcaire, est un mixte qui se décompose par la calcination, et dont les principes volatils se séparent d'avec les principes terreux fixes; et de ce seul fait, il pense qu'on peut déduire, de la manière la plus claire, la plus naturelle et la plus conforme aux grands phénomènes de la chimie, toutes les propriétés de la chaux. Ainsi la pierre calcaire n'est pas caustique, parce que sa partie terreuse est naturellement saturée d'eau et de gaz; elle devient caustique par la calcination, parce que l'action du feu lui enlève les substances qui saturaient sa terre.

La calcination, en privant la terre ou pierre calcaire de son gaz, ne fait que lui rendre la causticité qu'elle a essentiellement, à cause de sa grande division, et du peu d'adhérence de ses parties agrégatives.

Dès que, par la calcination, cette espèce de terre ou pierre reprend sa causticité essentielle, elle doit jouir d'une action dissolvante, et par conséquent elle doit décomposer beaucoup de substances, telles que l'eau, l'air, les matières grasses et autres sur lesquelles la terre saturée n'a aucune action, ou n'en a qu'une très-faible.

[1] Ou acide carbonique.

M. Macquer conclut de cette théorie, que la terre calcaire est une matière essentiellement caustique *à cause de la grande division de ses parties,* et du peu d'adhérence qu'elles ont entre elles; sorte de disposition d'où naît nécessairement la causticité dans une matière quelconque, en vertu de l'attraction ou de la pesanteur de toutes les parties de la matière les unes vers les autres : et si cette terre ou pierre calcaire, dans l'état où nous l'offre la nature, c'est-à-dire, comme un débris de corps très-composés et organisés, n'a point d'action dissolvante bien marquée, cela vient de ce qu'elle se trouve toujours saturée, autant qu'elle peut l'être, d'eau et d'air gazeux; en sorte que la calcination, qui lui enlève ses substances saturantes, ne fait par cette privation, que rendre sensibles les effets de sa causticité essentielle.

Ce savant chimiste, en parlant du mortier dont on fait usage pour la maçonnerie, composé d'un mélange de chaux éteinte à l'eau, et d'une certaine quantité de sable ou de ciment, et de la propriété qu'il a de durcir en séchant, de former un corps solide et d'unir fortement les pierres, dit que la cause de ces effets du mortier se déduit naturellement des propriétés de la chaux, et surtout de la grande finesse de ses parties lorsqu'elle est éteinte. Cette division extrême, qui les réduit presque tout en surfaces, lui donne la facilité de s'appliquer très-immédiatement sur la superficie des parties dures du sable ou du ciment, et d'y adhérer avec une force proportionnée à la justesse et à l'intimité du contact.

On ne peut douter que l'eau qui entre nécessairement dans la composition du mortier, ne contribue beaucoup aussi à sa dureté; car si l'on prend le mortier le plus vieux, le plus dur et le plus sec, et qu'on le soumette à la distillation à un degré de feu presque aussi fort que celui de la calcination, on en retire beaucoup d'eau, et l'on trouve qu'après avoir perdu cette eau, il a perdu en même temps beaucoup de sa consistance et de sa dureté.

Relativement à la question de savoir pourquoi la pâte de chaux *pure,* et sans mélange naturel ou additionnel, ne prend ni la consistance, ni la dureté du mortier, Macquer explique ce phénomène par les expériences qu'il a faites, et d'où il résulte qu'en général les parties de la chaux éteinte s'appliquent à des corps durs plus exactement qu'entre elles, à cause de la grande quantité d'eau à laquelle elles se trouvent unies, et avec laquelle elles contractent une si forte adhérence, qu'il est

difficile de les en priver par l'action du feu le plus fort ; c'est ainsi que
le rapporte M. Duhamel, dans les Mémoires de l'Académie des Sciences
de 1747. Cette grande quantité d'eau éloigne trop les parties de la
chaux, pour leur permettre de s'unir par un contact aussi immédiat
qu'avec le sable ou le ciment qui, en absorbant une partie de l'eau que
contient la chaux éteinte, facilite le desséchement et une plus forte adhérence. M. Macquer cite à l'appui de ce raisonnement, le mortier
Loriot ; il fait voir que la propriété de ce mortier, qui forme promptement un corps solide, ne vient que de la quantité de chaux vive en
poudre qu'on ajoute au mélange du sable et de la chaux éteinte du
mortier ordinaire, comme il sera expliqué à l'article suivant. Cette
addition, en absorbant subitement une partie de la quantité d'eau interposée entre les parties du sable et de la chaux, produit leur rapprochement et une forte adhérence, d'où il résulte que ce mélange durcit
aussi promptement que le plâtre.

D'après les nouveaux principes établis par les chimistes de nos jours,
la chaux est une matière âcre et alcaline que l'art obtient par la calcination, à feu ouvert, des pierres calcaires, et surtout de celles dési-
gnées particulièrement sous le nom de pierres à chaux. Ces pierres
sont composées d'acide carbonique, d'eau et de terre alcaline. Les
deux premières substances se volatilisent et s'exhalent dans l'air par
l'action du feu ; la chaux est la matière aride qui reste après cette
évaporation.

« [1] La nature intime de la chaux n'est pas connue. On l'avait d'abord
» regardée comme chargée de feu fixé pendant sa calcination, et sus-
» ceptible de se dégager pendant son extinction ; mais cette idée n'était
» point propre à faire connaître sa composition. Par une suite de cette
» hypothèse, le chimiste Meyer a admis dans la chaux le feu combiné
» avec un acide, sous le nom de *causticum*, ou *acidum pingue* ; mais il n'a
» pas prouvé l'existence de ce prétendu principe de la causticité, regardé
» aujourd'hui comme une fiction ingénieuse par tous les chimistes.

» On a cru ensuite que la chaux était le produit des terres silicées
» ou alumineuses, divisées et atténuées dans les organes des animaux :
» mais aucune expérience n'appuie cette théorie purement hypo-
» thétique.

» Trouvant la terre calcaire répandue avec profusion dans l'eau de

---

[1] Système des connaissances chimiques, par M. Fourcroy, tome II, section iv.

» mer, et spécialement dans la classe nombreuse des mollusques à
» coquilles, des zoophytes, des lithophytes, les naturalistes pensent
» qu'elle est formée par ces animaux, et par l'action même de leurs or-
» ganes. Mais, d'une part, l'existence d'une grande quantité de terre
» calcaire dans les montagnes primitives, sans vestiges d'organisation
» animale; et d'une autre part, l'ignorance entière où l'on est de la
» nature des principes de la chaux, et de la manière dont la vie ani-
» male pourrait les unir, placent encore cette opinion au rang des
» hypothèses. D'ailleurs, la chaux existe abondamment dans les végé-
» taux, où il faudrait d'abord expliquer sa formation, puisqu'il est
» plus naturel de croire qu'elle passe de ces êtres dans les animaux, à
» la nourriture desquels la nature les a manifestement destinés et ap-
» propriés, soit par leur ordre de composition, soit par leur préexis-
» tence, soit par leurs masses, comparées à celle des animaux.

» La chaux est un des corps terreux que la nature emploie le plus
» abondamment, et le plus souvent, à ses nombreuses combinaisons.
» Outre les couches immenses de sels calcaires déposés dans les mon-
» tagnes et dans les plaines; outre les composés pierreux très-multipliés
» et très-diversifiés dont elle est un des principes, on trouve la chaux,
» souvent même pure, dans les substances végétales. Dans les matières
» animales elle est unie à plusieurs acides différens; c'est une des terres
» qui y passe ou qui s'y forme en plus grande quantité, et qui est la plus
» nécessaire à leur existence. On ne sait pas encore si elle y est ap-
» portée par les engrais et par les alimens, ou si elle se compose de
» leurs organes. En étudiant la propriété de la chaux, comme on l'a
» fait depuis quarante ans, on a beaucoup avancé la philosophie na-
» turelle, et on a employé cette terre comme un instrument très-pré-
» cieux d'analyse.

» Il n'y a aucune matière plus utile aux arts, et plus employée que
» la chaux. Elle fait la base de beaucoup d'ouvrages de construction:
» elle en lie et joint les matériaux; elle constitue la solidité des mor-
» tiers, des cimens, et sert à la préparation des *vrais* stucs. On en
» forme un enduit, ou couche de peinture grossière sur les murs. Les
» anciens en mettaient une couche épaisse sur un premier lit de noir,
» et en le grattant ils formaient des dessins grossiers.

» La chaux vive contracte une forte adhérence avec les fragmens de
» pierres silicées, lorsque leur juxta-position est aidée par l'eau. En mêlant

» du sable grossier avec la chaux nouvellement éteinte, ou avec la
» chaux vive arrosée d'un peu d'eau, ce mélange prend de la consis-
» tance, et forme le mortier.

» L'état et la proportion de la chaux, son extinction avec une plus
» ou moins grande quantité d'eau, ou faite à l'instant même du mé-
» lange; la nature du sable plus ou moins gros, arrondi ou inégal, sec
» ou humide, produit de grandes différences dans les divers mortiers;
» c'est ce qui résulte des Recherches de Lafaye sur le mortier des an-
» ciens, publiées en 1777 et 1778. » Il sera question de ces Recherches,
et du moyen proposé par Loriot, à l'article IVᵉ.

« Il paraît que les Romains ne sont parvenus à donner une grande
» solidité à leurs constructions, que par les justes proportions du mé-
» lange de chaux éteinte d'une manière particulière, et du sable iné-
» gal. » La chaux paraît avoir *plus d'attraction pour l'alumine que pour
la silice* : ceci sera encore expliqué à l'article IVᵉ.

« On fait encore de très-bon mortier avec de la chaux et de l'argile
» cuite en briques, ou de la pouzzolane, espèce d'argile ferrugineuse,
» cuite par le feu des volcans, et altérée par le contact de l'eau et de
» l'air. »

Il résulte de tout ce qui vient d'être dit sur la chaux, que ses propriétés sont bien connues, mais que les chimistes ne sont pas d'accord
sur la nature ni sur la véritable cause des effets qu'elle produit.

Tous les auteurs qui, depuis Vitruve, ont écrit sur cette matière,
conviennent avec lui, que les pierres à chaux, soumises à la calcination, perdent, par la violence du feu, les parties aqueuses et volatiles
qui servent de lien à la terre calcaire dans la formation des pierres;
mais les chimistes ne sont pas d'accord sur la nature des parties volatiles qui se dégagent des pierres à chaux pendant la calcination. Les
uns ont pensé que c'était un acide sulfureux, d'autres ont reconnu une
substance qu'ils ont appelée air fixe ou gaz, désigné, dans la Nouvelle
Nomenclature méthodique de chimie, par le nom d'acide carbonique.

La grande question est de savoir, si la causticité ou la propriété
alcaline, que la terre calcaire semble acquérir par l'effet de la calcination, vient, comme le pensent Vitruve et plusieurs célèbres chimistes,
des parties ignées qui se combinent avec cette terre pendant la calcination, et qu'elle perd lorsqu'elle reste long-temps exposée à l'air, dont
elle absorbe l'humidité, ou si cette propriété lui est naturelle.

Cette question, intéressante pour la science, est indépendante des propriétés de la chaux et des effets qui en résultent. Il suffit de bien connaitre ces propriétés, pour en tirer le plus grand avantage dans les arts. Nous entrerons dans un plus grand détail à l'article IV, où il sera question de la préparation du mortier.

———

ART. II. — DU SABLE.

Le sable est une matière composée de parties détachées qui tiennent le milieu entre la terre et les pierres, des débris desquelles elles paraissent formées; de sorte qu'il se trouve des sables d'autant d'espèces que de pierres.

Ainsi, il y a des sables vitreux, quartzeux, calcaires et argileux. Il y a encore des sables métalliques, qui contiennent du fer, de l'étain, du cuivre et même de l'or.

On distingue aussi les sables par la grosseur des parties dont ils sont formés : les plus gros sont nommés graviers; l'arène a ses parties moins grosses et plus régulières, le sable les a encore plus petites et moins arides, enfin le sablon les a très-fines. On distingue encore les sables, 1°. par les lieux d'où on les tire : ainsi il y a des sables de terre, de rivière, de mer; 2°. par leurs couleurs, tels que les sables blancs, rouges, jaunes, bruns, noirs et verdâtres.

Vitruve, dont nous proposons d'extraire et d'expliquer tous les passages qui peuvent avoir rapport au sujet que nous traitons, parle des sables et de leurs espèces, au Chapitre IV du second Livre, dont nous plaçons ici le texte et la traduction littérale, pour servir de préliminaire à ce que nous avons à dire sur le mortier des anciens Romains.

Du sable et de ses espèces[1].

« Lorsqu'il s'agit de maçonnerie en moellons, il faut d'abord se pro-
» curer, pour faire le mortier, du sable qui ne soit pas mêlé de terre.

---

[1] *De arenâ et ejus generibus*

In cæmentitiis autem structuris, primùm est de arenâ quærendum, ut ea sit idonea ad materiem miscendam, neque habeat terram commixtam.

» Les différentes espèces de sables qu'on trouve en fouillant la terre,
» sont les noirs, les blancs, les rouges, et ceux qu'on appelle carbon-
» cles ou brûlés. En général le meilleur sable est celui qui, étant frotté
» dans la main, fait un petit bruit, effet que ne produit pas celui qui
» est terreux ou sans aspérités. On reconnait encore que le sable
» est de bonne qualité, lorsqu'après en avoir répandu sur un vêtement
» blanc, on le rejette en secouant l'étoffe, et qu'il n'y laisse aucune trace.

» Mais si dans l'endroit où l'on aura fouillé, il ne se trouve point
» de sable, alors il faudra prendre du sable de rivière, ou du gravier,
» que l'on passera. On pourrait encore en prendre sur le bord de la
» mer, mais l'emploi de ce dernier n'est pas sans inconvénient : d'abord il
» sèche difficilement ; en sorte qu'un mur où on l'emploie ne pourrait
» être conduit de suite à toute sa hauteur, et qu'il faut le laisser reposer
» à plusieurs reprises pour lui donner le temps de s'affermir ; enfin, il
» ne peut servir à la construction des voûtes. Les sables de mer ont
» encore cela contre eux que, lorsqu'on recouvre trop tôt d'enduit les
» murs où ils ont été employés, en rejetant leurs sels, ils les détruisent.

» Les sables qu'on tire des fouilles sèchent promptement dans les
» constructions, et les enduits où on les emploie sont durables, même
» pour les voûtes, surtout lorsqu'ils sont fraîchement tirés ; car ceux
» qui sont restés long-temps exposés aux intempéries de l'air, se dé-
» composent et deviennent terreux. Alors, si l'on s'en sert, ils font
» de mauvais mortiers qui n'ont pas la force de lier les moellons dans
» les ouvrages de maçonnerie, et les murs que l'on fabrique avec ne
» peuvent pas soutenir de fardeau.

» Les sables de fouille fraîchement tirés, qui sont excellens pour les
» ouvrages de maçonnerie, n'ont pas toujours cette propriété pour les

Genera autem arenæ fossitiæ sunt hæc, nigra, cana, rubra, carbunculus. Ex his quæ
in manu confricata fecerit stridorem, erit optima ; quæ autem terrosa fuerit, et non
habebit asperitatem : item si in vestimentum candidum ea conjecta fuerit, posteà excussa,
vel icta id non inquinaverit, neque ibi terra subsiderit, erit idonea.

Si autem non erunt arenaria undè fodiatur, tùm de fluminibus aut è glareâ erit ex-
cernenda. Non minùs etiam de littore marino : sed ea in structuris hæc habet vitia, quod
difficulter siccescit, neque ubi sit, onerari se continenter paries patitur, nisi intermissio-
nibus requiescat, neque concamerationes recipit. Marina autem hoc amplius, quòd etiam
parietes, cùm in his tectoria facta fuerint, remittentes salsuginem, ea dissolvunt.

Fossitiæ verò celeriter in structuris siccescunt, et tectoria permanent, et concamerationes patiuntur, sed hæ quæ sunt de arenariis recentes ; si enim exemptæ diutiùs jaceant,
ab sole et lunâ et pruinâ concoctæ, resolvuntur, et fiunt terrosæ. Ità cùm in structuram

» enduits ; leur onctuosité fait qu'ils ne peuvent pas sécher sans se
» fendre, à cause de la promptitude avec laquelle ils sèchent, à moins
» qu'on n'y mêle de la paille. Les enduits faits en sable de rivière, qui
» est très-aride, exigent d'être massivés à coups de battes, comme le
» *signinum* [1] ; alors ils acquièrent une grande dureté.

La plupart des auteurs qui ont écrit sur l'art de bâtir, depuis
Vitruve, ont copié tout ce qu'il a dit sur le sable. La majeure partie,
et ceux qui passent pour les plus habiles dans cet art, confirment ce
qu'il a dit, tels que Léon-Baptiste Alberti, Palladio, Daniel Barbaro,
Philibert Delorme, Scamozzi, Savot, et le grand Blondel. Ils pensent
que le sable qu'on extrait des fouilles est ordinairement celui qui fait
le meilleur mortier, surtout si on a l'attention de l'employer quand il
est fraîchement tiré, parce qu'il perd de sa qualité lorsqu'il demeure
long-temps exposé à l'air. Il se trouve cependant des auteurs, et entre
autres Bullet et Bélidor, qui pensent que le sable de rivière vaut
mieux, et d'après eux le second Blondel et Patte prétendent que c'est
celui qui est le plus aride qui est préférable : Bélidor avance même,
contre l'opinion de tous, que la couleur du sable ne décide rien sur sa
bonne ou mauvaise qualité, et que celui qui est blanc peut s'employer
le plus sûrement parce qu'il est ordinairement le moins chargé de
terre.

Désirant avoir les notions les plus certaines sur cet objet important,
j'ai essayé avec la même chaux plusieurs espèces de sables différens,
des ciments, des poudres de pierres et des pouzzolanes; le résultat a
été : 1°. que les sables purement vitreux ou quartzeux forment, avec
la chaux, un mortier moins dur que les sables mélangés, et que ce
mortier est plus long-temps à sécher; 2°. que le sable provenant des
fouilles produit un meilleur mortier que celui fait avec le sable de

---

[1] Sorte de composition que Galliani croit être la même que le *lastrico* de Naples, et qui
répond encore mieux à nos bétons modernes ; ainsi qu'on le verra au IV°. Liv., I°. Sect.
Chap. I°., et au Liv. IX°., III°. Sect., Chap. IV°.

ronjiciuntur, non possunt continere cæmenta, sed ea ruunt et labuntur, oneraque parietes
non possunt sustinere.

Recentes autem fossitiæ cùm in structuris tantas habeant virtutes, eæ in tectoriis ideò
non sunt utiles, quòd pinguitudini ejus caix, paleâ commixtâ, propter vehementiam non
potest sine rimis inarescere ; fluviatica verò propter macritatem uti *signinum* bacillo-
rum subactionibus, in tectorio recipit soliditatem.

rivière à peu près de même grain. Il se trouve des sables de fouille qui forment un mortier aussi dur que le ciment. J'ai encore éprouvé que ce ne sont pas les sables les plus arides qui font le meilleur mortier, et que, dans les sables de même genre, ce sont ceux dont la couleur est plus foncée qu'il faut préférer, excepté les jaunes. Les meilleurs sont ceux qui tiennent le milieu entre les sables qui sont trop gras et trop arides. J'ai essayé de faire du mortier avec du sable de fouille fraichement tiré, qui était moyennement gras, et du même sable que j'avais fait bien laver et sécher au soleil, pour ne conserver que les parties arides : le premier a acquis une plus grande dureté que l'autre. Le mortier fait avec le sable trop fin n'acquiert pas autant de consistance que celui fait avec du sable moyennement gros.

Le grès pilé, broyé avec de la chaux, fait un mortier médiocre, qui n'acquiert pas beaucoup de consistance.

La poudre de pierre dure, mêlée avec la chaux, ne fait pas un mortier aussi dur que la poudre de pierre tendre ou d'une dureté moyenne. J'ai aussi éprouvé que le mélange de la chaux et de la poudre faite avec la même pierre, ne produit pas un aussi bon mortier que lorsqu'on emploie du sable ou de la poudre de quelque autre pierre.

Un mortier fait avec de la chaux de pierre dure et de la poudre de la pierre de Conflans, est devenu plus dur et aussi compacte que cette dernière pierre.

Le mortier fait avec du ciment seul devient plus dur, et acquiert plus de consistance que celui où l'on ajoute du sable. Il en est de même des pouzzolanes.

Le mortier fait avec de la chaux et du blanc d'Espagne ou blanc de Bougival, dont se servent les peintres, devient beaucoup plus dur et plus beau que le plâtre le plus fin; il forme un enduit qui, étant lissé et frotté avec de la peau, devient beau et brillant comme le stuc d'Italie.

Philibert Delorme dit, livre Ier., chapitre XVI, que si l'on employait, pour maçonner un mur, de la chaux faite avec la même pierre, il en résulterait une plus forte liaison, parce que la chaux trouverait, dans cette pierre, les mêmes sels volatils qu'elle a perdus par la calcination. Il résulte cependant de plusieurs essais, que la chaux ne trouve pas aussi abondamment ce qui lui manque, dans la poudre de pierre dure, propre à faire de bonne chaux, que dans certaines espèces de pierres tendres, telles que la pierre de Saint-Leu, puisque son mélange avec la première ne produit pas un mortier aussi dur et aussi bien lié que son mélange avec la seconde. Mais aussi, comme la pierre de Saint-Leu calcinée fournit une chaux très-médiocre, son mélange avec la poudre de la même pierre, ou avec de la poudre de pierre dure, ne forme qu'un mauvais mortier sans consistance.

De tout ce qui vient d'être dit sur les sables, on ne peut cependant pas conclure que ceux de fouille soient toujours les meilleurs, parce que, comme l'a très-judicieusement observé Léon-Baptiste Alberti, ce n'est pas le lieu d'où l'on tire le sable qui doit être une preuve de sa bonté, mais la qualité des matières dont il est composé. Il cite pour exemple le sable marin, reconnu par tous les auteurs pour le plus mauvais; cependant on en tire dans les environs de Salerne qui est aussi bon que le meilleur qu'on trouve dans les fouilles. Il remarque, il est vrai, que ce sable de bonne qualité ne se trouve que sur le rivage du golfe tourné au *Libeccio*, c'est-à-dire, au sud-ouest, et que ceux des autres parties de la côte sont de mauvaise qualité. Ainsi les conclusions les plus raisonnables doivent donc être qu'il faut examiner les sables indépendamment des lieux où ils se trouvent, en observant seulement que quand ils sont de même qualité, ceux de fouille doivent être préférés, pour la maçonnerie, à ceux de rivière, et qu'on doit plutôt faire usage de ces derniers lorsqu'il s'agit d'enduits, comme le dit Vitruve.

* * *

ART. III. — DE LA POUZZOLANE.

La pouzzolane est une espèce de sable qui paraît provenir des débris des pierres-ponces et des laves poreuses que le Vésuve et les autres volcans vomissent dans leurs éruptions, et que les vents ont dispersés à des distances considérables. Cette matière a pris son nom de la ville de Pouzzol, d'où les Romains paraissent avoir tiré la première dont ils aient fait usage. Voici ce qu'en dit Vitruve, livre II, chapitre VI.

De la pouzzolane et de son usage [1].

« Il se trouve aux environs de Baies et des champs Municipes, situés
» auprès du Vésuve, une espèce de poudre qui produit les effets les
» plus surprenans. Mêlée avec de la chaux et de petites pierres, elle a
» non-seulement l'avantage de procurer aux édifices ordinaires une
» plus grande solidité, elle a de plus la propriété de former des masses
» de maçonnerie qui durcissent dans l'eau.

» La pouzzolane, ou terre brûlée, est sans doute réduite à cet état,
» par la fermentation des matières inflammables qui gissent sous ces
» montagnes, et dont la présence se manifeste par les fontaines bouil-
» lantes qui ne sauraient devoir leur existence qu'à la combustion du
» soufre, de l'alun, ou du bitume. Les flammes et les vapeurs ardentes
» qui se dégagent continuellement de ces feux souterrains, dessèchent
» les terres qu'elles traversent, et le tuf qui se trouve exposé à la même
» action demeure également privé de toute humidité. Ainsi c'est à l'ac-
» tion du feu que la chaux, la pouzzolane et le tuf, doivent cette affi-
» nité à former un mélange intime : affinité qui est si grande, que
» ces trois substances mêlées ensemble, et dans des proportions conve-
» nables, à peine y a-t-on ajouté de l'eau, qu'elles se solidifient et ac-
» quièrent spontanément une si grande dureté, que ni l'agitation ni
» l'action dissolvante des eaux, ne sauraient désormais le détruire.

» Ce qui contribue encore à faire penser que dans les lieux où se
» trouve la pouzzolane, il existe des foyers souterrains, ce sont les

---

[1] *De pulvere puteolano, et ejus usu.*

Est etiam genus pulveris, quod efficit naturaliter res admirandas. Nascitur in regionibus
Bajanis, et in agris Municipiorum, quæ sunt circa Vesuvium montem, quod commixtum
cum calce et cæmento, non modo cæteris ædificiis præstat firmitates, sed etiam moles quæ
construuntur in mari, sub aquâ solidescunt.

Hoc autem fieri hâc ratione videtur, quod sub his montibus et terrâ, ferventes sunt
fontes crebri, qui non essent, si non in imo haberent, aut de sulphure, aut alumine, aut
bitumine ardentes maximos ignes. Igitur penitus ignis, et flammæ vapor per intervenia
permanans et ardens, efficit levem eam terram, et ibi qui nascitur tophus, exugens est, et
sine liquore. Ergò cum tres res consimili ratione, ignis vehementiâ formatæ, in unam pervenerint mixtionem, repente recepto liquore unà cohærescunt, et celeriter humore duratæ
solidantur, neque eas fluctus, neque vis aquæ potest dissolvere.

Ardores autem esse in his locis etiam hæc res potest indicare, quod in montibus Cu-
manorum et Bajanis sunt loca sudationibus excavata, in quibus vapor fervidus ab imo

» bains de vapeurs creusés sous les montagnes de Cumes et de Baies,
» dans lesquels la chaleur brûlante qui sort du fond des abimes, péné-
» trant de toutes parts la terre, où elle conserve toute son intensité,
» procure, en s'échappant, des sueurs abondantes et salutaires.

» Indépendamment de ces observations, on rapporte qu'ancienne-
» ment des fermentations souterraines se manifestèrent tout à coup
» sous le mont Vésuve, que leur impétuosité devint telle que bientôt
» on vit cette montagne vomir au loin des matières enflammées. Les
» pierres connues aujourd'hui sous le nom d'éponges, ou ponces de
» Pompéia, paraissent évidemment réduites de leur état primitif, à
» celui où elles se trouvent, par l'effet du feu le plus violent. D'ailleurs,
» cette espèce de pierre spongieuse, qu'on extrait des environs du
» Vésuve, ne se rencontre dans aucun autre endroit, si ce n'est au
» pied de l'Etna, et dans ces gorges de Mysie que les Grecs nomment
» Katakécauménoï, et quelques autres endroits où les mêmes condi-
» tions se trouvent réunies.

» Ainsi, il parait démontré que là où se trouvent des fontaines bouil-
» lantes, où des vapeurs ardentes se font sentir dans les excavations
» des montagnes, dans les lieux enfin où l'on conserve le souvenir
» d'avoir vu des flammes dévorantes se répandre dans les campagnes,
» là, dis-je, la terre et le tuf ont éprouvé, comme la chaux dans le
» fourneau, la perte de toute humidité.

» La privation absolue de toute humidité, qui établit une condition
» commune entre des matières, d'ailleurs toutes différentes entre elles, se
» trouve simultanément réparée par l'addition de l'eau; aussitôt qu'ils

nascens, ignis vehementiâ perforat eam terram, per eamque manando in his locis oritur,
et ità sudationum egregias efficit utilitates. Non minùs etiam memoratur antiquitus
crevisse ardores et abundavisse sub Vesuvio monte, et indè evomuisse circa agros flammam. Ideòque nunc qui spongia sive pumex Pompejanus vocatur, excoctus ex alio genere
lapidis, in hanc redactus esse videtur generis qualitatem. Id autem genus spongiæ, quod
indè eximitur, non in omnibus locis nascitur, nisi circum Ætnam et collibus Mysiæ,
qui à Græcis χατακεκαυμενοι nominantur, et si quæ ejuscemodi sunt locorum proprietates.
Si ergo in his locis aquarum ferventes inveniuntur fontes, et in montibus excavatis
calidi vapores, ipsaque loca ab antiquis memorantur pervagantes in agris habuisse
ardores, videtur esse certum ab ignis vehementiâ ex topho terrâque, quemadmodum
in fornacibus et à calce, ità ex his ereptum esse liquorem. Igitur dissimilibus et disparibus
rebus correptis, et in unam potestatem collatis, calidâ humoris jejunitas aquâ repente
satiata, communibus corporibus latenti calore confervescit, et vehementer efficit ea coïre,
celeriterque una soliditatis percipere virtutem.

» la reçoivent, la chaleur cachée que ces corps contenaient dans leur
» sein, produit une effervescence générale, qui contribue puissamment à
» faciliter la cohésion, ainsi qu'à accélérer la solidification du mélange.

» Après ce qui vient d'être dit, on sera sans doute curieux de savoir
» pourquoi, dans l'Étrurie, où il y a beaucoup de fontaines d'eau
» chaude, on ne trouve pas aussi de cette espèce de poudre qui a la
» propriété de former de la maçonnerie qui durcit dans l'eau. Ayant
» prévu que cette question devait naturellement se présenter à l'esprit,
» j'ai pensé qu'il fallait expliquer quelles peuvent en être les raisons.

» Tous les pays ne produisent pas les mêmes espèces de terres ou de
» pierres ; les uns sont purement terreux, d'autres sont sablonneux,
» pierreux ou remplis d'arène. Les matières que renferme la terre dif-
» fèrent autant par leurs espèces et leurs qualités, que les régions où
» elles se trouvent diffèrent entre elles par les propriétés qui les distin-
» guent. Il est important d'observer que dans les contrées d'Italie et
» d'Étrurie, renfermées par les monts Apennins, presque partout on
» trouve des sables fossiles et de l'arène, tandis que dans les pays qui
» sont au delà de ces monts, le long de la mer Adriatique, il ne s'en
» trouve point. Il en est de même de l'Achaïe, de l'Asie et de plusieurs
» pays au delà de cette mer, où l'on en ignore même l'existence.

» On ne rencontre pas dans tous les lieux qui abondent en fon-
» taines d'eau chaude, les dispositions convenables pour produire con-
» stamment les mêmes effets. L'ordre des choses paraît établi, non
» d'après la volonté des hommes, mais sur une base inconstante, en
» sorte qu'elles paraissent soumises à des conditions fortuites.........

Relinquetur desideratio, quoniam ità sunt in Hetruriâ ex aquâ calidâ crebri fontes ;
quid ità non etiam ibi nascitur pulvis, è quo eâdem ratione sub aquâ structura soli-
descat? Itaque visum est, antequam desideraretur, de his rebus quemadmodum esse
videantur exponere.

Omnibus locis et regionibus non eadem genera terræ, nec lapides nascuntur, sed nonnulla sunt terrosa, alia sabulosa, itemque glareosa, aliis locis arenosa : nec minus aliis
diversa et omninò dissimili disparique genere, ut in regionum varietatibus qualitates insunt
in terrâ. Maximè autem id licet considerare, quod qua mons Apenninus regiones Italiæ
Hetruriæque circumcingit propè omnibus locis non desunt fossitia arenaria ; trans Apen-
ninum verò, quæ pars est ad Adriaticum mare, nulla inveniuntur : item Achaja, Asia,
et omninò trans mare, ne nominantur quidem.

Igitur non in omnibus locis, quibus effervent aquæ calidæ crebri fontes, eædem oppor-
tunitates possunt similiter concurrere. Sed omnia uti natura rerum constituit, non ad

» Ainsi la même cause qui, dans la Campanie, transforme la terre des-
» séchée en une sorte de cendre, produit en Étrurie cette matière bru-
» lée, nommée *carbunculus* (espèce de sable brûlé).

» D'ailleurs ces matières sont toutes deux excellentes pour les ouvrages
» de maçonnerie; l'une et l'autre pour les édifices bâtis sur terre, et la
» première particulièrement pour les ouvrages qui se construisent dans
» la mer. Le carboncle est une espèce de sable dont la consistance est
» moindre que celle du tuf, et plus grande que celle de la terre; il est
» produit par les vapeurs brûlantes qui émanent de dessous terre.»

On voit par ce chapitre que Vitruve, d'après les connaissances de
son siècle, attribuait à la violence du feu la propriété que la pouzzolane, la chaux et le tuf brûlé ont de s'unir fortement par l'intermède
de l'eau, et de former des massifs de maçonnerie qui durcissent dans
la mer, et y acquièrent une si grande solidité, que les flots de la mer
ne peuvent plus les détruire. Il pense que cette propriété est l'effet de
l'extrême aridité que l'action du feu procure à ces matières, en les
privant de leurs parties humides.

Cette disposition, qui leur fait absorber l'eau avec avidité, produit
dans la chaux une effervescence, ou mouvement rapide, qui cause la
séparation de toutes ses parties pour s'unir à l'eau, et les dispose à se
lier fortement aux autres matières, surtout à celles qui ont été altérées par l'action du feu.

Vitruve, et plusieurs autres auteurs, prétendent que la pouzzolane
est produite par les vapeurs brûlantes et sulfureuses qui se sont exhalées au travers des terres; mais elle paraît plutôt être, comme nous
l'avons déjà dit, une matière formée des débris de pierres-ponces et
de laves poreuses vomies par les volcans, et dispersées par les vents
à des distances considérables. Pour justifier l'opinion de Vitruve,
il faudrait imaginer, sous une aussi grande étendue de pays, des
gouffres immenses d'où se soient exhalées des vapeurs brûlantes assez
fortes pour décomposer les terres et les pierres de tous ces pays, ce

voluntatem hominum, sed fortuito disparata procreantur........ Itaque uti in Campaniâ
exusta terra pulvis, sic in Hetruriâ excoctâ materiâ efficitur carbunculus.

Utraque autem sunt egregia in structuris, sed alia in terrenis edificiis, alia etiam in mari-
timis molibus habent virtutem. Est autem ibi materiæ potestas mollior quàm tophus, so-
lidior quàm terra : quo penitus ab imo vehementiâ vaporis adusto nonnullis locis pro
creatur id genus arenæ, quod dicitur carbunculus.

qui n'est pas probable; car on trouve, sous les veines de pouzzolane, des matières qui ne paraissent pas avoir été altérées par le feu.

Il y a plusieurs espèces de pouzzolanes dans les environs de Naples; on en trouve de grises, de jaunes, de brunes et de noires; elles sont mêlées de poussière très-fine, et de parties graveleuses qui s'écrasent facilement, en faisant un petit bruit, comme de la pierre ponce. Ces parties paraissent être un mélange de débris de laves poreuses, de tuf et de pierres-ponces; ce mélange fait un peu d'effervescence avec les acides.

La pouzzolane de Rome est d'un rouge-brun mêlé de particules brillantes d'un jaune métallique; elle ne fait aucune effervescence avec les acides; elle peut s'employer seule avec la chaux, avec laquelle elle fait un excellent mortier; tandis que celle de Naples a besoin d'être mêlée avec du sable et des pierrailles, surtout la jaune, qui est douce au toucher comme le sable argileux.

On fait encore un excellent mortier en mêlant plusieurs espèces de pouzzolanes ensemble, les plus terreuses avec les plus graveleuses.

Mais, lorsqu'il s'agit de bâtir dans l'eau, si l'on mêle de la pouzzolane grise de Naples avec du sable, du *rapillo* et des recoupes de pierre : le mélange de ces différentes matières, broyé à plusieurs reprises avec de la chaux de bonne qualité, et fraichement éteinte, forme une excellente maçonnerie, ou *béton*, qui durcit dans l'eau de la mer, où elle acquiert une consistance plus forte que la pierre. On rencontre des masses énormes de cette espèce de construction le long des côtes de la mer, entre Naples et Gaëte. Les flots de la mer ont poli ces masses, à force de rouler dessus, sans avoir pu les détruire.

On découvre de la pouzzolane dans presque tous les endroits où il y a eu des volcans. MM. Faujas de Saint-Fond et Desmarets en ont trouvé dans les départemens de l'Ardèche, de la Haute-Loire, du Puy-de-Dôme, de la Haute-Vienne; il y en a à la Guadeloupe, à la Martinique, dans l'ile-de-France, en Écosse.

On a déjà parlé, au Chapitre Ier., Article VIe., n°. 253 des Pierres de tailles, d'une espèce de tuf, ou lave poreuse, qu'on trouve près de Mayence, et que les Hollandais nomment *trass*. Ils en distinguent de deux sortes : l'une plus tendre, appelée moellon d'Andernack, qui est d'un gris-blanc, fournit une poudre propre à faire un bon mortier pour l'usage ordinaire; l'autre, appelée moellon de Boul, qui est plus dure et d'un gris plus foncé, fournit une espèce de pouzzolane qui, mêlée à une égale quantité de chaux, forme un mortier très-solide et impénétrable à l'eau : c'est pourquoi on transporte beaucoup de ces moellons en Hollande, où on les réduit en poudre dans des moulins à vent faits exprès. On emploie celle qui provient des moellons les plus durs pour les ouvrages dans l'eau les plus importans, tels que les digues et les souterrains, où l'on a le plus grand intérêt d'empêcher la filtration des eaux. Pour les ouvrages de moindre importance, on mêle ces deux espèces de poudre : l'usage est de mêler partie égale de chaux et de trass, qu'on désigne généralement sous le nom d'Andernack, lieu qui se trouve près du confluent de la Moselle et du Rhin, et qui, par sa position, facilite son transport en Hollande.

La terrasse de Hollande, la cendrée de Tournay, et le ciment ou poudre d'argile cuite, peuvent être considérées comme des pouzzolanes factices qui acquièrent, par le feu, la propriété de s'unir fortement avec la chaux.

Terrasse de Hollande.

Aux environs de Cologne, on trouve une espèce de terre qui se cuit comme le plâtre, et que l'on réduit en poudre en l'écrasant avec des meules. Cette poudre, connue sous le nom de terrasse de Hollande, a les propriétés de la pouzzolane ; elle forme, avec la chaux, un mortier excellent pour les ouvrages construits dans l'eau, qui résiste à l'humidité, à la sécheresse et à toutes les intempéries de l'air. On fait beaucoup d'usage de cette terrasse dans les Pays-Bas, en Hollande, en Allemagne, et dans tous les départemens situés au nord de la France, où l'on prétend qu'elle équivaut à la meilleure pouzzolane d'Italie.

Cendrée de Tournay.

On fait encore usage d'une autre espèce de poudre, appelée cendrée de Tournay, parce qu'elle vient des environs de cette ville. Cette poudre est formée des débris à demi-calcinés d'une pierre bleue fort dure dont on fait de la chaux. Ces débris tombent, pendant la cuisson, sous la grille du fourneau, et se mêlent avec la cendre du charbon de terre. La cendrée de Tournay passe pour être d'un aussi bon usage que la terrasse de Hollande, et sert pour les mêmes ouvrages.

Du ciment.

On désigne sous ce nom une poudre faite avec des tuileaux pilés. Cette matière a aussi la propriété de former, avec la chaux, un mortier qui résiste à l'eau et à l'humidité, comme celui fait avec la pouzzolane. On emploie le ciment pour les enduits intérieurs des bassins, citernes, réservoirs et aqueducs.

Pour faire le ciment, il faut choisir du tuileau bien cuit; celui qui a servi sur les toits est préférable à celui qui provient des tuiles neuves ou des briques. Les anciens y employaient les débris de toutes sortes de poteries et d'ouvrages en terres cuites.

Il y a peu d'endroits où l'on ne puisse se procurer des tuileaux ou des poteries bien cuites pour faire du ciment; mais à leur défaut on peut y suppléer en faisant de petites boules ou pelottes de terre glaise ou argileuse qu'on fera cuire au four, pour les écraser lorsqu'elles seront bien cuites. Le ciment qui en proviendra, quoique de moindre qualité que celui des tuileaux, sera préférable au sable pour les enduits à faire dans des lieux humides, ou pour des maçonneries à faire dans l'eau.

On peut encore faire usage des petits cailloux ou galets que l'on trouve dans les campagnes et sur le bord des fleuves; on les fait rougir au feu, et on les réduit en poudre que l'on emploie avec de la chaux au lieu de ciment.

Les fontainiers font un excellent mortier, qu'ils appellent ciment perpétuel, où l'on emploie différentes espèces de poudre; savoir, de poterie de grès, de mâchefer, de tuileaux et de pierre de meulière; le tout broyé avec de la bonne chaux vive, compose un ciment excellent qui durcit dans l'eau.

ART. IX. — DU MORTIER.

Les plus anciennes constructions en mortier qui se trouvent en Italie, paraissent être celles des tombeaux qu'on a découverts aux environs de quelques anciennes villes bâties par les Tyrhéniens ou les anciens Étrusques, telles que *Iguvium, Clusium, Volaterræ.* Plusieurs sont rapportés dans le *Museum etruscum* de Gori : on y trouve aussi

18.

la figure et la description d'une citerne découverte en 1739, auprès de Volterra, il en est question au Livre IVe., IVe. Section, Chapitre Ier.

On sait que les Étrusques étaient, avant les Romains, le peuple le plus puissant d'Italie; leur domination s'étendait depuis le fond de la Ligurie jusqu'au port d'Ostie.

Une partie, qui était connue des Grecs sous le nom de Tyrhéniens, passait pour avoir inventé, ou plutôt perfectionné l'art de la maçonnerie, qu'ils enseignèrent aux autres peuples d'Italie. Les plus anciens auteurs, tels que Homère, Hésiode, Hérodote, Thucydide, les appellent Tyrséniens, et leurs murs *tyrsis*, au lieu de *téichos* dont les auteurs moins anciens se sont servis. On prétend que le mot *tyrsis* a la même signification dans le langage des anciens Étrusques. On désignait aussi les tours dont on fortifiait les villes par le mot de *tyrseis*.

Du mortier des Romains.

Je ne pense pas, comme plusieurs auteurs, que les anciens Romains aient eu une méthode de faire le mortier, différente de celle que l'on pratique encore aujourd'hui à Rome et dans toute l'Italie, ainsi que dans plusieurs autres pays.

Il est certain que malgré la décadence des arts qui a suivi celle de l'Empire Romain, on n'a pas discontinué de bâtir jusqu'à nos jours; on a pu perdre, pendant plusieurs siècles, le goût de la bonne architecture, parce qu'elle demande des études et des connaissances auxquelles les révolutions causées par l'invasion des peuples du Nord ne permirent pas de se livrer : mais quant aux procédés de l'art de bâtir, qui font constamment l'unique étude des ouvriers ordinaires, il faut croire qu'ils se sont transmis jusqu'à nous, tels qu'ils se pratiquaient du temps des anciens Romains.

Cette question m'ayant paru une des plus importantes de l'art de bâtir, j'ai examiné avec soin les restes des anciens édifices tant de Rome que de l'Italie et de la France, bâtis par les anciens Romains, et j'ai reconnu, en comparant les mortiers employés à leur construction avec ceux des édifices construits depuis dans les mêmes pays, qu'au bout d'un certain temps ils parvenaient à une dureté égale. On voit par plusieurs parties des constructions de Saint-Pierre de Rome, qui sont en briques apparentes, que le mortier qui les unit est aussi dur que celui des édifices antiques, tels que le panthéon d'Agrippa, le temple de la Paix, et de plusieurs fragmens qui sont de la plus haute antiquité.

L'excellence qu'on attribue au mortier des anciens Romains, provient autant des bonnes qualités de la chaux et du sable qu'ils y employaient, que de l'attention qu'ils avaient de le bien broyer, afin de faciliter l'union et le mélange exact de ces matières[1]. Je me suis assuré, par plusieurs essais, que plus le mortier est broyé, plus il acquiert de consistance, et plus il durcit promptement. Avec de la chaux ordinaire de Paris, et du sable moyennement gros, je suis parvenu à faire, en suivant cette méthode, des briques en mortier qui, au bout de dix-huit mois, avaient acquis presque autant de dureté et de consistance que le mortier des Romains.

Il y a environ vingt-cinq ans que MM. Loriot et de la Faye proposèrent deux procédés différens pour faire le mortier. Ils annoncèrent, l'un et l'autre, que leur moyen était celui employé par les anciens Romains, et citèrent en preuve plusieurs passages d'auteurs anciens, et entr'autres de Vitruve et de Pline le naturaliste, en interprétant ces passages d'une manière favorable à leurs procédés.

Méthode de Loriot.

Cette méthode consiste à ajouter au mortier ordinaire, broyé un peu plus clair que pour l'emploi, un tiers de chaux vive en poudre, et à rebroyer le tout pour l'employer tout de suite, parce que ce mélange s'échauffe et durcit promptement. Cette découverte, qui fit une

---

[1] La manière dont on prépare encore aujourd'hui à Naples le mortier, dit *lastrico*, dont l'usage paraît s'être perpétué dans le pays depuis les temps les plus reculés, peut venir à l'appui de cette assertion. Voici ce qui en est dit au Chapitre II, 2°. Section du 2°. Livre de cet ouvrage. « On mêle le *lapillo* avec de la chaux éteinte depuis » huit jours, bien dissoute, et réduite à la consistance de lait un peu épais; on » broye ce mélange à plusieurs reprises en l'arrosant avec cette chaux; les parties les » plus fines tiennent lieu de sable. On laisse reposer cette espèce de mortier pendant » vingt-quatre heures, après lesquelles on le rebroye de nouveau; *pendant ce temps* » *on remarque qu'il s'échauffe et fermente*. On le rebroye une troisième fois en l'hu » mectant avec du lait de chaux, s'il est devenu trop sec, et lorsqu'on s'aperçoit que le » mélange n'a pas acquis le degré de consistance qu'il doit avoir, et qu'il fermente en » core, on le rebroye une quatrième fois, après l'avoir laissé reposer. »

grande sensation dans le temps où elle fut publiée, parut à l'auteur donner le vrai sens d'un passage du 36°. livre de l'Histoire naturelle de Pline, chapitre 23, où il s'exprime ainsi : «[1] Ce qui cause la ruine de la plu- » part des édifices de cette ville, c'est que les ouvriers par fraude emploient, » pour la construction des murs, de la chaux qui a perdu sa qualité.

Voici le procédé de Loriot, tel qu'il se trouve imprimé dans une brochure in-8°. publiée par ordre du roi, en 1776, page 32.

« Prenez pour une partie de brique pilée très-exactement et passée » au sas, deux parties de sable de rivière, passé à la claie ; de la chaux » vieille éteinte, en quantité suffisante pour former dans l'auge, avec » l'eau, un amalgame à l'ordinaire, et cependant assez humecté pour » fournir à l'extinction de la chaux vive que vous jetterez en poudre » jusqu'à la concurrence du quart en sus de la quantité de sable et de » briques pilées, pris ensemble : les matières étant bien incorporées, » employez-les promptement, parce que le moindre délai en peut » rendre l'usage défectueux ou impossible. »

A la page 36, il prévient « qu'à cause des différens degrés de force » qui se rencontrent, non-seulement entre la chaux ordinaire d'un » canton et celle d'un autre, mais encore entre la chaux provenant » des pierres de la même carrière, si elle a été plus nouvellement ou » plus anciennement cuite ; on ne peut pas assigner précisément la » quantité proportionnelle de chaux vive à faire entrer dans le ci- » ment : ici il en faut davantage, là il en faut moins ; c'est pourquoi » le sieur Loriot a pris un terme moyen en indiquant le quart en sus » du total des matières de sable et de briques pilées, qui est la mesure » d'une chaux de médiocre qualité employée en sortant du four ; si » elle était cuite depuis long-temps, il en faudrait davantage ; comme » aussi il en faudrait moins, si c'était une chaux de qualité supé- » rieure, faite de pierre dure qui absorbe beaucoup d'eau. » Il ajoute que les essais faits alors à Paris et aux environs, indiquaient qu'il en faut un tiers, parce qu'elle est de qualité inférieure à la bonne chaux commune.

Cette addition de chaux vive que Loriot fixe entre le quart et le tiers de la quantité de sable et de ciment employée dans la première

---

[1] Ruinarum urbis ea maxime causa, quod furtò calcis sine ferrumine suo cæmenta com- ponuntur.

préparation du mortier, absorbe subitement l'eau contenue dans ce mélange, ce qui le fait durcir presqu'aussi vite que le plâtre.

Ce mortier, employé pour les ouvrages dans l'eau, paraît d'abord produire l'effet le plus avantageux, et être supérieur au mortier de pouzzolane à cause de la promptitude avec laquelle il fait corps ; mais comme la quantité de chaux est presque double de celle que l'usage et l'expérience ont fixée pour former, avec le sable et le ciment, un corps solide, il en résulte que le mortier Loriot perd, au bout d'un certain temps, l'avantage qu'il présente lors de son emploi, tandis que le mortier ordinaire acquiert, au contraire, une consistance et une dureté qui va toujours en augmentant, et qui finit par être aussi grande que celle des pierres dures et des briques cuites.

Ayant eu occasion d'examiner des enduits qui avaient été faits depuis environ quinze mois, sous l'inspection de Loriot, pour couvrir la terrasse de l'Observatoire, je remarquai que ces enduits présentaient à la surface une superficie lisse et mince fort dure ; mais dès que cette épiderme était entamée, on trouvait que le dessous avait beaucoup moins de consistance et de dureté que le bon mortier de ciment.

Cette quantité de chaux vive qu'on ajoute au mortier Loriot, le rend trop aride pour les ouvrages en maçonnerie, et surtout pour les murs hors de terre, qui n'ont pas beaucoup d'épaisseur. Cette chaux absorbe l'humide nécessaire pour faciliter l'adhérence du mortier avec les pierres, les briques ou moellons. D'ailleurs, ce procédé devient très-coûteux, parce qu'il exige le double de chaux du mortier ordinaire, et que la moitié de cette quantité doit être réduite en poudre par des procédés dispendieux et sujets à plusieurs inconvéniens.

On trouve dans le Journal de physique de l'abbé Rozier, du mois de novembre 1774, un Mémoire de M. de Morveau, sur un nouveau moyen de pulvériser et bluter la chaux vive pour la composition du mortier Loriot, afin d'éviter les dangers auxquels les ouvriers qui font ces opérations sont exposés.

Ce nouveau moyen consiste à laisser éteindre la chaux à l'air, pour la recalciner par le moyen d'un four imaginé pour cet usage, dont on voit la figure à la planche VI. Ce four est élevé sur un massif de maçonnerie en moellons, marqué A aux figures 1 et 2. Cette élévation met l'aire à la hauteur des fours ordinaires. Sa forme intérieure est une ellipse dont le grand diamètre a 4 pieds (13 décimètres), et le

petit 2 pieds (6 décimètres $\frac{1}{2}$). La voûte commence à 3 pouces (8 centimètres) au-dessus de l'aire. Le four n'a dans son milieu que 13 pouces
(35 centimètres). La gueule du four marquée B dans les figures 1, 2,
3, forme une petite arcade de 8 pouces de large sur 10 pouces de haut
(22 centimètres sur 27). A l'extrémité opposée est une autre petite arcade marquée C aux figures 1 et 2.

Le bas de cette ouverture est élevé de 2 pouces (5 centimètres) au-
dessus de l'aire, pour que le rable ne pousse pas les matières qu'on
calcine dans le tisard. Cette ouverture sert pour faire entrer la flamme
du tisard dans l'intérieur du four. Le tisard marqué D, aux figures 1
et 2, a sa grille de fer, 8 pouces (22 centimètres) au-dessous de l'aire
du four, afin que le bois et les cendres ne puissent pas se mêler avec
la chaux. Ce tisard a 3 pieds 1 pouce (1 mètre) dans sa plus grande
longueur, sur 1 pied 6 pouces $\frac{1}{2}$ (50 centimètres) de largeur. Il est terminé dans le fond par une voussure servant à conduire la flamme dans
le four. La bouche de ce tisard, marquée E, est un demi-cercle de
2 pieds de diamètre (65 centimètres). L'ouverture du cendrier, pratiquée par le bas, a 1 pied $\frac{1}{2}$ en carré (50 centimètres).

Voici la manière de procéder à la calcination, tirée d'une brochure ayant pour titre : *Instruction sur la nouvelle méthode de préparer le mortier Loriot*, extraite d'une lettre de M. de Morveau, im-
primée chez Barbou en 1775.

« On jette dans le four deux pieds ou 68 décimètres $\frac{1}{2}$ cubes de chaux
» éteinte à l'air ; on l'étend sur l'aire et on met tout de suite le feu dans
» le tisard ; il est très-important de n'y brûler que du bois sec refendu,
» comme celui que l'on emploie pour les fours de verrerie. Le bois
» vert donnerait une fumée incommode qui retarderait l'opération :
» on bouche la gueule du four par une brique faite en forme de triangle
» équilatéral, qui divise la flamme en trois parties, et l'abaisse sur la
» chaux. » Cette brique est marquée F, figure 4.

« Quand la chaux qui est touchée par la flamme, commence à rou-
» gir, on introduit dans le four un rable de fer à long manche, et l'on
» remue pour ramener à la surface celle qui est en dessous, en obser-
» vant de ne la pas jeter dans le tisard. Cette opération, qui doit se
» répéter au moins de quart d'heure en quart d'heure, n'est ni pénible
» ni dangereuse ; le même ouvrier peut aisément fournir à ce service,
» entretenir le feu, enfourner la chaux éteinte d'avance, et défourner

» la chaux vive, quand il a eu la précaution de placer à sa portée
» tous les matériaux et les instrumens dont il a besoin : chaque four-
» née exige environ deux heures : la première quelque chose de plus
» pour échauffer le four. On met à chaque fois la chaux que l'on en
» tire, dans des brasières ou autres vaisseaux de fer battu; on les
» bouche exactement, surtout si la chaux ne doit être employée que
» quelques jours après; mais il est plus avantageux de ne la préparer
» que la veille.

» Le point essentiel est de juger quand la calcination est parfaite; la
» pratique apprendra en très-peu de temps aux ouvriers à ne pas s'y
» tromper; mais voici une indication pour assurer leur jugement : on
» remarque que quand la chaux est bien cuite également, et entière-
» ment revivifiée, lorsqu'on la ramène au-devant du four, comme pour
» l'en tirer, il s'en élève tout à coup une belle flamme blanche formée
» par le mélange subit de la vapeur de la chaux avec l'air extérieur. »

Il y a encore une autre méthode qui est moins sujette à équivoque,
et qu'il sera bon de suivre une ou deux fois dans les commencemens;
elle n'exige ni calcul, ni appareil d'instrumens.

« On pèse exactement une pierre de chaux vive, on la met à part
» pour la laisser éteindre à l'air, on mesure le plus juste qu'il est pos-
» sible le volume de la chaux en poussière que cette pierre a donné;
» et si, en sortant du four, un pareil volume n'a plus que le même
» poids qu'avait la pierre de chaux vive, il n'y a pas de doute que la
» nouvelle calcination l'a ramenée au même point où elle était avant
» l'extinction. »

Une pierre de chaux vive exposée à l'air peut acquérir jusqu'à $\frac{35}{60}$ de
son poids; elle est déjà réduite en poudre lorsqu'elle a augmenté de $\frac{16}{60}$.

Quant à la manière d'employer cette chaux revivifiée, M. de Morveau
indique la même que celle de Loriot; seulement il observe que les proportions de mélange qui lui ont paru les plus sûres, sont, *trois parties
de sable fin, trois parties de ciment de briques bien cuites, deux parties
de chaux en pâte, et deux parties de chaux en poudre revivifiée.* Il re-
commande surtout de mettre beaucoup de promptitude dans l'emploi
et le mélange de la chaux en poudre; c'est, selon lui, d'où dépend
tout le succès; et pour en connaître l'importance, « Il n'y a qu'à verser
» la même augée en trois temps différens, dans trois vases pareils de
» terre cuite : celui rempli au premier temps éclatera, si la prépara-

» tion est bonne et d'une consistance assez ferme ; le mortier du second
» vase deviendra dur et solide, si on ne le tourmente pas après coup
» avec la truelle, parce qu'il n'a plus, lorsqu'on l'y met, que la force
» nécessaire pour réagir sur lui-même dans l'espace qu'il occupe ; enfin,
» le mortier employé dans le troisième instant, s'échauffera à peine,
» n'acquerra guère que la dureté du mortier commun, et sera comme
» lui sujet à gercer. »

Cette méthode de revivifier la chaux éteinte à l'air, qui rend la composition du mortier Loriot beaucoup plus facile et moins dangereuse,
paraît préférable ; on doute cependant que cette chaux régénérée soit
aussi bonne que la chaux vive pulvérisée à la sortie du fourneau. Le
four proposé pour cette révivification serait encore fort utile pour
tirer parti des poussières de chaux qui se perdent, et même pour tor-
réfier des sables argileux et autres matières terreuses qui, par cette
opération, deviendraient propres à faire d'excellent mortier.

Un des plus grands avantages du mortier Loriot est de produire son
effet sur-le-champ ; c'est pourquoi il peut être employé avec succès
dans une infinité de circonstances où il est nécessaire que le mortier
durcisse promptement.

Quant à la manière de faire ce mortier, j'ai éprouvé qu'on pouvait se
passer de chaux fusée ou éteinte à l'eau, en mêlant la chaux vive en
poudre avec le sable et le tuileau pilé assez humecté pour suffire à l'extinction de la chaux vive. On peut encore n'ajouter l'eau qu'après avoir
fait le mélange de la chaux et des autres matières à sec.

Cette dernière méthode pourrait être justifiée par ce passage du
sixième chapitre du second livre de Vitruve, où il dit littéralement, à
l'occasion de la pouzzolane, du tuf et de la chaux :

« *Lorsque ces trois matières*, modifiées par la violence du feu, *sont
» mêlées ensemble, elles forment corps sitôt qu'on y ajoute de l'eau*, et
» acquièrent une si grande solidité, que ni le mouvement des flots de la
» mer, ni la force de l'eau ne peuvent le détruire[1]. »

Il résulte de ce passage, que si l'on voulait s'appuyer sur l'autorité

---

[1] *Ergo cùm tres res consimili ratione, ignis vehementiâ formatæ, in unam pervenerint mixtionem, repente recepto liquore unà cohærescunt, et celeriter humore duratæ solidantur, neque eas fluctus, neque vis aquæ potest dissolvere.*

des anciens auteurs, il conviendrait beaucoup mieux à la préparation
du mortier Loriot que celui de Pline sur lequel cet auteur se fonde.

Méthode proposée par M. de la Faye.

M. de la Faye fonde son procédé sur plusieurs passages latins tirés
de Vitruve et de saint Augustin; celui tiré de saint Augustin est pris
du vingt-unième livre de la Cité de Dieu, dans lequel, en parlant de la
chaux; il s'exprime ainsi :

Traduction par M. de la Faye.

« Nous disons que la chaux est vive, comme si le feu qu'elle contient
» était l'âme invisible d'un corps visible : mais ce qu'il y a d'étonnant,
» c'est qu'elle s'échauffe lorsqu'on l'éteint! car, pour lui ôter ce feu
» caché, on la fait infuser dans l'eau, ou bien on l'y trempe; et de
» froide qu'elle était auparavant, elle devient chaude, tandis que tous
» les corps enflammés sont refroidis par le même procédé; et lorsque
» cette chaux se décompose, son feu caché se manifeste en la quittant;
» et ensuite, comme un corps privé de la vie elle devient si froide,
» qu'en y ajoutant de l'eau, elle ne peut plus s'échauffer; alors, au lieu
» de la nommer *vive*, nous l'appelons *éteinte*. Il semblerait qu'on ne
» pourrait rien ajouter à ces effets merveilleux, et cependant on y
» ajoute encore; car si, au lieu d'eau, vous prenez de l'huile, qui est
» le principal aliment du feu, vainement la chaux y sera trempée ou
» infusée, elle ne s'échauffera pas [1]. »

L'autre passage est tiré du chapitre V du second livre de Vitruve,
que nous avons ci-devant transcrit tout entier, dans lequel, en parlant
de la chaux vive, il dit :

[1] *Texte de saint Augustin.*

Propter quod cùm calcem vivam loquimur, velut ipse ignis latens anima sit invisibilis
visibilis corporis. Jam verò quam mirum est quod cùm extinguitur, tunc accenditur! ut
enim occulto igne careat, aquà infunditur, aquà-ve perfunditur; et cùm ante sit frigida,
inde fervescit, unde ferventia cuncta frigescunt. Velut expirante ergo illà glebâ, discedens
ignis qui latebat apparet, ac deinde tanquam morte sic frigida est, ut adjectà undà non
sit arsura, et quam calcem vocabamus vivam, vocemus extinctam. Quid est quod huic
miraculo addi posse videtur? et tamen additur; nam si non adhibeas aquam, sed oleum
quod magis est fames ignis, nullà ejus perfusione vel infusione fervescit

Traduction par M. de la Faye.

« *La chaux vive* étant trempée dans l'eau avant que ce feu interne
» s'évapore, elle acquiert de la force, et ce fluide venant à pénétrer
» ses pores, elle s'échauffe, et rejette ensuite, en se refroidissant, le
» feu qu'elle contenait [1]. »

M. de la Faye pense que par ces mots *perfundere calcem*, et *perfusio
calcis*, saint Augustin indique le même procédé que Vitruve exprime
par *intinctus in aquâ*. C'est principalement sur ces deux expressions
que M. de la Faye fonde sa méthode de préparer le mortier pour les
constructions. Voici comment il s'explique, page 34 :

« Vous vous procurerez de la chaux de pierres dures, qui sera nou-
» vellement cuite; vous la ferez couvrir en route, afin que l'humidité
» de l'air ou la pluie ne puissent pas la pénétrer.

» Vous ferez déposer cette chaux sur un plancher balayé dans un
» endroit sec et couvert; vous aurez dans le même lieu des tonneaux
» secs, et un grand baquet rempli jusqu'aux trois quarts d'eau de ri-
» vière, ou d'une eau qui ne soit ni crue ni minérale.

» Il suffira d'employer deux ouvriers pour l'opération. L'un, avec
» une hachette, brisera les pierres de chaux, jusqu'à ce qu'elles soient
» toutes réduites à peu près à la grosseur d'un œuf. L'autre prendra
» avec une pelle cette chaux brisée, et en remplira, à ras seulement,
» un panier plat et à claire-voie, tel que les maçons en ont pour passer
» le plâtre. Il enfoncera ce panier dans l'eau, et l'y maintiendra jusqu'à
» ce que toute la superficie de l'eau commence à bouillonner; alors il
» retirera le panier, le laissera égoutter un instant, et renversera cette
» chaux trempée dans un tonneau. Il répétera sans relâche cette opéra-
» tion, jusqu'à ce que toute la chaux ait été trempée et mise dans les
» tonneaux, qu'il remplira à deux ou trois doigts des bords; alors cette
» chaux s'échauffera considérablement, rejettera en fumée la plus
» grande partie de l'eau dont elle s'est abreuvée, ouvrira ses pores en
» tombant en poudre, et perdra enfin sa chaleur; telle est la chaux que
» Vitruve nomme *calx extincta.*

[1] *Texte de Vitruve.*

Intinctus in aquâ priusquàm exeat ignis, vim recipit, et humore penetrante in foraminum raritates confervescit, et ita refrigeratus rejicit ex calcis corpore fervorem.

» L'âcreté de cette fumée exige que l'opération soit faite dans un lieu
» où l'air passe librement, afin que les ouvriers puissent se placer de
» manière à n'en pouvoir être incommodés.

» Aussitôt que la chaux cessera de fumer, on couvrira les tonneaux
» avec une grosse toile ou avec des paillassons.

» On jugera du temps que la chaux est cuite par le plus ou moins
» de promptitude qu'elle mettra à s'échauffer et à tomber en poudre :
» si elle est anciennement cuite, ou si elle n'a pas eu au fourneau le
» degré de cuisson nécessaire, elle ne s'échauffera que lentement, et
» elle sera très-mal divisée. »

*Du mélange de la chaux avec les sables ou autres matières pour le
mortier de construction.*

» Si vous avez du sable de terre, rude au toucher, tel que celui que
» les Romains nommaient *fossitium*, vous mettrez dans un vaisseau
» quelconque trois mesures de ce sable et une mesure de chaux; vous
» ferez de ces matières un mélange exact, que vous broyerez ensuite
» en y ajoutant la quantité d'eau nécessaire pour en faire un mor-
» tier gras.

» Si c'est du sable de terre, blanc, jaune ou rouge, et qui soit fin et
» doux au toucher, vous en mêlerez deux mesures avec une de chaux,
» et vous observerez le même procédé qui vient d'être indiqué.

» Si c'est du sable de ravine, vous en mêlerez également deux me-
» sures avec une de chaux, et vous suivrez le même procédé.

» Si c'est du sable de mer ou de rivière, fraîchement tiré de l'eau,
» vous en mêlerez deux mesures avec une de chaux, sans y ajouter
» de l'eau, attendu que ce sable en contiendra ce qu'il faut pour faire
» un mortier très-gras en le broyant parfaitement.

» Si votre sable de mer ou de rivière est sec, vous le mêlerez de
» même avec un tiers de chaux, et vous donnerez ensuite à ce mélange
» le volume d'eau nécessaire pour le bien broyer. »

Pour le mortier de ciment, il propose de mêler deux tiers de sable
avec un tiers de tuileau pilé, et de prendre deux mesures de ce mélange et une mesure de chaux que l'on mêlera bien ensemble, et que
l'on broyera avec la quantité d'eau nécessaire.

Cette méthode est beaucoup plus simple, moins coûteuse et moins embarrassante que celle de Loriot ; le mortier qu'elle produit est moins aride et plus propre aux ouvrages de maçonnerie ; mais il n'a pas la propriété de durcir aussi promptement que le mortier Loriot, surtout dans l'eau.

Le mortier de M. de la Faye ne paraît avoir aucun avantage sur celui fait avec de la chaux fraîchement éteinte à l'ordinaire et avec les mêmes précautions.

Il est certain que ni l'une ni l'autre de ces méthodes n'est celle dont se servaient les anciens Romains. Les interprétations que Loriot et de la Faye donnent aux passages des auteurs qu'ils citent, et sur lesquels ils se fondent, paraissent plutôt faites d'après leurs méthodes, que ces méthodes d'après le texte qui peut également être appliqué à la manière ordinaire.

Par exemple, le passage du 36ᵉ. livre de Pline, chapitre 23, cité par Loriot : *Ruinarum urbis ea maximè causa, quod furto calcis sine ferrumine suo cementa ponuntur*, peut être traduit ainsi : « La principale » cause de la ruine des édifices de Rome, vient de ce que, par fraude, » les maçons emploient de la chaux éventée ou noyée qui n'a plus aucune force pour lier les moellons. » D'ailleurs Vitruve dit expressément, livre 2, chapitre 5, en parlant de la chaux :

« Lorsqu'elle sera éteinte, alors il faudra, pour faire le mortier, » broyer ensemble trois parties de sable, s'il est fossile, avec une partie » de chaux [1]. »

Il est probable que si les anciens Romains eussent employé deux espèces de chaux dans la composition de leur mortier, Pline ou Vitruve en auraient parlé, surtout de la chaux en poudre qui demande une préparation particulière. Mais au lieu d'entrer dans de plus grandes discussions sur des passages qui peuvent recevoir des interprétations différentes, il vaut mieux indiquer les moyens de rectifier les abus que la négligence des ouvriers, leur ignorance ou leur cupidité peuvent avoir introduit dans la manière de préparer le mortier, en profitant de ce qu'il y a de bon dans les méthodes proposées par différens auteurs.

En examinant avec attention les procédés proposés par Loriot et de la Faye, on voit qu'ils se réduisent :

[1] Cùm ea erit extincta, tunc materia ita misceatur, ut si erit fossitia, tres arenæ et una calcis confundantur.

1°. A diviser la chaux vive le plus qu'il est possible, pour parvenir à la dissoudre plus facilement, plus également et avec une moindre quantité d'eau;

2°. A mêler cette chaux en poudre avec du mortier ordinaire, fait avec de la chaux en pâte, et broyé un peu clair, ou avec le sable ou le ciment, simplement mouillés, afin de profiter de l'espèce de fermentation qu'excite la dissolution de la chaux, pour faciliter une plus parfaite union et une plus forte adhérence du sable avec la chaux.

Il existe deux abus bien préjudiciables dans la préparation du mortier, principalement à Paris, où l'on observe premièrement que la chaux n'est jamais assez cuite, parce que ceux qui la vendent étant obligés de la garder un certain temps pour en assurer le débit, elle ne se conserverait pas si elle avait le degré de cuisson convenable pour être employée tout de suite.

En second lieu, on est dans l'habitude d'éteindre la chaux avec une trop grande quantité d'eau, sous prétexte de la faire couler du bassin dans lequel on l'éteint, dans celui où on la conserve : mais ce procédé ne tend, en effet, qu'à diminuer sa qualité et à la faire foisonner davantage. Au lieu de broyer ces matières avec des instrumens de fer propres à cet usage, comme ceux dont on se sert en Italie, et dans tous les endroits où le procédé des anciens Romains paraît s'être conservé, on les délaie avec des morceaux de bois emmanchés au bout d'un bâton. Ce moyen, qui exige plus d'eau, ne produit qu'un mélange imparfait, fort long à sécher, et qui n'acquiert qu'une faible consistance [1].

C'est peut-être ici le cas d'opposer à cette insouciance, qui semble régner parmi nous à ce sujet, l'attention scrupuleuse que les Romains apportaient dans tous les détails de la construction. Chez eux, par exemple, les ouvriers employés aux travaux publics étaient divisés par classes, où ils recevaient une instruction particulière sur chaque genre d'ouvrages. Indépendamment de cette institution, une surveillance active, exercée par des chefs éclairés, venait encore assurer la bonne exécution des ouvrages. S. J. Frontin, à qui nous devons ces précieux détails, ajoute encore au 123°. paragraphe de ses commentaires sur les aquéducs de Rome, «qu'il faut exiger, pour chaque nature d'ouvrage, la garantie de bonne façon, voulue par la loi, *dont tout le monde connaît les dispositions*, mais que peu mettent en pratique.»

*Moyen de parvenir à faire le meilleur mortier possible, relativement
aux matières qu'on peut y employer.*

Puisque la bonté du mortier dépend autant de la manière dont il est
préparé, que de la qualité des matières qui le composent, il est essentiel de faire cette opération avec toutes les précautions qu'exigent les
qualités de ces matières.

Les procédés à suivre peuvent plutôt s'indiquer que se prescrire
d'une manière précise, comme l'ont fait plusieurs auteurs, en indiquant les doses ou quantités, parce qu'elles dépendent des qualités des
matières qui varient beaucoup.

Il y a de la chaux vive, telle que celle de Melun, qui absorbe en s'é-
teignant deux fois et demi son poids d'eau, pour former une pâte
moyennement liquide, comme il faut qu'elle soit pour faire le mortier
ordinaire, sans être obligé d'y ajouter de l'eau.

Il se trouve d'autre chaux qui ne consomme, pour former une pâte
de même consistance, qu'une quantité d'eau égale à son poids. Il résulte
de plusieurs expériences, que, pour faire un bon mortier avec la première de ces pâtes, il faut mêler trois parties de sable de rivière avec
une partie et demie de chaux, et qu'en faisant usage de la seconde
pâte, il en faut deux parties pour trois du même sable. Ces deux mortiers étant également broyés acquièrent avec le temps à peu près la
même consistance.

Il faut observer que dans le premier mortier la quantité de chaux
en pâte est moitié de celle du sable, et que, dans le second, elle en est
les deux tiers; cependant, depuis Vitruve, tous ceux qui ont écrit sur
l'art de bâtir ont répété que, pour faire un bon mortier il suffisait de
mêler une partie de chaux éteinte avec deux parties de sable de rivière; mais il faut supposer une chaux d'une qualité supérieure à celle
de Melun, qui passe cependant pour être très-bonne. Quant à la quantité de chaux vive qui entre dans ces deux mortiers, j'ai trouvé que
dans le premier elle n'est que la septième partie du sable, tandis que
dans le second elle en est le tiers. C'est cette dernière proportion
qu'indique M. de la Faye. Pour réussir à faire dans tous les cas le mélange qui convient, il faut avoir une certaine expérience pour juger
du degré de consistance que doit avoir la chaux bien fusée et le mor-

tier suffisamment broyé; c'est ce degré qui détermine la quantité d'eau pour éteindre la chaux, et la quantité de sable nécessaire pour faire un bon mortier.

Dans tous les pays que j'ai parcourus pour y étudier la manière de bâtir, j'ai souvent questionné les ouvriers qui me paraissaient les plus intelligens; j'ai trouvé généralement, que leur savoir se réduisait à une connaissance pratique, que l'usage et l'expérience rendent, jusqu'à un certain point, assez sûre. En effet on ne peut nier qu'un ouvrier, qui emploie constamment la même chaux, n'acquière, à la longue, assez d'expérience pour juger si le mortier est assez gras, assez corroyé, et s'il a la consistance qu'il doit avoir; la même pratique le conduit à broyer et mélanger les différentes matières dont il se compose, jusqu'à ce qu'il ait rencontré le point qu'il connaît. C'est pour cette raison, que, dans beaucoup d'endroits, avec des chaux de différentes qualités, on a jusqu'ici obtenu d'excellens mortiers, par l'expérience seule que procure l'habitude de la manutention. Cependant, ainsi que nous l'avons dit (page 117), comme la manière de procéder des ouvriers n'est pas toujours assez exacte, pour que l'on puisse se fier entièrement à leur rapport, il est urgent de mettre à leur portée les perfectionnemens que des connaissances plus approfondies pourraient apporter dans cette préparation.

Nous allons indiquer les précautions générales à prendre pour les opérations les plus importantes, qui se réduisent à deux, savoir: la manière d'éteindre la chaux, et celle de la broyer avec le sable ou ciment pour faire un bon mortier.

De toutes les manières que j'ai essayées pour éteindre la chaux, voici les deux qui ont réussi le mieux : la première est en partie la méthode proposée par M. de la Faye.

Nouveau procédé pour éteindre la chaux.

Après avoir préparé le bassin dans lequel la chaux doit être éteinte, on se procurera un grand baquet à trois quarts plein d'eau (comme il a été dit ci-devant pages 148, 149), et un panier plat à claire-voie. On le remplira de chaux vive, en réduisant, si l'on veut, les plus grosses pierres à la grosseur du poing; on tiendra ce panier plongé dans l'eau, jusqu'à ce que la surface de l'eau commence à bouillonner.

Alors on retirera le panier, et on jettera dans le bassin les pierres qui commenceront à s'échauffer et à se fendre, en ayant soin de jeter de l'eau à mesure, et on laissera celles qui ne se seront ni échauffées ni fendues. On remplira de nouveau le panier, et on continuera l'opération, tant qu'il y aura de la chaux vive à éteindre, et on mettra de côté les pierres qui n'auront pas pu se dissoudre [1].

La seconde manière consiste à écraser les pierres de chaux vive avec un cylindre de pierre dure ou de fonte, avant de la jeter dans le bassin. Tout ce qui résistera à la pression de ce cylindre, doit être rejeté, comme n'ayant pas le degré de cuisson convenable.

Ce second moyen, moins embarrassant que le premier, exige une aire en pierre dure qui servirait aussi à broyer le mortier. On voit à la planche VI ce cylindre ou rouleau indiqué par la lettre L; l'aire en pierre dure par K; le bassin par G; et le tas de chaux par H. Les lettres I et M indiquent des broyoirs de fer dont l'usage sera expliqué ci-après.

Il faut avoir soin de remuer la chaux du bassin à mesure qu'elle se dissout, afin de faciliter la fusion, et d'obtenir une pâte d'une consistance uniforme.

Par cette méthode, on obvie aux inconvéniens qui résultent de la manière ordinaire, par rapport aux pierres à chaux qui sont toujours inégalement cuites, en sorte que les unes sont déjà fusées, tandis que d'autres, à peine échauffées, se trouvent enveloppées dans la pâte des premières, ce qui rend leur fusion encore plus difficile, et exige une quantité d'eau surabondante.

On peut encore, dans certaines circonstances, faire usage de la méthode indiquée par Philibert Delorme, qui consiste à couvrir la chaux vive avec le sable ou ciment qui doit être employé [2]. On mouille ce sable

---

[1] J'ai vu procéder de la même manière à l'extinction de la chaux dans plusieurs villes du royaume de Naples, ainsi que dans cette dernière ville.

[2] Cette méthode est à peu de choses près celle que mettent journellement en pratique les paveurs : elle présente pour ce cas l'avantage de durcir plus promptement. On trouve dans les mémoires critiques d'architecture du sieur Fremin, publiés à Paris en 1702, *que le grès employé avec le ciment forme la construction la plus durable :* il cite, à l'appui de cette assertion, l'expérience qu'il en a acquise à la construction du pont de Pont-sur-Yonne.

Les paveurs mêlent aussi quelquefois au ciment ordinaire, un quart de ciment d'eau-forte, ce qui le fait durcir encore plus promptement, et lui procure une qualité supérieure. Il est question de ce dernier au Xe. Livre.

ou ciment au moyen d'un arrosoir, jusqu'à ce qu'on s'aperçoive qu'il ne boive plus l'eau. On obtient par ce procédé une très-bonne chaux pour les constructions à faire dans l'eau ou dans des lieux humides, surtout lorsqu'on profite de l'instant où elle est encore chaude pour la mêler avec le sable ou le ciment; mais il faut être sûr de la qualité de la chaux; car lorsqu'elle n'est pas bonne et également cuite elle s'éteint mal.

La seconde opération consiste à mêler la chaux avec le sable ou autres matières qui doivent servir à composer le mortier. Cette opération demande à être faite avec le plus grand soin, afin d'opérer le mélange exact de ces matières, et de faciliter l'entière dissolution de la chaux. Pour réussir, *il ne suffit pas de se contenter de brouiller la chaux avec le sable*, comme on le pratique à Paris et en plusieurs autres endroits, il faut que ces matières soient broyées sur une aire battue et dressée. Le mieux serait que cette aire fût formée par des dalles de pierre dure, et qu'on se servît pour cette opération de *truelles à long manche*, dont on fait usage en Italie et dans tous les pays où le procédé des anciens Romains paraît s'être perpétué. Cet instrument, représenté par les Figures 5 et 6, Planche VI, est beaucoup plus propre pour cette opération que le morceau de bois appelé *rabot*, dont on se sert à Paris; son usage exige moins d'eau, parce qu'on peut presser et retourner le mélange comme avec la truelle ordinaire [1].

Dans les travaux où le mortier entre en grande quantité, tels que les canaux et autres ouvrages hydrauliques, l'action des hommes pourrait être remplacée avec avantage par l'emploi des machines. On trouve, dans le *Theatrum Machinarum* de Bocklerius, ouvrage imprimé à Nuremberg en 1662, divers appareils appropriés à la trituration des matières, que l'auteur désigne sous le nom de Tribomylos, et qui paraissent avoir servi de modèles à ceux dont on s'est servi récemment dans plusieurs travaux pour broyer le mortier. Celui représenté par les Figures 6, 7 et 8 de la même Planche, et dont la description se trouve dans l'explication des Planches, mérite surtout une distinction particulière.

---

[1] C'est sur des échantillons de mortiers préparés de cette manière avec de la chaux éteinte par le dernier procédé, qu'ont été faites plusieurs des expériences consignées au Chap. II, deuxième section de ce Livre

CHAPITRE QUATRIÈME.

DU PLATRE.

Le plâtre peut être considéré comme une espèce de chaux qui n'a besoin du mélange d'aucune autre matière que de l'eau, pour former un corps solide, d'une dureté moyenne. Par cette seule raison le plâtre serait préférable au mortier, s'il pouvait résister plus long-temps aux intempéries de l'air et à l'humidité. Malgré cet inconvénient, le plâtre est une matière fort commode pour la construction des maisons ordinaires, surtout à Paris, où il est de bonne qualité, lorsqu'il est employé convenablement. Comme cette matière s'attache également aux pierres et aux bois, on s'en sert avec avantage pour la construction des murs des voûtes, pour les enduits. On en recouvre les cloisons, les pans de bois, les planchers, etc., en sorte que depuis le sol du rez-de-chaussée, jusqu'au toit, une maison peut être recouverte en plâtre et paraître d'une seule pièce de même matière.

Il y a cette différence essentielle à connaître entre le plâtre et le mortier, c'est que le plâtre gâché augmente de volume en faisant corps, au lieu que le mortier diminue, surtout lorsqu'il n'est pas massivé. C'est pourquoi il y a des précautions à prendre, lorsqu'on se sert du plâtre pour certains ouvrages, tels que les voûtes, les cheminées qu'on adosse aux murs isolés, les plafonds et autres ouvrages dont il sera fait mention dans la suite.

Les anciens faisaient peu d'usage du plâtre dans leurs constructions; il paraît qu'ils ne s'en servaient que pour les enduits intérieurs, encore ils ne l'employaient pas pur. Vitruve en blâme l'usage, parce que le plâtre faisant corps plus promptement que le mortier avec lequel on le mêle, l'enduit est sujet à gercer. Peut-être l'employaient-ils, comme nous, dans la construction des maisons ordinaires, dans les pays où il était abondant.

Théophraste, et Pline après lui, font l'énumération des lieux d'où les anciens tiraient le plâtre. Il paraît que du temps de ce dernier cette matière n'était pas encore exploitée en Italie, dont le sol présente cependant en divers lieux de grandes richesses en ce genre. Le plâtre, ainsi que les autres matières, varie selon les pays et l'espèce de pierre ou de gypse dont il est formé.

Gypse commun, ou pierre à plâtre.

Les gypses communs ou pierres à plâtre des environs de Paris sont d'un blanc grisâtre. Leurs fractures présentent une texture plus ou moins irrégulière, mêlée de particules brillantes, semblables à celles d'un marbre à gros grains.

On trouve en Sicile, aux environs de Girgenti, beaucoup de pierres à plâtre, semblables à celles des environs de Paris. Cependant elles sont un peu plus dures; on les emploie comme moellons pour les murs des bâtimens qui sont maçonnés en plâtre fait avec la même pierre.

Gypse feuilleté.

Le gypse ou sélénite feuilleté, qu'on appelle aussi pierre spéculaire, ou miroir d'âne, passe pour le plus pur de tous les gypses. C'est cette espèce de sélénite, que les ouvriers appellent improprement talc, parce qu'elle est composée de même, de lames minces et brillantes, qui sont cependant plus cassantes et plus difficiles à séparer; mais le vrai talc est plus pesant : c'est une espèce de pierre réfractaire qui ne peut être réduite en chaux ni en plâtre, et qui résiste à la plus grande violence du feu ordinaire, sans en être sensiblement altérée; à peine y perd-elle de son poids et de sa couleur.

La sélénite ou le faux talc se trouve par morceaux qui affectent une forme rhomboïdale, composés de feuilles très-minces, et plus ou moins transparentes. Celles qu'on trouve dans les carrières de Montmartre ont la figure d'un fer-de-lance.

Cette matière devient opaque par la calcination, et produit une espèce de plâtre beaucoup plus beau que le plâtre commun; les artistes et les ouvriers qui l'emploient le désignent sous le nom de talc; on ne s'en sert que pour les stucs, les figures, les modèles d'architecture et autres ouvrages précieux. Les Italiens désignent cette espèce de gypse par le mot *scagliola.*

Les gypses écailleux, et les gypses striés ou filamenteux ont à peu près les mêmes propriétés que les gypses feuilletés transparens; mais on en fait moins d'usage, parce qu'ils sont plus difficiles à calciner et qu'ils produisent des plâtres moins beaux. Les gypses écailleux sont opaques ou à demi transparens, leur couleur est blanche ou grise; on en trouve dans les Alpes et les Pyrénées, sur le flanc des montagnes, par blocs lamelleux, dont quelques-uns sont traversés par des cristaux gypseux, d'une forme pentagonale. Les gypses striés ou filamenteux se trouvent abondamment à la Chine, en Espagne, en Suède, en Suisse, en Savoie et en France, dans les départemens du Bas-Rhin et de la Côte-d'Or.

Gypse appelé alabastrite, ou faux albâtre.

Ce gypse est une espèce de marbre tendre et demi-transparent, ordinairement blanchâtre et quelquefois coloré comme l'albâtre calcaire, dont il a l'apparence. Il se travaille facilement et reçoit le poli du marbre tendre; mais il n'a ni les propriétés, ni l'éclat de l'albâtre qui est un véritable marbre. On trouve de ce faux albâtre en plusieurs endroits de l'Allemagne, de la Suisse, de l'Italie et de la France. On n'en fait usage que pour les enduits intérieurs, les plafonds; pour des cloisons, des voûtes en briques et autres ouvrages intérieurs; mais on ne l'emploie point pour la maçonnerie des gros murs, parce qu'il est moins abondant que le plâtre commun, et qu'il n'est pas aussi fort.

De la cuisson du plâtre.

Le meilleur procédé pour cuire la pierre à plâtre, consiste d'abord à lui communiquer une chaleur modérée, pour dessécher l'humidité qu'elle contient; on augmente ensuite graduellement le feu pour lui donner le degré de cuisson convenable, ce qui exige environ vingt-quatre heures. Lorsque le plâtre n'est pas assez cuit, il est aride, et ne forme pas un corps assez solide; lorsqu'il est trop cuit, en le gâchant, on trouve qu'il n'a plus ce que les ouvriers de Paris appellent *d'amour*, c'est-à-dire, qu'il n'est pas assez gras. Quand le plâtre est cuit à propos, l'ouvrier sent en le maniant qu'il est doux, et qu'il s'attache aux doigts : en effet, c'est à cette qualité que l'on peut surtout reconnaître le bon plâtre.

Le plâtre doit être réduit en poudre aussitôt qu'il est cuit, soit en le battant, soit en l'écrasant avec des meules ou cylindres de pierre[1], parce qu'il perd de sa qualité, pour peu qu'il reste exposé à l'air; le soleil, en l'échauffant, le fait fermenter, l'humidité diminue sa force, et l'air emporte la plus grande partie de ses sels. C'est ce qui lui fait perdre son onctuosité et la faculté de durcir promptement, et de former

---

[1] On peut voir un appareil de ce genre, Pl. XXVI du 2ᵉ. vol. de l'ouvrage d'Égypte.

un corps solide. Ce plâtre ne s'unit que faiblement aux matières qu'il doit lier, et si l'on en fait des enduits, ils gercent.

Lorsqu'on ne peut pas employer le plâtre aussitôt qu'il est cuit et battu, dans les pays où il est rare, et où l'on est obligé de le tirer de loin, il faut le faire venir en pierre sans être cuit, ou le renfermer dans des tonneaux, le placer dans des lieux secs à l'abri des ardeurs du soleil.

Quand on a des ouvrages précieux à faire, on choisit les pierres les mieux cuites, on les fait écraser à part avant que ceux qui les préparent les aient mêlées.

Pour gâcher le plâtre de Paris, il faut environ autant d'eau que de plâtre. On commence par mettre l'eau dans l'auge, on ajoute ensuite le plâtre, en le semant jusqu'à ce qu'il atteigne presque la surface de l'eau. Alors on le remue avec la truelle pour qu'il forme une pâte d'une égale consistance. Plus le plâtre est fort, plus il faut que cette opération se fasse vite, pour avoir le temps de l'employer avant qu'il commence à durcir.

On met plus ou moins d'eau pour gâcher le plâtre, en raison des ouvrages que l'on a à faire. Si l'on a besoin de toute sa force, on n'y met que la quantité d'eau nécessaire pour l'employer tout de suite, c'est ce que les maçons appellent *gâcher serré* : lorsqu'on y met plus d'eau, ils disent *gâcher clair*, il donne plus de temps pour l'employer : il y a des ouvrages où l'on est obligé de gâcher encore plus clair lorsqu'il s'agit de l'étendre sur de grandes surfaces, comme pour faire des enduits. Enfin, lorsqu'il s'agit de remplir des vides où la truelle, ni la main, ne peuvent pas atteindre, on forme ce qu'on désigne par *coulis*. Ce plâtre, qui est très-clair, se verse par des godets placés de manière à pouvoir remplir les cavités : il ne faut pas s'attendre que ce coulis puisse former un corps bien solide. On ne doit en faire usage que quand les parties à remplir n'ont pas de charge à soutenir, telles que les joints verticaux ou d'aplomb, et jamais pour les lits horizontaux. Ce procédé est un des abus qu'il est essentiel de réformer dans la pose des pierres de taille. Il en sera question dans le Livre suivant.

CHAPITRE CINQUIÈME.

DU BOIS.

———

ARTICLE PREMIER.— INSTRUCTIONS SUR LA FORMATION, LA NATURE ET L'EXPLOITATION DES BOIS.

EXTRAIT DE VITRUVE, LIVRE II, CHAPITRE IX[1].

Du temps où il faut couper les bois, et des propriétés de certains arbres.

« Le commencement de l'automne, jusqu'au moment où le favonius
» (vent d'ouest) vient à souffler, est l'époque la plus favorable pour la
» coupe des bois. Pendant le printemps tous les arbres sont en travail;
» toute leur force végétative est employée à la formation des feuilles et
» des fruits annuels : d'ailleurs l'humidité de la dernière saison, dont ils
» sont encore pénétrés, les dilate et enlève à la fibre toute sa fermeté. Le
» corps de la femme qui a conçu présente une analogie frappante avec
» ce travail de la végétation, depuis le moment de la formation du
» fœtus jusqu'à celui de la délivrance. Aussi voyons-nous que tant que
» dure la gestation, pour l'esclave, elle ne saurait être considérée
» comme parfaitement saine. En effet, le germe qui se développe dans le
» corps, s'empare de la partie la plus élaborée des alimens, et le moment
» du terme, où l'enfant se trouve dans toute sa force, est aussi celui
» où la mère éprouve le plus grand épuisement. Après l'enfantement,
» la substance qu'un nouvel être absorbait pour son accroissement est

———

[1] VITRUVII, LIBER II, CAP. IX.

De materie cædendâ, et de arborum quarundam proprietatibus.

Materies cædenda est à primo autumno ad id tempus quod erit antequàm flare in-
cipiat favonius. Vere enim omnes arbores fiunt prægnantes, et omnes suæ proprietatis
virtutem efferunt in frondes, anniversariosque fructus. Cùm ergò inanes, et humidæ
temporum necessitate fuerint, vanæ fiunt, et raritatibus imbecillæ. Uti etiam corpora mu-
liebria cùm conceperint, à fœtu ad partum non indicantur integra, neque in venalibus
ea, cum sunt prægnantia, præstantur sana : ideò quòd in corpore præseminatio crescens, ex omnibus cibi potestatibus detrahit alimentum in se, et quò firmior efficitur ad
maturitatem partus, eò minus patitur esse solidum idipsum ex quo procreatur. Itaque

» rendue à la nutrition de la mère ; distribuée insensiblement par la cir-
» culation, elle donne un nouveau ton aux organes épuisés, et bientôt
» le corps reprend sa première vigueur.

» Un effet tout semblable a lieu, en automne, parmi les végétaux : alors
» la substance que les racines tirent du sein de la terre, est employée à
» réparer, dans les arbres, les sucs épuisés par le développement des
» fruits et l'absorption des feuilles. Dans cette saison l'air qui commence
» à être rafraîchi par les approches de l'hiver, vient encore, comme
» nous l'avons déjà dit, resserrer le tissu des plantes. Si donc, pour les
» raisons que nous venons d'exposer, on procède à la coupe des arbres
» à l'époque que nous venons d'indiquer, les bois ne peuvent manquer
» d'avoir toutes les qualités requises pour la construction.

» La sape doit être faite de manière que l'arbre soit attaqué jusqu'à
» la moitié de sa grosseur, afin que, laissé dans cet état pendant quel-
» que temps, la séve puisse s'écouler par cette issue. De cette manière,
» l'humidité surabondante qu'il renferme se fait jour au travers de l'au-
» bier, et, délivré de cette humeur dont la stagnation pouvait le cor-
» rompre, le bois n'éprouve aucune altération dans sa qualité. L'arbre
» une fois égoutté, il faudra l'abattre, et alors il deviendra parfaitement
» propre à être mis en œuvre.

» Il est à propos de remarquer, qu'une opération tout-à-fait sem-
» blable se pratique journellement dans les vergers. En effet, ici les
» arbres, chacun selon le temps qui lui convient le mieux, sont percés
» au pied, afin que par ces entailles, leurs fibres puissent se dégager
» des sucs viciés dont elles sont abreuvées : cet écoulement, leur rendant

edito fœtu, quod priùs in aliud genus incrementi detrahebatur, cùm ad disparationem
procreationis est liberatum, inanibus, et patentibus venis in se recipit, et lambendo succum
etiam solidescit, et redit in pristinam naturæ firmitatem.

Eâdem ratione, autumnali tempore maturitate fructuum, flaccescente fronde, ex
terrâ recipientes radices arborum in se succum, recuperantur et restituuntur in antiquam
soliditatem. At verò aëris hiberni vis comprimit, et consolidat eas per id, ut suprà scriptum est, tempus. Ergò si eâ ratione et eo tempore, quod suprâ scriptum est, cæditur
materies erit tempestiva.

Cædi autem ita oportet, ut incidatur arboris crassitudo ad mediam medullam, et re-
linquatur, uti per eam exsiccescat stillando succus. Ita qui inest in his inutilis liquor,
fluens per torulum, non patietur emori in eo saniem, nec corrumpi materiæ qualitatem.
Tum autem cùm sicca et sine stillis erit arbor, dejiciatur, et ita erit optima in usu.

Hoc autem ita esse licet animadvertere etiam de arbustis. Ea enim cùm suo quæque
tempore ad imum perforata castrantur, profundunt è medullis quem habent in se supe-

» la rigidité qu'elles avaient perdue, procure à l'arbre une plus longue
» durée. On observe, au contraire, que les arbres, auxquels on n'a
» pas ouvert cet égout, deviennent languissans et dépérissent par l'effet
» de l'humeur qui s'épaissit et se corrompt dans le bois. Si des arbres
» sur pied, en pleine végétation, se conservent plus long-temps, une
» fois privés de leur humidité superflue, on peut en inférer avec
» quelque certitude, que lorsque ceux que l'on destine à mettre en
» œuvre, auront été traités de la même manière, ils présenteront aussi
» la garantie d'une plus longue durée dans la construction.

» Le Chêne, l'Orme, le Peuplier, le Cyprès, le Sapin, et plusieurs
» autres arbres particulièrement propres à la construction ont chacun
» des qualités distinctes, et présentent entre eux des différences es-
» sentielles.

» En effet, le sapin n'est pas susceptible de la même résistance que le
» Chêne; le Cyprès ne convient point aux mêmes ouvrages que le Peu-
» plier, cependant il existe entre leur substance une conformité appa-
» rente; mais, en examinant attentivement les principes particuliers dont
» ils se composent, il en résulte que les uns doivent être préférés aux
» autres, suivant la nature des travaux à exécuter. Le Sapin, qui contient
» plus d'air et de parties inflammables, que de parties humides et terres-
» tres, formé des substances les plus légères de la nature, ne saurait être
» que très-léger. Ses fibres, naturellement plus tendues, lui procurent
» une force qui le fait résister plus longuement sous la charge, et con-
» server sa rectitude dans les ouvrages de charpente. Mais, par cela
» même, qu'il renferme en lui plus de chaleur, il est aussi plus facile-

rantem et vitiosum per foramina liquorem, et ita siccescendo recipiunt in se diuturnitatem.

Qui autem non habent ex arboribus exitus, humores, intrà concrescentes putrescunt,
et efficiunt inanes eas et vitiosas. Ergò, si stantes et vivæ siccescendo non senescunt,
sine dubio cùm cædem ad materiem dejiciuntur, cum eâ ratione curatæ fuerint, habere
poterunt magnas in ædificiis ad vetustatem utilitates.

Eæ autem inter se discrepantes et dissimiles habent virtutes, uti Robur, Ulmus, Populus, Cupressus, Abies et cæteræ quæ maximè in ædificiis sunt idoneæ.

Namque non potest id Robur, quod Abies, nec Cupressus, quod Ulmus, nec cæteræ,
easdem habent inter se naturæ rerum similitates : sed singula genera principiorum proprietatibus comparata alios alii generis præstant in operibus effectus. Et primùm Abies
aëris habens plurimum et ignis, minimumque humoris et terreni, levioribus rerum naturæ potestatibus comparata, non est ponderosa. Itaque rigore naturali contenta, non

» ment attaqué par les vers, qui le ruinent. La même raison le rend très-
» susceptible à s'enflammer; car l'extrême sécheresse qu'il tient des prin-
» cipes dont il est formé, fait qu'au moindre contact du feu, il s'em-
» brase avec une extrême violence.

» Avant que l'arbre soit abattu, on peut observer, que la partie infé-
» rieure, qui reçoit la première les sucs des racines, est aussi la plus
» droite, et sans aucuns nœuds; mais le principe de chaleur venant à se
» développer dans la partie supérieure, fait sortir quantité de nœuds et
» de branches, en sorte que le bois coupé, au-dessus de 20 pieds, est
» appelé Fusterna (qu'on peut rendre par *Tortillard*), à cause de sa
» dureté et du nombre des nœuds qui le rendent difficile à travailler.

» La partie tranchée, au pied de l'arbre, est, au contraire, divisée dans
» sa longueur, par des veines continues; après en avoir enlevé l'écorce,
» on le prépare pour être employé aux ouvrages intérieurs. On le
» désigne sous le nom de tronc de Sapin.

» Le Chêne, dans lequel abondent les principes terreux, et qui ne con-
» tient que peu d'humidité, d'air et de feu, parvient à une durée infinie,
» lorsqu'il est enfoui dans des substructions. Comme ce bois est très-
» compacte, il en résulte que, lorsqu'il se trouve plongé dans l'humidité,
» elle ne saurait pénétrer au travers de sa texture serrée; mais, hors de
» l'humidité, dans laquelle il n'éprouve aucun effet, il est sujet à se tour-
» menter, et occasione des désunions dans les ouvrages où il est employé.

» L'*Esculus*, où les différens principes se trouvent réunis dans de

cito flectitur ab onere, sed directa permanet in contignatione. Sed ea, quòd habet in se
plus caloris, procreat et alit termitem, ab eoque vitiatur. Etiamque ideò celeriter accenditur, quod quæ inest in eo corpore raritas aëris patens accipit ignem, et ita vehementem
ex se mittit flammam.

Ex eâ autem antequàm est excisa, quæ pars est proxima terræ per radices excipiens ex
proximitate humorem, enodis et liquida efficitur : quæ verò est superior, vehementiâ
caloris eductis in aëra per nodos ramis, præcisa altè circiter pedes XX et perdolata,
propter nodationis duritiem, dicitur esse fusterna.

Ima autem, cùm excisa quadrifluviis disparatur, ejecto torulo ex eâdem arbore ad in
testina opera comparatur, et Sapinea vocatur.

Contrà verò Quercus terrenis principiorum satietatibus abundans, parumque habens
humoris, et aëris, et ignis, cùm in terrenis operibus obruitur, infinitam habet æternitatem, ex eo quòd, cùm tangitur humore, non habens foraminum raritates, propter
spissitatem non potest in corpore recipere liquorem, sed fugiens ab humore resistit, et
torquetur et efficit, in quibus operibus, ea rimosa.

Esculus verò, quòd est omnibus principiis temperata, habet in ædificiis magnas uti-

» justes proportions, est aussi le bois le plus ordinairement employé
» dans les constructions. Cependant, comme il a le tissu peu serré, il se
» pénètre d'humidité, en sorte qu'après lui avoir enlevé l'air et le feu
» qu'il contient, l'eau le décomposerait entièrement.

» Le *Cerrus*, le Liége et le Hêtre, dans la formation desquels l'eau, le
» feu et la terre entrent en égale quantité, contiennent beaucoup
» d'air, ce qui fait qu'ils absorbent l'eau en abondance dans le vide de
» leur tissu, et leur cause une prompte décomposition.

» Les Peupliers, blanc et noir, de même que le Saule, le Tilleul et le
» Vitex (*Agnus Castus*), contenant beaucoup de principes volatils et
» ignés, tempérés par une légère quantité de parties terreuses, présen-
» tent une consistance suffisante, et qu'ils conservent dans les ouvrages.
» Le peu de terre qui entre dans leur composition fait qu'ils sont tendres,
» incolores, et par-là parfaitement propres à recevoir le travail de la
» sculpture.

» L'Aune, qui croît le long des fleuves, semble d'abord un bois de
» peu d'utilité, et possède cependant des qualités précieuses. En effet,
» l'air et le feu abondent dans sa substance; la terre et l'eau n'y en-
» trent qu'en petite quantité. Cette composition le rend très-propre à
» être employé en pilotis, pour affermir les fondemens des édifices,
» dans les endroits marécageux. Car, alors, trouvant dans l'humidité du
» lieu à réparer la raréfaction de ce principe, il devient impérissable; il
» soutient et préserve de tout tassement les masses énormes dont il est
» ensuite surchargé. Ainsi, ce même bois, qui à l'air serait prompte-

litates; sed ea, cùm in humore collocatur, recipiens penitùs per foramina liquorem,
ejecto aëre et igni, operatione humidæ potestatis vitiatur.

Cerrus, Suber, Fagus, quòd pariter habent mixtionem humoris et ignis et terreni,
aëris plurimum, perviâ raritate humores penitùs recipiendo, celeriter marcescunt.

Populus alba et nigra, item Salix, Tilia, Vitex, ignis et aëris habendo satiatæ, atque
humoris temperatæ, parum terreni habentes, leviori temperaturâ comparatæ, egregiam
habere videntur in usu rigiditatem. Ergò cùm non sint duræ terreni mixtione, propter
raritatem sunt candidæ, et in sculpturis commodam præstant tractabilitatem.

Alnus autem, quæ proxima fluminum ripis procreatur, et minimè materies utilis videtur, habet in se egregias rationes : etenim aëre est et igni plurimo temperata, non
multùm terreno, humore paulò. Itaque, quia non nimis habet in corpore humoris, in
palustribus locis infrà fundamenta ædificiorum palationibus crebrè fixa recipiens in se,
quòd minùs habet in corpore liquoris, permanet immortalis ad æternitatem, et sustinet
immania pondera structuræ et sinè vitiis conservat. Ita quæ non potest extrà terram paulum tempus durare, ea in humore obruta permanet ad diuturnitatem. Est au-

» ment détruit, plongé dans un terrain humide, peut se conserver éter-
» nellement. C'est surtout à Ravennes, où les bâtimens, tant publics
» que particuliers, sont bâtis sur pilotis, que l'on est à même de faire
» cette observation.

» L'Orme et le Frêne ont une organisation où il entre beaucoup de
» principes aqueux; de l'air et du feu en petite quantité; ces principes
» sont fixés par une proportion convenable des parties terreuses. L'a-
» bondance des parties aqueuses les rend flexibles, en sorte qu'ils ne
» peuvent soutenir la charge sans plier. Cependant, lorsque leur sub-
» stance est entièrement desséchée, soit par l'effet du temps, ou par
» celui des entailles qu'on pratique au pied des arbres, avant de les
» abattre, pour épuiser l'humidité surabondante qu'ils renferment, ils
» acquièrent plus de consistance et deviennent très-propres, par le liant
» de leurs fibres, à former des enchaînemens aux endroits des joints et
» des assemblables.

» Le Charme, qui contient de l'air et de l'eau en abondance, et peu
» de principes ignés et terreux, est difficile à rompre, ce qui le
» rend très-précieux pour certains ouvrages. Ce bois est appelé *Zugian*,
» par les Grecs, parce que le joug avec lequel ils accouplent les bêtes
» de trait, est communément fait en charme.

» Ce que nous allons dire du Cyprès et du Pin, mérite de fixer l'at-
» tention. Les sucs aqueux dominent parmi les principes dont ces
» arbres sont formés; l'air, le feu et la terre forment le reste de leur sub-
» stance par quantités égales. Ces bois sont sujets à se courber en

tem maximè id considerare Ravennæ, quòd ibi omnia opera, et publica et privata, sub fundamentis ejus generis habeant palos.

Ulmus verò, et Fraxinus, maximos habent humores, minimùmque aëris et ignis, terreni temperatâ mixtione comparatæ : sunt in operibus cùm fabricantur lentæ, et sub pondere, propter humoris abundantiam, non habent rigorem, sed celeriter pandant, simul autem vetustate sunt aridæ factæ, aut in agro perfectæ, qui inest eis liquor stantibus, emoritur, fiuntque duriores et in commissuris, et in coagmentationibus, ab lenitudine firmas recipiunt catenationes.

Item Carpinus, quòd est minimâ ignis et terreni mixtione, aëris autem et humoris summâ continetur temperaturâ, non est fragilis, sed habet utilissimam tractabilitatem.

Itaque Græci, quòd ex eâ materiâ juga jumentis comparant, quòd apud eos ζύγα vocitantur, item et eam ζυγίον appellant.

Non minùs est admirandum de Cupressu et Pinu, quòd eæ habentes humoris abundantiam æquamque cæterorum mixtionem, propter humoris satietatem in operibus solent esse pandæ, sed in vetustatem sinè vitiis conservantur, quòd is liquor, qui inest

» œuvre ; au reste, ils traversent des siècles sans se corrompre ; l'âcreté
» et l'amertume des sucs dont ils sont formés les défendent contre la
» pouriture et la piqûre des insectes, en sorte que des ouvrages exé-
» cutés avec ces bois, peuvent se conserver éternellement.

» Le Cédre et le Genévrier, ayant les mêmes qualités que le Cyprès
» et le Pin, sont propres aux mêmes usages ; et de même que l'on retire
» du Cyprès et du Pin une liqueur résineuse, on extrait aussi du Cédre
» une huile que l'on nomme *Cédrium*, laquelle a la propriété de ga-
» rantir de la pouriture et des vers tous les objets, des livres, par
» exemple, qui en ont été recouverts. Cet arbre a ses feuilles semblables
» à celles du Cyprès : les fibres de son bois sont parfaitement droites. La
» charpente de plusieurs temples célèbres, entre autres, celle du temple
» de Diane, à Éphèse, ainsi que la statue de cette déesse, ont été faits
» en bois de Cédre, à cause de sa durée infinie. C'est d'Afrique et de
» Crète que viennent les Cédres les plus beaux. On en tire aussi de
» quelques provinces de Syrie.

» Le Larix, arbre qui ne se rencontre que dans les provinces circon-
» scrites par le cours du Pô et le rivage de la mer, a, non-seulement,
» comme ceux dont nous venons de parler, par l'âcreté de ses sucs, la
» propriété de résister aux vers et à la pouriture ; mais, de plus, il ne
» peut par lui-même entrer en combustion : ce n'est que mêlé avec
» d'autres bois, de la même manière que pour réduire la pierre en
» chaux, qu'il peut être réduit en cendres. Encore, de cette manière,
» ne le voit-on ni s'embraser, ni former de charbons ; seulement, au
» bout d'un certain temps, il finit par se consumer. La rareté des prin

penitùs in corporibus, earum habet amarum saporem, qui propter acritudinem non patitur penetrare cariem, neque eas bestiolas quæ sunt nocentes. Ideoque quæ ex his
generibus opera constituuntur, permanent ad æternam diuturnitatem.

Item Cedrus et Juniperus easdem habent virtutes et utilitates ; sed quemadmodum
ex Cupressu et Pinu resina, sic ex cedro oleum, quod cedreum dicitur, nascitur, quo
reliquæ res cùm sunt unctæ, uti etiam libri, à tineis et à carie non læduntur. Arbores
autem ejus sunt similes cupresseæ foliaturæ, materies vena directa. Ephesi in æde, si-
mulacrum Dianæ, et etiam lacunaria ex eâ et ibi, in cæteris nobilibus phanis, propter
æternitatem sunt facta. Nascuntur autem hæ arbores maximæ Cretæ et Africæ, et non
nullis Syriæ regionibus.

Larix verò, qui non est notus, nisi his municipibus qui sunt circà ripam fluminis Padi,
et littora maris Adriatici, non solùm ob succi vehementi amaritate ab carie aut à tineâ
non nocetur, sed etiam flammam ex igni non recipit, nec ipse per se potest ardere, nisi,
uti saxum in fornace ad calcem coquendam, aliis lignis uratur ; nec tamen tunc flammam

» cipes volatils et ignés qui entrent dans sa composition, produit seule
» ce phénomène. En effet, cette matière n'offrant qu'un mélange com-
» pacte de parties aqueuses et terrestres, sa substance serrée ne laisse
» aucune issue par où le feu la puisse pénétrer, la force de ce dernier
» s'émousse contre elle; elle demeure long-temps sans rien avoir à souf-
» frir de son action. Le poids du bois de Larix est tel, que l'eau ne
» peut le soutenir à flot; en sorte qu'il ne peut être transporté que par
» des navires, ou sur des radeaux faits de bois ordinaires.

» Il est à propos de faire connaître dans quelle circonstance les Ro-
» mains vinrent à découvrir les propriétés de cette matière. Le divin
» César, se trouvant au pied des Alpes, avait signifié aux villes voisines
» d'avoir à fournir des vivres à son armée : là se trouvait un château-
» fort nommé *Larignum*, dont les habitans, trop confians dans la force
» du lieu, refusèrent de se soumettre à cette injonction. La porte prin-
» cipale de cette forteresse était défendue par une tour en bois de Larix,
» formée dans toute sa hauteur de poutres transversales, comme un
» bûcher, et du sommet de laquelle, à l'aide de pierres et de dards, on
» pouvait éloigner les assaillans. Cependant, comme on s'aperçut qu'ils
» n'avaient d'autres armes que leurs dards, qu'ils ne pouvaient lancer
» au loin, à cause de leur poids, on donna ordre de jeter, au pied de
» cette tour, des fascines et des torches enflammées, ce qui fut exécuté
» de suite par les soldats. Sitôt que l'on vit la flamme des fascines en-
» tourer cet ouvrage, en s'élevant dans les airs, on ne douta pas de
» voir la tour s'écrouler à l'instant même. César ne put retenir son ad-
» miration, lorsqu'il vit cette tour apparaître intacte, après que la vio-

recipit, nec carbonem remittit; sed longo spatio tardè comburitur, quòd est minima
ignis et aëris è principiis temperatura. Humore autem et terreno est materia spissè soli-
data et non habens spatia foraminum, quâ possit ignis penetrare, rejicitque ejus vim,
nec patitur ab eo sibi citò noceri, propterque pondus ab aquâ non sustinetur, sed
cùm portatur aut in navibus, aut suprà abiegnas rates collocatur.

Ea autem materies quemadmodùm sit inventa, est causa cognoscere. Divus Cæsar cùm
exercitum habuisset circà Alpes, imperavissetque municipiis præstare commeatus : ibique
esset castellum munitum quod vocabatur Larignum, tunc qui in eo fuerunt, naturali
munitione confisi, noluerunt imperio parere. Itaque Imperator copias jussit admoveri.
Erat autem ante ejus castelli portam turris ex hâc materiâ, alternis trabibus transversis,
uti pyra, inter se composita altè, ut posset de summo sudibus et lapidibus accedentes
repellere; tunc verò cum animadversum est alia eos tela præter sudes non habere,
neque posse longiùs à muro propter pondus jaculari, imperatum est fasciculos ex virgis
alligatos et fasces ardentes ad eam munitionem accedentes mittere. Itaque celeriter

» lence du feu se fut apaisée; alors il ordonna de cerner la place, en
» se plaçant hors de la portée des traits. A peu de distance de là, la
» crainte d'être forcés ayant conduit les habitans à se rendre, on s'in-
» forma d'où provenaient ces bois qui ne souffraient aucune atteinte
» du feu; on apprit d'eux que cette espèce d'arbre, qui croit à une
» grande hauteur, se trouve en abondance dans ces endroits, ce qui
» avait fait nommer cette place *Larignum*, parce qu'elle est située au
» milieu d'un bois de Larix.

» Ce bois, transporté par le Pô, jusqu'à la mer, on le conduit de là
» à Ravenne, à Fanestre, à Pisaure et dans d'autres villes situées sur le
» littoral de l'Adriatique. Si le même moyen de transport pouvait le
» conduire jusqu'à Rome, son emploi deviendrait très-avantageux dans
» les bâtimens; car, bien qu'il ne convienne pas à toutes sortes d'ou-
» vrages, il est certain que si les égouts des toits, qui règnent autour des
» isles de maisons, étaient établis avec des planches de Larix, les bâti-
» mens pourraient être, par là, préservés, en cas d'incendie, puisqu'il est
» avéré que ce bois ne peut ni s'enflammer, ni même se mettre en
» charbon. Les feuilles du Larix sont semblables à celles du Pin : son
» bois a les fibres étendues, il se travaille aussi bien que celui désigné
» plus haut sous le nom de *Sapinea*, et convient aux mêmes genres
» d'ouvrages. Il distille du Larix une résine liquide, qui a la couleur du
» miel, et qu'on emploie avec succès dans la phthisie.

» J'ai exposé quelles sont les propriétés de chaque espèce d'arbre,
» en raison des proportions dont les élémens qui les composent se

milites congesserunt. Postquàm flamma circà illam materiam virgas comprehendisset, ad
cœlum sublata, effecit opinionem uti videretur jam tota moles concidisse. Cùm autem
ea per se extincta esset et requieta, turrisque intacta apparuisset, admirans Cæsar jussit
extrà telorum missionem eos circumvallari.

Itaque timore coacti oppidani cùm se dedidissent, quæsitum undè essent ea ligna, quæ
ab igni non læderentur : tunc ei demonstraverunt eas arbores, quarum in his locis
maximæ sunt copiæ, et ideò id castellum Larignum, item materies Larigna est appellata.

Hæc autem per Padum Ravennam deportatur, in colonia Fanestri, Pisauri, Anconæ,
reliquisque quæ sunt in eâ regione, municipiis præbetur, cujus materiei, si esset facultas
apportationibus ad Urbem, maximæ haberentur in ædificiis utilitates; et si non in omnibus, certè tabulæ in subgrundiis circùm insulas si essent ex eâ collocatæ, ab trajec-
tionibus incendiorum ædificia periculo liberarentur, quòd eæ nec flammam nec carbonem
possunt recipere nec facere per se. Sunt autem eæ arbores foliis similibus Pini, materies
earum prolixa, tractabilis ad intestinum opus, nec minùs quàm sapinea ; habetque
resinam liquidam mellis attici colore, quæ etiam medetur phthisicis.

De singulis generibus, quibus proprietatibus è naturâ rerum videantur esse comparatæ,

» trouvent modifiés dans leur substance. J'ai fait connaître le mode de
» développement particulier à chacun d'eux ; je n'abandonnerai pas ce
» sujet sans fixer un moment l'attention sur les causes des diffé-
» rences qu'on remarque entre les Sapins, nommés à Rome, *Supernas*
» et *Infernas*, dont le premier est reconnu pour défectueux, tandis que
» l'autre est d'un grand secours dans les constructions, où il se con-
» serve éternellement. J'indiquerai, ici, jusqu'à quel point la nature des
» localités peut influer sur les propriétés ou les vices de ces produc-
» tions, de manière à le rendre sensible à tous les yeux.

Des Sapins appelés Supernas *et* Infernas, *avec une description
de l'Apennin.* (Livre II, Chapitre X.)

» Le pied du Mont Apennin s'étend, à partir des Alpes, d'un côté,
» jusqu'à la mer Tyrrhène, et de l'autre jusqu'aux confins de l'Étrurie.
» Cette chaine de montagnes forme plusieurs contours, en suivant les
» bords de la mer Adriatique, et se prolonge jusqu'au détroit. La
» pente intérieure de cette montagne, tournée vers l'Étrurie et la
» Campanie, est sans cesse exposée aux plus grandes chaleurs, car les
» rayons du soleil sont constamment dirigés sur elle, dans sa course
» journalière.

» La partie opposée, qui regarde la mer supérieure, ayant l'aspect
» du septentrion, se trouve continuellement plongée dans d'épaisses
» ténèbres. Les choses étant ainsi, les arbres qui croissent de ce côté
» prennent, à la vérité, un accroissement prodigieux ; mais aussi leur

quibusque procreantur rationibus, exposui. Insequitur animadversio, quid ità, quòd quæ
in Urbe *supernas* dicitur Abies, deterior est, quàm quæ *infernas*, quæ egregios in ædificiis ad diuturnitatem præstat usus ; et de his rebus, quemadmodùm videantur è locorum
proprietatibus habere vitia aut virtutes, uti sint considerantibus apertiora, exponam.

De Abiete supernate et infernate cùm Apennini descriptione. Cap. X, liber II

Montis Apennini primæ radices, ab Tyrrheno mari in Alpes et in extremas Hetruriæ
regiones oriuntur. Ejus verò montis jugum se circumagens, et media curvatura propè
tangens oras maris Adriatici, pertingit circuitionibus contra fretum. Itaque citerior
ejus curvatura, quæ vergit ad Hetruriæ Campaniæque regiones, apricis est potestatibus,
namque impetus habet perpetuos à solis cursu.

Ulterior autem, quæ est proclinata ad superum mare, septentrionali regioni sub-
jecta, continetur umbrosis et opacis perpetuitatibus. Itaque quæ in eâ parte nascuntur
arbores humidà potestate nutritæ non solùm ipsæ augentur amplissimis magnitudinibus,

» substance se trouve saturée de sucs visqueux, produits par l'humidité
» permanente qui règne en ces lieux. Une fois abattus et dressés, et
» après que ces bois ont entièrement rejeté toute leur séve, il est facile
» de s'apercevoir que la sécheresse a relâché leurs fibres; on juge alors à
» leur légèreté qu'ils sont tendres et peu durables, et qu'ils ne présen-
» tent pas assez de consistance pour l'usage des bâtimens.

» Ceux, au contraire, qui croissent sur le côté de la montagne exposé
» aux ardeurs du soleil, n'étant nourris que de sucs épurés, n'ont pas
» leurs fibres distendues, et ne présentent aucun vide dans leur texture.
» Le soleil, qui absorbe l'humidité de la terre, dissipe également celle
» qui surabonde dans les arbres. Ainsi, les bois qui proviennent des
» lieux situés dans cette exposition, sont durs et serrés, et ne perdent
» rien, en séchant, de leur solidité. C'est pourquoi ils vieillissent in-
» tacts, au milieu des autres matériaux. Nous en avons dit assez pour
» expliquer comment les bois nommés *Infernates* et *Supernates*, doi-
» vent leurs qualités ou leurs imperfections à la température sèche ou
» humide des lieux où ils ont été formés [1]. »

sed earum quoque venæ humoris copiâ repletæ turgentes liquoris abundantiâ saturantur.
Cùm autem excisæ, et dolatæ vitalem potestatem amiserint, venarum rigorem permu-
tantes siccescendo, propter raritatem, fiunt inanes et evanidæ, ideoque in ædificiis non
possunt habere diuturnitatem.

Quæ autem ad solis cursus spectantibus locis procreantur, non habentes intervenio-
rum raritates siccitatibus exsuctæ solidantur : quia sol non modò ex terrâ lambendo,
sed etiam ex arboribus educit humores. Itaque quæ sunt in apricis regionibus spissis venarum crebritatibus solidatæ, non habentes ex humore raritatem, cùm in materiam
perdolantur, reddunt magnas utilitates ad vetustatem. Ideò infernates, quæ ex apricis
locis apportantur, meliores sunt, quàm quæ ab opacis, de supernatibus advehuntur.

[1] Strabon, parlant de la Toscane ou Étrurie, dit qu'on envoyait de ce pays à Rome des
pièces de bois fort droites et très-grandes, pour la construction des édifices. Dès qu'elles
étaient coupées, on les faisait flotter dans l'eau jusqu'à la mer, d'où on les conduisait
à Rome en remontant le Tibre. Ces grandes pièces paraissent être de bois de Sapin, que
Vitruve désigne par le mot *infernates*. Au reste, le Sapin est encore le bois le plus généralement employé pour la construction des édifices. Les charpentes d'un très-grand nombre
d'anciens édifices de France, d'Italie, d'Espagne, d'Angleterre et d'Allemagne, prouvent
que ce bois se conserve aussi long-temps que le Chêne, dans quelque climat qu'il se trouve.
M. Duhamel parle d'un pilotis de bois de Sapin trouvé dans les fondations d'une ancienne église, tombée de vétusté et démolie depuis 80 ans. Ce pilotis, qui avait plusieurs siècles, n'avait que l'extérieur un peu rongé : le milieu était parfaitement **sain,**
et avait encore la couleur et l'odeur de résine.

Au reste, dans tout ce que contient ce chapitre, il n'y a d'utile aujourd'hui que ce qui

Le temps que **Vitruve** prescrit pour la coupe des bois, est encore celui qui a été reconnu le plus convenable, c'est-à-dire, depuis le mois d'octobre jusqu'au mois de février.

On convient encore que le moyen d'entailler les arbres par le bas pour faire écouler la séve qu'ils contiennent, est nécessaire pour éviter que leur bois ne se corrompe par la fermentation de ce suc, lorsqu'ils sont employés trop tôt.

Pour mieux faire sentir la nécessité de ce moyen, nous allons indiquer, en peu de mots, la manière dont le bois se forme, d'après les observations des plus savans naturalistes, tels que Grew, Malpighi, Halles, Duhamel et Buffon.

Une semence d'arbre quelconque que l'on plante en terre au printemps, par exemple un gland, produit, au bout de quelques semaines, un petit jet tendre et herbacé, qui s'étend, grossit et durcit, contenant, au bout de la première année, un filet de substance ligneuse terminé par un bouton. De ce bouton, qui s'épanouit au commencement de l'année suivante, sort un second jet semblable à celui de la première année, mais plus vigoureux, et qui s'étend davantage. Il produit un autre bouton qui contient le jet de la troisième année, et ainsi de suite, jusqu'à ce que l'arbre soit parvenu à sa hauteur. Chacun de ces boutons est une espèce de germe, qui contient l'accroissement de chaque année: de sorte qu'un arbre de cent pieds est formé par des accroissemens successifs, dont le plus grand ne passe pas deux pieds.

Les accroissemens qui forment le cœur de l'arbre dans sa maturité, conservant toujours les mêmes dimensions, ils existent dans un arbre de cent ans, sans avoir grossi ni grandi, ils sont seulement devenus plus solides. Dans un arbre fendu dans le milieu dans toute sa longueur, on remarque, vers le cœur, des étranglemens qui désignent les

---

paraît être le résultat de l'expérience; par exemple, ce que dit Vitruve relativement au temps et à la manière d'abattre les arbres, afin de rendre leurs bois plus forts et plus durables, et sur quelques propriétés de ceux qui étaient le plus en usage de son temps.

Pour ses raisonnemens sur les causes des qualités et des propriétés de ces différens arbres, Vitruve se fonde sur les opinions des philosophes les plus accrédités de son siècle, tels que Pythagore, Empédocle, Epicharmes et autres, qui enseignaient que toutes les productions de la nature étaient formées de la combinaison de quatre principes ou élémens, savoir : l'air, le feu, l'eau et la terre, et que leurs variétés, leurs qualités et leurs propriétés dépendaient des proportions selon lesquelles ces principes étaient combinés.

accroissemens, en hauteur, de chaque année, de même que les cercles de la base marquent les accroissemens de grosseur.

Le bouton qui vient au sommet du premier accroissement tire sa substance par les canaux ou fibres de ce petit arbre. Ces principaux canaux, qui servent à conduire la séve, se trouvent entre l'écorce et la couche ligneuse, produit de chaque année.

La séve, en montant, forme elle-même les fibres qui lui servent de conduit, ce qui donne chaque année une couche de plus autour de la circonférence de l'arbre, à sa partie inférieure; arrivé au bouton, elle produit en outre un ou plusieurs rejetons, qui forment l'accroissement en hauteur de l'année. Ainsi, dès la seconde année, un arbre contient déjà, dans son milieu, un filet ligneux, qui est la production de la première, et une couche ligneuse, enveloppe de ce premier filet; et de plus le filet ligneux, accroissement de la seconde année. A la troisième, il se forme une nouvelle couche ligneuse, qui enveloppe celle de l'année précédente, et en outre un filet ligneux, qui est la crue en hauteur de la troisième année. Il en est de même des accroissemens successifs. Chacun forme un cône creux fort allongé, qui recouvre les productions ligneuses des années précédentes, et forme au-dessus un ou plusieurs rejetons, qui augmentent la hauteur et produisent des branches.

Les cercles que l'on distingue sur la coupe transversale des arbres qu'on a abattus, sont les bases de chacun de ces cônes. On remarque dans les bois résineux, tels que le Pin, le Sapin, le Mélèse, etc., que la partie qui sépare chaque cercle est composée d'une matière plus tendre et plus spongieuse. Dans certains bois, la matière interposée entre les couches ligneuses, a les pores plus ouverts, comme dans l'Orme, le Frêne, le Châtaignier et le Chêne. Dans d'autres arbres, la texture est si uniforme et compacte, qu'à peine on distingue les cercles qui forment l'accroissement en grosseur de chaque année : tels sont le Charme, l'Érable, le Hêtre, le Peuplier, le Saule, l'Aune, le Bouleau, etc. Il en est de même de presque tous les arbres à fruit, comme le Citronnier, l'Oranger, le Prunier, le Poirier, le Pommier, etc. ; ainsi que des bois durs, comme le bois de Fer, l'Ébène, le Buis, le Gaïac, le Cornouiller, etc.

Relativement à la manière d'abattre les arbres, on a trouvé que les entailles proposées par Vitruve, qui réduisent le tronc de l'arbre à moitié de sa grosseur, l'exposent à être renversé par les moindres vents, avant d'être sec ; à s'éclater, à se briser et à entraîner par sa chute ceux qui sont proches. On a encore reconnu que l'humeur aqueuse et roussâtre qui découle du tronc de l'arbre, pénètre la souche et la fait mourir.

M. de Buffon a proposé un moyen qui produit le même effet que celui de Vitruve, sans exposer les arbres à être renversés par le vent ; c'est d'écorcer l'arbre sur pied ; ce moyen, qu'on prétend être pratiqué depuis long-temps en Angleterre, augmente beaucoup la densité, la force et la dureté du bois, et procure à l'aubier une consistance presque égale à celle du cœur de l'arbre.

Il résulte des expériences de MM. de Buffon et Duhamel, que le temps le plus propre à écorcer les arbres qu'on destine pour la charpente, est au mois de mai, où la séve est dans toute sa force, pour les abattre à la fin d'octobre. Cette opération entraine, comme celle de Vitruve, la perte de la souche. Ces savans en conviennent ; mais ils prétendent que les souches en général ne sont pas bonnes à conserver, et que le bois venu de semis est toujours plus beau, plus fort et plus robuste, que celui qui vient de souche.

J'ai vu pratiquer par un riche propriétaire, fort instruit, un moyen qui me parait devoir réunir les avantages des deux autres, sans en avoir les inconvéniens. Il faisait abattre les bois destinés pour la charpente à l'ordinaire, et après les avoir fait équarrir, encore frais, il les plaçait debout, sous des hangars disposés de manière à les entretenir isolés les uns des autres, par le moyen de fortes traverses contre lesquelles ils étaient appuyés. Par cette disposition verticale, les sucs dont les bois fraîchement abattus étaient pénétrés, s'écoulaient naturellement sans occasioner aucune fente ni gerçures ; et, au bout d'une année, ils avaient acquis le degré de sécheresse convenable pour être employés à la charpente. Après avoir fait un choix de ceux propres à la menuiserie, on les faisait débiter et arranger de même, pour être vendus ou employés l'année suivante.

GRANDS ARBRES D'EUROPE.

1. Le *Robur*, désigné le premier par Vitruve, est une espèce de Chêne branchu qui ne croît pas aussi haut que les autres : son bois est fort dur, liant et difficile à travailler; il n'est propre que pour les ouvrages rustiques, qui ne demandent que la solidité. Plusieurs auteurs prétendent que c'est l'espèce que nous appelons *Rouvre*, que les Grecs désignent par *Drys*.

2. Le *Quercus*, appelé par les Grecs *Etumodrys*, est le Chêne proprement dit : il croît plus haut que le *Robur*; son bois, quoique très-dur, est moins rustique et se travaille mieux. C'est celui qui convient le mieux pour les grandes pièces de charpente, telles que les poutres.

3. L'*Esculus*, dont le nom latin indique, ainsi que le mot grec *Phégos*, une espèce de Chêne, dont le gland est bon à manger, a son bois moins dur que le grand Chêne, et plus facile à travailler; mais il ne vaut rien dans l'eau, où il se pourit en peu de temps.

4. Le *Cerrus* est une espèce particulière de Chêne, que les Italiens appellent *Cerro*. Il croît assez haut et fort droit; son bois ressemble à celui du Liége : mais il est moins dur. Scamozzi, parlant de cette espèce d'arbre, dit :

« Le *Cerro* ou *Sovero* est un arbre produisant des glands, presque
» semblable à l'*Esculus*, et qui conserve de même ses feuilles pendant
» l'hiver; mais il surpasse (comme le dit Pline) le Liége en grandeur,
» et se conserve jusqu'à une extrême vieillesse : il a une écorce très-
» épaisse qui se taille facilement; on en fait, à cause de sa légéreté,
» des semelles de chaussures. Autrefois les bois et les environs de Bac-
» cano, près de Rome, en étaient remplis. On trouve des Liéges d'une
» espèce particulière dans la Toscane et dans les environs de Pise,
» qu'on appelle *Cerri Sugheri*, à cause de leur ressemblance avec le *Cerro*.
» Il en croît dans les montagnes d'Arezzo, et encore plus en Sicile,
» dont l'écorce se transporte en grande partie à Venise [1]. »

5. Le *Suber* ou Liége est plus connu par l'usage qu'on fait de son

---

[1] Idea dell' architectura universale, parte seconda, Libro settimo, Cap. xxiv, faccia 245.

écorce, que par son bois, qui est plus ferme et plus pesant que le
bois de chêne.

6. Le *Fagus* ou Hêtre, que Pline comprend dans les treize espèces
d'arbres qui produisent du gland, est un des plus beaux et des plus
grands arbres de nos forêts. Son bois est plein et dur, propre à la
charpente, à la menuiserie et à une infinité d'ouvrages, mais il est
sujet aux vers ; on ne parvient à l'en garantir qu'en le purgeant entièrement de sa séve, par les méthodes que nous avons ci-devant indiquées, ou en le faisant tremper quelque temps dans l'eau, et l'exposant
ensuite à la fumée. Lorsqu'il est bien sec, il est plus sujet à se fendre
et à se rompre que le Chêne.

7. Les différentes espèces de Peupliers s'emploient dans la construction des bâtimens. Les Peupliers blancs, surtout ceux de Lombardie,
dont le bois est le plus dur et le plus droit, sont propres à la charpente : les autres se débitent en planches et en voliges.

8. Les Saules qu'on laisse venir en futaie, sans les étêter, peuvent
être employés aux mêmes usages. Leur bois est plus dur, plus pesant
et plus facile à travailler : la couleur et la texture approchent de celles
du Hêtre.

9. Le Tilleul est un bel arbre qui fait l'ornement des parcs, et qui
se trouve naturellement dans les forêts : il parvient quelquefois à une
grosseur prodigieuse. Évelin et Thomas parlent de deux Tilleuls d'Angleterre, dont le tronc avait 48 pieds de circonférence, près de 16 pieds
de diamètre. Le fameux Tilleul de Wirtemberg avait 9 pieds de diamètre. Miller dit en avoir vu dont le tronc avait 30 pieds de tour, ou
10 pieds de diamètre. Leur grosseur ordinaire est de 2 et 3 pieds de
diamètre.

Le bois de Tilleul est blanc, plein et léger, mais liant et facile à travailler. Les menuisiers, les ébénistes, les sculpteurs, les tourneurs et
les charrons, en font usage.

10. Le *Vitex* ou *Agnus Castus* est un arbrisseau fort joli, plus propre
à orner les bosquets qu'à fournir du bois utile à la construction.

11. La propriété que le bois d'Aune a de se conserver dans l'eau, fait
qu'on l'emploie pour les pilotis : on en fait des tuyaux pour conduire les
eaux : les écoperches des maçons sont de ce bois. Comme il a la texture
fine et serrée, qu'il est d'une belle couleur, et se travaille bien, il peut
être employé pour des meubles, des ouvrages de menuiserie et de tour.

12. L'Orme est un des grands arbres qui croissent dans nos climats : son bois est plein, ferme et liant; souvent rustique, difficile à travailler, et sujet à se tourmenter : c'est pourquoi on en fait peu d'usage pour la charpente, on ne s'en sert que pour le charronnage. Il s'en trouve cependant une espèce à larges feuilles, dont le bois est plus tendre, le fil plus droit, et presque aussi doux que le Noyer. Celui appelé Orme tortillard n'est propre qu'à faire des moyeux de roues.

13. Le Frêne est un grand arbre dont le tronc est fort droit : son bois est ferme et liant. Il est d'abord tendre, flexible, et facile à travailler; mais, avec le temps, il devient roide et fort dur. On l'emploie rarement pour les ouvrages de charpente; on le réserve pour l'artillerie et le charronnage, pour des échelles légères, des bâtons tournés, des manches d'outils, des chaises, et autres ouvrages qui demandent de la légèreté et de la fermeté.

14. Le Charme est un arbre fort commun dans les forêts : il n'a pas beaucoup d'apparence, et vient rarement d'une bonne grosseur. Son tronc est court, mal proportionné : son bois, qui est blanc, est très-dur et compacte : on n'en fait usage ni pour la charpente, ni pour la menuiserie, parce qu'il est difficile à travailler; mais comme il est liant, il est fort bon pour le charronnage et les ouvrages du tour.

15. Le Pin est un arbre résineux dont il se trouve plusieurs espèces; la plupart sont de grands arbres garnis de branches rangées par étages autour du tronc. A mesure que cet arbre croît, les branches les plus basses sèchent, tombent, et laissent à leur place des nœuds, qui ne semblent tenir au tronc que comme des chevilles ou tenons pour soutenir les branches.

Cette espèce d'arbre croît beaucoup plus vite que le Chêne; à soixante ans, il est parvenu à son dernier dégré de développement, tandis qu'il faut cent cinquante ans pour le Chêne. Il peut fournir de la résine depuis l'âge de ving-cinq ans; de sorte qu'après en avoir tiré un profit annuel pendant quinze à vingt ans, cet arbre peut encore fournir du bois de charpente d'un bon service, parce qu'on prétend que l'extraction du suc résineux n'altère pas sa qualité, lorsqu'on a soin de ménager l'arbre. On fait avec le Pin des mâts, des bordages pour les vaisseaux, des madriers, des planches pour la menuiserie, des tuyaux pour conduire les eaux, des corps de pompes, etc.

16. Le Cyprès est un grand arbre, toujours vert, dont le tronc est

fort droit : son bois est plus dur que celui du Pin. d'un rouge pâle ou
d'un jaune rougeâtre, avec des veines foncées et d'une odeur agréable.
Ce bois est également propre à la charpente et à la menuiserie : il n'est
pas sujet aux vers et se conserve si bien qu'il passe pour être incorrup-
tible. C'est pourquoi les anciens faisaient avec ce bois les statues de
leurs dieux. Les portes du temple de Diane à Éphèse, qui avaient été
faites de ce bois, paraissaient encore neuves au bout de quatre cents ans.
On rapporte que celles de Saint-Pierre de Rome, tirées de l'ancienne
basilique de Constantin, avaient duré cinq cent cinquante ans, lorsque
le pape Eugène IV les fit remplacer par des portes de bronze, et
qu'alors le bois était encore sain [1].

17. Le bois de Cédre est un des meilleurs, des plus beaux, des plus
grands et des plus durables qu'on puisse employer, tant pour la charpente que pour la menuiserie. Il est rougeâtre, veiné et odoriférant, se
travaille bien. [2] Les anciens l'employaient pour la charpente de leurs
temples, et pour les lambris et plafonds dont ils étaient décorés [3].

18. Les Genévriers sont de deux espéces : la première n'est qu'un arbrisseau qui ne s'élève qu'à 5 à 6 pieds, et l'autre un arbre dont la hauteur
est d'environ 30 pieds; son bois, dont la couleur est rougeâtre, est assez
dur, compacte et odorant; il parait être une espèce de Cédre et en a les propriétés. Comme son tronc ne devient pas fort gros, on n'en fait pas usage
pour la charpente; mais on en fait des boiseries et des meubles précieux [4].

[1] Les caisses dans lesquelles on renfermait les momies, en Égypte, étaient de Cyprès. Ce
bois résiste mieux aux intempéries de l'air que le Cédre. M. Duhamel parle d'une melon-
nière dont l'enceinte était formée par des poteaux de Cyprès qui, au bout de vingt-cinq ans,
étaient encore très-sains.

Scamozzi, dans son ouvrage intitulé l'*Idea dell' architettura universale*, parle d'un
Cyprès d'une grandeur prodigieuse, dont à peine trois hommes pouvaient embrasser le
tronc. Le même dit avoir vu à Venise une pièce de bois dont la largeur était de 4 pieds,
très-saine et très-belle, dont on avait tiré des tables octogones et rondes d'une seule pièce.
Il estime que le tronc d'où cette pièce était tirée, devait avoir plus de 13 pieds de circonférence.

[2] On sait que Salomon fit usage, pour la construction du superbe temple qu'il fit bâtir,
des Cédres du Liban, que le roi de Tyr lui envoya.

[3] La charpente et le plafond du fameux temple d'Éphèse étaient formés de ce bois. Pline
dit que les poutres du temple d'Apollon à Utique, qui étaient de Cédre de Numidie, existaient depuis onze cent soixante- ix-huit ans. Il parle d'une pièce de ce bois, que Démé-
trius Poliorcètes avait fait venir de l'ile de Chypre pour une galère à onze rangs de rames;
sa longueur était de 130 pieds sur 16 pieds de tour.

[4] Pline raconte que les poutres d'un ancien temple de Diane, à Sagonte en Espagne,

Du Larix.

19. Le Larix est un arbre peu connu en France, où on le confond avec le Mélèze. D'après ceux que j'ai vus en Italie, et les recherches que j'ai faites sur cette espèce d'arbre, dans l'État de Venise où il est le plus employé, il paraît que cet arbre est une espèce de Sapin qui croît dans la partie des Alpes et des montagnes qui séparaient l'Allemagne de l'État de Venise. Scamozzi, célèbre architecte vénitien, qui avait parcouru ce pays, dit qu'il y a vu des Larix d'une hauteur et grosseur démesurées, et d'une grande beauté; il ne croyait pas que dans aucune autre province d'Italie, on pût en trouver une aussi grande quantité. Cet architecte avait eu occasion d'en faire beaucoup d'usage dans le grand nombre d'édifices qu'il a fait construire, et entre autres, pour les magnifiques bâtimens des Procuraties, à la place de Saint-Marc de Venise[1].

Voici la description que Scamozzi donne de cette espèce d'arbre.

« Le Larix est un très-grand arbre, et d'une belle hauteur : ses
» branches sont disposées par étages, et inclinent vers la terre. Son écorce
» est raboteuse, et ses feuilles sont comme des brins longs et menus
» disposés par houppes. Son bois est lourd et un peu gras, ce qui fait
» qu'il brûle (contre l'opinion de Vitruve et de Pline) quoique difficile-
» ment. C'est pourquoi Virgile dit : *Le robuste Larix, dont le bois est*
» *impénétrable au feu.* Il a des veines étendues dont la substance et
» le nerf sont également durs, et, par cette raison, il est d'un très-
» bon usage pour la charpente des planchers et des toits, et pour la
» menuiserie des portes et fenêtres des édifices. Indépendamment de sa
» couleur rousse de miel, il n'est pas sujet aux vers et ne vieillit
» pas. Cet arbre se plait dans les montagnes et les pays froids; on

étaient de ce bois, et que ce temple, dont l'antiquité remontait à plus de deux cents ans avant la guerre de Troie, fut respecté par Annibal.

[1] On voit qu'anciennement on trouvait une quantité abondante de Larix dans la Rhétie ou le pays des Grisons Alpins, puisque (comme le dit Pline) l'empereur Tibère fit abattre dans ces montagnes les Larix qui furent employés pour refaire le pont de sa naumachie. Il est probable qu'on les fit descendre par le Pô, et que de là on les conduisit par les mers Adriatique, Ionienne et Thirène, et finalement à Rome par le Tibre.

Pline parle d'une de ces pièces de bois qui avait 120 pieds de long, et 2 pieds **de grosseur** dans toute son étendue. On peut juger, d'après cette pièce, de quelle **grandeur** devait être l'arbre dont elle avait été tirée.

» en trouve beaucoup dans celles du Trentin et de Valcamonica,
» ainsi qu'au delà de ces montagnes. Il faut remarquer que, quoi-
» qu'il soit de longue durée, il meurt tout-à-fait lorsqu'on coupe sa
» cime. »

Les montagnards ont observé que les Larix, les Sapins, les *Picea* et
les Hêtres, parviennent à leur plus grande hauteur au bout de trente ans;
et qu'après ce temps ils ne font que grossir.

Enfin Scamozzi, après avoir parlé de tous les autres bois qui croissent en Italie, finit par dire : «Nous pensons que le Larix est le meil-
» leur et le plus utile de tous nos bois, pour la construction des édifices,
» parce qu'il est d'une nature forte et nerveuse, capable de soutenir de
» grands fardeaux. La force et la beauté de son bois le rendent égale-
» ment propre aux ouvrages de charpente et de menuiserie.

20. Le Sapin, appelé en latin *Abies*, à cause de la blancheur de son
bois, est un des plus beaux arbres résineux qui croissent ordinairement
sur les hautes montagnes, telles que les Alpes, les Pyrénées et les
Vosges. Son tronc est fort droit et très-élevé, revêtu d'une écorce unie,
blanchâtre, et comme cendrée; il se termine par la pousse de la dernière séve, parce qu'à chaque pousse il s'élève d'une branche verticale;
il en paraît en même temps trois ou quatre, qui s'étendent presque
horizontalement, en sorte qu'il est garni de branches tout autour, disposées par étages et formant ensemble une pyramide assez régulière.
Ces branches sont garnies de petites feuilles étroites, échancrées par
le bout, assez souples et blanchâtres en dessous, rangées sur un même
plan aux deux côtés d'un filet ligneux, comme les dents d'un peigne.
Le même arbre porte des fleurs mâles et femelles; ses fruits sont
oblongs, et tournés vers le haut, composés d'écailles dans lesquelles on
trouve des noyaux durs, osseux, qui renferment des semences hui-
leuses. Les fruits du Sapin sont mûrs vers la fin de l'automne.

La texture de son bois n'est pas uniforme; les cônes concentriques
dont il est formé, sont séparés par des parties plus tendres et spon-
gieuses : en sorte qu'on peut dire, que chaque cône concentrique porte
son aubier. Il résulte de cette organisation, que ce bois, étant équarri
ou débité en planches, présente des veines longitudinales, formées par
les parties dures qui sont plus colorées. Ces veines sont d'autant plus
larges, que les cônes sont coupés plus près de la circonférence. C'est
probablement ce que Vitruve a voulu dire par le mot *quadrifluviis*, à

cause des larges veines et des ondulations que présentent quelquefois les planches de Sapin, et qu'on cherche quelquefois à imiter dans la peinture des lambris de menuiserie. Ce bois, qui est léger, tendre et facile à travailler, est également propre aux ouvrages de charpente et de menuiserie; on en fait encore usage pour la construction des bateaux, et de toutes sortes de bâtimens de mer.

Il se débite en poutres, solives, chevrons, madriers et planches[1].

Pline compte six espèces de bois résineux, qu'il désigne par les noms de *Pinus*, *Pinaster* ou *Tibulus*, *Picea*, *Abies*, *Larix* et *Teda*.

Il a déjà été parlé du *Pinus*, ou Pin ordinaire, page. 165.

21. Le *Pinaster* est une espèce de Pin sauvage, qui croît fort haut. Il porte des branches depuis le milieu de la hauteur du tronc, tandis que le Pin n'en conserve qu'à la cime; il croit également dans les plaines et les montagnes, et fournit plus de résine que le Pin.

22. Le Pin appelé *Tibulus* est plus délié, plus élevé et sans nœuds; il ne fournit presque pas de résine. Son bois était réservé pour la construction des navires désignés sous le nom de Liburnes.

23. Le *Picea*, ou Pesse, est une espèce de Sapin qui diffère de celui ci-devant décrit, par ses feuilles, qui sont pointues, plus courtes, plus étroites, plus raides et plus vertes que celles du Sapin; elles sont rangées autour d'un filet commun, de manière à former ensemble un rameau arrondi, hérissé de brins, à l'extrémité des branches ; ses fruits sont écailleux comme ceux du Sapin, mais leur pointe est tournée vers le bas, et ils contiennent des semences oblongues.

Il sort de leur écorce une résine qui s'épaissit, avec laquelle on fait la poix. Son bois, qui est rougeâtre, a la même contexture que le Sapin, mais il est beaucoup moins estimé que le Sapin; la plupart n'est bon qu'à brûler; il y en a même qu'on laisse pourir dans les forêts, lorsqu'à force d'en tirer la résine, on les a épuisés et dégradés par des entailles.

24. Le *Teda* est une espèce de Pin dont les anciens tiraient le goudron pour enduire leurs navires. On croit que c'est l'espèce appelée Torche-Pin, ou Pin-Suffis, du Briançonnais.

---

[1] Pline parle d'un Sapin d'une grandeur prodigieuse, qui formait le mât du navire que Caïus Caligula fit construire, pour amener d'Égypte le grand obélisque de granite, qu'il fit dresser au milieu du cirque du Vatican ; sa grosseur était telle qu'il fallait quatre hommes pour l'embrasser par le bas : ainsi il pouvait avoir environ 7 pieds de diamètre.

Du Mélèze.

25. Cet arbre est une espèce de Sapin que plusieurs confondent avec le Larix, auquel il ressemble par le feuillage; cependant il en diffère, 1°. parce que le Mélèze ne conserve pas ses feuilles pendant l'hiver comme le Larix; 2°. le Mélèze s'élève moins haut, son bois est plus blanc, moins fort, plus résineux et plus gros que le Larix; sa résine est blanche, tandis que celle du Larix est moins abondante et couleur de miel, comme celle qui découle du Cèdre; 3°. le bois de Larix est plus rouge, plus ferme, se tourmente moins, ne change pas de couleur à l'air [1].

Du Châtaignier.

26. Le Châtaignier est un grand et bel arbre, qui croît dans les pays tempérés; son tronc devient quelquefois si gros, qu'à peine trois hommes peuvent l'embrasser; il est revêtu d'une écorce blanchâtre, crevassée et souvent couverte de mousse; il s'élève fort haut et droit. Ses branches sont garnies de feuilles longues et dentelées sur les bords; elles portent des fleurs mâles et des fleurs femelles, et des espèces de boules épineuses qui contiennent une ou deux châtaignes; son bois est dur et compacte, propre à la charpente et à la menuiserie; sa couleur approche de celle du bois de Chêne, mais il est moins fort, et, lorsqu'il est vieux, il devient cassant et sujet à se fendre. On voit dans plusieurs édifices d'Italie des charpentes faites de ce bois, qui ont beaucoup souffert, tandis qu'on en trouve de plus anciennes en bois de Sapin, qui sont bien conservées et en bon état [2].

----

[1] Dans les pays où le Mélèze est abondant, on bâtit des maisons ou cabanes avec des pièces de bois carrées d'environ un pied de grosseur, posées horizontalement les unes sur les autres. C'est ainsi qu'on le pratique en Russie et en Allemagne; ces pièces sont assemblées par des entailles à mi-bois aux angles et à la rencontre des cloisons de refend. Ces maisons sont blanches quand elles sont nouvellement bâties; mais, au bout de deux ou trois ans, elles deviennent noires comme du charbon; toutes les jointures sont remplies et bouchées par la résine que la chaleur du soleil attire hors des pores. Cette résine, en durcissant à l'air, forme un vernis luisant qui rend ces maisons impénétrables à l'eau et au vent, mais elle les rend très-combustibles; c'est ce qui oblige à les bâtir isolées les unes des autres à une certaine distance, pour éviter la communication du feu dans les cas d'incendie.

[2] On a cru pendant long-temps que les charpentes de plusieurs anciens châteaux et églises des environs de Paris, qui se sont conservées en bon état jusqu'à présent, étaient

Du Noyer.

27. C'est un grand et bel arbre qui croît dans les champs, dont les branches s'étendent beaucoup ; elles sont garnies de grandes feuilles lisses, vertes, oblongues et d'une odeur forte, rangées par paire le long d'une côte qui se termine par une seule feuille. Son fruit, qui est connu de tout le monde, est couvert d'une écorce verte et charnue, et renfermé dans une coque ligneuse qui se sépare facilement en deux parties. Le tronc est couvert d'une écorce blanchâtre et crevassée ; son bois est plein, liant, ondulé, moyennement dur et facile à travailler : il passe pour un des plus beaux et des meilleurs bois de l'Europe. On n'en fait pas usage en charpente parce qu'il est sujet à plier sous le fardeau Les anciens l'ont cependant employé quelquefois pour faire des poutres [1].

Dans les pays où il est abondant, on l'emploie pour les pressoirs ; les menuisiers en font usage pour les lambris et surtout pour les meubles. Ces arbres étaient autrefois fort communs dans le Dauphiné ; on en voit encore dont le tronc a quatre à cinq pieds de diamètre : mais les fortes gelées de 1709 en firent périr beaucoup ; depuis ce temps, il est devenu plus rare.

faites en bois de Châtaignier, parce qu'on a trouvé que leur texture approchait plus de celle du Châtaignier que du Chêne ordinaire ; mais ces bois ayant été examinés avec plus d'attention par MM. de Buffon et d'Aubenton, ces savans ont reconnu que ce prétendu bois de Châtaignier provenait d'une espèce de Chêne à gros glands, dont l'écorce est blanche, lisse, et qui a des feuilles grandes et larges. Son bois est ferme, liant, plus doux et moins coloré que le Chêne ordinaire.

Je pense, au reste, comme M. Hassenfratz, que la conservation des charpentes des combles de ces édifices, doit être attribuée au bon choix des matériaux et à la perfection du travail. Les forêts, alors plus multipliées et moins dégradées, contenaient une plus grande quantité de beaux arbres parmi lesquels on pouvait choisir ; l'importance qu'on mettait à ce choix, le soin qu'on avait de les couper dans un temps convenable, et de ne les employer que lorsqu'ils étaient secs, le peu de valeur de la main d'œuvre, exécutée par des gens simples, qui se livraient entièrement à leur art, tout engageait à ne rien épargner pour bien faire. Toutes les pièces de bois étaient bien équarries et dressées à la bisaigüe, et même replanies avec une espèce de rabot appelé galère ; les assemblages étaient bien combinés et solidement faits. Les combles, en général très-élevés, étaient vastes et bien aérés. Les couvertures, bien établies et bien entretenues, mettaient les bois à l'abri de l'humidité concentrée et de toutes les intempéries de l'air. Toutes ces précautions ont peut-être plus contribué à la conservation de ces charpentes que la nature du Chêne qu'on y a employé.

[1] Pline, livre XVI, chapitre 43, vante la propriété que ce bois a de craquer avant de rompre, comme il arriva aux bains d'Antandros, où les baigneuses effrayées par ce bruit eurent le temps d'éviter le danger.

Érable.

28. On compte plusieurs espèces d'Érables : celui dont le bois est propre à être employé à la construction des édifices, est le grand Érable ou faux Platane, qui croît dans les bois aux lieux montagneux et déserts ; ses branches, qui s'étendent beaucoup, sont garnies de grandes feuilles découpées et dentelées, d'un vert brun en dessus, et blanchâtre en dessous. Il vient de la grandeur du Tilleul ; son écorce est rougeâtre et un peu raboteuse. C'est le meilleur de tous les bois blancs ; il est sec, léger, sonore, brillant ; il n'est pas sujet à se tourmenter ni à se fendre. Toutes ces qualités le font rechercher des luthiers, des ébénistes, des menuisiers, des tourneurs et autres.

Le Platane.

29. On distingue deux sortes de Platanes, celui du Levant et celui d'Occident. Le premier a les feuilles plus petites et plus profondément découpées ; son écorce est blanchâtre ; celle des Platanes d'Occident est plus fine, et verdâtre. Le Platane du Levant est plus touffu, et n'exige pas un terrain aussi humide. Les feuilles de tous les Platanes sont fermes comme du parchemin, elles sont rarement endommagées par les insectes, conservent leur verdure jusqu'aux premières gelées, et exhalent une odeur balsamique, douce et agréable. Ces arbres sont les plus beaux qu'on puisse employer pour former des avenues et de grandes salles dans les parcs ; ils deviennent très-grands ; leur tronc est fort droit, et s'élève fort haut sans fournir de branches ; leur tête est belle, bien touffue et garnie de branches et de feuilles.

Le Platane est un des plus beaux arbres connus ; c'est, après le Cédre, celui qui est le plus vanté de l'antiquité : poëtes, orateurs, historiens, naturalistes, voyageurs, tous ont célébré cet arbre. On a vu les Romains prendre plaisir à le faire arroser avec du vin. Le bois de Platane est également propre à la charpente et à la menuiserie ; sa texture ressemble à celle de l'Érable et du Hêtre, mais il est plus dur et plus fort. Il parvient quelquefois à une grosseur prodigieuse[1].

---

[1] Pline parle d'un Platane creux qui existait de son temps en Lycie, auprès d'une fontaine, sur les bords d'un grand chemin ; il dit qu'il formait une grotte de 81 pieds de tour, dans laquelle le consul Lucinius Mucianus dîna avec dix-huit personnes, n'ayant pour lits

L'Olivier.

30. Les anciens faisaient usage du bois d'Olivier pour relier la maçonnerie des murs de remparts, après l'avoir fait durcir au feu : ils en
formaient aussi les courbes et les liernes des plafonds et voûtes en bois
qui devaient être revêtus de stuc dans l'intérieur des appartemens,
parce que cette espèce de bois se conserve long-temps dans le mortier,
et qu'elle n'est pas sujette à se tourmenter. Dans les îles de Rhodes et
de Candie on en trouve dont le tronc a jusqu'à 2 pieds de diamètre,
propre à faire de bonne charpente. Son bois est d'une couleur rousse,
plus claire que le Cyprès, avec des veines ondées; il se travaille bien et
reçoit un beau lustre; on s'en sert pour la menuiserie et l'ébénisterie.

Les bois dont il vient d'être question sont ceux qui croissent naturellement en Europe, ou qui y sont acclimatés. Les plus utiles, tels que
les Chênes, les Sapins, et autres de ce genre, se trouvent dans les autres parties, surtout en Asie et en Amérique, et même sur les côtes de
l'Afrique qui bordent la Méditerranée. Pour compléter l'énumération
des bois, nous allons ajouter un précis des grands arbres les plus
connus qui sont particuliers à chacune des trois autres parties du
globe.

GRANDS ARBRES D'ASIE.

Les arbres qui croissent dans les régions froides situées au nord de
l'Asie, sont les Bouleaux, les Aunes, les Pins, les Sapins : dans les pays
tempérés et les pays chauds, indépendamment des Peupliers, des
Chênes, des Ormes, des Cédres, des Frênes, des Sycomores, des Oliviers,
des Mûriers, des Platanes, etc., les grands arbres les plus connus, sont :

de table que des feuilles. La cime de cet arbre ressemblait à une petite forêt; ses branches étaient si grosses et si grandes, qu'on aurait cru voir autant d'arbres qui couvraient
de leur ombre un vaste terrain.

Le père Ange de Saint-Joseph dit avoir vu, près d'Ispahan, un Platane sur les branches duquel on avait construit une espèce de tente qui pouvait contenir cinquante personnes.

Le fameux Châtaignier de l'Etna, appelé le Châtaignier aux cent chevaux, a, par le bas,
au-dessus de ses racines, 178 pieds de tour. Le tronc principal, qui est ovale, a 51 pieds
de diamètre d'un sens, et 29 pieds de l'autre ; il se divise en cinq grosses branches.

La substance ligneuse du tronc, réduite à environ un pied et demi d'épaisseur, laisse un
vide intérieur d'environ 164 pieds de contour ; c'est-à-dire plus d'une fois plus grand que
celui du Platane dont parle Pline.

31. L'Agoucla ou Bois d'Aigle ; il est dur, compacte et pesant ; sa couleur est d'un gris brun ou noirâtre ; il a une odeur fort agréable lorsqu'on l'approche du feu ou qu'on le brûle. L'arbre dont il provient ressemble à l'Olivier, et croit particulièrement dans la Cochinchine, mais on en fait un commerce qui le rend commun dans toutes les parties des Indes.

32. L'Ambalam est un grand arbre des Indes, qui croît dans les lieux sablonneux ; son tronc, qu'un homme a de la peine à embrasser, est couvert d'une écorce épaisse ; son bois est lisse et poli ; les grandes branches sont vertes, couvertes d'une poussière bleue. Chaque feuille est composée de deux paires plus petites, terminées par une autre de figure irrégulière.

33. L'Angolam est un fort bel arbre d'environ 100 pieds de haut, dont le tronc, par le bas, a environ 12 pieds de circonférence ; il est toujours vert, et croît sur les montagnes parmi les rochers. Les Indiens du Malabar le regardent comme le symbole de la royauté, parce que ses fleurs sont attachées aux branches en forme de diadème.

34. L'Anoniréa est un fort grand arbre qui produit un fruit écailleux, nommé *Anone*, de la grosseur d'une poire, plein d'une substance blanchâtre, molle, douce et agréable, qui sert d'aliment.

35. Le Bambou ou Mambou est une espèce de gros roseau, qui s'elève jusqu'à 40 pieds de hauteur ; ses feuilles ressemblent à celles de l'Olivier ; mais elles sont beaucoup plus longues ; son tronc a depuis 7 et 8 pouces jusqu'à 12 à 15 pouces de grosseur par le bas ; on en fait des solives, des chevrons, des faitages, des pannes, des poteaux, des lattes pour la construction des maisons, et des pilotis. Son bois est fort dur, ferme et difficile à couper ; mais il se fend facilement.

36. L'arbre qui produit le *Benjoin* est grand et touffu ; ses feuilles ressemblent à celles du Limonier ; il en découle naturellement une gomme aromatique connue sous le nom de *Benjoin* ; la meilleure est celle qui vient des jeunes arbres.

37. Le Bogahah est un grand et bel arbre qui croit dans l'ile de Ceylan ; son tronc est fort droit ; il a des feuilles qui tremblent comme celles du Peuplier.

La vénération que les insulaires ont pour cet arbre, lui a fait donner le nom d'*arbre de Dieu* par les Européens.

38. Le Calamba est un arbre dont le bois est très-précieux par son

odeur, à laquelle on attribue de grandes vertus, et par l'usage qu'on en fait pour des ouvrages de marqueterie.

39. Le Calésiam est un grand arbre dont le bois est couleur purpurine obscure; il est uni et flexible.

40. Le Caniram est un arbre fort élevé, dont à peine deux hommes peuvent embrasser le tronc.

41. Le Champakam est un grand arbre qui porte des fleurs deux fois l'année.

42. Le Coapoïba est un arbre de la hauteur du Hêtre, auquel il ressemble; son écorce est de couleur cendrée avec des ondes brunes. Ses feuilles sont oblongues et fermes ; si l'on en rompt la queue, il en sort une liqueur laiteuse.

43. Le Congnare est un arbre d'une grande hauteur, dont les branches ont beaucoup d'étendue ; ses feuilles sont rondes : il produit une espèce de petite prune d'un goût délicieux. Il est fort estimé à Goa, parce qu'il porte, comme l'Oranger, des fleurs et des fruits qui se succèdent continuellement.

44. Le Cowalam est un grand arbre dont le fruit ressemble à une pomme ronde.

45. Le Cumana est une espèce de mûrier.

46. Le Cumbulu est un grand arbre commun au Malabar.

47. Le Jacaranda est un arbre dont on distingue deux espèces : l'une qui a le bois blanc sans odeur, et l'autre noir et odorant, tous deux durs, beaux et marbrés.

48. Les Jambos sont des arbres fort hauts, dont les feuilles sont longues et minces; leurs fruits, qui portent le même nom, sont des espèces de pommes qui contiennent deux noyaux.

49. Le Jombolcira est un arbre sauvage, dont les feuilles ressemblent à celles du Limonier. Il porte des fruits rouges, semblables aux olives appelés *Jambolons*.

50. Le Jamboyéra est d'une hauteur commune ; ses feuilles sont petites; ses fleurs ressemblent à celles des Orangers. Son fruit est une espèce de poire.

51. Le Katou-Cona est un grand arbre commun au Malabar; il est toujours vert, et porte des fruits et des fleurs en tout temps.

52. Le Katou-Naregam est un autre grand arbre qui porte des limons fort petits.

53. Le Libby est une espèce de Palmier qui croit le long des rivières, où l'on en trouve des bois de cinq à six milles de longueur.

54. Le Maroti est un grand arbre dont les feuilles ressemblent à celles du Laurier.

55. Le Morankgast est un arbre considérable dont les branches s'étendent beaucoup; il est garni de petites feuilles rondes. Son fruit est une longue gousse, remplie d'une sorte de fèves.

56. Le Morenga est une espèce de Lentisque.

57. Le Nagam porte des siliques comme les Caroubiers.

58. Le Negundo est un grand arbre dont on distingue deux espèces, l'une mâle et l'autre femelle. Le mâle a ses feuilles semblables à celles du Sureau, et velues comme celles de la Sauge.

59. Le Negundo femelle a des feuilles comme le Peuplier blanc.

60. Le Nirnala est un arbre fort gros, qui s'élève à 30 pieds de haut; il croît dans les lieux pierreux et sablonneux, le long des rivières.

61. L'OEpata est une espèce d'Amandier qui croît sur les bords de la mer et devient fort grand.

62. Le Pagna est un grand arbre qui produit une espèce de coton, dont on se sert pour différens usages.

63. Le Pala, qui est aussi fort grand, porte des siliques.

64. Le Palmier, appelé Tranfolin, est une espèce de Cocotier qui porte des fruits moins gros. Le Palmier des singes est de même espèce.

65. Le Papo est une espèce de Figuier.

66. Le Puna est un arbre si droit et si haut, qu'on peut s'en servir pour les mâts de vaisseaux.

67. Le Sandal est un arbre de la grandeur du Noyer, son bois est très-estimé aux Indes. On en trouve de rouge, de jaune et de blanc; les deux derniers croissent abondamment dans les îles de Timor et de Solor.

68. Le Savonnier est un grand arbre, ainsi nommé parce qu'il produit des fruits en forme de boule, qui contiennent une matière savonneuse, dont les Indiens se servent pour laver la soie.

69. Le Taliir-Kara est un grand arbre qui ne produit ni fleurs ni fruits; son tronc, qui est fort gros, est couvert d'une écorce blanchâtre, unie et poudreuse.

70. Le Talipot est un arbre de l'île de Ceylan, dont le tronc fort droit et très-élevé ressemble à un mât de vaisseau. Il porte à son sommet des

feuilles d'une grandeur extraordinaire, dont les naturels du pays se servent pour se garantir du soleil et de la pluie, et pour faire des tentes.

71. Le Tenga, ou Cocotier de Malabar, est un arbre dont le tronc est fort droit et sans branches, qui s'élève à 30 ou 40 pieds de hauteur; il est terminé par dix ou douze grandes feuilles qui sortent de l'extrémité du tronc. La longueur de ses feuilles est de 8 à 10 pieds. On s'en sert pour couvrir les maisons; son bois, qui est spongieux, n'est propre à la construction que lorsqu'il est vieux [1].

72. La Theca est un grand arbre qui peut être considéré comme le Chêne des Indes; on en trouve des forêts entières. Les Indiens idolâtres n'emploient point d'autre bois pour bâtir et réparer leurs temples.

GRANDS ARBRES PARTICULIERS A L'AFRIQUE.

73. L'Acacia véritable est un grand arbre qui croît en Égypte, en Arabie et en Afrique. Il est fort branchu, armé d'épines; ses feuilles sont opposées et ses fleurs de couleur d'or, sans odeur; son bois est dur et liant, propre à la charpente et à la menuiserie. Cet arbre croît aussi à la Chine, où il est connu sous le nom de *Hoai-chu;* en France, il ne peut être élevé que dans les serres.

74. Le Baobab, ou Pain de Singe, est un arbre monstrueux du Sénégal, dont le tronc a depuis 75 pieds jusqu'à 100 pieds de tour, et qui s'élève de 60 à 80 pieds de hauteur. Les premières branches s'étendent presque horizontalement; comme elles sont grosses, et qu'elles ont en-

---

[1] On trouve au sommet, entre les feuilles, une espèce de chou-fleur, dont un seul suffit, dit-on, pour rassasier six personnes. Ses fruits, appelés noix de Coco, sont de la grosseur de la tête d'un homme, enveloppés d'une coquille dure et ligneuse, qui, étant travaillée, est propre à différens usages. Elle contient une certaine quantité d'eau claire, odorante et aigrelette, une moelle bonne à manger, dont le goût approche de celui de l'amande; on en tire de l'huile. Les coquilles sont garnies à l'intérieur d'une espèce de bourre rougeâtre et filandreuse, dont les Indiens font de la ficelle, des câbles et des cordages. Cette bourre est préférable à l'étoupe pour calfater les vaisseaux, parce qu'elle ne se pourit pas si vite.

Cet arbre passe, aux Indes et en Afrique, pour le plus utile de tous. Avec son tronc on bâtit des maisons, dont le toit est couvert de ses feuilles, et dont les meubles et les ustensiles peuvent être formés de son bois et de ses coquilles; on en fait des barques avec leurs mâts et leurs vergues; les cordages, les voiles, sont faits de ses filamens les plus déliés, dont on fabrique aussi diverses sortes d'étoffes. Ainsi des barques formées du bois de cet arbre merveilleux peuvent être chargées de fruits, d'eau-de-vie, de miel, de sucre, d'étoffes et de charbon provenant de ces mêmes arbres.

viron 60 pieds de longueur, leur propre poids en fait plier l'extrémité jusqu'à terre, en sorte que la tête de l'arbre, qui est assez régulièrement arrondie, cache absolument son tronc et paraît une masse hémisphérique de verdure de 150 à 200 pieds de diamètre. Ses feuilles sont longues d'environ 5 pouces, sur 2 pouces de large, attachées trois, cinq ou sept, sur un pédicule commun, à peu près comme celles du Marronier, auxquelles elles ressemblent beaucoup ; elles ne naissent que sur les jeunes branches.

L'écorce de cet arbre est grisâtre, épaisse, fort souple et très-liante ; celle des branches est parsemée de poils fort rares. Le bois de l'arbre est tendre, léger et assez blanc [1].

75. Le Billagoh est un fort grand arbre, dont les nègres se servent pour faire des canots.

76. Le Bischalo, qui croît sur les rives de la Gambra, est un arbre dont le tronc est fort droit, et dont le feuillage donne beaucoup d'ombre ; son bois est dur et bon pour la charpente.

77. Le Bissy croît de 18 à 20 pieds de hauteur ; son écorce, qui est d'un rouge-brun, sert pour teindre la laine. Les nègres l'emploient aussi à faire des canots.

78. L'arbre appelé Bois-Rouge se trouve dans le pays de la Côte-d'Or, où il devient fort gros ; son bois, qui est très-dur, est d'un excellent usage.

79. Le Bonde est un arbre gros et touffu, dont le tronc a 7 ou 8 bras-

---

[1] Les fleurs et les fruits sont proportionnés à la grosseur de l'arbre. Lorsque les fleurs sont épanouies elles ont 4 pouces de longueur, sur 6 pouces de diamètre ; elles sont du genre des malvacées. Les fruits sont oblongs, pointus à leurs deux extrémités, ayant 15 à 18 pouces de longueur, sur 5 à 6 de large, recouverts d'un duvet verdâtre, sous lequel est une écorce dure, ligneuse et presque noire, marquée de douze à quatorze sillons, qui le partagent en côtes, suivant sa longueur. Ce fruit tient à l'arbre par un pédicule d'environ deux pieds de long ; il renferme une espèce de pulpe ou substance blanchâtre, spongieuse, remplie d'une eau aigrelette et sucrée.

Quoique le bois de cet arbre soit tendre, il est fort long-temps à parvenir à son énorme grosseur. M. Adanson, qui a eu occasion de les examiner en parcourant les pays où ils croissent, prétend, d'après toutes les recherches qu'il a faites sur cette espèce d'arbre, qu'un Baobab de 25 pieds de diamètre, doit avoir plus de trois mille sept cent cinquante ans.

Les Baobabs élevés dans les serres et dans les climats tempérés, soigneusement entretenus à la température du climat où ils croissent naturellement, prennent un accroissement encore beaucoup plus lent.

ses de tour; son écorce est épineuse; et le bois, qui est fort doux, sert
à faire des canots.

80. Le Boudou a les feuilles minces et luisantes; son bois est jaune
sur l'arbre et devient rouge lorsqu'il est coupé.

81. Le Calebassier est un arbre dont les nègres font beaucoup de cas,
parce qu'il leur fournit des vases. Le tronc de cet arbre a environ
4 pieds de circonférence; son bois est doux, se travaille bien, et prend
facilement le poli.

82. Le Caroubier est un arbre de moyenne grandeur, branchu, garni
de feuilles épaisses, vertes et presque rondes, qui ne tombent point en
hiver; il porte des gousses aplaties de la longueur d'un demi-pied; son
bois est dur et d'un bon usage.

83. Le Ceiba, quoique moins gros que le Baobab, surpasse tous les
autres arbres en grosseur et en hauteur. M. Adanson en a vu au Sénégal qui avaient plus de 120 pieds de hauteur. Leur tige ou tronc avait
8 à 12 pieds de diamètre, sur 60 à 70 pieds de hauteur entre la terre et
les branches. Son bois, quoique léger et mou, sert au Sénégal et en
Amérique; on en fait des pirogues ou canots capables de porter voile
sur la mer; leur longueur est de 50 à 60 pieds, sur 10 à 12 pieds de
largeur, et ils sont capables de porter deux cents hommes.

84. On trouve en Afrique beaucoup de Citronniers, d'Orangers et de
Limoniers ou Limiers, qui y deviennent fort grands et touffus, comme
presque tous les arbres du Sénégal.

85. Le Kapot est encore un grand arbre dont on fait des canots; on
en trouve près d'Axim, que dix hommes ne pourraient pas embrasser.
Son bois est de même nature que le Ceiba. Il porte une espèce de
bourre, dont on fait des matelas.

86. Le Katy est encore un arbre dont on peut faire des canots; son
bois est fort dur et à l'épreuve des vers.

7. Le Kolach est un grand arbre qui porte une espèce de fruit bon
à manger; son bois, qui est dur, est propre à la charpente et à la menuiserie.

88. Le Kurbaris est un arbre gros et touffu qui croît abondamment
le long des bords de la Gambra et dans les environs. Il croît fort lentement comme tous les bois durs; son tronc, qui est rond et droit, n'a
pas moins de 3 pieds de diamètre sur 40 pieds de haut. Son bois, qui
est facile à travailler, parce qu'il n'a pas de nœuds, n'est pas sujet

à se fendre. Il est très-propre pour les ouvrages de charpente et de menuiserie. Cet arbre est fort branchu et garni de feuilles, qui forment un ombrage agréable.

89. Le Latanier est une espèce de grand Palmier, qui vient abondamment dans le Sénégal; on en a vu dont la hauteur était de 100 pieds. Ses branches, qui croissent au sommet de l'arbre, sont au nombre de quarante à soixante. Ce sont des espèces de roseaux sans nœuds, moyennement flexibles, qui portent à leurs extrémités des feuilles formant un éventail naturel d'environ 2 pieds de large.

90. Le Mischery n'est pas d'une grande hauteur, mais son tronc est fort gros. Son bois est bon; il est gris, sans nœuds, facile à scier; on estime les planches faites de ce bois, parce que les vers ne s'y mettent jamais.

91. Le Palmier est une espèce d'arbre qui croît dans presque toutes les parties de l'Afrique, où l'on en trouve une grande variété, dont la tige s'élève depuis trois pieds jusqu'à plus de cent pieds; ils ne portent tous des feuilles qu'au sommet de l'arbre, qui diffèrent entre elles; outre les fruits et les liqueurs qu'on tire de cet arbre, le tronc de celui appelé Dattier sert pour la charpente; on en fait des pieux qui résistent long-temps dans l'eau.

92. Le Quamiay est un grand arbre qui croît aux environs du Cap-Vert, dont le bois est si dur que les nègres en font des mortiers pour piler le riz.

93. Le Sanara est un arbre du Sénégal dont les feuilles ressemblent à celles du Laurier-Rose. Son tronc est couvert d'une écorce grise et mince; son bois, qui est brun et dur, a l'avantage de durcir encore davantage dans l'eau, et de s'y conserver.

94. Le Tamarin croît dans les parties occidentales de l'Afrique. Il s'en trouve au sud du Sénégal d'une hauteur extraordinaire; mais communément il est de la taille des grands Noyers, branchu et beaucoup plus touffu; le tronc est toujours droit; son diamètre a ordinairement plus de trois pieds. Le bois est propre à la charpente et à la menuiserie.

GRANDS ARBRES PARTICULIERS A L'AMÉRIQUE.

On trouve en Amérique presque toutes les espèces d'arbres qui croissent dans les trois autres parties de la terre. Quant à ceux qui sont particuliers à cette partie du monde, les plus considérables sont :

95. Le grand Acajou, dit Acajou à planche, qui croît dans l'Amérique méridionale et les Antilles; il vient aussi haut que les plus grands Chênes; il y a de ces arbres dont le tronc sert à faire des canots d'une seule pièce, de quarante pieds de longueur sur plus de cinq pieds de largeur; son bois est ordinairement rouge, mais il y en a de marbré, de jaune et de blanc clair; il est beau, bien plein, se travaille bien et se polit parfaitement. Celui de Cayenne l'emporte sur celui des îles, par la finesse de son grain et la nuance de ses fibres. On en fait des meubles qui communiquent au linge et aux hardes qu'on y renferme une odeur suave. Il y en a une espèce qu'on appelle Cèdre de Saint-Domingue, dont on fait actuellement beaucoup d'usage. Ce bois, qui se pourit difficilement dans l'eau, est également bon pour la charpente et la menuiserie.

96. L'Acomas est un grand et gros arbre dont la feuille est large, et qui porte des fruits en olive d'une couleur jaune et d'un goût amer. On fait usage de son bois pour la construction des vaisseaux, et on en tire des poutres, de dix-huit pouces en carré sur soixante pieds de longueur.

97. L'Andira ou Angelin est un arbre du Brésil, dont la feuille ressemble au Laurier, mais plus petite; l'écorce du tronc est cendrée. Son bois dur est propre pour la charpente des bâtimens.

98. L'Araboutin est un grand arbre dont le bois est connu sous le nom de Bois du Brésil, qui sert pour la teinture.

99. Le Bagasse est un arbre de la Guyane, fort grand et touffu, dont la feuille est digitée; son bois est léger, liant et difficile à fendre.

Balatas, grand arbre de la Guyane, dont on distingue trois espèces principales :

100. 1°. Le Balatas blanc, dont la feuille est étroite et pointue; il s'élève assez haut et fort droit; son écorce est brune et crevassée. Son bois est facile à travailler et propre à la charpente; mais il est sujet aux poux de bois qui le pénètrent d'un bout à l'autre.

101. 2°. Le Balatas rouge, appelé à Saint-Domingue Sapotillier mar-

ron, vient ordinairement aux bords des rivières; il l'emporte sur tous les autres arbres par sa beauté, sa hauteur, sa grosseur et sa tige droite. A Cayenne, le bois de cet arbre passe pour le premier de ceux qu'on emploie pour bâtir; c'est un de ceux qui résistent le plus à l'air. Cependant il s'éclate et se fend quelquefois lorsqu'il est exposé à l'ardeur du soleil; il y perd sa couleur rouge, et devient grisâtre; mais lorsqu'il est à couvert, il dure aussi long-temps que le Chêne.

102. 3°. Le Balatas à grosse écorce vient aussi haut et plus haut que le Balatas rouge; mais il est tortu et plein de nœuds. Son bois, qui se travaille moins bien, n'est propre que pour les gros ouvrages de charpente.

103. Bois-Benoît-Fin, ou de Férole, appelé aussi Bois-Marbré, Bois-Satiné, est un grand arbre de Cayenne et des Antilles, qui est fort touffu. Son bois est jaspé comme du marbre veiné de rouge; il est recherché pour les ouvrages de marqueterie et pour les meubles précieux; il y en a dont le fond est blanc et d'autres dont il est jaunâtre. Les ébénistes lui donnent différens noms, suivant les couleurs et les nuances qu'il présente étant coupé à des hauteurs différentes.

104. Bois de Brésil. L'arbre dont on tire ce bois croît dans les forêts; il est toujours tortu et raboteux; ses feuilles ressemblent à celles du Buis. Le bois est recouvert d'un aubier si épais, que d'un arbre de la grosseur d'un homme, à peine reste-t-il, quand on l'a enlevé, une bûche de 4 à 5 pouces de gros. Celui de Fernambouc est le plus estimé pour la teinture.

105. Bois de Campêche, Bois d'Inde, ou Bois de la Jamaïque. Il provient d'un grand arbre dont les feuilles ressemblent à celles du Laurier ordinaire, ce qui lui a fait donner le nom de Laurier aromatique. Ce bois, qui est dur, est d'une belle couleur marron tirant sur le violet; il s'en trouve à fond brun tacheté de noir très-régulièrement; on en fait des meubles précieux, parce qu'il prend un très-beau poli. On s'en sert aussi pour la teinture.

106. Bois Capucin ou Bois Signor; vient d'un très-grand arbre de Cayenne. Il est bon pour bâtir, et ressemble au Balatas, dont il a été ci-devant parlé, mais il a le grain plus fin.

107. Bois incombustible dont on se sert pour bâtir les maisons à Panama; on prétend que les charbons de feu qu'on met dessus ne font que le percer sans l'enflammer, et qu'il s'éteint dans sa cendre.

108. Bois-Léger ; croît dans le même pays ; il est presque aussi léger que le Liége, il provient d'un arbre de la grosseur d'un Orme, dont le tronc est fort droit. Les habitans en forment des radeaux pour traverser les rivières.

109. Bois de Lettres ; provient d'un arbre de la Guyane, dont les feuilles ressemblent au Laurier. Il est beau, très-dur, à fond rouge moucheté de noir. Il y en a dont le fond est jaune. Il prend un beau poli et il est fort estimé des ébénistes. Il y en a qui lui donnent le nom de Bois-Tapiré. Dans le pays on en fait des meubles ; comme il a une très-bonne odeur, il la communique aux objets qu'on y renferme.

110. Bois de Palixandre ou Bois-Violet ; vient des Indes en grosses bûches ; il réunit à une odeur douce et agréable, une belle couleur tirant sur le violet avec des marbrures. On estime davantage celui dont les veines sont plus tranchantes. Son grain, qui est serré, fait qu'il prend un poli brillant ; on l'emploie pour les ouvrages de tour et de marqueterie.

111. Bois de Rhodes ou de Chypre, appelé aussi Bois de Rose, à cause de son odeur, est un bois précieux dont la couleur est jaune ou feuille-morte, dur, tortueux et rempli de veines qui le rendent très-propre aux ouvrages de marqueterie, et qui prend un beau poli ; quelques - uns pensent que c'est le même que le Bois-Citron.

112. Bois-Rouge ou Bois-de-Sang. C'est le bois d'un très-grand arbre d'Amérique. Il est d'abord d'un très-beau rouge, mais il perd sa couleur avec le temps et devient gris ; tandis que son écorce, qui est grise, devient rouge en séchant.

113. Gagou ; est un grand arbre de la Guyane, que les habitans regardent comme une espèce de Cédre. Son bois, qui est fort liant, a une couleur qui ressemble à celle des pierres à fusil.

114. Le Gaïac est un arbre de la Jamaïque, dont le bois est fort dur, compacte et pesant ; on s'en sert pour des poulies, des roulettes et autres ouvrages de tour.

115. Le Gommier est un grand arbre de l'Amérique, qui tire son nom de la grande quantité de gomme qu'il jette : on en distingue de deux espèces, le *Gommier blanc* et le *Gommier rouge*.

116. Le Gommier blanc devient plus haut et plus gros que l'autre. Son tronc a souvent 4 à 5 pieds de diamètre ; son bois est blanc, dur, difficile à mettre en œuvre ; on en fait des canots d'une seule pièce.

117. Le Micocoulier, connu des anciens sous le nom de *Lotus arbor*; est un gros et grand arbre qui croit dans les pays chauds; il est rameux et vient de la grandeur d'un Orme, et a des feuilles à peu près semblables. Son bois est noirâtre, dur, et liant; il plie sans se rompre. Pline parle d'un Lotus qui avait plus de quatre cent cinquante ans.

118. Oulemary; est un des plus grands arbres de la Guyane, dont les feuilles lisses et luisantes ressemblent à celles du Citronnier.

119. Le Palmiste est une espèce de Palmier d'Amérique, dont le tronc s'élève à plus de 30 pieds de hauteur; le bois du tour, qui est d'un rouge brun, est fort pesant et si dur qu'à peine la hache peut l'entamer; le milieu est spongieux et mollasse. On en fait d'excellens tuyaux et de bonnes gouttières.

120. Panacoco; est un grand arbre qui passe, à Cayenne, pour l'ébène noir. Son aubier est aussi compacte que le cœur. Ce bois est si dur qu'il sert à faire des pilons qui émoussent le fer.

121. Le Tatauba est un arbre du Brésil, dont le bois est fort dur et qui se conserve bien dans la terre et dans l'eau.

122. Le Tulipier est un des plus beaux arbres de l'Amérique; on en trouve dont le tronc a jusqu'à 30 pieds de circonférence. Son bois est très-propre pour les bâtimens; il passe dans le pays pour être le meilleur bois. On en fait des pirogues ou des canots d'une seule pièce.

Nous terminerons cette description par la table suivante, dressée d'après celle de l'ouvrage de M. Hassenfratz, sur *l'Art du Charpentier*.

TABLE *contenant les hauteurs moyennes auxquelles peuvent s'élever plusieurs espèces d'arbres, celle de leur tronc ; la pesanteur spécifique de leur bois et celle du pied cube.*

| NOMS DES ARBRES. | HAUTEUR MOYENNE | | | | DIAMÈTRES DES TRONCS | | PESANTEUR spécifique. | POIDS d'un pied cube en livres. |
| | DES ARBRES | | DES TRONCS | | | | | |
	En mètres.	En pieds.	En mètres.	En pieds.	En contim.	En pouces.		
Abricotier	9	25	4	12	27	10	789	55 $\frac{1}{4}$
Acacia à trois épines ou Févier.	12	36	6	18	49	18	676	47 $\frac{1}{2}$
Alizier commun	24	72	13	39	72	26	879	61 $\frac{1}{3}$
Allier	20	60	12	36	60	22	739	51 $\frac{1}{2}$
Amandier	12	36	7	21	36	14	1102	77 $\frac{1}{4}$
Arbre de Judée	10	30	6	18	32	12	686	48
Aune commun	25	75	14	42	75	28	655	46
Bois de Sainte-Lucie	9	27	5	15	27	10	865	60 $\frac{1}{2}$
Bouleau commun	27	81	15	45	81	30	702	49 $\frac{1}{4}$
Bouleau blanc a merisier	24	72	13	39	72	26	570	40
Buis de Mahon	9	27	5	15	27	10	919	64 $\frac{1}{4}$
Catalpa	14	42	8	24	42	16	467	32 $\frac{1}{2}$
Cèdre du Liban	30	90	16	48	100	37	603	42 $\frac{1}{4}$
Charme commun	18	54	10	30	54	20	760	53 $\frac{1}{4}$
Châtaignier	24	72	14	42	72	26	685	48 $\frac{1}{4}$
Chêne commun	27	81	14	42	81	30	905	63 $\frac{1}{4}$
Chêne blanc du Canada	30	90	18	54	90	33	842	59
Chêne de Bourgogne	25	75	14	42	75	28	764	53 $\frac{1}{2}$
Chêne rouge de Virginie	27	81	15	45	81	30	587	41
Chêne vert	21	63	12	36	63	23	994	69 $\frac{1}{2}$
Cormier ordinaire	15	45	8	24	45	17	911	63 $\frac{1}{4}$
Cyprès pyramidal	24	72	12	36	72	26	655	46
Cyprès étalé	20	60	11	33	60	22	572	40
Ébénier des Alpes	10	30	6	18	30	11	1054	73 $\frac{1}{4}$
Érable de Virginie	24	72	12	36	72	27	629	44
Érable jaspé	12	36	7	21	36	14	554	38 $\frac{1}{2}$
Faux acacia	20	60	10	30	60	22	791	55 $\frac{1}{4}$
Févier sans épine	18	54	9	27	54	20	780	54 $\frac{1}{2}$
Frêne	20	60	12	36	60	22	787	55
Hêtre	24	72	14	42	72	26	720	50 $\frac{1}{2}$
If	9	27	5	15	27	10	778	54 $\frac{1}{2}$
Marronier	24	72	14	42	92	36	657	46
Mélèse	25	75	15	45	90	33	656	46
Noyer	18	54	9	45	92	34	680	47 $\frac{1}{2}$
Noyer d'Amérique	20	60	10	30	96	36	735	51 $\frac{1}{2}$
Orme	24	72	14	42	80	30	738	51 $\frac{1}{2}$
Peuplier d'Italie	25	75	15	45	81	30	415	29
Pin du Nord	27	81	15	45	87	33	612	43
Plane	25	75	14	42	75	28	622	43 $\frac{1}{2}$
Platane d'Orient	27	81	14	42	96	36	538	37 $\frac{1}{2}$
Platane d'Occident	25	75	13	39	90	33	704	49 $\frac{1}{2}$
Poirier sauvage	12	36	6	18	36	14	715	50
Pommier id.	10	30	5	15	33	12	735	51 $\frac{1}{2}$
Prunier id.	9	27	5	15	30	11	762	53 $\frac{1}{2}$
Sapin	32	96	18	54	120	44	542	38
Saule	18	54	9	27	30	22	462	32 $\frac{1}{4}$
Sycomore	20	60	10	30	72	27	645	45
Sorbier	12	36	6	18	42	16	742	52
Tilleul	18	54	10	30	66	25	564	39 $\frac{1}{2}$
Tulipier	20	60	10	30	70	26	477	33 $\frac{1}{2}$
Thuya de la Chine	18	54	10	30	56	21	560	39 $\frac{1}{2}$
Vernis du Japon	10	30	6	18	36	14	820	57 $\frac{1}{4}$

CHAPITRE SIXIÉME.

DU FER.

PRÉCIS SUR L'EXPLOITATION, LA FABRICATION ET LA NATURE DES FERS.

Le fer, considéré relativement à son usage dans l'art de bâtir, est la plus forte des matières qu'on emploie à la construction des édifices. Cette qualité le rend très-propre à relier et à entretenir leurs principales parties. On peut faire, par son moyen, des constructions plus légères, aussi solides et beaucoup moins coûteuses, parce qu'il supprime des efforts auxquels il faudrait opposer des masses considérables, ou qu'il supplée à des matériaux d'une très-grande dimension, difficiles à transporter et à mettre en œuvre.

Il faut cependant n'employer les fers que lorsque la nécessité les rend indispensables, et leur donner les dispositions, les formes et les dimensions convenables.

On reproche au fer d'être sujet à se décomposer à l'air et à l'humidité; on cite à ce sujet des fers, mal placés, qui ont fait éclater les pierres, par l'effet de la rouille qui avait augmenté leur volume; cependant les fers trouvés sains dans les démolitions d'anciens édifices, ceux exposés à l'air depuis plusieurs siècles, tels que des vitraux d'églises gothiques, des grilles, des crampons de fer pour retenir des tablettes d'appui, les supports des réverbères des Tuileries, du cours la Reine, des quais, des ponts, etc., prouvent que ce métal, lorsqu'il est garanti de l'humidité, est aussi durable que les autres matières employées à la construction des édifices. J'ai vu des fers provenant d'anciennes constructions hydrauliques, qui étaient restés dans l'eau plus de 30 ans, être encore en bon état et pas plus rouillés que les fers neufs qu'on achète dans les magasins. *Le savant Muschenbrock a éprouvé que si on met un morceau de fer dans un vase rempli d'eau pure, bien bouché, il ne contracte pas de rouille.*

On a remarqué que les fers dont les surfaces ne sont que forgées sont moins susceptibles de s'oxider que ceux qui sont limés; ceux qui sont scellés dans du plâtre s'oxident beaucoup, ceux qui le sont dans du mortier ne s'oxident presque pas. C'est pour cette raison que les maçons en plâtre se servent ordinairement de truelles à lames de cuivre, ceux en mortier, de truelles de fer.

J'ai trouvé dans les démolitions de très-anciens édifices des fers tout-à-fait enveloppés de mortier, qui n'étaient que légèrement oxidés à leur superficie; tandis que d'autres, placés dans des constructions en plâtre, beaucoup moins anciennes, étaient presque décomposés. Lorsqu'on emploie des fers comme crampons, dans l'intérieur des constructions, il faut, autant qu'il est possible, éviter de les sceller en plâtre et *surtout en soufre*, qui décompose le fer encore plus vite.

Lorsqu'on ne fait pas usage du plomb, il faut les sceller en ciment gras, après les avoir bien fixés avec des tuileaux ou des petites cales de fer. On doit surtout éviter de placer des fers dans des joints où les eaux pourraient pénétrer, par quelque négligence, soit dans la construction ou dans l'entretien. C'est à l'humidité que produisent ces eaux qu'il faut attribuer la rouille ou oxidation des fers et la destruction des pierres, même dans les constructions où il n'entre pas de fers, ainsi qu'on l'a vu, il y a quelque temps, dans une des arcades du théâtre de l'Odéon qui traverse la rue de Corneille.

On peut empêcher les fers de s'oxider en les enduisant de matières grasses. Muschenbrock remarque qu'en Hollande (où il dit que les fers exposés à l'air s'oxident plus en huit jours, que vers le milieu de l'Allemagne en un an, à cause de l'humidité saline qui y règne), on vient à bout de préserver ces fers de la rouille, en les enduisant avec de la graisse de chapon. Le goudron, la poix, la cire, les vernis et les mastics, produisent le même effet; en France on fait usage de peinture à l'huile qu'on peut renouveler pour ceux qui sont exposés à l'humidité, car pour ceux qui en sont à l'abri, il n'en est pas besoin quoiqu'ils soient exposés à l'air.

Presque tous les fers employés pour entretenir les parties d'un édifice, agissent en tirant et résistent aux efforts d'écartement par leur ténacité ou l'adhérence des parties qui les composent. C'est cette propriété qui constitue la qualité essentielle du fer, qualité qu'on augmente beaucoup en le forgeant.

M. de Buffon assure que les bonnes ou mauvaises qualités du fer dépendent moins de la nature des minerais, dont il est tiré, que de la manière dont il est fabriqué. D'après son opinion, les fers d'Angleterre, d'Allemagne ou de Suède, ne sont pas meilleurs que ceux de France; il dit avoir éprouvé qu'en chauffant peu et forgeant beaucoup, on donne au fer plus de nerf et qu'on approche davantage du *maximum* de force dont on ne saurait trop recommander la recherche.

Il s'en faut de beaucoup que les fers ordinaires soient aussi bien fabriqués qu'ils pourraient l'être; pour qu'on puisse en juger, nous allons donner un précis de la manière dont ils se fabriquent.

Lorsque la mine est fondue, on la coule dans le sable, en gros lingots appelés *gueuses*; on leur donne la forme d'un prisme triangulaire, du poids de quinze à dix-huit cents livres et plus; on porte la gueuse à l'affinerie, où on la fait chauffer fondante; on en fait un nouveau lingot qu'on nomme *loupe*, qu'on passe sous le gros marteau; on la bat d'abord à petits coups, pour rapprocher et souder les parties les unes avec les autres.

Quand cette loupe est *ressuée*, c'est-à-dire, lorsqu'en la frappant à petits coups on en fait sortir le *laitier* ou parties hétérogènes, disséminées entre les parties de fer, on la frappe plus fort pour l'étirer en grosses barres d'environ trois pieds de longueur : on les fait ensuite repasser à la forge pour leur donner différentes formes, à la demande des marchands. C'est ainsi qu'on fabrique tous les fers communs; on ne leur donne que deux ou tout au plus trois volées de marteau, aussi n'ont-ils pas, à beaucoup près, la ténacité qu'ils pourraient acquérir, si on les travaillait moins précipitamment.

On peut connaître la qualité du fer en le rompant; si la cassure paraît brillante et formée de grandes paillettes, c'est une marque que c'est un fer aigre qui sera dur à la lime et difficile à forger, tant à chaud qu'à froid; il sera *tendre à la chauffe* et se brûlera aisément; quelquefois même, au lieu de s'adoucir sous le marteau, il devient plus aigre. Ce fer est de mauvaise qualité pour presque toutes sortes d'ouvrages; seulement à cause de sa dureté il pourrait être employé comme la fonte à des grosses pièces qui n'ont à résister qu'à des frottemens.

Si la rupture d'une barre de fer paraît moins brillante et moins blanche et que le grain soit moins gros, le fer ne sera pas aussi aigre, se chauffera et se forgera mieux : les maréchaux estiment cette espèce de fer à cause de sa fermeté, et les serruriers en font usage pour les ouvrages qui ne doivent pas être limés, parce qu'il se trouve des grains sur lesquels le foret ni la lime ne peuvent pas mordre.

Si la cassure est un peu noire et inégale, y ayant des flocons de *nerfs* qui se déchirent comme lorsqu'on romp du plomb, ce que quelques ouvriers appellent *de la chair*, c'est l'indice d'un fer très-doux, qui se travaille aisément à chaud et à froid, sous le marteau et sous la lime;

mais il est presque toujours difficile à polir et rarement il prend un
beau lustre.

Il se trouve des fers qui sont, pour ainsi dire, composés des deux espèces précédentes; leur rupture présente des endroits blancs et d'autres
noirs. Quand on emploie ces fers tels qu'ils viennent de chez le mar-
chand, ils sont pour l'ordinaire pailleux et de dureté inégale; mais
lorsqu'ils sont corroyés ils sont excellens pour la forge et pour la lime;
ils sont fermes sans être cassans et se polissent aisément, quelquefois
cependant ils sont cendreux, défaut auquel sont exposés les fers doux.
Ces fers pourraient avoir, en sortant des grosses forges, la bonne qualité
qu'on leur procure, en second lieu, si on les y travaillait avec plus de soin.

Il y a encore des fers qui ont le grain fin et qui n'ont point de chair,
cependant ils sont assez plians et ne se rompent pas aisément; ils prennent un beau poli, mais ils sont durs à la lime et *bouillans* à la forge.
Ce sont des fers acérains qui prennent la trempe et ne sont pas propres
pour des ouvrages qui doivent soutenir de grands efforts. Quand ces
fers doivent être limés, il faut les laisser refroidir doucement pour qu'ils
ne se trempent point. On doit les ménager à la forge, presque comme si
on travaillait de l'acier.

Les fers que l'on nomme *rouverains*, sont assez plians et malléables à
froid, mais il faut les ménager au feu et sous le marteau. Quand on les
forge ils répandent une odeur de soufre et il en sort des étincelles fort
brillantes. Lorsqu'on les chauffe presque à blanc et qu'on les frappe ru-
dement, ils sont sujets à se dépecer sous le marteau, à se rompre ou
du moins à devenir pailleux.

Les fers d'Espagne et ceux qu'on fait avec de vieilles mitrailles cor-
royées, sont presque tous rouverains; ils sont bons, mais il faut les travailler avec ménagement.

On voit par cette énumération des principales qualités du fer, que
le meilleur, pour le cas où il doit agir en tirant, est celui qui, étant
rompu, paraît tout nerf; et que celui dont la cassure est brillante, à
paillettes ou gros grains, ne saurait convenir pour cet usage : il tient de
la nature de la fonte, et de la gueuse dont il provient, en ce qu'il n'a
pas été assez purgé de son laitier.

Les qualités des autres fers tiennent plus ou moins de ces deux ex-
trêmes. Le fer vaut mieux, à raison de ce que son grain est plus fin.
Le meilleur est celui dont la cassure paraît arrachée et ne présente pas

de grains, c'est-à-dire, qui est tout *chair* ou tout *nerf*, on a trouvé que
la force de ce dernier est au delà de quinze fois plus grande que celle
du fer à paillettes ou à gros grains.

On convertit le grain du fer en nerf en le forgeant; mais comme il
résiste par sa fermeté, en raison de son épaisseur, il en résulte que les
fers forgés ne sont jamais homogènes; souvent les surfaces frappées
par le marteau sont tout nerf, tandis que le milieu est encore à gros
grains. C'est pour cette raison que les *fers méplats* sont plus forts, en
tirant, que *les fers carrés*; on trouvera ci-après, au Chapitre IV de la
2ᵉ. Section, plusieurs expériences qui confirment ce que nous venons
de dire.

A la suite des notions architectoniques qu'on vient de lire, nous
avons pensé que l'on verrait ici, avec intérêt, quelques détails particuliers sur la préparation du fer en Suède, extraits de la chimie de Berze-
lius, d'après la traduction française qu'en a faite M. le chevalier Hervé,
capitaine au corps royal d'artillerie. — Paris, *Levrault*, 1826.

« Le fer natif se rencontre rarement, et c'est presque toujours dans les pierres météo-
» riques. On le trouve le plus habituellement à l'état d'oxide ou de sulfure.

» On nomme minerais de fer, les minéraux contenant du fer en quantité et sous une
» forme telles qu'il soit avantageux de l'en retirer et de le purifier. Ces minerais sont de
» différentes espèces, et le fer qu'ils produisent varie en bonté, suivant que les minerais
» sont plus ou moins dépourvus d'autres métaux, de soufre et de phosphore.

» Les meilleurs minerais de fer se rencontrent dans les terrains primitifs, où ils forment
» ordinairement des couches très-puissantes. De ce nombre sont la plupart des minerais de
» fer qu'on exploite en Suède.....

» On retire le fer de ses minerais de la manière suivante : on grille les minerais, puis
» on en mélange plusieurs entre eux, suivant que l'expérience a démontré qu'un sem-
» blable amalgame est plus fusible et produit un fer de meilleure qualité. Ce mélange ou
» cet assortiment des minerais est souvent de la plus grande importance, tant à cause de
» la bonté des produits, que pour leur quantité dans un temps donné.....

» On ajoute au mélange des minerais, de la *castine*, pierre calcaire, soit pour obtenir
» un fondant, c'est-à-dire pour vitrifier les parties étrangères contenues dans les mine-
» rais de fer, et qui entraveraient la réunion du fer réduit, soit pour séparer les divers
» principes étrangers qui pourraient nuire à la qualité du fer fondu. Un tel mélange a reçu
» des maîtres de forge le nom technique de *préparation*.

» On en charge un *haut-fourneau* par couches avec du charbon.

» C'est un grand fourneau dont la forme intérieure présente l'aspect de deux grands
» creusets égaux, renversés l'un sur l'autre, et dont l'un, celui qui est en dessus, n'a
» point de fond. A la partie inférieure du fourneau est un espace dans lequel se rassemble
» le métal fondu. Ce sol est percé sur le côté d'un trou par lequel le fer fondu peut s'é-

» couler. Cette ouverture est bouchée pendant la fusion avec du sable. Un peu au-dessus
» de ce sol se trouve une autre ouverture, par laquelle passent les tuyaux des soufflets
» qui introduisent de l'air dans le fourneau. On chauffe peu à peu le haut-fourneau afin
» d'éviter qu'une élévation trop prompte de la température ne le fasse éclater. Lorsqu'il
» a atteint le degré de chaleur convenable, on y dépose, par couches, le mélange de mi-
» nerais avec du charbon, après quoi l'on fait marcher les soufflets sans interruption. La
» masse s'affaisse au fur et à mesure de la combustion du charbon ; on introduit alors
» de nouvelles couches de minerais et de charbon, et l'on continue de la sorte.....

» Quand le fer fondu remplit l'espace qui lui est réservé sur le sol du fourneau, on
» retire le sable, on débouche l'âtre, et le fer s'écoule dans des moules particuliers en sable
» où il se refroidit et y forme des gueuses. On le nomme alors *fer de fonte ou fer cru.*

» Le fer cru est, dans cet état, un mélange de principes réduits, dont la masse prin-
» cipale est du fer combiné avec différentes proportions de carbone, qui lui donnent un
» autre aspect et d'autres propriétés. Pour rendre ce fer ductile, il est nécessaire d'en
» écarter, par la combustion, tout le charbon et les principes métalliques étrangers qu'il
» peut contenir ; ce qui se pratique dans les fourneaux particuliers, où l'on refond le
» fer cru sous une couche de charbon et de scories de fonte fraîche, et en dirigeant
» toujours sur le bain le vent des soufflets ... Quand alors la masse a atteint un certain
» degré de chaleur, le charbon se transforme en gaz oxide de carbone aux dépens de
» l'oxigène contenu dans les scories dont on a opéré mécaniquement le mélange dans la
» masse, et celle-ci entre en même temps en ébullition ; les bulles qui s'élèvent à la
» surface du fer en fusion, se brûlent et le recouvrent de flammes étincelantes. Pendant
» cette apparition la masse de fer devient moins fluide, comme une sorte de bouillie et
» se solidifie enfin, quand la plus grande partie du charbon a été brûlée et qu'il ne
» reste plus que le fer seul.....

» On retire le fer affiné du fourneau, et on le forge sous de gros marteaux, mus par
» un cours d'eau. Chaque coup de marteau exprime une grande quantité de scories,
» dont on a opéré mécaniquement le mélange dans la masse, et qui ont servi à la com-
» bustion du charbon contenu dans le fer de fonte. Dès que, par ce travail, les parties
» métalliques adhèrent suffisamment les unes aux autres, et que les scories en sont en-
» tièrement séparées, on forge le fer en tringles ou barres de différentes dimensions, et
» il reçoit en cet état, le nom de *fer en barres.* C'est ainsi que le fer ductile est répandu
» dans le commerce.

» Telle est la méthode la plus usuelle en Suède pour préparer le fer en barres.....

» Le fer, *dans l'état de pureté,* est d'une couleur blanche, presque semblable à celle de
» l'argent ; il est extrêmement tenace et plus tendre que le fer en barres ordinaires, ce qui
» le rendrait par conséquent moins propre que celui-ci à certains usages.
» Sa cassure est écailleuse stratiforme, et parfois cristallisée.....
» Le beau fer forgé a ordinairement une couleur gris clair, une cassure nerveuse et
» pointes déliées, et une pesanteur spécifique de 7,7653 ; il est doué d'une ténacité
» considérable, mais qui varie beaucoup suivant le degré de pureté des différentes
» sortes de fer. »

DEUXIÈME SECTION.

RÉSULTATS D'EXPÉRIENCES FAITES POUR DÉTERMINER LA FORCE DES MATÉRIAUX

CHAPITRE PREMIER.

DE LA FORCE DES PIERRES.

ARTICLE 1er. — DE LA PESANTEUR SPÉCIFIQUE DES MATIÈRES.

On appelle pesanteur spécifique le rapport du poids d'une matière quelconque avec un pareil volume d'eau que l'on suppose ordinairement de 1000 livres. Cela posé, le poids d'un décimètre cube étant de 1000 grammes, le poids en grammes d'un pareil volume d'une matière quelconque indiquera aussi sa pesanteur spécifique.

De même la pesanteur spécifique d'une matière quelconque indiquera en grammes le poids d'un décimètre cube de cette matière.

Si au lieu d'un décimètre cube on prend un mètre cube ou stère, son poids en kilogrammes exprimera aussi sa pesanteur spécifique, parce qu'un mètre cube d'eau pèse 1000 kilogrammes.

Pour trouver la pesanteur spécifique d'une matière ou celle d'un mètre, décimètre ou pied cube, sans être obligé de lui donner cette forme, il faut peser cette matière dans l'air et dans l'eau, et faire cette proportion : la quantité de poids que cette matière perd dans l'eau est à 1000, comme son poids dans l'air est à sa pesanteur spécifique.

EXEMPLE.

Soit un morceau de granite d'une forme quelconque, qui pèse dans l'air 17 onces 7 gros, et dans l'eau 11 onces 2 gros, en sorte qu'il perd 6 onces 5 gros de son poids, c'est-à-dire que son volume est égal à celui de 6 onces 5 gros d'eau : on fera la proportion, 6 onces 5 gros : 1000 : : 17 onces 7 gros est à sa pesanteur spécifique que l'on trouvera $= 2698$; c'est-à-dire que le mètre de cette matière pèserait 2698 kilogrammes, et le décimètre cube 2698 grammes.

Le poids d'un pied cube d'eau étant de 70 livres, on trouvera celui d'un pied cube d'une matière quelconque dont on connait la pesanteur

26.

spécifique, en la multipliant par 70, et divisant le produit par 1000. Ainsi, en multipliant 2698 par 70 et divisant le produit par 1000, on trouvera le poids de l'espèce de granite dont on vient de parler, de 189 livres 10 onces 6 gros. C'est par de semblables opérations que nous avons dressé la table ci-après.

TABLE

De la pesanteur spécifique de plusieurs espèces de granites exprimant le poids d'un décimètre cube en grammes, et celui d'un mètre cube en kilogrammes. La seconde colonne indique le poids d'un pied cube de ces mêmes granites, en livres, onces, gros et grains.

	Pesanteur spécifique.	Poids d'un pied cube.			
	Kilogrammes ou grammes.	Liv.	Onc.	Gros.	Gr.
Granite rouge d'Égypte.	2654	185	12	4	53
Autre d'un beau rouge.	2760	193	4	1	48
Autre couleur de chair.	2583	180	12	4	71
Granite jaune.	2663	186	6	7	12
Granite gris aussi d'Égypte.	2728	190	15	1	71
Granite vert.	2887	202	2	0	0
Granite vert tacheté de rouge.	2694	188	8	7	40
Granite bleu de Carinthie.	2956	206	15	1	25
Granite rayé.	2717	190	3	4	58
Granite du Canada.	2704	189	4	1	11
Granite rouge de Laponie.	2579	180	8	6	38
Granite de Russie.	2630	184	2	0	28
Granite de Danemarck.	2697	188	12	5	9
Granite rouge de Baden Weiler.	2627	183	14	1	66
Granite gris de Baden Weiler.	2665	186	8	4	44
Granite gris cendré, *idem*.	2635	184	7	2	36
Granite violet d'Hochberg.	2677	187	6	3	51
Granite violet tacheté, *idem*.	2539	177	11	3	47
Granite de Sausemberg.	2638	184	10	6	20
Granite de la Nouvelle Castille.	2657	186	0	5	64
Granite des Pyrénées.	2673	187	1	6	70
Granite rouge des Vosges.	2696	181	12	0	46

	Pesanteur spécifique. Kilogrammes ou grammes.	Poids d'un pied cube. Liv.	Onc.	Gros.	Gr.
Granite rouge à grains fins, *idem*	2579	180	8	7	31
Granite gris *idem*	2716	190	1	3	56
Autre, *idem*	2640	184	12	2	58
Granite à grains fins près de la mine de Saint-Brisson, *idem*	2642	184	15	1	16
Granite violet de Gyromagny dans les Vosges.	2685	187	15	3	38
Granite de la vallée de Girard-Mer, *idem*	2716	190	2	2	3
Granite vert, *idem*	2854	199	12	3	60
Granite rouge du Dauphiné.	2643	185	0	2	13
Granite vert, *idem*	2684	187	13	5	4
Granite rayé, *idem*	2668	186	11	7	35
Granitelle du Dauphiné.	2846	199	4	0	46
Autre, *idem*	3063	214	6	0	5
Granite rouge de Sémur en Bourgogne.	2638	184	11	0	5
Granite gris de Bretagne.	2738	191	10	2	50
Granite jaunâtre, *idem*	2614	182	15	1	62
Granite gris de Normandie, appelé carreau de Gathmos.	2662	186	5	3	37
Autre dit du Champ-du-Bout.	2643	185	0	1	20

Pesanteur spécifique de plusieurs espèces de porphyres, marbres et albâtres, rangés selon l'ordre de leur plus grand poids sous un même volume; c'est-à-dire du stère, ou mètre cube, du décimètre et du pied cube.

	Pesanteur spécifique. Kilogrammes ou grammes.	Poids d'un pied cube. Liv.	Onc.	Gr.
Ophite ou serpentin vert.	2922	204	8	5
Porphyre vert antique.	2875	201	4	0
Marbre vert antique.	2870	200	14	3
Basalte de la chaussée des Géans.	2864	200	7	6
Porphyre rouge.	2833	198	2	6
Brèche violette d'Italie.	2831	198	2	6
Marbre blanc de Paros.	2817	197	3	0
Albâtre rougeâtre mélangé.	2796	195	11	4
Marbre de Rance.	2766	193	9	7

	Pesanteur spécifique. Kilogrammes ou grammes	Poids d'un pied cube. Liv.	Onc.	Gr.
Brèche violette d'Espagne	2763	193	6	4
Albâtre demi-transparent	2762	193	5	3
Griotte d'Italie	2747	192	4	5
Albâtre tacheté de brun	2744	192	1	2
Marbre Campan vert	2742	191	15	0
Marbre rouge foncé et diapré	2737	191	9	3
Albâtre oriental blanc	2730	191	1	5
Marbre Africain	2729	191	0	3
Marbre noir et blanc, appelé petit antique	2728	190	15	2
Griotte de Flandre	2726	190	13	1
Marbre Cipolin	2726	190	13	1
Brèche jaune et rouge	2725	190	12	0
Marbre Campan rouge	2724	190	10	7
Marbre appelé Veirète	2723	190	9	6
Marbre noir de Flandre	2723	190	9	6
Marbre de Flandre, appelé Cervelas	2720	190	6	3
Marbre serancolin	2717	190	3	0
Marbre blanc et noir de Namur	2717	190	3	0
Marbre d'Antin	2716	190	2	0
Marbre bleu turquin de Gènes	2716	190	1	7
Marbre blanc de Carare	2716	190	1	7
Marbre de Sicile	2715	190	0	6
Bardille de Carare	2714	189	15	5
Marbre noir d'Italie	2712	189	13	4
Brèche rouge d'Alet	2711	189	12	0
Portor	2710	189	11	0
Marbre de Flandre de Cerfontaine	2709	189	10	0
Marbre de Poligny	2708	189	9	0
Autre Griotte de Flandre	2708	189	9	0
Marbre rouge et blanc	2705	189	5	4
Marbre de Sainte-Baume	2704	189	4	4
Marbre de Saint-Maximin	2701	189	2	0
Albâtre jaune de Malte	2700	189	0	0
Albâtre abricot veiné de blanc	2699	188	14	7
Marbre de choin rouge	2691	188	5	7

	Pesanteur spécifique. Kilogrammes ou grammes.	Poids d'un pied cube.		
		Liv.	Onc.	Gr.
Brèche d'Alet jaune.	2687	188	1	3
Marbre vert de Gènes.	2680	187	9	5
Marbre du Bourbonnais.	2680	187	9	5
Brocatelle grise des Pyrénées.	2678	187	7	2
Autre *idem* avec des veines rouges.	2676	187	5	0
Bleu turquin de Caune.	2672	187	0	5
Brocatelle jaune.	2669	186	13	2
Marbre de Caune, appelé brèche de Memphis.	2651	185	9	0
Marbre de Virieux.	2643	185	0	0
Albâtre panaché de Malaga.	2642	184	15	0
Marbre noir de Saint-Fortunat.	2634	184	6	0
Marbre jaspé de Tournu.	2630	184	1	4
Albâtre brun tacheté de blanc.	2529	184	0	4
Marbre coquillé de Tournu.	2564	179	7	5
Albâtre gypseux.	2250	157	8	0

OBSERVATION.

On voit par cette table que le poids du marbre le plus lourd, qui
est le vert antique, n'est que de 2922 grammes pour un décimètre
cube ou 204 livres 8 onces 5 gros pour le pied cube, et que le poids
des marbres ordinaires varie de 2500 grammes à 2700 pour le décimètre
cube, ou 180 à 190 livres pour le pied cube. Cependant depuis Savot,
qui fit imprimer en 1624 un petit ouvrage intitulé *Architecture française*, dans lequel il évalue le poids du pied cube de marbre à 252 livres, tous les auteurs qui ont eu occasion d'en parler ont répété cette
erreur. Elle se trouve dans les deux éditions que le grand Blondel a
faites de l'ouvrage de Savot avec des notes; dans toutes les éditions de
l'Architecture de Bullet, corrigées et augmentées par Goupi et Seguin;
dans le Traité des Ponts de Gautier; la Science des Ingénieurs de Bélidor; le Dictionnaire d'Architecture de Roland le Virloys; le Cours
d'Architecture du second Blondel, continué par Patte, etc. Le comte
de Caylus se fonde sur cette pesanteur, attribuée au marbre ordinaire,
pour évaluer le poids de la chapelle Monolithe du temple de Buto.

L'origine de cette erreur vient probablement de ce que Savot, qui cite à ce sujet Tartaglia et Pigafeta, auteurs Italiens, n'a pas fait attention qu'il s'agissait de livres romaines, ou de 12 onces; et ce qui pourrait le faire croire, c'est que 252 de ces livres valent à peu près 189 livres poids de marc, qui expriment la pesanteur moyenne d'un pied cube de marbre ordinaire, d'après la table précédente.

Nous aurons occasion de relever, dans la suite, plusieurs autres erreurs plus graves, répétées de même par la plupart des auteurs qui ont écrit sur l'art de bâtir.

ARTICLE II. — EXPÉRIENCES SUR LES DIFFÉRENS DEGRÉS DE DURETÉ DES MATIÈRES EMPLOYÉES AU PAVEMENT DES ÉDIFICES.

Nous avons dit à l'Article IV du Chapitre Ier. de la première Section de ce Livre, que le pavé du péristyle de l'église de Sainte-Geneviève était établi en granite des Vosges.

Avant de se décider à employer cette matière, on a voulu connaître quelle pouvait être la durée d'un pavé de cette espèce de granite comparé à un pavé en marbre blanc veiné et bleu turquin. Pour cet effet on a préparé des grès bien dressés et pris dans le même morceau, sur lesquels on a frotté des échantillons de même grandeur, de ces deux espèces de marbre et des trois espèces de granite. Ces échantillons chargés chacun d'un poids égal, et mus avec la même force et la même vitesse, pendant trois heures, ont donné les résultats suivans :

L'échantillon de marbre blanc veiné s'est trouvé diminué d'épaisseur de. . . . . 7 lig. $\frac{5}{15}$

Celui de bleu turquin de . . . . 6 lig. $\frac{1}{15}$

Celui de granite gris . . . . 1 lig. $\frac{1}{14}$

de granite feuille-morte . . . . 1 lig.

de granite vert . . . . 0 lig. $\frac{14}{15}$

Il résulte de cette expérience que le granite vert est huit fois plus dur que le marbre blanc veiné, six fois et demie plus que le bleu turquin, deux quinzièmes de plus que le granite gris, et un quinzième de plus que le granite feuille-morte; et qu'un pavé en granite doit durer au moins sept fois autant qu'un pavé en marbre.

Cette expérience m'a fait naître l'idée d'en faire une autre par rapport au sciage. Ayant fait sceller des échantillons de même longueur en
pierre, en marbre et en granite, il en est résulté qu'une scie pesant
12 livres, agissant avec du grès et de l'eau, et appliquée à chacun de
ces échantillons pendant quatre heures, est descendue dans celui en
pierre de liais de . . . . 49 lig. $\frac{1}{2}$

Dans celui de marbre blanc veiné de . . . . 43 lig. $\frac{2}{3}$
Dans celui de marbre bleu turquin de . . . . 34 lig. $\frac{1}{10}$
Celui de granite gris des Vosges . . . . 4 lig. $\frac{9}{10}$
Celui de granite feuille-morte . . . . 4 lig. $\frac{7}{10}$
Celui de granite vert . . . . 4 lig. $\frac{5}{10}$
Un échantillon de granite antique rose . . . . 4 lig. $\frac{1}{2}$
Un autre de granite gris de Normandie . . . . 5 lig. $\frac{8}{10}$
Un autre *idem* . . . . 6 lig. $\frac{9}{10}$
Un autre de granite de Bretagne . . . . 5 lig. $\frac{1}{10}$

Cette seconde expérience fait connaître que le granite antique est
d'environ

$\frac{1}{10}$ plus dur que le granite vert des Vosges.
$\frac{1}{11}$ de plus que celui feuille-morte.
$\frac{1}{8}$ de plus que le granite gris.
$\frac{1}{6}$ de plus que le granite de Bretagne.
$\frac{1}{7}$ de plus que le granite gris-foncé de Normandie.
1 $\frac{53}{77}$ de plus que le granite clair de Normandie.
8 fois plus que le marbre bleu turquin.
10 fois plus que le marbre blanc veiné.
11 fois $\frac{1}{2}$ que la pierre de liais.

OBSERVATION.

Il ne faut pas croire que la force du granite, comparée à la pierre
de liais, soit aussi considérable que la dureté de ses parties consti-
tuantes, qui le rendent si difficile à tailler et scier, semblerait le promettre, parce que le granite ne résiste au fardeau que par la force de
l'espèce de ciment qui unit les parties dont il est composé. Ainsi l'expérience prouve que le granite le plus dur ne résiste pas à une charge
trois fois plus grande que celle sous laquelle la pierre de liais s'écrase.

ARTICLE III. — RÉSULTAT D'EXPÉRIENCES FAITES POUR DÉTERMINER LA RÉSISTANCE
COMPARATIVE DES PIERRES SOUS L'EFFORT DE LA PRESSION.

Plusieurs des auteurs qui ont écrit sur l'architecture, ont donné la pesanteur des matériaux les plus en usage dans l'art de bâtir, et entre autres celles de quelques espèces de pierres. On trouve encore le poids de quelques-unes dans les tables des pesanteurs spécifiques de différentes matières dressées par plusieurs physiciens. Mais comme le nombre de ces pierres est trop petit pour qu'il en puisse résulter quelque avantage pour le progrès de l'art de bâtir, nous avons tâché d'y suppléer par les deux tables suivantes, dans lesquelles nous avons réuni une quantité suffisante de pierres de différentes espèces, pour donner une idée du rapport que la pesanteur a avec les autres qualités des pierres, telles que la dureté et la force.

Dans ces tables qui présentent le résultat de beaucoup d'expériences faites avec soin, et répétées plusieurs fois pour une plus grande exactitude, la première colonne indique les numéros selon l'ordre de leur pesanteur.

La seconde le nom des pierres.

La troisième indique les numéros sous lesquels ces pierres son classées dans la description architectonique des matériaux.

La quatrième colonne contient la pesanteur spécifique, qui exprime en même temps le poids d'un décimètre cube de chaque espèce de pierre, en grammes, ou celle d'un mètre cube en kilogrammes, ainsi que nous l'avons déjà observé à l'occasion des granites, page 203.

La cinquième colonne contient le poids du pied cube de chaque espèce de pierre, exprimé en livres, onces et gros.

Les deux autres colonnes sont relatives à la force des pierres, la première, qui est la sixième de la table, indique les poids qu'il a fallu pour écraser des cubes de chaque espèce de pierres, dont les bases avaient 25 centimètres de superficie. Ces poids sont exprimés en kilogrammes.

La dernière colonne indique en livres, onces et gros les poids sous lesquels se sont écrasés des cubes dont la base était de 4 pouces de superficie, afin de conserver les résultats des expériences faites longtemps avant l'établissement des nouvelles mesures.

Première TABLE dans laquelle on indique la pesanteur spécifique, le poids du pied cube, et la force de plusieurs espèces de pierres propres à bâtir.

Nos. de la table.	NOMS DES DIFFÉRENTES ESPÉCES DE PIERRES.	Nos. du texte.	PESANTEUR spécifique et poids d'un mètre cube en kilogr.	POIDS du pied cube exprimé en livres, onces et gros.			POIDS en kilogr. pour écraser un cube de 25 centimèt. de superficie de base.	POIDS en livres pour écraser un cube de 4 pouces de superficie de base.
				l.	o.	g.		
1	Pierre de Caserte en Italie.	323	2718. 0	190.	4.	1	14865	36142
2	Pierre-porc ou puante.		2660. 5	186.	3.	7	17030	41406
3	Pierre de Choin de Fay.	155	2651. 0	185.	9.	1	15548	37802
4	Pierre noire de Saint-Fortunat.	147	2649. 0	185.	6.	7	15663	38080
5	Pierre du Mans, dite Roussard, no. 1.		2643. 8	185.	1	0	6852	16660
6	Pierre de Choin de Villebois.	154	2642. 0	184.	15.	0	14373	34944
7	Lave du Vésuve.	328	2641. 7	184.	14.	5	15881	38613
8	Pierre d'Istrie.		2617. 7	183.	3.	6	12807	31138
9	Pierre de Château-Landon.	23	2605. 0	182.	3.	6	8290	20362
10	Lave du Vésuve.	328	2600. 2	182.	0.	0	15180	36909
11	Piperno dur.	324	2595. 7	181.	11.	1	14802	36206
12	Pierre d'Écomois, près du Mans.	97	2571. 0	180.	0.	0	11878	28880
13	Pierre de Fourneux, près de Saumur.	127	2571. 0	180.	0.	0	10940	26600
14	Pierre du Mans, dite Roussard, no. 2.		2567. 6	179.	11.	5	6219	15120
15	Pierre grise de Florence.	315	2557. 5	179.	0.	2	10556	25668
16	Pierre de Milan, appelée *Beola*.	261	2552. 2	178.	10.	3	11557	28098
17	Pierre bleue de Florence, dite *Serena*.	314	2528. 7	177.	0.	1	12392	30128
18	Grès très-dur roussàtre.		2517. 4	176.	3.	3	20337	49445
19	Pierre du Pont de Saint-Maxence.		2500. 0	175.	0.	0	9615	23380
20	Grès blanc.		2475. 6	173.	4.	5	23086	56129
21	Pierre de Passy, appelée Grignard, no. 1.	32	2462. 7	172.	6.	1	6750	16380
22	Pierre de la forêt de Compiègne, no. 1.	66	2460. 0	172.	3.	1	5470	13300
23	Grignard de Passy, no. 2.	32	2454. 0	171.	12.	3	6564	15960
24	Pierre de Sacé.	95	2443. 0	171.	0.	0	14971	36400
25	Cliquart de Meudon.	27	2439. 5	170.	12.	1	11977	29120
26	Cliquart de Montrouge.	27	2439. 0	170.	11.	5	8982	21804
27	Liais de Bagneux très-dur.	26	2439. 0	170.	11.	5	11113	27020
28	Autres liais *idem*.	26	2433. 5	170.	5.	4	10653	25900
29	Pierre de Chessy.	146	2430. 8	170.	2.	3	5067	12320
30	Roche de Poissy, no. 1	49	2415. 0	169.	0.	6	7543	18340
31	Pierre de Saillancourt, dure, no. 1.	53	2408. 0	168.	6.	5	3536	8680
32	Roche de Passy, très-dure, no. 2.	32	2382. 2	166.	12.	0	7016	17060
33	Pierre blanche de Tournu.	115	2375. 7	166.	4.	6	5139	12496
34	Cliquart de Vaugirard.	27	2375. 0	166.	4.	0	9616	23380
35	Pierre Travertine de Rome.	317	2358. 6	165.	1.	5	7449	18112
36	Pierre dure de Givry.	117	2357. 0	165.	0.	0	4837	11760
37	Roche de la chaussée de Saint-Germain.	48	2355. 0	164.	13.	4	2879	7000
38	Banc franc de Montrouge.	36	2354. 9	164.	13.	3	6402	15712
39	Pierre de Saint-Nom, no. 1.	43	2349. 0	164	6.	7	7486	18200
40	Pierre de Couson.	152	2341. 7	163.	14.	5	4524	11000
41	Pierre de Fécamp, près Saint-Denis, no. 1.	39	2341. 4	163.	14.	2	3627	8820
42	Pierre de l'abbaye du Val, no. 1.	52	2338. 4	163.	11.	0	4014	9760
43	Pierre d'*Angera*, près Milan.		2338. 4	163.	11.	0	8032	19528
44	Pierre de Compiègne, de la carrière du Roi.	64	2323. 0	162.	9.	6	6967	16940
45	Pierre de Fécamp, près Saint-Denis, no. 2.	39	2325. 2	162.	12.	1	3454	8400
46	Roche de Poissy, près Saint-Germain, no. 2.	49	2317. 0	162.	3.	0	6334	15400
47	Pierre d'Athée.	124	2314. 0	162.	0	0	7082	17220
48	Pierre d'Ermenonville.		2310. 4	161.	11.	5	7600	18480
49	Roche rousse de Saint-Cloud, no. 1	34	2308. 1	161.	8.	7	4549	11060
50	Pierre de Passy, no. 3.	32	2305. 4	161.	6.	0	5807	14120
51	Roche de Saint-Nom, no. 2.	44	2305. 0	161.	5.	4	7082	17220

Nᵒˢ. de la table.	NOMS DES DIFFÉRENTES ESPÈCES DE PIERRES.	Nᵒˢ. du texte.	PESANTEUR spécifique et poids d'un mètre cube en kilogr.	POIDS du pied cube exprimé en livres, onces et gros.			POIDS en kilogr. pour écraser un cube de 25 centimèt. de superficie de base.	POIDS en livres pour écraser un cube de 1 pouce de superficie de base.
				l.	o.	g.		
52	Roche d'Arcueil.	30	2303 9	161.	4,	2	6334	15400
53	Pierre de Compiègne, nᵒ. 2.	64	2300. 9	161.	1.	0	6794	16520
54	Pierre de Passy, appelée Ciel, nᵒ. 4.	32	2297. 8	160.	13.	4	5297	12880
55	Pierre fine de Senlis, appelée Liais, nᵒ. 1.	61	2296. 7	160.	12.	2	6219	15120
56	Roche de Passy, nᵒ. 5.	32	2295. 7	160.	11.	1	6424	15620
57	Roche dure de Châtillon.	31	2294. 8	160.	10.	1	4347	10570
58	Roche rousse de Saint Cloud, nᵒ. 2.	34	2294. 1	160.	9.	3	4433	10780
59	Roche de Passy, nᵒ. 6.	32	2286 0	160.	0.	2	6420	15610
60	Pierre de Verbery, nᵒ. 1.	63	2272. 0	159.	0.	5	5815	14140
61	Pierre de l'abbaye du Val, nᵒ. 2.	52	2261. 5	158.	4.	7	3685	8960
62	Pierre de Saillancourt, nᵒ. 2.	54	2261. 0	158.	4.	2	2994	7280
63	Roche franche de Passy, nᵒ. 7.	32	2259. 5	158.	2.	5	4261	10360
64	Pierre de Volvic, nᵒ. 1.	142	2256. 5	157.	14.	5	10371	24761
65	Pierre des Temples de Pestum.	330	2254. 1	157.	12.	4	5642	13720
66	Pierre de Charenton, nᵒ. 1.	38	2253.	157.	11.	2	5642	13720
67	Pierre de Verbery, nᵒ. 2.	63	2251. 0	157.	9.	0	5585	13580
68	Pierre de Charenton, nᵒ. 2.	38	2248. 3	157.	6.	0	5585	13580
69	Pierre de Volvic, nᵒ. 2.	142	2242 9	156.	15.	0	9665	22902
70	Roche rousse de Saint-Cloud, nᵒ. 3.	34	2239. 7	156.	12.	3	3694	8980
71	Pierre de Saint-Denis, nᵒ. 3.	39	2238. 4	156.	11.	0	3167	7700
72	Pierre idem, nᵒ. 4.	30	2237. 0	156.	9.	3	3109	7560
73	Pierre de l'abbaye du Val, nᵒ. 3.	52	2237. 7	156.	10.	1	3512	8540
74	Pierre de *Veggiu*, près Milan.	263	2236. 9	156.	9.	2	5215	12680
75	Roche rouge de Saint-Cloud, nᵒ. 4.	34	2236. 5	156.	8.	7	3684	8960
76	Pierre de Verbery, nᵒ. 3.	63	2234. 2	156.	6.	2	5470	13300
77	Pierre de Milan, dite *Ceppo-di-Brambata*.	264	2222. 2	155.	8.	6	2471	6008
78	Pierre de Saint-Pierre-d'Aigle, nᵒ. 1.	74	2211. 2	154.	12.	4	4030	9800
79	Pierre de Milan, dite *Vigano*.	265	2202. 7	154.	3.	1	3397	8260
80	Liais de Créteil, nᵒ. 1.	26	2201. 3	154.	1.	3	6186	15040
81	Roche de Saint-Maur, nᵒ. 1.	33	2190. 5	153.	5.	2	4779	11620
82	Pierre de Champigny.	128	2185. 0	153.	0.	0	6449	15680
83	Pierre de Saint-Pierre d'Aigle, nᵒ. 2.	74	2184. 5	152.	14.	5	3857	9380
84	Banc franc de la Butte-aux-Cailles, nᵒ. 1.	29	2170. 7	151.	15.	1	3455	8400
85	Pierre de l'Ile-Adam, nᵒ. 1.	51	2170 4	151.	14.	6	4022.	9780
86	Petit banc de la plaine d'Ivry, nᵒ. 1.	37	2168. 0	151.	12.	1	4434	10780
87	Pierre de Saint-Maur.	38	2160. 2	151.	3.	3	5355	13020
88	Pierre de Saint-Cloud, nᵒ. 5.	34	2157.	150.	15.	6	3339	8120
89	Banc franc de Vernon, nᵒ. 1.	76	2155.	150.	13.	4	6173	15010
90	Petit banc de la plaine d'Ivry, nᵒ. 2.	37	2154. 3	150.	12.	6	3684	8960
91	Pierre de la forêt de Compiègne, nᵒ. 2.	66	2153. 8	150.	12.	2	3857	9380
92	Pierre de Créteil, nᵒ. 2.	26	2153. 0	150.	11.	2	4911	11040
93	Pierre de la plaine de Vitry, nᵒ. 1.	37	2149. 1	150.	7.	0	3915	9520
94	Pierre de Charenton, nᵒ. 3.	38	2149. 0	150.	6.	7	4923	11970
95	Pierre de l'Ile-Adam, nᵒ. 2.	51	2147. 3	150.	4.	7	3857	9380
96	Pierre grise, dite Mollasse.	181	2147. 3	150.	4.	7	3915	9520
97	Roche de Saint-Maur, nᵒ. 2.	38	2144. 9	150.	2.	2	4479	10890
98	Pierre de la plaine de l'Hôpital, nᵒ. 1.	37	2141. 0	149.	14.	7	3224	7840
99	Roche de Saint-Nom, nᵒ. 3.	44	2138. 0	149.	10.	4	5470	13300
100	Pierre de Saint-Cloud, nᵒ. 6.	34	2130. 7	149.	2.	3	3167	7700
101	Pierre de la plaine d'Ivry, petit blanc, nᵒ. 3.	37	2118. 0	148.	4.	1	3956	9620
102	Pierre de Senlis, nᵒ. 2.	61	2113. 8	147.	15.	3	3915	9520
103	Roche de la chaussée de Saint-Germain, nᵒ. 2.	48	2109. 5	147.	10.	5	2994	7280
104	Roche de la Butte-aux-Cailles, nᵒ. 2.	29	2105. 0	147.	6.	1	3800	9240
105	Pierre de Saillancourt, nᵒ. 3.	54	2104. 0	147.	4.	3	2303	5600
106	Pierre de Montrouge.	36	2103.	147.	3.	2	4614	11220
107	Roche d'Arcueil.	30	2094. 4	146.	9.	5	3052	7420

Nos. de la table.	NOMS DES DIFFÉRENTES ESPÈCES DE PIERRES.	Nos. du texte.	PESANTEUR spécifique et poids d'un mètre cube en kilogr.	POIDS du pied cube exprimé en livres, onces et gros. (l. o. g.)	POIDS en kilogr pour écraser un cube de 25 centimèt. de superficie de base	POIDS en livres pour écraser un cube de 4 pouces de superficie de base
108	Pierre de Gamelon, près Compiègne, n°. 1.	65	2092. 0	146. 7. 0	3800	•9240
109	Pierre de la plaine de l'Hôpital, n°. 2.	37	2090. 3	145. 5. 1	4030	9800
110	Roche douce de Châtillon, n°. 2.	31	2083. 3	145. 13. 2	3339	8120
111	Pierre de la plaine d'Ivry, n°. 4.	37	2080. 0	145. 9. 4	3339	8120
112	Pierre de Gamelon, près Compiègne, n°. 2.	65	2078. 0	145. 7. 2	3749	9100
113	Pierre tendre de Givry.	117	2071. 0	145. 0. 0	2188	5320
114	Pierre ferme de Conflans, n°. 1.	57	2067. 5	144. 11. 4	2245	5460
115	Pierre de Vernon, dite Bisard, n° 2.	76	2061. 7	144. 5. 0	5198	12640
116	Pierre de la plaine de Vitry, n°. 2.	37	2060. 4	144. 3. 5	3455	8400
117	Pierre de Sainte-Maure.	125	2057. 0	144. 0. 0	4663	11340
118	Pierre de Saint-Nom, n°. 4.	44	2056. 0	143. 14. 5	4952	12040
119	Pierre de l'abbaye du Val, n°. 4.	52	2040. 1	142. 12. 7	3109	7560
120	Pierre du faubourg Saint-Marcel.	40	2026. 1	141. 13. 1	3109	7560
121	Pierre de Bernay.		2025. 1	141. 12. 0	3109	7560
122	Roche de Saint-Maur, n°. 3.	38	2022. 4	141. 9. 0	3586	8960
123	Pierre blanche de Seissel.	156	2020. 3	141. 6. 5	904	2200
124	Pierre de Saint-Pierre d'Aigle, n°. 3.	74	2013. 4	140. 15. 0	2994	7280
125	Pierre de Vitry, n°. 3.	37	2007. 4	140. 8. 2	3109	7560
126	Roche rouge de Saint-Cloud, n°. 7.	34	2000. 0	140. 0. 0	2648	6440
127	Pierre ferme de Trossy, près Saint-Leu.	69	1993. 1	139. 8. 2	3224	7840
128	Pierre de Vernon, n°. 3	76	1992. 0	139. 7. 0	4837	11760
129	Roche rouge de Saint-Cloud, n°. 8.	34	1988. 0	139. 2. 4	2554	6210
130	Pierre de la plaine de Vitry, n° 4.	37	1984. 3	138. 13. 3	2994	7280
131	Pierre de la plaine de l'Hôpital, n°. 3.	37	1972. 9	138. 1. 5	2934	7140
132	Peperin de Rome.	318	1972. 7	138. 1. 3	5700	13860
133	Pierre de Charenton, n°. 4.	38	1968. 9	137. 13. 1	3520	8560
134	Pierre de Montesson, banc du Diable, n°. 1.	45	1963. 9	137. 7. 4	1900	4620
135	Pierre idem, n°. 2.	45	1959. 3	137. 3. 0	1842	4480
136	Pierre de Senlis, n°. 3.	61	1948. 5	136. 6. 2	2994	7280
137	Pierre de Crouy, n°. 1.	75	1946. 6	136. 4. 1	2706	6580
138	Pierre de la Butte aux-Cailles, n°. 3.	29	1945. 9	136. 3. 3	2361	5740
139	Haut banc de l'abbaye du Val, n°. 5.	52	1944. 3	136. 1. 4	2418	5880
140	Pierre de Chinon.	126	1943. 0	136. 0. 0	2706	6580
141	Pierre à plâtre de Montmartre, n°. 1		1918. 5	134. 4. 5	1785	4340
142	Pierre idem, n°. 2.		1905. 6	133. 6. 2	1669	4060
143	Lambourde de Gentilly, n°. 1.	42	1897. 2	132. 1. 6	2176	5290
144	Lambourde du parc de Villeroy.	42	1878. 3	131. 7. 5	1649	4010
145	Banc franc de Poissy, n°. 3.	50	1875. 9	131. 5. 0	1900	4620
146	Pierre de Crouy, n°. 2.	75	1874. 4	131. 3. 2	2443	5940
147	Pierre de Tonnerre, n°. 1.	110	1856. 4	129. 15. 1	3167	7700
148	Pierre de Saillancourt, n°. 4.	55	1855. 0	129. 13. 4	1525	3710
149	Pierre de Vergelé, n°. 1.	71	1831. 5	128. 3. 2	1496	3640
150	Lambourde de Conflans, n°. 2.	58	1819. 0	127. 5. 2	1407	3422
151	Banc franc de Poissy, n°. 4.	50	1813. 7	126. 15. 2	1669	4060
152	Lambourde de Conflans, n°. 3.	58	1801. 8	126. 2. 0	1390	3380
153	Lambourde de Saint-Maur, n°. 4.	41	1800. 8	126. 0. 7	1900	4620
154	Pierre de Tonnerre, n°. 2,	110	1785. 0	124. 15. 1	2764	6720
155	Lambourde de Gentilly, n°. 2.	42	1778. 8	124. 8. 2	1612	3920
156	Banc franc de la Butte-aux-Cailles, n°. 4.	29	1774. 6	124. 3. 4	1842	4480
157	Lambourde de Saint-Maur, n°. 5.	41	1770. 8	123. 15. 2	1785	4340
158	Pierre de Conflans, banc Royal, n° 4.	57	1770. 7	123. 15. 1	1382	3360
159	Pierre de Tonnerre, n°. 3.	110	1759. 2	123. 2. 2	2648	6640
160	Lave tendre de Naples.		1716. 5	120. 2. 3	4014	9760
161	Pierre de la Chaussée, près Saint-Germain.	49	1712. 4	119. 13. 7	1324	3220
162	Vergelée, n°. 2.	71	1709. 1	119. 10. 1	1324	3220
163	Pierre de Saint-Leu, n°. 2	70	1704. 8	119. 5. 3	1382	3360

Nos. de la table.	NOMS DES DIFFÉRENTES ESPÉCES DE PIERRES.	Nos. du texte.	PESANTEUR spécifique et poids d'un mètre cube en kilogr.	POIDS du pied cube exprimé en livres, onces et gros.	POIDS en kilogr. pour écraser un cube de 25 centimèt. de superficie de base.	POIDS en livres pour écraser un cube de 4 pouces de superficie de base.
				l. o. g.		
164	Pierre de Saint-Leu, n°. 2.	70	1651. 7	115. 9. 7	1209	2940
165	Pierre de Conflans, n°. 5.	57	1636. 7	114. 9. 0	1102	2680
166	Pierre de Conflans, n°. 6	57	1634. 6	114. 6. 6	1094	2660
167	Lambourde de Gentilly, n°. 3.	42	1582 0	110. 11. 6	1151	2800
168	Lambourde de Montesson, n°. 3.	45	1572. 4	110. 1. 0	690	1680
169	Lambourde *idem*, n°. 4.	45	1561. 4	109. 4. 6	575	1400
170	Lambourde tirée prés de Saint-Germain.	45	1560. 4	109. 3. 5	921	2240
171	Pierre de Saint-Leu, n°. 3.	70	1488. 0	104. 2. 4	690	1680
172	Tuf gris des environs de Saumur.		1396. 0	97. 11. 4	1118	2720
173	Tuf de Naples, n°. 1.	329	1302. 3	91. 2. 4	1303	3168
174	Tuf blanc de Saumur.		1286. 0	90. 0. 2	667	1623
175	Tuf de Naples, n°. 2.	329	1265. 2	88. 9. 0	1173	2854
176	Tuf de Rome.		1217. 5	85. 3. 4	1447	3520
177	Pierre de Bourré.	103	1159. 0	81. 5. 2	822	2000
178	Scorie de volcan des environs de Rome.		890. 6	62. 5. 3	921	2240
179	*Idem* de Naples.		858. 6	61. 1. 5	831	2022
180	*Idem.*		789. 6	55. 4. 2	647	1574
181	Pierre ponce.		675. 0	47. 4. 0	1053	2520
182	Autre *idem.*		605. 3	42. 5. 7	863	2100
183	*Idem.*		556. 0	38. 14. 5	690	1680

TABLE II°. comprenant les Basaltes, Porphyres, Granites et différens Marbres.

Nos. de la table.	NOMS DES DIFFÉRENTES ESPÉCES DE PIERRES.	Nos. des pages.	PESANTEUR spécifique du poids d'un mètre cube en kilogr.	POIDS du pied cube exprimé en livres, onces et gros.	POIDS en kilogr. pour écraser un cube de 25 centimèt. de superficie de base.	POIDS en livres pour écraser un cube de 4 pouces de superficie de base.
				l. o. g.		
1	Basalte de Suède.	7	3064. 9	214. 8. 1	47809	114568
2	*Idem* d'Auvergne.	7	3014. 2	210. 15. 7	44250	105984
3	Autre *idem.*	7	2883. 7	201. 13. 5	51945	124416
4	Autre *idem.*	7	2755. 6	192. 15. 6	28858	69120
5	Porphyre.	8	2798. 2	195. 13. 7	50021	119808
6	Granite vert des Vosges.	22	2854. 0	199. 12. 3	15487	37044
7	Granite gris de Bretagne.	20	2737. 0	191. 10. 2	16353	39168
8	Granite feuille morte des Vosges.	22	2664. 0	186. 7. 5	20482	49536
9	Granite de Normandie, dit Gathmos.	19	2662 0	186. 5. 3	17555	42048
10	Autre dit du champ du Bout.	19	2643. 0	185. 0. 1	20441	48960
11	Granite rose oriental.	13	2661. 7	186. 5. 0	22004	52704
12	Granite gris des Vosges.	22	2640. 0	184. 12. 6	10581	25344
13	Marbre noir de Flandre.	55	2721. 0	190 7. 4	19719	47232
14	Marbre de Flandre, dit Cervelas	55	2720. 0	190. 6. 3	10100	24162
15	Marbre blanc veiné.	36	2701. 0	189. 2. 0	7455	17856
16	Marbre blanc statuaire.	35	2694. 7	188. 10. 0	8176	19584
17	Marbré blanc veiné, dit Pouf.	36	2687. 0	188. 1. 3	6493	15552
18	Marbre bleu turquin.	37	2672. 0	187. 0. 5	7695	18432

Nous renvoyons pour le détail de plusieurs autres expériences, recherches et observations que nous avons eu occasion de faire sur la force des pierres, au neuvième livre dont l'objet est d'indiquer les moyens de déterminer les dimensions des murs et points d'appui des édifices, parce que cette connaissance est une de celles qui doivent servir de base à ces opérations, qui sont les plus importantes de l'art de bâtir. Nous ferons seulement observer ici, qu'il paraît résulter, en général, des poids indiqués dans les deux tables précédentes, que ce ne sont pas toujours les pierres les plus pesantes qui sont les plus fortes, et que souvent à pesanteur spécifique égale ou moindre, ce sont celles qui ont le grain le plus fin, la texture la plus compacte, les couleurs les plus foncées qui supportent le plus grand poids.

Ainsi, la pierre dite Roussard première qualité, indiquée par le n°. 5 de la première table, composée de parties grossières de différentes natures, n'a porté que 6852 kilogrammes, tandis que la pierre de Choin de Villebois, dont le grain est fin et homogène a porté 14373 kilogrammes. Cependant la pesanteur spécifique du Roussard, qui est de 2643,8, est plus grande que celle de la pierre de Choin, qui est de 2642.

De même la pierre de Saillancourt première qualité, indiquée par le n°. 31 de la première table, dont la texture est grossière et composée de parties hétérogènes, n'a porté que 3536 kilogrammes, tandis que la roche de Passy, seconde qualité n°. 32, dont le grain est fin et homogène, a porté 7016 kilogrammes, et le cliquart de Vaugirard 9216 kilogrammes. Cependant la pesanteur spécifique de la pierre de Saillancourt dont il s'agit est de 2408, tandis que celle de Passy n'est que de 2382,2, et celle du cliquart de Vaugirard de 2375.

Relativement aux couleurs plus ou moins foncées, on voit que la pierre puante indiquée par le n°. 2 de la première table, a porté 17030 kilogrammes, tandis que la pierre de Caserte, qui est plus pesante, mais dont la couleur est moins foncée, n'a porté que 14865 kilogrammes.

De plus, la pierre bleue de Florence a porté 12392 kilogrammes, tandis que la pierre grise du même pays, qui est de même nature et de même grain, n'a porté que 10556 kilogrammes ; cependant la pesanteur spécifique de cette dernière était de 2557,5, et celle de la bleue de 2528,7.

On voit encore par rapport aux basaltes de la seconde table, que celui indiqué par le n°. 3, qui est le plus noir, a porté plus que tous les autres, quoique sa pesanteur spécifique soit moindre que celle des numéros 1 et 2, dont les couleurs sont moins foncées.

Le n°. 4 est celui qui s'est écrasé sous une moindre charge, mais sa couleur était gris de fer, et sa texture très-irrégulière, mêlée de parties quartzeuses d'un blanc terne.

Après les basaltes, ce sont les porphyres qui sont les plus forts. Plusieurs expériences nous ont fait connaître que la force du porphyre est d'autant plus grande que sa couleur est plus foncée et que les points dont il est marqueté sont plus petits.

Les granites sont plus forts en raison de ce que leurs parties sont plus intimement unies, et leur cristallisation plus parfaite.

Le granite oriental ou d'Égypte, qui paraît avoir cet avantage sur les autres, est celui qui a soutenu le plus grand poids, quoique sa pesanteur spécifique soit moindre que celle des granites indiqués par les numéros 6, 7, 8, qui se sont écrasés sous un moindre poids.

Le granite vert des Vosges, dont la couleur est plus foncée et la pesanteur spécifique plus grande que celle des autres, et qui par cette raison paraissait devoir soutenir un plus grand poids, a porté beaucoup moins, probablement parce que ses parties n'étaient pas aussi bien liées : ainsi dans les granites, la couleur, la pesanteur, ni la dureté ne sont pas toujours des indices certains de leur force.

Les marbres de différentes couleurs et les pierres composées de parties hétérogènes sont dans le même cas.

Quant aux pierres ordinaires de même espèce et de même couleur, dont le grain est homogène, le rapprochement des résultats ci-après tirés de la première table, prouve que la force des pierres de même qualité augmente quand leur pesanteur spécifique est plus grande.

TABLEAU du rapport entre la force des pierres,
et leur pesanteur spécifique.

Nos des tables ci dessus	NOMS DES DIFFÉRENTES ESPÈCES DE PIERRES.	PESANTEUR spécifique.	POIDS qu'elles ont supportées
66	Pierres de Charenton.	2253	5642
68	*Idem.*	2248	5585
94	*Idem.*	2149	4925
80	Pierres de Creteil.	2201.3	6186
92	*Idem.*	2153	4911
81	Pierres de Saint-Maur.	2190.5	4779
97	*Idem.*	2144.9	4479
122	*Idem.*	2022 4	3686
86	Pierres d'Ivry.	2168	4434
90	*Idem.*	2154.3	3684

Nos. des tables ci-dessus.	NOMS DES DIFFÉRENTES ESPÈCES DE PIERRES.	PESANTEUR spécifique.	POIDS qu'elles ont supportés
101	Pierres d'Ivry.	2118	3956
111	*Idem.*	2080	3339
93	Pierres de Vitry.	2149.1	3915
116	*Idem.*	2060.4	3455
125	*Idem.*	2007.4	3109
130	*Idem.*	1984.3	2994
39	Pierres de Saint-Nom.	2349	7486
51	*Idem*	2305	7082
99	*Idem.*	2138	5470
118	*Idem.*	2056	4952
41	Pierres de Fécamp.	2341	3627
45	*Idem.*	2325	3454
71	Pierres de Saint-Denis	2238	3167
71	*Idem.*	2237	3109
49	Pierres de Saint-Cloud.	2308.1	4549
58	*Idem.*	2294	4433
70	*Idem.*	2239.7	3694
75	*Idem.*	2236.5	3684
88	*Idem*	2157	3339
100	*Idem*	2130.7	3167
127	*Idem.*	2000	2648
129	*Idem.*	1988	2554
41	Pierres de l'abbaye du Val	2338.4	4014
61	*Idem.*	2261.5	3685
73	*Idem.*	2237.7	3512
119	*Idem.*	2040.1	3109
139	*Idem.*	1944.3	2418
85	Pierres de l'Ile-Adam.	2170.4	4022
95	*Idem.*	2147.3	3857
89	Pierres de Vernon.	2155	6173
115	*Idem.*	2061	5198
128	*Idem.*	1992	4837
55	Pierres de Senlis.	2296.7	6219
102	*Idem.*	2113.8	3915
736	*Idem.*	1948.6	2994
60	Pierres de Verbery	2272	5815
67	*Idem.*	2251	5585
76	*Idem.*	2234.2	5470
78	Pierres de Saint-Pierre-d'Aigle.	2211.2	4030
83	*Idem.*	2184.5	3857
124	*Idem.*	2013.4	2994
108	Pierres de Gamelon.	2092	3800
112	*Idem.*	2078	3749
147	Pierres de Tonnerre.	1856.4	3167
154	*Idem.*	1785	2764
159	*Idem.*	1759.2	2648
114	Pierres de Conflans Sainte-Honorine.	2067.5	2245
150	*Idem.*	1819	1407
152	*Idem.*	1801.8	1390
158	*Idem*	1770.7	1382
165	*Idem.*	1636.7	1102
143	Lambourdes de Gentilly.	1897.2	2176
144	*Idem.*	1878.3	1649
155	*Idem.*	1778.8	1612
167	*Idem.*	1582	1551
153	Lambourdes de Saint-Maur.	1800.8	1900
157	*Idem.*	1770.8	1785
149	Lambourdes de Vergelé.	1831.5	1496
162	*Idem.*	1709.1	1324

CHAPITRE DEUXIÈME.

EXPÉRIENCES FAITES POUR DÉTERMINER LES FORCES D'UNION, D'ADHÉRENCE ET DE RÉSISTANCE, DU MORTIER ET DU PLATRE.

J'ai fait faire en 1783, avec de la chaux de Marly, différens essais pour parvenir à connaître les matières les plus propres à mêler avec la chaux pour faire un bon mortier, telles que les sables, le ciment, les pouzzolanes, les poussières de pierre, etc. Je profitai de la circonstance où l'on avait fait venir une grande quantité de chaux vive en pierre, pour renouveler une des fosses de chaux en pâte qui servaient pour les constructions de la nouvelle église de Sainte-Geneviève. J'employai, pour éteindre les pierres à chaux dont je fis choix, le procédé que j'ai ci-devant indiqué, qui tient de celui de M. de la Faye : c'est-à-dire, que je fis mettre dans un panier à claire-voie ces pierres de chaux vive, pour les plonger dans un baquet plein d'eau, afin d'éprouver celles qui avaient le degré de cuisson convenable ; avant de les jeter dans le bassin où l'on finissait de les éteindre, en y ajoutant l'eau nécessaire pour former une pâte moyennement liquide, on avait soin de la remuer pour faciliter sa dissolution. Lorsque cette chaux avait été broyée à plusieurs reprises avec les sables, cimens ou pouzzolanes, etc., on en formait des espèces de briques de 15 centimètres de long, 10 centimètres de large, et 4 centimètres d'épaisseur. Ces briques, faites sur la fin d'avril et le commencement de mai 1786, paraissaient avoir acquis, au bout de trois mois, le degré de consistance, de dureté et de pesanteur spécifique dont elles étaient susceptibles. Cependant elles n'ont été éprouvées avec la machine à écraser les pierres que dix-huit mois après avoir été faites, c'est-à-dire, dans le courant d'octobre 1787. Les expériences ont été faites sur des parallélipipèdes à base carrée de 4 pouces de superficie. La table suivante indique l'espèce de brique dont ces parallélipipèdes ont été tirés, leur pesanteur spécifique, les poids sous lesquels ils se sont écrasés, exprimés en livres. On observe que ceux exprimés en kilogrammes, qui répondent aux parallélipipèdes de 25 centimètres de base, ont été déduits des précédens par le calcul, afin de présenter une table qui réponde à celle que nous avons donnée pour les pierres à la fin de l'article précédent.

	Pesanteur spécifique.	Poids en Kilogrammes pour une superficie de 25 centimètres.	Poids en livres pour une superficie de 4 pouces.
1re. Expérience sur deux parallélipipèdes provenant d'une brique en mortier, composée de trois parties de sable de rivière et de deux parties de chaux en pâte....................	1625	767	1866
2e. Deux autres parallélipipèdes de mêmes dimensions, provenant d'une brique faite du même mortier, mais battue. .	1893	1048	2552
3e. Deux autres *idem*, provenant d'une brique en mortier, composée de trois parties de sable de fouille et deux parties de chaux, sans être battue.	1588	1017	2475
4e· Deux autres provenant d'une brique faite du même mortier, mais battue.	1903	1406	3420
5e. Deux autres pris dans une brique en mortier, composée de trois parties de ciment ou tuileaux pilés, et deux parties de chaux fusée, sans être battue. . . .	1457	1191	2896
6e. Deux autres *idem*, mais battus.	1663	1633	3970
7e. Deux autres tirés d'une brique composée de deux parties de tuileaux pilés, une partie de sable de fouille et deux parties de chaux éteinte, sans être battue.	1503	1088	2645
8e. Deux autres *idem*, mais battus.	1734	1547	3762
9e. Deux autres en grès pilé et chaux; savoir, trois parties de l'un et deux de l'autre, sans être battus.	1681	733	1782
10e. Deux autres *idem*, mais battus.	1844	854	2094
11e. Deux autres en chaux et poudre de pierre de Conflans.	1408	1026	2483.
12e. Deux autres *idem*, mais battus.	1572	1316	3224

28.

	Pesanteur spécifique.	Poids en Kilogrammes pour une superficie de 25 centimètres.	Poids en livres pour une superficie de 4 pouces.
13ᵉ. Deux autres en pierre de Conflans naturelle.	1636	1102	2680
14ᵉ. Deux autres en pouzzolane de Rome et chaux de Marly.	1320	859	2090
15ᵉ. Deux autres *idem*, mais battus.	1442	1122	2728
16ᵉ. Deux autres en pouzzolane de Naples et chaux de Marly.	1284	758	1844
17ᵉ. Deux autres *idem*, battus.	1394	970	2360
18ᵉ. Deux autres en pouzzolanes de Rome et de Naples, mêlées ensemble.	1456	916	2228.
19ᵉ. Deux autres *idem*, battus.	1676	1333	3240
20ᵉ. Deux autres en pouzzolane blanche de Naples.	1024	954	2320
21ᵉ. Deux autres *idem*, battus.	1177	1406	3420
22ᵉ. Deux autres en pouzzolane d'Écosse.	1754	1164	2830
23ᵉ. Deux autres *idem*, battus.	1962	1628	3960
24ᵉ. Deux autres en même pouzzolane mêlée avec un tiers de sable.	1645	737	1792
25ᵉ. Deux autres *idem*, battus.	1811	928	2258
26ᵉ. Deux autres en pouzzolane du Vivarais.	1448	376	914
27ᵉ. Deux autres *idem*, battus.	1649	555	1350
28ᵉ. Deux autres en même pouzzolane mêlée avec un tiers de sable de fouille.	1588	417	1015
29ᵉ. Deux autres *idem*, battus.	1752	561	1364
30ᵉ. Deux autres provenant d'une brique fait comme le lastrico dont on couvre les terrasses à Naples, faite avec du lapillo de Naples et chaux de Marly.	1091	1180	2869
31ᵉ. Deux autres pris dans un morceau de lastrico apporté de Naples.	1000	1607	3908

	Pesanteur spécifique.	Poids en Kilogrammes pour une superficie de 25 centimètres.	Poids en livres pour une superficie de 4 pouces.
32°. Deux autres provenant d'un morceau d'enduit en ciment et pouzzolane d'une conserve antique d'eau ou réservoir des environs de Rome.	1549	1903	4664
33°. Deux autres provenant d'une conserve antique d'eau de Lyon.	2028	1955	4738
34° Deux autres provenant de l'intérieur d'un mur antique de Rome.	1414	1770	4248
35°. Deux autres provenant des arènes de Fréjus.	1644	1537	3782
36°. Deux autres provenant de l'aquéduc du pont du Gard.	1500	1256	3090
37°. Deux autres provenant d'un amphitéàtre antique de Lyon.	1269	1036	2550
38°. Deux autres provenant d'anciennes démolitions du collége de Boncours à Paris	1545	1391	3428
39°. Deux autres provenant des démolitions de la Bastille.	1487	1368	3258
40°. Deux autres provenant des démolitions du grand Châtelet.	1492	1367	3257
41°. Deux autres faits avec de la chaux et du blanc d'Espagne, sans être battus. . .	1340	1449	3449
42°. Deux autres *idem*, mais battus.	1426	1617	3854
43°. Deux faits en mortier Loriot.	1472	684	1592
44°. Deux autres faits en mortier selon M. de la Faye.	1592	699	1664
45°. Deux en plàtre.	1227	1239	2972
46°. Deux en plàtre gàché avec du lait de chaux.	1115	1816	3242

Il résulte de cette table, 1°. que la massivation, c'est-à-dire l'action de battre le mortier, augmente sa densité et sa force;

2°. Que ce ne sont pas les sables les plus arides qui forment le meilleur mortier, ainsi que le prouvent les expériences 1, 2, 9 et 10. Les cimens et les pouzzolanes, et même les poudres de pierre calcaire, moyennement dures et autres sont préférables, comme on le voit par les expériences 6, 12, 19, 23, 33, 34, 41 et 42;

3°. Que le mortier Loriot est moins fort que celui préparé à la manière de M. de la Faye;

4°. Que le bon plâtre cuit et gâché à propos, a la force moyenne du mortier, et que ce même plâtre gâché avec du lait de chaux, acquiert une plus grande force.

Désirant savoir en combien de temps le mortier pouvait acquérir le degré de dureté dont il est susceptible, j'ai éprouvé, dans le courant d'août 1802, des cubes pris dans des briques en mortier, semblables à celles dont les cubes des expériences précédentes ont été tirés, et qui avaient été faites dans le même temps, c'est-à-dire en avril et mai 1786.

Voici quels ont été les résultats des expériences faites sur ces différens mortiers plus de seize ans après leur préparation, comparés à ceux des expériences précédentes, faites sur des cubes provenant des mêmes briques fabriquées depuis dix-huit mois.

	Poids portés par des cubes de 4 pouces de superficie, exprimé en livres.	
	Date des Expériences.	
	Octobre 1787.	Août 1802.
*1er. Cube en mortier de chaux et sable de rivière battu.	2552	2864
6e. Cube en mortier de ciment.	3970	4948
7e. Cube en mortier avec sable et ciment.	2645	2948
9e. Cube en mortier de grès pilé.	1782	1801
12e. Cube en mortier de poudre de pierre de Conflans.	3224	4580
15e. Cube en pouzzolane de Rome.	2728	3112
17e. Cube en pouzzolane de Naples.	2360	3100
21e. Cube en pouzzolane blanche de Naples.	3420	4394
23e. Cube en pouzzolane d'Écosse.	3960	3982
30e. Cube en mortier de lastrico.	2869	3428
41e. Cube en mortier de blanc d'Espagne.	3854	4032

* Ces numéros sont ceux de la table précédente.

On voit, par cette seconde table, que le mortier acquiert avec le temps une plus forte consistance, et qu'au bout de quinze ans, les restans de briques d'où les cubes des premières expériences avaient été tirés, étaient devenus plus forts, savoir. la brique en mortier de chaux de sable de rivière de $\frac{1}{8}$.

Celle en ciment pur, de $\frac{1}{4}$.

Celle en ciment et sable, de $\frac{1}{9}$.

Celle en poudre de grès, de $\frac{1}{94}$.

Celle en poudre de pierre de Conflans, de $\frac{2}{5}$.

Celle en pouzzolane de Rome, de $\frac{1}{7}$.

Celle en pouzzolane grise de Naples, de $\frac{1}{3}$.

Celle en pouzzolane blanche, de $\frac{2}{7}$.

Celle en pouzzolane d'Écosse, de $\frac{1}{180}$.

Le lastrico, de $\frac{1}{5}$.

Et la brique en blanc dit d'Espagne, de $\frac{1}{33}$.

Force d'union du mortier.

Après avoir donné une idée de la force du mortier pour résister à la charge, et de l'augmentation qu'il acquiert avec le temps, il me reste à faire connaître la force avec laquelle il peut unir les pierres et les briques dans les ouvrages de maçonnerie.

Avec du mortier de chaux et sable fin fait avec soin, j'ai scellé ensemble, deux à deux, des cubes de pierre de 2 pouces en tous sens et quatre pouces de superficie de base : six mois après, j'ai trouvé que pour désunir les deux cubes en pierre de liais, dont les surfaces avaient été bien dressées et unies au grès,

	Livres.	Kilog.	Gr.
Il a fallu un poids de.	64	31	327
Deux autres, dont les superficies étaient moins lisses, ont exigé.	70	34	264
Deux autres en pierre d'Arcueil.	72	35	243
Deux autres en pierre de Saint-Leu.	91	44	544
Deux en pierre de Vergelé.	95	46	502
Deux en pierre de Conflans.	108	52	865
Deux en pierre de meulière.	123	59	718
Deux en briques de Bourgogne.	138	67	550
Deux en tuileaux.	141	69	019

Force d'union du plâtre.

Pour connaître la différence de la force avec laquelle le plâtre et le mortier unissent les pierres, j'ai scellé en plâtre deux cubes semblables aux précédens, et après un même espace de temps, j'ai trouvé que pour les désunir il a fallu :

	Livres.	Kilog.	Gr.
Deux cubes en pierre de liais.	124	60	697
Deux en pierre dure d'Arcueil.	127	62	166
Deux en pierre dure du faubourg Saint-Marceau.	90	44	054
Deux en pierre de Saint-Leu.	148	72	445
Deux en pierre de Conflans.	168	82	235
Deux en pierre de Vergelé.	144	70	487
Deux en pierre de meulière.	189	92	515
Deux en briques.	201	98	389

Les résultats de ces expériences indiquent qu'au bout de six mois le plâtre unit les pierres et les briques avec un tiers plus de force que le mortier; mais il faut observer que cette force d'union augmente avec le temps pour le mortier, tandis qu'elle diminue pour le plâtre, surtout lorsqu'il est exposé aux injures de l'air, ou à l'humidité. Pour obtenir quelques notions ultérieures à ce sujet, j'ai cherché d'abord, par rapport au plâtre, quelle pouvait être la proportion de l'adhérence avec la cohésion, c'est-à-dire, entre la force qu'il faudrait pour rompre un parallélipipède de plâtre ou de mortier tiré par les deux bouts, et la force avec laquelle ces matières unissent les pierres.

Il faut remarquer, relativement à ce dernier cas, que la force d'union dépend autant de la qualité du mortier ou du plâtre que de celle des pierres, et de ce que leurs surfaces sont plus ou moins lisses. Les expériences précédentes prouvent que le plâtre et le mortier s'attachent plus fortement à de certaines pierres qu'à d'autres, à une surface raboteuse qu'à une surface unie. Mais en prenant un résultat moyen, on trouve que cette force peut être évaluée, pour le mortier à 105 livres pour 4 pouces de superficie, et 26 livres pour un pouce, et pour le plâtre à 148 livres pour 4 pouces, et 37 livres pour un pouce.

Force d'adhérence du mortier.

Un parallélipipède en mortier de chaux et sable, pris dans une brique faite depuis seize ans, dont la superficie de la base était d'un pouce, a soutenu avant de se rompre, étant tiré par les deux bouts, un poids de 53 livres.

Un semblable parallélipipède s'est écrasé sous un poids de 676, c'est-à-dire, qu'il a résisté à un effort douze fois plus grand que celui qu'il faudrait pour le rompre en le tirant par les deux bouts.

Force d'adhérence du plâtre.

Un parallélipipède en plâtre de même base, étant tiré par les deux bouts, s'est rompu sous un poids de 76 livres.

Un semblable parallélipipède s'est écrasé sous un poids de 722 livres; en sorte qu'il a résisté à un poids neuf fois $\frac{1}{2}$ plus fort que celui sous lequel il se serait rompu en le tirant par les deux bouts.

Dans les briques en ciment, le rapport de la force qu'il faut pour rompre les parallélipipèdes en les tirant par les deux bouts, est à celle nécessaire pour les écraser, comme 1 est à 7 $\frac{1}{3}$.

Dans les briques en pouzzolane, ce rapport est comme 1 est à 8 ou 9. Les expériences faites sur les mortiers antiques donnent le rapport de 1 à 8.

Quant à la force avec laquelle le mortier qui a acquis toute sa dureté unit les pierres, le plus grand nombre des expériences que j'ai faites, à ce sujet, donne cette force plus grande que celle qu'il faut pour rompre le mortier en le tirant par les deux bouts[1], c'est-à-dire que son adhérence est plus forte que sa cohésion. Par rapport au plâtre, cette force est moindre[2].

Dans les constructions nouvellement faites, le plâtre adhère aux pierres et aux briques avec une force égale à la moitié de celle qu'il faut pour le rompre en le tirant par les deux bouts, et dans les constructions en mortier, avec une force égale au tiers.

De sorte que jusqu'à sept ou huit ans, la liaison du plâtre est plus forte que celle du mortier; mais après dix ou douze ans, celle du mortier est plus grande. On peut établir, en général, que, par rapport au mortier, la force avec laquelle il unit les pierres, lorsqu'il a acquis toute sa dureté, est égale à celle qu'il faudrait pour le rompre en le tirant par les deux bouts, ou la huitième partie de celle qu'il faudrait pour l'écraser.

Par rapport au plâtre, sa plus grande force pour unir les pierres n'est que les deux tiers de celle qu'il faudrait pour le rompre en le tirant par les deux bouts, et la quatorzième partie de la force qu'il faudrait pour l'écraser.

La force moyenne pour le mortier peut être évaluée à 75 livres par pouce superficiel, et à 60 pour le plâtre. Ce qui revient, pour le premier cas, à 501 kilogrammes 735 par décimètre, et à 401 kilogrammes 388 pour le second cas.

---

[1] Le mortier s'étant rompu dans le milieu de son épaisseur plutôt que de se séparer des pierres.

[2] Le plâtre se désunit des surfaces.

CHAPITRE TROISIÈME.

DES QUALITÉS, FORCE ET PROPRIÉTÉS DES BOIS DE CHARPENTE.

Les bois de charpente sont ceux qui méritent la plus grande attention ; ils sont les plus considérables et les plus importans, soit qu'on considère leurs grandes dimensions, soit qu'on examine les qualités qu'ils doivent avoir pour former des ouvrages solides et durables. Souvent ils sont destinés à soutenir de très-grands fardeaux, à résister aux plus grands efforts et à être exposés aux intempéries de l'air. Selon le pays et les circonstances, ces bois composent la totalité des édifices, ou n'y entrent que comme parties, en s'unissant aux autres genres de construction. Presque toujours ils servent à former les planchers et les combles. Dans tous ces cas, ils sont susceptibles d'une grande durée, lorsqu'ils ont la force et les dimensions proportionnées aux efforts qu'ils ont à soutenir.

La pierre a, il est vrai, sur le bois, l'avantage d'une plus grande dureté, de pouvoir résister plus long-temps aux intempéries de l'air, de n'être pas sujette à se tourmenter et à changer de forme et de volume, de procurer aux édifices qui en sont construits une solidité et une stabilité plus grandes que celles qui résultent de l'emploi du bois.

Les propriétés du bois sont d'être moins fragile que la pierre, d'être plus facile à travailler et à transporter. Le bois, étant formé de fibres longitudinales, très-raides et fortement unies entre elles, peut également servir à tirer et à porter. Il peut être posé debout, en travers ou incliné. La pierre, au contraire, étant composée de parties grenues réunies en tous sens, ne peut résister solidement qu'à l'effort de la pression, étant posée l'une sur l'autre. Les pierres qu'on trouve posées en travers comme des pièces de bois, pour former des plafonds ou des architraves, dans les anciens édifices des Égyptiens et des Grecs, supposent une consistance qui ne se trouve pas dans les pierres ordinaires. Au reste, même en admettant cette qualité, l'emploi de la pierre, pour les cas dont il s'agit, entraîne après lui plus d'entraves qu'il ne peut procurer d'avantage : et l'architecture de ces peuples paraît constamment assujettie aux dispositions que prescrit à l'art de bâtir une matière à la fois si forte sous le fardeau, et cependant si exposée à se rompre.

Le plus grand inconvénient de l'emploi du bois dans la construction des édifices, est de les rendre sujets aux incendies. Cette raison, plus que toute autre, a contribué à discréditer les constructions en bois et à en diminuer l'usage. C'est à cette cause qu'il faut attribuer le perfectionnement de l'art des voûtes, au point de suppléer aux toits de charpente et aux planchers.

Il est cependant beaucoup de circonstances où l'on ne peut substituer la pierre au bois, entre autres pour les machines et les constructions hydrauliques. Le bois est même nécessaire pour la construction des édifices tout en pierre ou en brique; les cintres, les échafauds et les machines ne peuvent être construits qu'en cette matière.

Les bois dont on fait le plus d'usage sont le chêne et le sapin.

Le bois de chêne est un des meilleurs qu'on puisse employer pour les ouvrages de charpente; il a toutes les qualités nécessaires, telles que la grandeur, la force et la fermeté. Il se trouve des chênes assez grands pour fournir des pièces de bois de 60 à 80 pieds de long sur 2 pieds d'équarrissage [1]. Dans l'usage ordinaire, les plus grandes poutres ne passent pas 36 à 40 pieds de longueur, sur 2 pieds ou 2 pieds un quart d'équarrissage. Les pièces de bois de ces dimensions passent pour être de la première qualité et se vendent fort cher [2].

Quant à la dureté de son bois, le chêne a l'avantage sur tous les autres arbres qui peuvent fournir d'aussi grandes pièces. Il est aussi le

[1] Harlay rapporte que dans le comté d'Oxford, en Angleterre, on avait abattu un chêne dont le tronc avait produit une poutre de 5 pieds en carre, sur 40 pieds de long. Ray rapporte, dans son *Histoire générale des Plantes*, qu'on voyait de son temps, en Westphalie, plusieurs chênes monstrueux dont un, qui servait de citadelle, avait 30 pieds de diamètre sur 130 pieds de haut. Charles Ier., roi d'Angleterre, fit abattre un chêne prodigieux dont le tronc fournit quatre poutres de chacune 40 pieds de long, sur 4 pieds 9 pouces en carré.

[2] Cet échantillon est aussi reconnu pour être le plus fort dont on puisse faire usage dans la marine. « Si les arbres reconnus sains et bien venans n'ont pas 1 mètre 62 cent. » (environ 5 pieds) de tour à hauteur d'un mètre de terre, on doit les tenir en re-» serve pour les laisser croître.

» Ce serait une erreur de croire qu'on ne doit faire choix pour la marine que des » arbres de la plus forte dimension : sans doute ceux-ci sont essentiels à ménager, parce » qu'ils offrent souvent des pièces rares; mais, par cela même qu'ils sont anciens et surâgés, » la qualité en est douteuse et la détérioration prompte. Au contraire, l'arbre d'une » moyenne dimension est ordinairement plus sain, son échantillon se rapproche da-» vantage de celui qu'on exige dans les vaisseaux.

» Ainsi, les arbres de 2, 3 et 4 mètres de tour sont préférables, sous tous les rap-» ports, à ceux de 5 et 6 mètres, qui conviennent rarement à la marine. » (*Instruction sur le choix, le martelage et l'exploitation des bois de marine*, publiée en l'An X: par l'administration générale des forêts.)

plus pesant, celui qui se conserve le mieux à l'air, plongé dans l'eau ou enfoncé dans la terre. On dit ordinairement que le chêne est cent ans à croître, qu'il se maintient cent ans, et qu'il est cent ans à dépérir sur pied ; mais l'expérience prouve que cette tradition ne repose sur aucun fondement. On fait usage du chêne depuis 60 jusqu'à 200 ans : passé ce temps il dépérit, et avant il est sans beaucoup de force et de consistance.

Lorsque ce bois a été coupé dans une saison favorable et employé sec, à couvert des injures de l'air, il dure jusqu'à cinq à six cents ans ; employé sous terre ou dans l'eau, on ne connait pas le terme de sa durée, Il a encore l'avantage de la force sur les bois de construction de même grandeur. Le bois de chêne, ainsi que celui de tous les autres arbres, varie de pesanteur, de dureté, de densité et de force, selon la nature des terrains où il croît. La densité est toujours en rapport avec la durée de l'accroissement. Les arbres qui croissent le plus lentement ont toujours leur bois plus dur, plus pesant, plus compâcte et plus fort.

On ne distingue pas d'aubier dans les arbres dont le bois est mou, tels que le tilleul, le bouleau, l'aune, etc.

Il résulte des expériences faites sur le chêne et sur plusieurs autres espèces de bois, que leur force est proportionnelle à leur densité et à leur pesanteur, c'est-à-dire que, de deux pièces de même bois et de mêmes dimensions, la plus pesante est ordinairement la plus forte.

La pesanteur du bois varie dans un même arbre. On a observé que les pièces tirées de la partie inférieure de l'arbre sont plus pesantes que celles tirées du milieu, et que ces pesanteurs diminuent dans les parties les plus élevées, et les branches, en raison de ce qu'elles sont plus éloignées du bas du tronc. Ainsi, lorsqu'il s'agit de choisir une pièce forte, il faut la prendre dans la partie inférieure de l'arbre.

Dans les arbres qui n'ont pas acquis toute leur croissance, le bois pris vers le cœur du tronc est plus dur que celui de la circonférence. M. de Buffon a trouvé que cette dureté décroit à peu près en proportion arithmétique.

Dans les arbres parfaits, qui sont parvenus à toute leur croissance, la dureté est presque égale du centre à la circonférence.

Dans les arbres qui commencent à dépérir, le cœur est moins dur que la circonférence. Ces observations font voir combien il est essentiel de ne couper les arbres que dans le temps où ils ont pris tout leur accroissement

La pesanteur spécifique moyenne du bois de chêne nouvellement abattu est de 1000 à 1054; c'est-à-dire que le pied cube pèse de 70 à 74 livres; il diminue de poids en séchant. Pour qu'il soit assez sec pour être employé à la charpente, il faut que ce poids soit réduit à 60 ou 63 livres. On a reconnu que le plus grand degré de desséchement qu'il puisse acquérir, est d'environ le tiers de son poids, ce qui réduit la pesanteur, pour 1 pied cube, à 50 ou 53 livres.

Le bois de chêne, et en général tous les bois trop secs, sont moins forts et plus cassans que ceux nouvellement coupés; ces derniers sont de peu de durée, ils se corrompent facilement. Les bois moyennement secs, c'est-à-dire qui n'ont perdu que le sixième de leur poids, sont ceux qu'il faut préférer.

Les fibres des bois nouvellement coupés, étant encore remplies de séve, sont plus liantes, plus fortement réunies que dans les bois tout-à-fait secs. Dans ces derniers, les fibres ont plus de roideur et moins d'adhérence; c'est pourquoi ils se fendent plus facilement, et se rompent tout à coup sous une charge moindre.

Les fibres des bois moyennement secs sont plus roides que celles des bois verts, et plus adhérentes que celle des bois secs; d'où il résulte que le degré moyen de desséchement le plus avantageux pour les ouvrages de charpente, est celui où le poids du pied cube, est réduit à 50 ou 53 livres.

Dans les constructions en charpente, les bois agissent tantôt par leur force absolue, et tantôt par leur force relative. Nous entendons par force absolue, l'effort qu'il faut pour rompre un morceau de bois, en le tirant par les deux bouts, selon la longueur de ses fibres.

La force relative du bois dépend de sa position : ainsi une pièce de bois posée horizontalement sur deux appuis placés à ses extrémités, se rompt plus facilement et sous un moindre effort que si elle était inclinée ou d'aplomb. On trouve que l'effort qu'il faut pour la rompre est d'autant moins grand, que ces pièces sont plus longues, et que cet effort ne décroît pas tout-à-fait en raison inverse de leur longueur, lorsque les grosseurs sont égales. Par exemple, une pièce de 6 pouces en carré de grosseur, sur 8 pieds de long, posée horizontalement, porte un peu plus du double d'une autre de même grosseur sur 16 pieds de long, posée de même.

On trouve encore que dans les bois dont les fibres ne sont pas tranchées, la force absolue de la grosseur est à peu près la même; en sorte qu'il faut un effort égal pour rompre deux morceaux de bois de même nature et de même grosseur, en les tirant par les deux bouts, quoique leur longueur soit différente.

Voici le résultat de quelques expériences sur la force absolue du bois de chêne, dont la pesanteur spécifique était de 861, ou 61 livres le pied cube :

1°. Tiré par les deux bouts.

Première expérience.

Une petite tringle d'une ligne en carré sur 2 pouces de longueur, terminée par deux talons de 3 lignes pour la suspendre et soutenir le poids, étant posée verticalement et tirée par les deux bouts, s'est rompue dans la partie où sa grosseur n'était que d'une ligne, sous un effort de. . . . . 107 livres.

Une autre semblable, et tirée du même morceau de bois, s'est rompue sous un poids de. 98

Une autre idem a porté. 102

Total. 307

dont le tiers donne pour résultat moyen 102 ⅓.

Deuxième expérience.

Une autre tringle de même bois, de 2 lignes en carré, et de 2 pouces de longueur, a porté, avant de se rompre. . . . . 407 livres.

Une autre, idem, a porté. 387

Une autre. 418

En tout. 1212

dont le tiers donne pour résultat moyen 404 livres pour 4 lignes de superficie de grosseur, et pour une ligne 101 livres.

Troisième expérience.

Trois autres tringles de même grosseur, sur 8 pouces de long, se sont rompues, la première, sous un poids de. . . . . 405 livres.

La deuxième, sous un poids de. 421

La troisième, sous. 400

En tout. 1226

qui donne 408 ⅔ pour poids moyen, soutenu par 4 lignes de superficie, et pour une ligne 102 ⅙. Ainsi ces trois dernières tringles ont porté plus que les précédentes, quoique leur longueur fût quatre fois plus grande.

Quatrième expérience.

Trois autres tringles de même grosseur et d'un pied de long, ont porté, avant de se rompre,

La première. . . . . 417 livres.
La deuxième. 395
La troisième. 408

Total. 1220

qui donne pour poids moyen, porté par 4 lignes de superficie 405, et pour une ligne 101 $\frac{1}{4}$.

Cinquième expérience.

Trois autres tringles de chacune 3 lignes en carré, c'est-à-dire 9 lignes de superficie de base sur 8 pouces de long, se sont rompues,

La première sous un poids de. . . . . 934 livres.
La deuxième. 908
La troisième. 915

Total. 2757

qui donne 919 pour poids moyen, et 103 $\frac{1}{9}$ pour chaque ligne.

Sixième expérience.

Trois autres tringles de même grosseur sur un pied de long, se sont rompues,

La première, sous un poids de. . . . . 917 livres.
La deuxième. 925
La troisième. 911

Total. 2753

qui donne 917 $\frac{1}{3}$ pour poids moyen, et, à très-peu de chose près, 102 livres par ligne superficielle.

Septième expérience.

Trois autres tringles de 18 pouces de long, sur même grosseur, ont porté, avant de se rompre,

La première. . . . . 917 livres.
La deuxième. 927
La troisième. 913

Total. 2757

qui donne 919 pour poids moyen, et pour chaque ligne 102 $\frac{1}{9}$.

On peut conclure de toutes ces expériences, que la force absolue du bois de chêne ordinaire est d'environ 102 livres par ligne superficielle de sa grosseur.

2°. *De la force des bois debout.*

Si le bois n'était pas flexible, une pièce de bois posée bien d'aplomb porterait une même charge, quelle que fût sa hauteur; mais l'expérience prouve que dès qu'un poteau a plus de sept ou huit fois la largeur de sa base en hauteur, il plie sous la charge avant de s'écraser ou de se refouler, et qu'une pièce de bois dont la hauteur aurait cent fois le diamètre de sa base n'est plus capable de porter le moindre fardeau sans plier. La proportion selon laquelle cette force diminue en raison de la hauteur est difficile à déterminer à cause de la variété des résultats que donne l'expérience. Cependant, j'ai reconnu, par un grand nombre d'expériences, que lorsqu'une pièce de bois de chêne est trop courte pour pouvoir plier, la force qu'il faut pour l'écraser ou la faire refouler est de 40 à 48 livres par ligne superficielle de sa base, et que cette force, pour le bois de sapin, va de 48 à 56.

Des cubes de chacun de ces bois, mis en expérience, ont diminué de hauteur en se refoulant sans se désunir, ceux en bois de chêne de plus d'un tiers, et ceux en sapin de moitié.

Une pièce en sapin ou en chêne diminue de force dès qu'elle commence à plier, en sorte que la force moyenne du bois de chêne, qui est de 44 livres par ligne superficielle pour un cube, se réduit à 2 livres pour une pièce de même bois dont la hauteur est égale à 72 fois la largeur de la base. Un très-grand nombre d'expériences que j'ai faites à ce sujet m'ont donné la progression suivante :

Pour un cube dont la hauteur est un, la force est 1

Pour une pièce dont la hauteur est 12 . . . . $\frac{5}{6}$

Pour 24 . . . . $\frac{1}{2}$

Pour 36 . . . . $\frac{2}{3}$

Pour 48 . . . . $\frac{1}{6}$

Pour 60 . . . . $\frac{1}{12}$

Pour 72 . . . . $\frac{1}{24}$

	L'expérience donne.	Résultat moyen.

Ainsi, pour un cube en chêne d'un pouce de superficie de base, posé debout, c'est-à-dire dont la direction des fibres est verticale, la force moyenne est exprimée par 144×44, qui donne 6336. . . . .

	6460	
	6460	6346
	6120	

Pour une tringle de même bois et de même superficie de base, sur 12 pouces de haut, la force est $144 \times \frac{44 \times 5}{6}$ qui donne 5280. . . . .

	5480	
	5310	5310
	5140	

· Pour une tringle, *idem*, de 24 pouces de haut, la force est $144 \times \frac{44}{2} = 3168$. . . . . .

	2931	
	2516	2911
	3286	

Pour une autre de 36 pouces de haut, la force est $144 \times \frac{44}{3}$, qui donne 2112. . . . . . .

	2166	
	2256	2163
	2080	

Pour une de 48 pouces de haut, la force est de $144 \times \frac{44}{6}$, qui donne   1056.

Pour 60 pouces, $144 \times \frac{44}{12} = 528$.

Pour 72 pouces, $144 \times \frac{44}{24} = 264$.

Pour un cube d'un pouce carré en bois de sapin, posé de même, on a 144×52, qui donne 7488. . . . .

	7480	
	7370	7490
	7620	

Une tringle carrée, d'un p^ce de base, sur 12 p^ces de haut, donne $144 \times \frac{52 \times 5}{6} = 6240$.

	6390	
	6286	6355
	6388	

Pour 24 pouces, $144 \times \frac{52}{2}$, qui donne 3744.

	3161	
	3266	3429
	3840	

Pour 36 pouces, $144 \times \frac{52}{3}$, qui donne 2496.

	2641	
	2825	2575
	2260	

Pour 48 pouces, $144 \times \frac{52}{6}$, 1248.

Pour 60 pouces, $144 \times \frac{52}{12}$,   624.

Pour 72 pouces, $144 \times \frac{52}{24}$,   312.

Cette règle s'accorde aussi avec les expériences faites par MM. Perronnet, Lamblardie et Girard.

Dans le traité analytique sur la Résistance des Solides de M. Girard, on trouve, n°. 8 de la première table, qu'une pièce de bois de chéne posée debout, dont la longueur était de 2 mètres 273 millimètres, la largeur de 155 millimètres $\frac{1}{3}$, et l'épaisseur de 104 millimètres, s'est rompue sous une charge de 33120 kilogrammes.

En réduisant les dimensions de cette pièce en pieds, pouces et lignes, on trouve sa longueur de 7 pieds 8 pouces 7 lignes, sa largeur de 5 pouces 9 lignes, et son épaisseur de 3 pouces 10 lignes, formant une base de 3174 lignes carrées. Le poids de 33120 kilogrammes sous lequel elle s'est rompue équivaut à 67663 livres. En supposant cette pièce d'une bonne qualité et sans défaut, sa force moyenne, par ligne carrée, serait de 44 livres pour un cube de même superficie de base; mais comme cette pièce a une hauteur qui est d'environ 22 fois son épaisseur, cette force, doit, d'après la progression que nous avons indiquée, se réduire à moitié, c'est-à-dire à 22. Ainsi, en multipliant les 3174 lignes de la base de cette pièce par 22, on trouvera 69828 pour l'effort sous lequel elle aurait dû se rompre, au lieu de 67663 qu'a donné l'expérience; mais il est facile de concevoir que le moindre défaut de position ou de qualité peut avoir produit cette différence.

Il résulte de ces expériences que dès qu'une pièce de bois commence à plier, elle perd beaucoup de sa force ; c'est pourquoi *un poteau ne devrait jamais avoir en hauteur plus de dix fois la largeur ou le diamètre de sa base.*

En ne calculant la force d'un pareil poteau qu'à raison de 10 livres par ligne superficielle, c'est-à-dire qu'au quart de la charge sous laquelle il s'écraserait, on trouve qu'un poteau d'un pied superficiel comprenant 20736 lignes carrées pourrait soutenir un poids de plus de 200 milliers. Cependant, comme il se trouve une infinité de circonstances qui peuvent doubler ou tripler l'effort d'un poids ou d'une charge, il est prudent de ne compter la force d'un poteau dont la hauteur n'excède pas dix fois la largeur de sa base, qu'à raison de cinq livres par ligne superficielle, ce qui réduit la charge à porter par un poteau d'un pied superficiel, à cent milliers, et celle d'un poteau de six pouces en carré à 25 milliers.

Pour un poteau dont la hauteur serait de quinze fois la largeur de la base, il ne faut compter que quatre livres par lignes; et, pour 20 fois, 3 livres seulement.

Dans l'usage ordinaire les charges sont beaucoup moins considérables, parce qu'il ne suffit pas, comme nous l'avons déjà dit, qu'un poteau ait une étendue de base proportionnelle au fardeau qu'il a à soutenir; il faut de plus qu'il ait une stabilité convenable en raison de sa situation et de son isolement. Ce degré de stabilité porte le rapport du diamètre de la base avec la hauteur de sept à dix.

3°. *De la force des bois couchés.*

Toutes les expériences faites sur les bois couchés, c'est-à-dire posés horizontalement selon leur longueur sur deux appuis, prouvent qu'à grosseur égale, leur force diminue en raison de leur portée, c'est-à-dire de la distance entre les appuis.

Dans les bois de même longueur entre les appuis, la force est en raison de leur largeur et du carré de leur hauteur ou épaisseur verticale.

Expériences.

Une tringle en bois de chêne, de deux pouces en carré de grosseur sur 24 pouces entre les appuis, s'est rompue sous une charge de 2304 livres; tandis qu'une autre de même grosseur et de 18 pouces entre les appuis, a porté 3105 : d'où il résulte que la force de ces deux tringles est à peu près en raison inverse de leur longueur entre les appuis. Le rapport juste donnerait 18 : 24 :: 2304 : 3072, au lieu de 3105.

Autre expérience.

Une autre tringle en même bois, de deux pouces sur 3 pouces de grosseur, posée de champ, c'est-à-dire sur la face de 2 pouces de largeur, celle de 3 pouces étant d'aplomb sur deux appuis éloignés de 24 pouces, s'est rompue sous une charge de 5123.

Par l'expérience précédente, on a trouvé qu'une tringle de 2 pouces en carré, posée sur deux appuis éloignés de 24 pouces, a porté 2304. Pour que les forces de ces deux tringles fussent exactement comme le carré de leur hauteur, on devrait avoir 4 : 9 :: 2304 : 5184. C'est-à-dire qu'elle aurait dû porter 5184 au lieu de 5123. Cette différence, qui peut avoir une infinité de causes, n'empêche pas de reconnaître le rapport indiqué par la théorie.

30.

Autre expérience.

Une autre tringle en même bois, de mêmes dimensions que la précédente, posée de plat, c'est-à-dire sur la face de 3 pouces de large, celle de 2 pouces étant d'aplomb et les appuis à même distance, s'est rompue sous un poids de 3475; d'où il résulte que les pièces de bois qui ont une même épaisseur verticale, ont une force qui est en raison de leur largeur : ainsi, en prenant pour point de comparaison la pièce de 2 pouces en carré qui a porté 2304, on aurait dû avoir 2 : 3 :: 2304 : 3356, au lieu de 3475.

Il résulte d'une infinité d'autres expériences et de calculs faits pour trouver le rapport de la force absolue du bois de chêne, à celle qu'il a étant posé horizontalement sur deux appuis, que le moyen le plus simple est de multiplier la surface de la grosseur de la pièce par la moitié de sa force absolue, et de diviser le produit par le nombre de fois que son épaisseur verticale est contenue dans la longueur comprise entre les appuis.

Nous allons appliquer cette règle aux expériences rapportées par plusieurs auteurs : 1°. A celles faites par M. Bélidor sur des tringles en bois de chêne de 3 pieds de long entre les appuis, sur un pouce en carré. Le poids moyen sous lequel elles se sont rompues est de 187. Comme la force absolue pour chaque ligne superficielle varie de 90 à 102 livres, cette force moyenne serait de 96 livres, et de 48 livres pour la moitié, et la règle donnerait $\frac{141 \times 48}{36} = 192$ au lieu de 187.

Trois autres tringles de 2 pouces en carré sur même longueur entre les appuis, se sont rompues sous un poids moyen de 1585 livres. La règle aurait donné $\frac{576 \times 48}{18} = 1536$.

Trois autres tringles de 20 à 23 lignes d'équarrissage, posées de champ, ont porté, pour poids moyen, 1660 livres. Le calcul aurait donné $\frac{560 \times 48}{15\frac{1}{7}} = 1734$.

Les expériences faites par M. Parent, et un grand nombre d'autres que j'ai répétées, donnent des résultats qui s'accordent avec la méthode proposée. Mais comme ces expériences ont été faites sur des pièces de petites dimensions, nous avons pensé qu'il était avantageux d'en faire l'application aux grandes expériences de M. de Buffon; cependant comme il résulte de ces expériences que la force des bois de même grosseur posés horizontalement ne diminue pas exactement en raison de leur longueur, comme le suppose la théorie sur laquelle est fondée la règle précédente, nous avons cherché, pour la rendre plus conforme à l'expérience, à y faire quelques modifications qui n'en rendent pas l'application plus difficile.

Il résulte des expériences de M. de Buffon, qu'une solive une fois plus longue qu'une autre de même grosseur, ne porte pas la moitié du poids que soutiendrait la plus courte. Ainsi on trouve qu'une solive de 7 pieds de longueur sur 5 pouces en carré de grosseur, s'est rompue sous une charge de. 11570 livres, tandis qu'une autre de même grosseur, sur 14 pieds de longueur, n'a pu porter que. . . . .   5388 et une troisième de 28 pieds de longueur, dont la grosseur était aussi de 5 pouces en carré, a porté, avant de se rompre, une charge de.   1956

En conservant le premier résultat pour point de comparaison, l'application de la règle sans modification, donne pour 7 pieds. . . . . : 11570

    Pour 14 pieds.   5785
    Pour 28 pieds. . . . .   2892 ½

Il résulte de cette différence, qu'on peut attribuer à la flexibilité du bois, que les forces de ces pièces, au lieu de former une progression géométrique décroissante, dont l'exposant est le même, en forment une dont l'exposant est variable, et que ces forces peuvent être représentées par les ordonnées d'une courbe que nous avons reconnue être une espèce de chainette.

OBSERVATIONS.

Il faut remarquer, relativement à la diminution de la force des bois, qu'elle doit être non-seulement proportionnée à leur longueur et grosseur, mais de plus, modifiée en raison de leur force absolue ou primitive, et de leur flexibilité; en sorte que des bois absolument de même qualité devraient donner des résultats qui suivent une même loi, de manière à former les ordonnées d'une courbe qui ne présente aucune inflexion ni ondulation dans sa trace; ainsi, dans les pièces dont les grosseurs et les longueurs forment une progression régulière, les défauts ne peuvent être causés que par une différence dans leur force primitive; et comme cette force varie dans les pièces prises dans un même tronc d'arbre, il est impossible d'établir une règle qui donne des résultats qui s'accordent toujours avec l'expérience, mais on peut, en prenant une force primitive moyenne, obtenir des résultats assez exacts pour l'usage ordinaire.

Prévenus que la force des pièces de bois posées horizontalement ne diminue pas précisément en raison de leur longueur entre les appuis, nous avons cherché, en comparant les résultats d'un très-grand nombre d'expériences faites sur le bois de chêne, à découvrir en quelle raison se fait cette diminution.

Il résulte de tous les essais que nous avons faits, que, pour avoir cette diminution ou force relative, la règle la plus simple, et qui s'accorde le mieux avec l'expérience, est :

1°. D'ôter de la force primitive le tiers de la quantité qui exprime le nombre de fois que l'épaisseur verticale est contenue dans la longueur de la pièce entre les appuis.

2°. De multiplier le reste par le carré de la hauteur de la pièce ;

3°. de diviser le produit par le nombre qui exprime le rapport de l'épaisseur verticale à la longueur.

Ainsi, nommant la force primitive a,
le nombre de fois que l'épaisseur verticale est contenue dans la longueur $= b$,
l'épaisseur verticale de la pièce $= e$,
sa longueur $= l$,

on aura la formule générale $\dfrac{a - \frac{b}{3} \times ee}{b}$ qui se réduit à $\dfrac{aee}{b} - \dfrac{ee}{3}$.

Supposons la force primitive $a = 59, 59$ pour une ligne carrée, on trouvera que, pour une solive de 5 pouces en carré, sur 18 pieds de longueur entre les appuis, ou 216 pouces, le rapport de l'épaisseur verticale à cette longueur sera exprimé par $\frac{216}{5} = 43, 2 = b$.

L'épaisseur verticale étant de 5 pouces ou 60 lignes, $e\,e$ sera 3600 ; substituant ces valeurs dans la formule $\dfrac{a \times ee}{b} - \dfrac{ee}{3}$ on aura $\dfrac{59,59 \times 3600}{43,2}$

$- \dfrac{3600}{3}$ qui donne, après avoir fait les calculs indiqués, 3765 $\frac{5}{6}$, au lieu de 3815, trouvé pour résultat moyen d'après les expériences de M. de Buffon, faites sur deux solives de mêmes dimensions que celle sur laquelle nous venons d'opérer. Mais comme la force primitive moyenne de ces solives était, d'après la deuxième table, de 60, 18 au lieu de 59, 59 que nous avons pris pour force moyenne de toutes les pièces indiquées dans cette table (*voyez ci-après*), nous avons dû trouver moins ; on trouvera même qu'en prenant pour la valeur de a de la formule, 60,18, on aura $\frac{60,18 \times 3600}{43,2} - \frac{3600}{2}$ qui donnera, comme l'expérience, 3815.

Les cinq tables qui suivent offrent une comparaison des résultats des expériences faites par M. de Buffon, sur des solives de 4, 6, 7 et 8 pouces de grosseur en carré sur différentes longueurs, avec ceux trouvés par notre règle modifiée.

La première colonne indique la longueur des pièces en pieds ;

La seconde, le rapport de leur épaisseur verticale à leur longueur ;

La troisième, le poids de chaque pièce en livres ;

La quatrième, la flèche de leur courbure avant de se rompre ;

La cinquième, la force absolue ou primitive, c'est-à-dire celle indépendante de leur longueur.

La sixième indique cette force réduite en raison du rapport de l'épaisseur verticale des pièces avec leur longueur, donné par la seconde colonne.

La septième indique les charges que les pièces ont portées avant de se rompre, indépendamment de leur poids.

La huitième indique l'effort moyen sous lequel les pièces se sont rompues, en y comprenant la moitié de leur poids (l'autre moitié agissant sur les appuis).

La neuvième indique la force réduite des pièces en raison du rapport de leur épaisseur verticale à leur longueur, en supposant une force primitive égale pour toutes les pièces d'une même table.

Enfin la dixième indique les résultats du calcul d'après l'application de la règle que nous venons de proposer.

PREMIÈRE TABLE.

Expériences sur des pièces de bois carrées de quatre pouces de grosseur, en supposant la force absolue de 55,68.

Longueur des pièces en pieds.	Rapport de la grosseur verticale à la longueur.	Poids des pièces en livres.	Flèche de la courbure.		Force absolue. D'après l'expérience.		Force relative. D'après l'expérience.		Charge en livres.	Effort moyen d'après l'expér.	Force relative d'après le calcul.		Poids pour rompre la pièce, calculé sur la force relative.
7	21	60 56	3 4	6 6	55	68	48	68	5350 5275	5341	48	68	5341
8	24	68 63	3 4	9 8	55	73	47	73	4600 4500	4583	47	68	4577
9	27	77 71	4 5	10 6	55	00	46	00	4100 3950	4062	46	68	3983
10	30	84 82	5 6	10 6	57	56	47	56	3625 3600	3654	45	68	3518
12	36	100 98	7 7	0 0	59	43	47	43	3050 2925	3036	43	68	2795

DEUXIÈME TABLE.

Expériences sur des pièces de bois carrées de cinq pouces de grosseur, en supposant la force absolue de 59,59.

Longueur des pièces en pieds.	Rapport de la grosseur verticale à la longueur.	Poids des pièces en livres.	Flèche de la courbure.		Force absolue. D'après l'expérience.		Force relative. D'après l'expérience.		Charge en livres.	Effort moyen d'après l'expér.	Force relative d'après le calcul.		Poids pour rompre la pièce, calculé sur la force relative.
7	16 ⅔	94 88 ½	2 2	6 6	59	60	54	00	11775 11275	11570	53	99	11570
8	19 ⅕	104 102	2 2	8 11	58	87	52	47	9900 9675	9839	53	09	9954
9	21 ⅓	118 116 115	3 3 3	0 3 6	57	59	50	39	8400 8325 8200	8366	52	39	8731
10	24	132 130 128 ½	3 3 4	2 6 0	55	93	47	93	7225 7050 7100	7190	51	59	7738
12	28 ⅘	156 154	5 5	6 9	58	80	49	20	6050 6100	6152	49	99	6248
14	33 ⅓	178 176	8 8	0 3	61	50	50	30	5400 5200	5388	48	30	5185
16	38 ⅖	209 205	8 8	1 2	60	30	47	50	4425 4275	4454	46	79	4387
18	43 ⅕	232 231	8 8	0 2	60	18	45	78	3750 3650	3815	45	19	3765
20	48	263 259	8 10	10 0	60	74	44	74	3275 3175	3356	43	59	3269
22	52 ⅓	281	11	3	63	28	45	68	2975	3115	41	99	2863
24	57 ⅗	310 307	11 13	0 6	56	26	37	06	2200 2125	2317	40	39	2524
28	67 ⅕	364 360	18 22	0 0	58	73	36	33	1800 1750	1956	37	19	1992

TROISIÈME TABLE.

Expériences sur des pièces de bois carrées de six pouces de grosseur, en supposant la force absolue de 52,67.

Longueur des pièces en pieds.	Rapport de la grosseur verticale à la longueur.	Poids des pièces en livres.	Flèche de la courbure.	Force absolue. D'après l'expérience.	Force relative. D'après l'expérience.	Charge en livres.	Effort moyen d'après l'expér.	Force relative d'après le calcul.	Poids pour rompre la pièce, calculé sur la force relative.
7	14	128 / 126 ½	2 0 / 2 0	55 96	51 30	19250 / 18650	19014	48 00	17774
8	16	149 / 146	2 4 / 2 5	53 47	48 14	15700 / 15350	15559	47 33	15335
9	18	166 / 164 ½	2 6 / 2 10	51 94	45 94	13450 / 12850	13233	46 67	13469
10	20	188 / 186	3 0 / 3 6	50 21	43 57	11475 / 11025	11294	46 00	11923
12	24	224 / 221	4 0 / 4 1	50 64	42 64	9200 / 9000	9211	44 67	9648
14	28	255 / 254	4 6 / 4 2	50 33	41 00	7450 / 7500	7602	43 34	8024
16	32	294 / 293	5 6 / 5 10	50 83	40 17	6250 / 6475	6509	42 00	6804
18	36	334 / 331	7 5 / 8 6	51 78	39 78	5625 / 5500	5729	40 67	5853
20	40	377 / 375	9 6 / 8 10	52 58	39 25	5025 / 4875	5088	39 34	5098

QUATRIÈME TABLE.

Expériences sur des pièces de bois carrées de sept pouces de grosseur, en supposant la force absolue de 53,57.

Longueur des pièces en pieds.	Rapport de la grosseur verticale à la longueur.	Poids des pièces en livres.	Flèche de la courbure.	Force absolue. D'après l'expérience.	Force relative. D'après l'expérience.	Charge en livres.	Effort moyen d'après l'expér.	Force relative d'après le calcul.	Poids pour rompre la pièce, calculé sur la force relative.
8	13 5/7	204 / 201 ¼	2 9 / 2 6	55 39	50 82	26150 / 25950	26151	49 00	25210
9	15 3/7	227 / 225	3 1 / 2 11	54 25	49 11	22800 / 21900	22463	48 09	21996
10	17 1/7	254 / 252	2 7 / 3 0	53 33	47 62	19650 / 19300	19601	47 85	19663
12	20 4/7	302 / 301	2 11 / 3 4	54 45	47 60	16800 / 15550	16327	46 75	16035
14	24	351 / 351	4 2 / 3 9	53 57	45 57	13600 / 12850	13400	45 57	13398
16	27 3/7	406 / 403	4 10 / 5 3	52 72	43 58	11100 / 10900	11202	44 43	11429
18	30 6/7	454 / 454	5 6 / 5 10	52 49	42 21	9450 / 9400	9652	43 30	9901
20	34 2/7	505 / 500	7 10 / 8 6	52 86	41 43	8550 / 8000	8526	42 14	8673

CINQUIÈME TABLE.

Expériences sur des pièces de bois carrées de huit pouces de grosseur, en supposant la force absolue de 51.

Longueur des pièces en pieds.	Rapport de la grosseur verticale à la longueur.	Poids des pièces en livres.	Flèche de la courbure.	Force absolue	Force relative	Charge en livres.	Effort moyen d'après l'expér.	Force relative d'après le calcul.	Poids pour rompre la pièce, calculé sur la force relative.
				D'après	l'expérience.				
10	15	331 331	3 0 2 3	50 43	45 43	27800 27700	27915	46 00	28262
12	18	397 395 $\frac{1}{3}$	3 0 2 11	52 18	46 18	23900 23000	23648	45 00	23040
14	21	461 459	3 10 3 2	52 58	45 58	20050 19500	20005	44 00	19309
16	24	528 524	5 2 5 9	51 32	43 32	16800 15950	16638	43 00	16512
18	27	594 593	4 6 4 1	48 54	39 54	13500 12900	13497	42 00	14336
20	30	664 660	6 6 6 0	50 00	40 09	11775 12200	12318	41 00	12595

Pour donner une idée de la manière de représenter la plus grande force des bois, de même grosseur, et de différentes longueurs, par les ordonnées d'une courbe; nous avons exprimé par ce moyen, dans la figure 1, Planche VIII, celle qui résulte des expériences de M. de Buffon, indiquées dans la seconde table.

Les ordonnées du polygone N, O, P, Q, R, S, T, U, V, X, Y, Z, indiquent les résultats des expériences faites sur des solives de 5 pouces en carré de grosseur, et de différentes longueurs, dont la force primitive variait pour chaque pièce.

Les ordonnées de la courbe régulière $m, l, k, i, h, g, f, e, d, c, b, Z,$ indiquent les résultats des calculs faits d'après la règle proposée, en supposant une même force primitive pour chaque pièce.

Il est facile de concevoir, d'après ce que nous avons dit ci-devant, page 237, que les forces primitives inégales doivent former un polygone irrégulier, dont chaque point répondrait à une courbe différente, tandis qu'en supposant une même force primitive pour chaque pièce, il doit en résulter un accord entre les forces et les dimensions qui forment une courbe régulière.

Ainsi, il faut remarquer que les points O et P du polygone irrégulier ne s'écartent de la courbe régulière m, l, k, i, etc., que parce que l'ordonnée L O est le produit d'une force primitive moindre que la force primitive moyenne qui a produit l'ordonnée K P de la courbe. C'est pourquoi le point P se trouve au-dessus du correspondant k.

Par la même raison, on peut dire que le point c est au-dessus de son correspondant X, parce que l'ordonnée C c qui y répond, est le produit d'une force primitive plus grande que la moyenne qui a produit le point X.

En consultant la seconde table, on trouvera que la force primitive qui répond au point O, n'est que de 56,26, et la valeur de l'ordonnée L O, 2,317, tandis que celle du point P est de 63,28, et la valeur de l'ordonnée K P de 3115 ; et comme les ordonnées L l et K k, correspondantes à la courbe, sont calculées d'après une même force primitive de 59,60, qui donne pour L l, 2524 et 2863 pour K P, il en résulte qu'en considérant toutes ces quantités comme des parties égales d'une même échelle, le point P du polygone, doit s'élever au-dessus du point correspondant k de la courbe, de 252 de ces parties, et le point O doit se trouver de 207 de ces parties au-dessous du point l.

Pour rendre nos recherches utiles, nous avons calculé les autres tables qui suivent, par le moyen desquelles on pourra connaître la plus grande force des solives, depuis 3 pouces de grosseur jusqu'à celle des poutres de 30 pouces en carré, depuis six fois leur épaisseur verticale en longueur jusqu'à 30.

Chacune de ces tables comprend quatre colonnes.

La première indique les longueurs en pieds de roi ou en pieds métriques.

La deuxième, le rapport de l'épaisseur verticale de chaque pièce avec sa longueur entre les appuis.

La troisième, la plus grande force de chaque pièce exprimée en livres.

La quatrième exprime en kilogrammes la plus grande force des pièces ; en supposant leurs dimensions en pieds et pouces métriques, il résulte de la combinaison des pieds et pouces métriques avec les kilogrammes, que ces résultats sont, à très-peu de choses près, la moitié de l'expression en livres de la colonne précédente, plus un vingtième de l'ancien poids de Paris. Ainsi la plus grande force d'une solive de 8 pouces en carré, sur 18 pieds de longueur entre les appuis, étant de

15527 livres, celle d'une solive de mêmes grosseur et longueur, exprimée en pieds et pouces métriques, sera de 8151 kilogrammes.

Les calculs ont été faits sur les pieds, pouces et livres anciens. On s'est contenté, pour la colonne en kilogrammes, de prendre le $\frac{49}{10}$ de celle en livres. Pour avoir un résultat juste, il faut, pour cet exemple, multiplier la force 15527 livres par 1052676, et diviser le produit par 1000000. On trouvera 16344 livres pour la force de la pièce exprimée en pieds et pouces métriques, qui donnent une superficie de grosseur plus grande que celle exprimée en anciens pieds dans le rapport de 1052676 à 1000000. Réduisant cette dernière force de 16344 en kilogrammes, on trouvera 8000 kilogrammes 364 grammes, au lieu de 8151. L'expérience donne des résultats qui varient tant, qu'on doit regarder cette différence comme nulle, d'autant plus qu'elle diminue en raison de ce que les pièces sont plus grosses.

De plus, pour que ces pièces de bois soient dans le cas de résister solidement à tous les efforts qu'elles peuvent avoir à soutenir il faut que leur charge soit beaucoup moindre que celle sous laquelle elles se rompent. Des recherches faites à ce sujet ont fait connaître que, dans l'usage ordinaire, cette charge n'est qu'environ le dixième de celle indiquée dans ces tables, et qu'une plus forte peut compromettre la solidité; d'où il résulte que, pour se conformer à l'usage, justifié par l'expérience, il n'y a qu'à supprimer le dernier chiffre de l'expression indiquée dans les tables. Ainsi, pour l'exemple précédent, au lieu de prendre 15527 livres ou 8151 kilogrammes, on ne prendra que 1552 livres ou 815 kilogrammes.

D'ailleurs, il est essentiel de faire observer qu'ici cette charge est supposée réunie au milieu de la portée des solives, et qu'elle équivaut à une charge double qui serait répartie dans toute leur longueur.

TABLE

Indiquant la plus grande force des bois posés horizontalement, exprimée en livres et kilogrammes, en raison de leurs dimensions en pieds de Paris et pieds métriques.

Chaque groupe de colonnes porte les en-têtes : LONGUEUR des pièces (pi. po.) | Rapp. de l'épaiss. vertic. à la long. | FORCE en livres. | FORCE en kilogram.

Pièces de 3 po. sur 3 po.

pi.	po.	Rapp.	FORCE livres.	FORCE kilogram.
1	6	6	11338	5952
1	9	7	9657	5069
2	0	8	8396	4407
2	3	9	7414	3887
2	6	10	6633	3481
2	9	11	5988	3143
3	0	12	5453	2862
3	3	13	5000	2625
3	6	14	4612	2421
3	9	15	4575	2401
4	0	16	3982	2090
4	3	17	3722	1954
4	6	18	3491	1832
4	9	19	3235	1724
5	0	20	3099	1626
5	3	21	2931	1538
5	6	22	2778	1453
5	9	23	2638	1384
6	0	24	2510	1317
6	3	25	2393	1255
6	6	26	2284	1199
6	9	27	2183	1445
7	0	28	2090	1097
7	3	29	2003	1251
7	6	30	1922	1009

Pièces de 3 po. sur 4 po.

pi.	po.	Rapp.	FORCE livres.	FORCE kilogram.
2	0	6	15117	7935
2	4	7	12876	6779
2	8	8	11195	5876
3	0	9	9886	5190
3	4	10	8840	4641
3	8	11	7984	4191
4	0	12	7270	3816
4	4	13	6667	3499
4	8	14	6150	3176
5	0	15	5701	2992
5	4	16	5309	2786
5	8	17	4963	2605
6	0	18	4655	2443
6	4	19	4380	2299
6	8	20	4132	2169
7	0	21	3907	2050
7	4	22	3704	1944
7	8	23	3518	1841
8	0	24	3347	1756
8	4	25	3190	1674
8	8	26	3045	1598
9	0	27	2911	1527
9	4	28	2787	1462
9	8	29	2671	1401
10	0	30	2562	1345

Pièces de 3 po. sur 5 po.

pi.	po.	Rapp.	FORCE livres.	FORCE kilogram.
2	6	6	18896	9920
2	11	7	16095	8449
3	4	8	13990	7344
3	9	9	12357	6486
4	2	10	11050	5801
4	7	11	9981	5239
5	0	12	9088	4771
5	5	13	8334	4375
5	10	14	7688	4036
6	3	15	7126	3741
6	8	16	6636	3483
7	1	17	6077	3189
7	6	18	5818	3054
7	11	19	5685	2984
8	4	20	5165	2711
8	9	21	4884	2564
9	2	22	4639	2434
9	7	23	4397	2307
10	0	24	4184	2196
10	5	25	3988	2093
10	10	26	3807	1998
11	3	27	3639	1909
11	8	28	3483	1828
12	1	29	3339	1752
12	6	30	3203	1681

Pièces de 3 po. sur 6 po.

pi.	po.	Rapp.	FORCE livres.	FORCE kilogram.
3	0	6	22675	11903
3	6	7	19314	10139
4	0	8	16793	8815
4	6	9	14829	7784
5	0	10	13260	6961
5	6	11	11977	6287
6	0	12	10906	5725
6	6	13	10001	5250
7	0	14	9225	4842
7	6	15	8552	4489
8	0	16	7964	4181
8	6	17	7445	3908
9	0	18	6982	3665
9	6	19	6570	3449
10	0	20	6198	3253
10	6	21	5861	3076
11	0	22	5556	2916
11	6	23	5278	2770
12	0	24	5020	2635
12	6	25	4786	2512
13	0	26	4569	2398
13	6	27	4367	2292
14	0	28	4180	2194
14	6	29	4007	2103
15	0	30	3843	2017

Pièces de 4 po. sur 4 po.

pi.	po.	Rapp.	FORCE livres.	FORCE kilogram.
2	0	6	20156	10581
2	4	7	17168	9013
2	8	8	15022	7836
3	0	9	13181	6919
3	4	10	11787	6187
3	8	11	10701	5617
4	0	12	9694	5089
4	4	13	8889	4666
4	8	14	8200	4305
5	0	15	7601	3990
5	4	16	7079	3715
5	8	17	6617	3473
6	0	18	6206	3258
6	4	19	5840	3066
6	8	20	5510	2892
7	0	21	5210	2735
7	4	22	4938	2592
7	8	23	4691	2462
8	0	24	4463	2342
8	4	25	4254	2233
8	8	26	4061	2131
9	0	27	3881	2037
9	4	28	3716	1950
9	8	29	3561	1869
10	0	30	3413	1791

TRAITÉ DE L'ART DE BATIR.

Pièces de 4 po. sur 5 po.

LONGUEUR des pièces (pi. po.)		Rapp. de l'épaiss. vertic. à la long.	FORCE en livres.	FORCE en kilogram.
2	6	6	25195	13226
2	11	7	21460	11266
3	4	8	18659	9795
3	9	9	16476	8649
4	2	10	14734	7735
4	7	11	13308	6986
5	0	12	12117	6371
5	5	13	11112	5833
5	10	14	10251	5381
6	3	15	9502	4088
6	8	16	8849	4645
7	1	17	8272	4342
7	6	18	7758	4072
7	11	19	7300	3832
8	4	20	6887	3615
8	9	21	6513	3418
9	2	22	6174	3188
9	7	23	5864	3078
10	0	24	5577	2927
10	5	25	5018	2786
10	10	26	5076	2664
11	3	27	4852	2547
11	8	28	4645	2438
12	1	29	4452	2337
12	6	30	4271	2236

Pièces de 4 po. sur 7 po.

LONGUEUR des pièces (pi. po.)		Rapp. de l'épaiss. vertic. à la long.	FORCE en livres.	FORCE en kilogram.
3	6	6	35273	18517
4	1	7	30044	15773
4	8	8	26133	13719
5	3	9	23067	12109
5	10	10	20627	10828
6	5	11	18631	9780
7	0	12	16964	8906
7	7	13	15557	8166
8	2	14	14351	7533
8	9	15	13302	6983
9	4	16	12388	6503
9	11	17	11580	6079
10	6	18	10861	5701
11	1	19	10220	5365
11	8	20	9642	5062
12	3	21	9118	4786
12	10	22	8643	4537
13	5	23	8209	4309
14	0	24	7810	4100
14	7	25	7444	3908
15	2	26	7107	3730
15	9	27	6793	3565
16	4	28	6503	3413
16	11	29	6232	3271
17	6	30	5979	3138

Pièces de 5 po. sur 5 po.

LONGUEUR des pièces (pi. po.)		Rapp. de l'épaiss. vertic. à la long.	FORCE en livres.	FORCE en kilogram.
2	6	6	31494	16534
2	11	7	26825	14082
3	4	8	23323	12244
3	9	9	20596	10812
4	2	10	18417	9668
4	7	11	16544	8685
5	0	12	15147	7951
5	5	13	13890	7292
5	10	14	12814	6727
6	3	15	11877	6234
6	8	16	11061	5806
7	1	17	10340	5428
7	6	18	9697	5090
7	11	19	9125	4790
8	4	20	8609	4519
8	9	21	8169	4288
9	2	22	7717	4050
9	7	23	7329	3847
10	0	24	6973	3660
10	5	25	6647	3489
10	10	26	6345	3330
11	3	27	6065	3183
11	8	28	5806	3048
12	1	29	5565	2921
12	6	30	5338	2802

Pièces de 4 po. sur 6 po.

LONGUEUR des pièces (pi. po.)		Rapp. de l'épaiss. vertic. à la long.	FORCE en livres.	FORCE en kilogram.
3	0	6	30234	15872
3	6	7	25752	13519
4	0	8	22390	11754
4	6	9	19772	10380
5	0	10	17680	9282
5	6	11	15970	8384
6	0	12	14541	7633
6	6	13	13334	7000
7	0	14	12300	6457
7	6	15	11402	5986
8	0	16	10618	5574
8	6	17	9926	5211
9	0	18	9310	4887
9	6	19	8760	4599
10	0	20	8265	4338
10	6	21	7815	4102
11	0	22	7408	3889
11	6	23	7036	3693
12	0	24	6694	3514
12	6	25	6381	3349
13	0	26	6092	3198
13	6	27	5822	3056
14	0	28	5574	2926
14	6	29	5342	2804
15	0	30	5125	2690

Pièces de 4 po. sur 8 po.

LONGUEUR des pièces (pi. po.)		Rapp. de l'épaiss. vertic. à la long.	FORCE en livres.	FORCE en kilogram.
4	0	6	40312	21163
4	8	7	34336	18026
5	4	8	29854	15673
6	0	9	26361	13839
6	8	10	23574	12376
7	4	11	21293	11178
8	0	12	19388	10178
8	8	13	17241	9051
9	4	14	16401	8820
10	0	15	15201	7980
10	8	16	14158	7432
11	4	17	13235	6947
12	0	18	12417	6518
12	8	19	11627	6103
13	4	20	11020	5785
14	0	21	10420	5470
14	8	22	9877	5184
15	4	23	9382	4925
16	0	24	8926	4686
16	8	25	8508	4466
17	4	26	8122	4264
18	0	27	7763	4075
18	8	28	7432	3901
19	4	29	7126	3741
20	0	30	6833	3586

Pièces de 5 po. sur 6 po.

LONGUEUR des pièces (pi. po.)		Rapp. de l'épaiss. vertic. à la long.	FORCE en livres.	FORCE en kilogram.
3	0	6	37793	19840
3	6	7	32190	16899
4	0	8	27988	14693
4	6	9	23604	12392
5	0	10	22101	11602
5	6	11	19689	10336
6	0	12	18476	9542
6	7	13	16645	8738
7	0	14	15161	7959
7	6	15	14253	7482
8	0	16	13235	6947
8	6	17	12408	6514
9	0	18	11637	6108
9	6	19	10950	5748
10	0	20	10331	5423
10	6	21	9767	5127
11	0	22	9230	4861
11	6	23	8795	4616
12	0	24	8368	4393
12	6	25	7976	4187
13	0	26	7614	3997
13	6	27	7278	3820
14	0	28	6967	3657
14	6	29	6674	3503
15	0	30	6406	3363

Pièces de 5 po. sur 7 po.

Longueur des pièces (pi. po.)		Rapp. de l'épaiss. vertic. à la long.	Force en livres.	Force en kilogram.
3	6	6	44091	23147
4	1	7	37555	19715
4	8	8	32653	17142
5	3	9	28834	15137
5	10	10	25784	13536
6	5	11	23289	12226
7	0	12	21205	11132
7	7	13	19448	10210
8	2	14	17938	9417
8	9	15	16628	8729
9	4	16	15485	8129
9	11	17	14476	7599
10	6	18	13577	7127
11	1	19	12775	6706
11	8	20	12053	6327
12	3	21	11349	5957
12	10	22	10803	5671
13	5	23	10261	5386
14	0	24	9763	5125
14	7	25	9305	4884
15	2	26	8884	4664
15	9	27	8491	4457
16	4	28	8128	4267
16	11	29	7784	4096
17	6	30	7474	3923

Pièces de 5 po. sur 9 po.

Longueur des pièces (pi. po.)		Rapp. de l'épaiss. vertic. à la long.	Force en livres.	Force en kilogram.
4	6	6	56689	29761
5	3	7	48285	25349
6	0	8	41982	22040
6	9	9	37072	19462
7	6	10	33151	17403
8	3	11	29943	15719
9	0	12	27264	14313
9	9	13	25003	13126
10	6	14	23064	12108
11	3	15	21379	11223
12	0	16	19901	10447
12	9	17	18613	9771
13	6	18	17456	9164
14	3	19	16425	8622
15	0	20	15497	8130
15	9	21	14654	7693
16	6	22	13891	7292
17	3	23	13194	6926
18	0	24	12552	6589
18	9	25	11964	6281
19	6	26	11422	5996
20	3	27	10917	5730
21	0	28	10451	5486
21	9	29	10017	5258
22	6	30	9609	4848

Pièces de 6 po. sur 6 po.

Longueur des pièces (pi. po.)		Rapp. de l'épaiss. vertic. à la long.	Force en livres.	Force en kilogram.
3	0	6	45351	23808
3	6	7	38628	20279
4	0	8	33585	17631
4	6	9	29658	15670
5	0	10	26521	13923
5	6	11	23954	12575
6	0	12	21811	11450
6	6	13	20002	10501
7	0	14	18451	9686
7	6	15	17770	9329
8	0	16	15927	8361
8	6	17	14890	7817
9	0	18	13965	7331
9	6	19	13140	6898
10	0	20	12397	6507
10	6	21	11723	6154
11	0	22	11112	5833
11	6	23	10555	5540
12	0	24	10041	5271
12	6	25	9571	5024
13	0	26	9127	4791
13	6	27	8734	4585
14	0	28	8361	4389
14	6	29	8013	4206
15	0	30	7687	4035

Pièces de 5 po. sur 8 po

Longueur des pièces (pi. po.)		Rapp. de l'épaiss. vertic. à la long.	Force en livres.	Force en kilogram.
4	0	6	50390	26454
4	8	7	42920	22533
5	4	8	37317	19590
6	0	9	32953	17299
6	8	10	29468	15470
7	4	11	26616	13973
8	0	12	24235	12722
8	8	13	22224	11667
9	4	14	20501	10762
10	0	15	19004	9927
10	8	16	17691	9287
11	4	17	16544	8685
12	0	18	15516	8145
12	8	19	14619	7674
13	4	20	13775	7231
14	0	21	13121	6888
14	8	22	12347	6481
15	4	23	11722	6154
16	0	24	11157	5856
16	8	25	10635	5582
17	4	26	10153	5329
18	0	27	9682	5083
18	8	28	9290	4877
19	3	29	8904	4674
20	0	30	8542	4484

Pièces de 5 po. sur 10 po

Longueur des pièces (pi. po.)		Rapp. de l'épaiss. vertic. à la long.	Force en livres.	Force en kilogram.
5	0	6	62988	33068
5	10	7	53650	28166
6	8	8	46647	24489
7	6	9	41192	21625
8	4	10	36835	19337
9	2	11	33270	17466
10	0	12	30294	15904
10	10	13	27781	14584
11	8	14	25627	13453
12	6	15	23755	12470
13	4	16	22122	11614
14	2	17	20681	10857
15	0	18	19396	10182
15	10	19	18250	9581
16	8	20	17218	9039
17	6	21	16282	8548
18	4	22	15434	8102
19	2	23	14659	7695
20	0	24	13947	7321
20	10	25	13294	6979
21	8	26	12681	6662
22	6	27	12130	6368
23	4	28	11612	6096
24	2	29	11130	5843
25	0	30	10677	5604

Pièces de 6 po. sur 7 po.

Longueur des pièces (pi. po.)		Rapp. de l'épaiss. vertic. à la long.	Force en livres.	Force en kilogram.
3	6	6	52909	27776
4	1	7	45066	23659
4	8	8	39183	20570
5	3	9	34601	18165
5	10	10	30941	16243
6	5	11	27855	14623
7	0	12	25446	13359
7	7	13	23335	12250
8	2	14	21522	11299
8	9	15	19954	10475
9	4	16	18582	9755
9	11	17	17372	9120
10	6	18	16293	8553
11	1	19	15856	8324
11	8	20	14464	7593
12	3	21	13673	7177
12	10	22	12969	6808
13	5	23	12314	6464
14	0	24	11715	6149
14	7	25	11167	5862
15	2	26	10622	5576
15	9	27	10182	5345
16	4	28	9754	5120
16	11	29	9349	4907
17	6	30	8952	4699

Pièces de 6 po. sur 8 po.

LONGUEUR des pièces. (pi.)	(po.)	Rapp. de l'épaiss. vertic. à la long.	FORCE en livres.	FORCE en kilogram.
4	0	6	60468	31745
4	8	7	51504	27039
5	4	8	44781	23509
6	0	9	39544	20760
6	8	10	35332	18544
7	4	11	31939	16767
8	0	12	29082	15368
8	8	13	26669	14000
9	4	14	25316	13290
10	0	15	22871	12006
10	8	16	21237	11148
11	4	17	19853	10422
12	0	18	18620	9775
12	8	19	17520	9198
13	4	20	16530	8678
14	0	21	15626	8158
14	8	22	14816	7778
15	4	23	14073	7387
16	0	24	13389	7028
16	8	25	12762	6700
17	4	26	12183	6395
18	0	27	11645	6113
18	8	28	11505	6039
19	4	29	10685	5609
20	0	30	10250	5381

Pièces de 6 po sur 10. po.

LONGUEUR des pièces. (pi.)	(po.)	Rapp. de l'épaiss. vertic. à la long.	FORCE en livres.	FORCE en kilogram.
5	0	6	75585	39681
5	10	7	64380	34849
6	8	8	55876	29334
7	6	9	49430	25950
8	4	10	44202	23206
9	2	11	39924	20960
10	0	12	36353	19084
10	10	13	33337	17501
11	8	14	30752	16144
12	6	15	28506	14965
13	4	16	26546	13939
14	2	17	24817	13028
15	0	18	23275	12168
15	10	19	21958	11527
16	8	20	20662	10848
17	6	21	19358	10162
18	4	22	18521	9723
19	2	23	17592	9235
20	0	24	16736	8786
20	10	25	15953	8374
21	8	26	15229	7994
22	6	27	14556	7641
23	4	28	13935	7315
24	2	29	13597	7137
25	0	30	12813	6726

Pièces de 6 po. sur 12 po.

LONGUEUR des pièces. (pi.)	(po.)	Rapp. de l'épaiss. vertic. à la long.	FORCE en livres.	FORCE en kilogram.
6	0	6	90702	47618
7	0	7	77256	40559
8	0	8	67171	35264
9	0	9	59316	31160
10	0	10	53042	27847
11	0	11	47927	25164
12	0	12	43623	22901
13	0	13	40004	21002
14	0	14	36902	19383
15	0	15	34207	17958
16	0	16	31856	16724
17	0	17	29780	15634
18	0	18	27930	14663
19	0	19	26312	13813
20	0	20	24740	12988
21	0	21	23494	12334
22	0	22	22225	11667
23	0	23	21110	11082
24	0	24	20083	10543
25	0	25	19143	10049
26	0	26	18275	9543
27	0	27	17461	9166
28	0	28	16722	8779
29	0	29	16165	8486
30	0	30	15375	8071

Pièces de 6 po. sur 9 po.

LONGUEUR des pièces. (pi.)	(po.)	Rapp. de l'épaiss. vertic. à la long.	FORCE en livres.	FORCE en kilogram.
4	6	6	68043	35722
5	3	7	57942	30419
6	0	8	50378	26448
6	9	9	44487	23345
7	6	10	39782	20885
8	3	11	35932	18864
9	0	12	32717	17175
9	9	13	30003	15751
10	6	14	27677	14529
11	3	15	25655	13468
12	0	16	23881	12987
12	9	17	22335	11720
13	6	18	20947	10996
14	3	19	19710	10347
15	0	20	18596	9762
15	9	21	17604	9242
16	6	22	16669	8750
17	3	23	15832	8321
18	0	24	15062	7907
18	9	25	14756	7746
19	6	26	13706	7195
20	3	27	13101	6877
21	0	28	12541	6573
21	9	29	12019	6309
22	6	30	11531	6053

Pièces de 6 po. sur 11 po.

LONGUEUR des pièces. (pi.)	(po.)	Rapp. de l'épaiss. vertic. à la long.	FORCE en livres.	FORCE en kilogram.
5	6	6	83144	43650
6	5	7	70818	37179
7	4	8	61574	32326
8	3	9	54373	28545
9	2	10	48622	25526
10	1	11	43917	23055
11	0	12	39988	20993
11	11	13	36674	19251
12	10	14	33827	17758
13	9	15	31357	16461
14	8	16	29201	15330
15	7	17	27295	14329
16	6	18	25603	13441
17	5	19	24090	12647
18	4	20	22728	11932
19	3	21	21493	11283
20	2	22	20373	10695
21	1	23	19334	10150
22	0	24	18410	9665
22	11	25	17548	9212
23	10	26	16752	8794
24	9	27	16016	8408
25	8	28	15328	8047
26	7	29	14691	7712
27	6	30	14094	9399

Pièces de 7 po. sur 7 po.

LONGUEUR des pièces. (pi.)	(po.)	Rapp. de l'épaiss. vertic. à la long.	FORCE en livres.	FORCE en kilogram.
3	6	6	61728	32407
4	1	7	52721	27678
4	8	8	45390	23829
5	3	9	40357	21186
5	10	10	33098	17376
6	5	11	31786	16687
7	0	12	29621	15550
7	7	13	27225	14292
8	2	14	25114	13184
8	9	15	22800	11970
9	4	16	21679	11480
9	11	17	20326	10671
10	6	18	19009	9989
11	1	19	17889	9391
11	8	20	16874	8858
12	3	21	15956	8376
12	10	22	15125	7940
13	5	23	14370	7544
14	0	24	13668	7175
14	7	25	13028	6839
15	2	26	12441	6531
15	9	27	11888	6241
16	4	28	11701	6142
16	11	29	10907	5725
17	6	30	10130	5318

Pièces de 7 po. sur 8 po.

LONGUEUR des pièces. (pi.)	(po.)	Rapp. de l'épaiss. vertic. à la long.	FORCE en livres.	FORCE en kilogram.
4	0	6	70546	37036
4	8	7	60088	31546
5	4	8	52244	27428
6	0	9	46135	24220
6	8	10	41275	21668
7	4	11	37263	19562
8	0	12	33929	17812
8	8	13	31114	16334
9	4	14	27987	14692
10	0	15	26605	13967
10	8	16	24776	13007
11	4	17	23162	12160
12	0	18	22278	11685
12	8	19	20440	10731
13	4	20	19285	10074
14	0	21	18231	9570
14	8	22	17286	9075
15	4	23	16419	8619
16	0	24	15620	8200
16	8	25	14489	7606
17	4	26	14276	7494
18	0	27	13586	7132
18	8	28	13006	6828
19	4	29	12465	6543
20	0	30	11958	6277

Pièces de 7 po. sur 9 po.

LONGUEUR des pièces. (pi.)	(po.)	Rapp. de l'épaiss. vertic. à la long.	FORCE en livres.	FORCE en kilogram.
4	6	6	79366	41667
5	3	7	67599	35488
6	0	8	58775	30856
6	9	9	51901	27247
7	6	10	46412	24366
8	3	11	41829	21959
9	0	12	38170	20039
9	9	13	35004	18377
10	6	14	33004	17327
11	3	15	29932	15714
12	0	16	27873	14632
12	9	17	26058	13680
13	6	18	24439	12829
14	3	19	22995	12071
15	0	20	21696	11390
15	9	21	20515	10769
16	6	22	19447	10209
17	3	23	18471	9696
18	0	24	17573	9225
18	9	25	16350	8583
19	6	26	15991	8394
20	3	27	15284	8024
21	0	28	14632	7681
21	9	29	14024	7362
22	6	30	13454	7063

Pièces de 7 po. sur 10 po.

LONGUEUR des pièces. (pi.)	(po.)	Rapp. de l'épaiss. vertic. à la long.	FORCE en livres.	FORCE en kilogram.
5	0	6	88182	46295
5	10	7	75110	39432
6	8	8	65305	34284
7	6	9	57668	30275
8	4	10	51609	27073
9	2	11	46597	24462
10	0	12	42411	22265
10	10	13	38893	20418
11	8	14	35877	18834
12	6	15	33257	17459
13	4	16	30971	16269
14	2	17	28953	15199
15	0	18	27154	14255
15	10	19	25550	13413
16	8	20	24206	12708
17	6	21	22795	11966
18	4	22	21607	11343
19	2	23	20523	10774
20	0	24	19525	10250
20	10	25	18611	9770
21	8	26	17721	9303
22	6	27	16983	8915
23	4	28	16257	8534
24	2	29	15599	8188
25	0	30	14948	7847

Pièces de 7 po. sur 11 po.

LONGUEUR des pièces. (pi.)	(po.)	Rapp. de l'épaiss. vertic. à la long.	FORCE en livres.	FORCE en kilogram.
5	6	6	97001	50925
6	5	7	82621	44375
7	4	8	71832	37711
8	3	9	63435	33302
9	2	10	56726	29781
10	1	11	51260	26911
11	0	12	46652	24492
11	11	13	42790	22464
12	10	14	39465	20718
13	9	15	36583	19205
14	8	16	34067	17884
15	7	17	31789	16688
16	6	18	29369	15418
17	5	19	27931	14663
18	4	20	26516	13920
19	3	21	25078	13165
20	2	22	23814	12502
21	1	23	22576	11852
22	0	24	21478	11275
22	11	25	20473	10747
23	10	26	19544	10260
24	9	27	18681	9807
25	8	28	17526	9201
26	7	29	17140	8998
27	6	30	16443	8632

Pièces de 7 po. sur 12 po.

LONGUEUR des pièces. (pi.)	(po.)	Rapp. de l'épaiss. vertic. à la long.	FORCE en livres.	FORCE en kilogram.
6	0	6	105819	55654
7	0	7	90132	47319
8	0	8	78491	41207
9	0	9	69202	36331
10	0	10	61883	32488
11	0	11	55894	29344
12	0	12	50893	26718
13	0	13	46672	24502
14	0	14	43053	22602
15	0	15	40575	21301
16	0	16	37165	19511
17	0	17	34738	18237
18	0	18	32585	17106
19	0	19	30660	16096
20	0	20	28927	15186
21	0	21	27782	14585
22	0	22	25929	13612
23	0	23	24628	12929
24	0	24	23431	12300
25	0	25	22334	11725
26	0	26	21359	11212
27	0	27	20379	10698
28	0	28	19509	10241
29	0	29	18698	9816
30	0	30	17938	9417

Pièces de 7 po. sur 13 po.

LONGUEUR des pièces. (pi.)	(po.)	Rapp. de l'épaiss. vertic. à la long.	FORCE en livres.	FORCE en kilogram.
6	6	6	114638	60184
7	7	7	97643	51262
8	8	8	84897	44570
9	9	9	74967	39357
10	10	10	67040	35197
11	11	11	60552	31789
13	0	12	55135	28943
14	1	13	50561	26544
15	2	14	46640	24486
16	3	15	43234	22697
17	4	16	40262	21137
18	5	17	37639	19759
19	6	18	35300	18532

Pièces de 7 po. sur 14 po.

LONGUEUR des pièces. (pi.)	(po.)	Rapp. de l'épaiss. vertic. à la long.	FORCE en livres.	FORCE en kilogram.
7	0	6	123456	64814
8	2	7	105154	55205
9	4	8	91428	47999
10	6	9	80736	42386
11	8	10	72196	37902
12	10	11	65210	34235
14	0	12	58543	30734
15	2	13	54527	28626

Pièces de 7 po. sur 14 po.

LONGUEUR des pièces (pi.)	(po.)	Rapp. de l'épaiss. vertic. à la long.	FORCE en livres.	FORCE en kilogram.
16	4	14	50228	26369
17	6	15	46553	24439
18	8	16	43359	22762
19	10	17	40534	21280
21	0	18	38016	19958

Pièces de 8 po. sur 8 po.

LONGUEUR des pièces (pi.)	(po.)	Rapp. de l'épaiss. vertic. à la long.	FORCE en livres.	FORCE en kilogram.
4	0	6	80624	42327
4	8	7	68672	36052
5	4	8	59708	31346
6	0	9	52725	27680
6	8	10	47149	24752
7	4	11	42586	22357
8	0	12	38776	10357
8	8	13	35559	18667
9	4	14	32802	17221
10	0	15	30406	15963
10	8	16	28316	14865
11	4	17	26171	13739
12	0	18	24826	13033
12	8	19	23860	12526
13	4	20	22040	11571
14	0	21	20841	10941
14	8	22	19755	10370
15	4	23	18764	9851
16	0	24	17852	9372
16	8	25	17016	8933
17	4	26	16245	8528
18	0	27	15527	8151
18	8	28	14864	7803
19	4	29	14246	7479
20	0	30	13667	7174

Pièces de 8 po. sur 9 po.

LONGUEUR des pièces (pi.)	(po.)	Rapp. de l'épaiss. vertic. à la long.	FORCE en livres.	FORCE en kilogram.
4	6	6	90702	47618
5	3	7	77256	40559
6	0	8	67171	35264
6	9	9	59316	31140
7	6	10	53042	27847
8	3	11	47909	25151
9	0	12	43623	22901
9	9	13	40004	21002
10	6	14	36902	19373
11	3	15	34207	17958
12	0	16	31855	16775
12	9	17	29780	15634
13	6	18	27930	14663
14	3	19	26280	13797
15	0	20	24790	13014
15	9	21	23446	12309
16	6	22	22225	11667
17	3	23	21110	11082
18	0	24	20083	10543
18	9	25	19143	10047
20	6	26	18275	9593
21	3	27	17468	9170
22	0	28	16722	8779
22	9	29	16027	8413
23	6	30	15375	8071

Pièces de 8 po. sur 10 po.

LONGUEUR des pièces (pi.)	(po.)	Rapp. de l'épaiss. vertic. à la long.	FORCE en livres.	FORCE en kilogram.
5	0	6	100780	53909
5	10	7	85840	45066
6	8	8	74635	39182
7	6	9	65907	34600
8	4	10	58936	30941
9	2	11	53233	27946
10	0	12	48470	25446
10	10	13	44449	23335
11	8	14	41003	21526
12	6	15	38008	19954
13	4	16	35395	18581
14	2	17	33089	17371
15	0	18	31033	16391
15	10	19	29200	15330
16	8	20	27550	14463
17	6	21	26051	13576
18	4	22	24694	12954
19	2	23	23455	12313
20	0	24	22315	11714
20	10	25	21270	11166
21	8	26	20306	10660
22	6	27	19409	10189
23	4	28	18580	9754
24	2	29	17808	9349
25	0	30	17078	8965

Pièces de 8 po. sur 11 po.

LONGUEUR des pièces (pi.)	(po.)	Rapp. de l'épaiss. vertic. à la long.	FORCE en livres.	FORCE en kilogram.
5	6	6	110858	58200
6	5	7	95567	50172
7	4	8	82098	43101
8	3	9	72498	38061
9	2	10	64829	34034
10	1	11	58556	31741
11	0	12	53317	27990
12	0	13	48894	25669
12	10	14	45103	23678
13	9	15	41809	21949
14	8	16	38934	20965
15	7	17	36393	19105
16	6	18	34137	17921
17	5	19	32120	16863
18	4	20	30305	15909
19	3	21	28604	15019
20	2	22	27164	14261
21	1	23	25801	13545
22	0	24	24090	12647
22	11	25	23397	12282
23	10	26	22337	11726
24	9	27	21201	11130
25	8	28	20438	10729
26	7	29	19589	10283
28	4	30	18792	9865

Pièces de 8 po. sur 12 po.

LONGUEUR des pièces (pi.)	(po.)	Rapp. de l'épaiss. vertic. à la long.	FORCE en livres.	FORCE en kilogram.
6	0	6	120937	63491
7	0	7	103008	54079
8	0	8	89562	47020
9	0	9	79088	41521
10	0	10	70723	37129
11	0	11	63879	33535
12	0	12	58164	31536
13	0	13	57185	30021
14	0	14	49203	25831
15	0	15	45609	23944
16	0	16	42474	22298
17	0	17	39707	20845
18	0	18	37240	19551
19	0	19	35040	18396
20	0	20	33060	17356
21	0	21	31262	16412
22	0	22	29633	15556
23	0	23	28146	14776
24	0	24	26778	14058
25	0	25	25524	13400
26	0	26	24367	12792
27	0	27	23254	12208
28	0	28	23010	12080
29	0	29	21279	11270
30	0	30	20508	10766

Pièces de 8 po. sur 13 po.

LONGUEUR des pièces (pi.)	(po.)	Rapp. de l'épaiss. vertic. à la long.	FORCE en livres.	FORCE en kilogram.
6	6	6	131015	68782
7	7	7	111592	58585
8	8	8	97025	50937
9	9	9	85679	44980
10	10	10	76617	40223
11	11	11	69202	36331
13		12	63011	33080
14	1	13	57784	30336

Pièces de 8 po. sur 13 po.

pi.	po.	Rapp. de l'épaiss. vertic. à la long.	Force en livres.	Force en kilogram.
15	2	14	53311	27987
16	3	15	49344	25905
17	4	16	45951	24123
18	5	17	43016	22583
19	6	18	40399	21208

Pièces de 8 po. sur 14 po.

pi.	po.	Rapp.	Force en livres.	Force en kilogram.
7	0	6	141093	74073
8	2	7	120176	63092
9	4	8	104489	54876
10	6	9	92270	48441
11	8	10	82510	43317
12	10	11	74526	39126
14	0	12	67858	35625
15	2	13	66229	34769
16	4	14	57404	30137
17	6	15	53211	27935
18	8	16	49553	26014
19	10	17	46325	24320
21	0	18	43447	22709

Pièces de 8 po. sur 15 po.

pi.	po.	Rapp.	Force en livres.	Force en kilogram.
7	6	6	151171	79364
8	9	7	128760	67599
10	0	8	111952	58774
11	3	9	98861	51901
12	6	10	88404	46412
13	9	11	79849	41920
15	0	12	72705	38169
16	3	13	66674	35003
17	6	14	61504	32289
18	9	15	57012	29931
20	0	16	53092	27873
21	3	17	49634	26057
22	6	18.	46550	24438

Pièces de 8 po. sur 16 po.

pi.	po.	Rapp.	Force en livres.	Force en kilogram.
8	0	6	161249	84655
9	4	7	137344	72105
10	8	8	119416	62693
12	0	9	105451	55361
13	4	10	94298	49506
14	8	11	85172	44715
16	0	12	77552	40714
17	4	13	71119	37336
18	8	14	65533	34404
20	0	15	60813	31926
21	4	16	56632	29731
22	8	17	52942	27794
24	0	18	49653	26067

Pièces de 9 po. sur 9 po.

pi.	po.	Rapp.	Force en livres.	Force en kilogram.
4	6	6	102040	53571
5	3	7	86913	45628
6	0	8	75568	38668
6	9	9	66731	35033
7	6	10	59673	31327
8	3	11	53898	28286
9	0	12	49076	25764
9	9	13	45005	23627
10	6	14	41715	21899
11	3	15	38483	20203
12	0	16	35837	18813
12	9	17	33505	17588
13	6	18	31421	16495
14	3	19	29565	15521
15	0	20	27894	14644
15	9	21	26377	13842
16	6	22	25003	13526
17	3	23	23748	12467
18	0	24	22594	11861
18	9	25	21532	11304
19	6	26	20560	10794
20	3	27	19654	10318
21	0	28	18812	9876
21	9	29	18034	9465
22	6	30	17297	9080

Pièces de 9 po. sur 10 po.

pi.	po.	Rapp.	Force en livres.	Force en kilogram.
5	0	6	113368	59518
5	10	7	96570	50699
6	8	8	83964	44081
7	6	9	74145	38925
8	4	10	66303	35808
9	2	11	59887	31440
10	0	12	54529	28627
10	10	13	50005	26252
11	8	14	46128	24217
12	6	15	42759	22447
13	4	16	39819	20904
14	2	17	37225	19542
15	0	18	34912	18338
15	10	19	32850	17246
16	8	20	30993	16270
17	6	21	29308	15386
18	4	22	27781	14584
19	2	23	26387	13852
20	0	24	25104	13179
20	10	25	23929	12562
21	8	26	22844	11993
22	6	27	21575	11326
23	4	28	20902	10973
24	2	29	20034	10517
25	0	30	19219	10089

Pièces de 9 po. sur 11 po.

pi.	po.	Rapp.	Force en livres.	Force en kilogram.
5	6	6	124716	65475
6	5	7	106227	55768
7	4	8	92361	48289
8	3	9	81560	42819
9	2	10	72933	38289
10	1	11	65875	34583
11	0	12	59982	31990
11	11	13	55006	28878
12	10	14	50741	26638
13	9	15	47035	24692
14	8	16	43801	22995
15	7	17	40948	21497
16	6	18	38404	20162
17	5	19	36135	18970
18	4	20	34093	17898
19	3	21	32238	16924
20	2	22	30559	16042
21	1	23	29026	15338
22	0	24	27615	14497
22	11	25	26322	13819
23	10	26	25128	13192
24	9	27	24018	12609
25	8	28	22982	12065
26	7	29	22037	11568
27	6	30	21141	11098

Pièces de 9 po. sur 12 po.

pi.	po.	Rapp.	Force en livres.	Force en kilogram.
6	0	6	136054	71428
7	0	7	115884	60839
8	0	8	100757	52896
9	0	9	88974	46771
10	0	10	79564	41771
11	0	11	71864	37728
12	0	12	65435	34352
13	0	13	60006	31503
14	0	14	55354	29060
15	0	15	51311	26622
16	0	16	47783	25085
17	0	17	44670	23451
18	0	18	41895	21994
19	0	19	39420	20695
20	0	20	37192	19525
21	0	21	35169	18463
22	0	22	33337	17501
23	0	23	31230	16395
24	0	24	30125	15813
25	0	25	28715	15074
26	0	26	27413	14391
27	0	27	26202	13756
28	0	28	25083	13168
29	0	29	24061	12632
30	0	30	23063	12107

Pièces de 9 po. sur 13 po.

LONGUEUR des pièces. pi.	po.	Rapp. de l'épaiss. vertic. à la long.	FORCE en livres.	FORCE en kilogram.
6	6	6	147391	77379
7	7	7	125541	65908
8	8	8	109116	57285
9	9	9	96389	50603
10	10	10	86194	45251
11	11	11	77853	40872
13	0	12	70887	37215
14	1	13	65007	34128
15	2	14	59966	31482
16	3	15	55587	29182
17	4	16	51765	27176
18	5	17	48393	25405
19	6	18	45386	23827

Pièces de 9 po. sur 14 po.

pi.	po.	Rapp.	livres.	kilogram.
7	0	6	158729	83332
8	2	7	135198	70978
9	4	8	117550	61713
10	6	9	103803	54496
11	8	10	92824	48732
12	10	11	83841	44016
14	0	12	76340	40078
15	2	13	70008	36754
16	4	14	64579	33903
17	6	15	59863	31427
18	8	16	55747	29266
19	10	17	51998	27298
21	0	18	48877	25659

Pièces de 9 po. sur 15 po.

pi.	po.	Rapp.	livres.	kilogram.
7	6	6	170067	89284
8	9	7	144855	76048
10	0	8	125947	66121
11	3	9	111218	58389
12	6	10	99455	52213
13	9	11	89830	47160
15	0	12	81793	42940
16	3	13	75008	39379
17	6	14	69192	36325
18	9	15	64149	33677
20	0	16	59729	31357
21	3	17	55838	29314
22	6	18	52369	27493

Pièces de 9 po. sur 16 po.

pi.	po.	Rapp.	livres.	kilogram.
8	0	6	181405	95237
9	4	7	154512	81118
10	8	8	134343	70529
12	0	9	118633	62281
13	4	10	106085	55694
14	8	11	95819	50304
16	0	12	87246	45804
17	4	13	80009	42004
18	8	14	73805	38747
20	0	15	68408	35914
21	4	16	63711	33447
22	8	17	59561	31269
23	6	18	55860	29326

Pièces de 9 po. sur 17 po.

pi.	po.	Rapp.	livres.	kilogram.
8	6	6	192743	101180
9	11	7	164169	86188
11	4	8	142730	74937
12	9	9	126047	66174
14	2	10	112715	59174
15	7	11	102807	53973
17	0	12	92699	48666
18	5	13	85009	44629
19	10	14	78418	41169
21	3	15	72960	38304
22	8	16	67693	35538
24	1	17	63283	33223
25	6	18	59351	31163

Pièces de 9 po. sur 18 po.

pi.	po.	Rapp.	livres.	kilogram.
9	0	6	204081	107142
10	6	7	173826	91258
12	0	8	151136	79346
13	6	9	133460	70066
15	0	10	119346	62656
16	6	11	107996	56697
18	0	12	98152	51529
19	6	13	90010	47255
21	0	14	83031	43590
22	6	15	76966	40407
24	0	16	71675	37628
25	6	17	67006	35578
27	0	18	62843	32992

Pièces de 10 po. sur 10 po.

pi.	po.	Rapp.	livres.	kilogram.
5	0	6	125976	66137
5	10	7	107300	56332
6	8	8	93294	48979
7	6	9	82384	43251
8	4	10	73670	38676
9	2	11	66541	34933
10	0	12	60588	31808
10	10	13	55562	29170
11	8	14	51253	26907
12	6	15	47510	24942
13	4	16	44244	23228
14	2	17	41185	21621
15	0	18	38792	20365
15	10	19	36500	19162
16	8	20	34437	18078
17	6	21	32564	17096
18	4	22	30868	16205
19	2	23	29754	15620
20	0	24	27894	14644
20	10	25	26588	13958
21	8	26	25382	13325
22	6	27	24279	12745
23	4	28	23225	12192
24	2	29	22260	11686
25	0	30	21353	11209

Pièces de 10 po. sur 11 po.

pi.	po.	Rapp.	livres.	kilogram.
5	6	6	138573	72750
6	5	7	118030	61965
7	4	8	102623	53876
8	3	9	90722	47629
9	2	10	81037	43543
10	1	11	73195	38426
11	0	12	66646	34989
11	11	13	61118	32087
12	10	14	56379	29598
13	9	15	52261	27436
14	8	16	48668	25550
15	7	17	45598	23938
16	6	18	42671	22401
17	5	19	40150	21078
18	4	20	37881	19887
19	3	21	36344	19080
20	2	22	33955	17825
21	1	23	32251	16931
22	0	24	30683	16108
22	11	25	29247	15354
23	10	26	27921	14658
24	9	27	26687	14010
25	8	28	25547	13411
26	7	29	24486	12855
27	6	30	23490	12332

Pièces de 10 po. sur 12 po.

pi.	po.	Rapp.	livres.	kilogram.
6	0	6	151171	79364
7	0	7	128761	67599

Pièces de 10 po. sur 12 po.

LONGUEUR des pièces (pi. po.)		Rapp. de l'épaiss. vertic. à la long.	FORCE en livres.	FORCE en kilogram.
8	0	8	111952	58774
9	0	9	98861	50851
10	0	10	88404	46412
11	0	11	79849	41920
12	0	12	72705	38169
13	0	13	66674	35003
14	0	14	61504	32289
15	0	15	57012	29931
16	0	16	53093	27873
17	0	17	49634	26057
18	0	18	46550	24438
19	0	19	43800	22996
20	0	20	41325	21695
21	0	21	39077	20514
22	0	22	37042	19447
23	0	23	35183	18470
24	0	24	33473	17562
25	0	25	31905	16749
26	0	26	30459	15990
27	0	27	29113	15383
28	0	28	27870	14631
29	0	29	26712	14023
30	0	30	25626	13453

Pièces de 10 po. sur 13 po.

LONGUEUR des pièces (pi. po.)		Rapp. de l'épaiss. vertic. à la long.	FORCE en livres.	FORCE en kilogram.
6	6	6	163768	85978
7	7	7	139491	73232
8	8	8	121282	63673
9	9	9	107099	56226
10	10	10	95771	50279
11	11	11	86503	45413
13	0	12	78764	41351
14	1	13	72230	37920
15	2	14	66701	35017
16	3	15	61763	32320
17	4	16	57517	30295
18	5	17	53770	28229
19	6	18	50429	26474

Pièces de 10 po. sur 14 po.

LONGUEUR des pièces (pi. po.)		Rapp. de l'épaiss. vertic. à la long.	FORCE en livres.	FORCE en kilogram.
7	0	6	176366	92592
8	2	7	150220	78865
9	4	8	130611	68570
10	6	9	115337	60551
11	8	10	103138	54147
12	10	11	93157	48906
14	0	12	84823	44531
15	2	13	77786	40837
16	4	14	71755	37670
17	6	15	66514	34914
18	8	16	61941	32518
19	10	17	57906	30400
21	0	18	54308	28517

Pièces de 10 po. sur 15 po.

LONGUEUR des pièces (pi. po.)		Rapp. de l'épaiss. vertic. à la long.	FORCE en livres.	FORCE en kilogram.
7	6	6	188964	99206
8	9	7	160951	84498
10	0	8	139941	73468
11	3	9	123576	65877
12	6	10	110505	58014
13	9	11	99812	52401
15	0	12	90882	47713
16	3	13	83342	43754
17	6	14	76880	40384
18	9	15	71264	37413
20	0	16	66366	34845
21	3	17	62042	32572
22	6	18	58186	30547

Pièces de 10 po. sur 16 po.

LONGUEUR des pièces (pi. po.)		Rapp. de l'épaiss. vertic. à la long.	FORCE en livres.	FORCE en kilogram.
8	0	6	201561	105819
9	4	7	171681	90132
10	8	8	149270	78366
12	0	9	131814	69202
13	4	10	117872	61872
14	8	11	106465	55893
16	0	12	96931	50888
17	4	13	88898	46671
18	8	14	82006	43053
20	0	15	76016	39908
21	4	16	70790	37164
22	8	17	66178	34743
24	0	18	62067	32584

Pièces de 10 p. sur 17 p.

LONGUEUR des pièces (pi. po.)		Rapp. de l'épaiss. vertic. à la long.	FORCE en livres.	FORCE en kilogram.
8	6	6	214159	112432
9	11	7	182411	95765
11	4	8	158599	83263
12	9	9	140053	73527
14	2	10	125239	65749
15	7	11	113138	59497
17	0	12	102999	54073
18	4	13	94455	49588
19	10	14	87131	45743
21	3	15	80767	42402
22	8	16	75214	39487
23	3	17	70315	36914
25	6	18	65946	34621

Pièces de 10 po. sur 18 po.

LONGUEUR des pièces (pi. po.)		Rapp. de l'épaiss. vertic. à la long.	FORCE en livres.	FORCE en kilogram.
9	0	6	226756	119046
10	6	7	193171	101414
12	0	8	167929	88162
13	6	9	137180	72019
15	0	10	132606	69618
16	6	11	119774	62886
18	0	12	109058	57355
19	6	13	100011	52505
21	0	14	92256	48434
22	6	15	85518	44996
24	0	16	79639	41809
25	6	17	74445	39088
27	0	18	69825	36657

Pièces de 10 po. sur 19 po.

LONGUEUR des pièces (pi. po.)		Rapp. de l'épaiss. vertic. à la long.	FORCE en livres.	FORCE en kilogram.
9	6	6	239187	125572
11	1	7	203871	107031
12	8	8	177258	93060
13	6	9	156529	82177
15	10	10	139973	73485
17	5	11	127071	66711
19	0	12	114275	59993
20	7	13	105567	55422
22	2	14	97382	51125
23	9	15	90269	48390
25	4	16	81063	44133
27	9	17	78587	41255
28	6	18	73705	38694

Pièces de 10 po. sur 20 po.

LONGUEUR des pièces (pi. po.)		Rapp. de l'épaiss. vertic. à la long.	FORCE en livres.	FORCE en kilogram.
10	0	6	251952	132274
11	8	7	214602	112666
13	4	8	186588	97958
15	0	9	164768	86503
17	6	10	147341	77353
18	4	11	133082	69868
20	0	12	121176	63612
21	8	13	111123	58339
23	4	14	102507	53815
25	0	15	95021	49885
26	8	16	88488	46456
28	4	17	82723	43429
30	0	18	77584	40731

Pièces de 11 po. sur 11 po.

LONGUEUR des pièces (pi. po.)		Rapp. de l'épaiss. vertic. à la long.	FORCE en livres.	FORCE en kilogram.
5	6	6	152431	80025
6	5	7	129833	68161
7	4	8	112885	59264

Pièces de 11 po. sur 11 po.

LONGUEUR des pièces. (pi.)	(po.)	Rapp. de l'épaiss. vertic. à la long.	FORCE en livres.	FORCE en kilogram.
8	3	9	99684	52334
9	2	10	89141	46798
10	1	11	80514	42269
11	0	12	73309	38486
11	11	13	67229	35294
12	10	14	62017	32558
13	9	15	57824	30357
14	8	16	53535	28105
15	7	17	50047	26274
16	6	18	46938	24642
17	5	19	44165	23186
18	4	20	41669	21875
19	3	21	39403	20686
20	2	22	37350	19608
21	1	23	35476	18614
22	0	24	33710	17697
22	11	25	32171	16889
23	10	26	30636	16083
24	9	27	29319	15491
25	8	28	28102	14754
26	7	29	26935	14140
27	6	30	25839	13564

Pièces de 11 po. sur 12 po.

LONGUEUR des pièces. (pi.)	(po.)	Rapp. de l'épaiss. vertic. à la long.	FORCE en livres.	FORCE en kilogram.
6	0	6	166288	87301
7	0	7	141493	74283
8	0	8	123148	64602
9	0	9	108746	57091
10	0	10	97244	51053
11	0	11	87834	46112
12	0	12	79976	41987
13	0	13	73341	38508
14	0	14	67655	35518
15	0	15	62712	32918
16	0	16	58402	30661
17	0	17	54597	28662
18	0	18	51215	26882
19	0	19	48191	25299
20	0	20	45457	23864
21	0	21	42985	22566
22	0	22	40746	21391
23	0	23	38702	22566
24	0	24	36820	19330
25	0	25	35096	18425
26	0	26	33505	17589
27	0	27	32025	16812
28	0	28	30657	16094
29	0	29	29383	15425
30	0	30	28188	14798

Pièces de 11 po. sur 13 po.

LONGUEUR des pièces. (pi.)	(po.)	Rapp. de l'épaiss. vertic. à la long.	FORCE en livres.	FORCE en kilogram.
6	6	6	180145	94575
7	7	7	153439	80554
8	8	8	133410	70040
9	9	9	117809	61849
10	10	10	105318	55307
11	11	11	95585	50181
13	0	12	86641	45486
14	1	13	79453	41712
15	2	14	73292	38478
16	3	15	67939	35667
17	4	16	63267	33214
18	5	17	59147	31051
19	6	18	55472	29122

Pièces de 11 po. sur 14 po.

LONGUEUR des pièces. (pi.)	(po.)	Rapp. de l'épaiss. vertic. à la long.	FORCE en livres.	FORCE en kilogram.
7	0	6	194003	101851
8	2	7	165242	86752
9	4	8	143672	75427
10	6	9	126871	66606
11	8	10	113452	59566
12	10	11	102473	53297
14	0	12	93305	48984
15	2	13	85565	44911
16	4	14	78930	41385
17	6	15	73166	38412
18	8	16	68135	35770
19	10	17	63697	33440
21	0	18	59739	31362

Pièces de 11 po. sur 15 po.

LONGUEUR des pièces. (pi.)	(po.)	Rapp. de l'épaiss. vertic. à la long.	FORCE en livres.	FORCE en kilogram.
7	6	6	207860	109126
8	9	7	177075	92963
10	0	8	153935	80815
11	3	9	135933	71364
12	6	10	121556	63816
13	9	11	109793	57640
15	0	12	99970	52484
16	3	13	91631	48105
17	6	14	84568	44398
18	9	15	78392	41155
20	0	16	73002	38376
21	3	17	68247	35829
22	6	18	64006	33603

Pièces de 11 po. sur 16 po.

LONGUEUR des pièces. (pi.)	(po.)	Rapp. de l'épaiss. vertic. à la long.	FORCE en livres.	FORCE en kilogram.
8	0	6	221717	116400
9	4	7	188849	99145
10	8	8	164197	86202
12	0	9	144995	76121
13	4	10	129659	68070
14	8	11	117139	61497
16	0	12	106634	55982
17	4	13	97788	51338
18	8	14	90206	47358
20	0	15	83618	43899
21	4	16	77869	40880
22	8	17	72796	38217
24	0	18	68273	35812

Pièces de 11 po. sur 17 po.

LONGUEUR des pièces. (pi.)	(po.)	Rapp. de l'épaiss. vertic. à la long.	FORCE en livres.	FORCE en kilogram.
8	6	6	235575	123676
9	11	7	200652	105342
11	4	8	174459	91290
12	9	9	154058	80875
14	2	10	137763	72325
15	7	11	124433	65326
17	0	12	113299	59481
18	4	13	103901	54547
19	10	14	95844	50318
21	3	15	88844	46643
22	8	16	82736	43436
23	8	17	77341	39603
25	6	18	72541	38083

Pièces de 11 po. sur 18 po.

LONGUEUR des pièces. (pi.)	(po.)	Rapp. de l'épaiss. vertic. à la long.	FORCE en livres.	FORCE en kilogram.
9	0	6	249432	130951
10	6	7	212455	111538
12	0	8	184722	96979
13	6	9	163120	85638
15	0	10	145867	76579
16	6	11	131842	69217
18	0	12	119964	62981
19	6	13	110012	57756
21	0	14	101482	53278
22	6	15	94070	49386
24	0	16	87603	45901
25	6	17	81837	42963
27	0	18	76250	40031

Pièces de 11 po. sur 19 po.

LONGUEUR des pièces. (pi.)	(po.)	Rapp. de l'épaiss. vertic. à la long.	FORCE en livres.	FORCE en kilogram.
9	6	6	263289	138226
11	1	7	224258	117735
12	8	8	194984	102366
13	6	9	172183	90395
15	10	10	153971	80834
17	5	11	139071	73011

Les trois groupes de colonnes portent, chacun, les en-têtes : LONGUEUR des pièces (pi. po.) | Rapp. de l'épaiss. vertic. à la long. | FORCE en livres. | FORCE en kilogram.

Pièces de 11 po. sur 19 po.

pi.	po.	Rapp.	livres	kilogram
19	0	12	126629	66479
20	7	13	116123	60965
22	2	14	107120	56238
23	9	15	99294	52129
25	4	16	92469	48545
27	9	17	86446	45384
28	6	18	81075	42663

Pièces de 11 po. sur 20 po.

pi.	po.	Rapp.	livres	kilogram
10	0	6	277147	145501
11	8	7	236061	123931
13	4	8	205246	107754
15	0	9	181244	95153
16	8	10	162074	85088
18	4	11	146390	76853
20	0	12	133293	69978
21	8	13	122236	64174
23	4	14	112758	59197
25	0	15	104523	54874
26	8	16	97336	51091
28	4	17	90996	47772
30	0	18	85342	44804

Pièces de 11 po. sur 21 po.

pi.	po.	Rapp.	livres	kilogram
10	6	6	291004	152777
12	3	7	247864	130128
14	0	8	215509	113121
15	9	9	190307	99940
17	6	10	170178	89343
19	3	11	153709	80696
21	0	12	139958	73477
22	9	13	128348	67382
24	6	14	118396	62157
26	3	15	109747	57616
28	0	16	102203	53656
29	9	17	95546	50161
31	6	18	89609	47044

Pièces de 11 po. sur 22 po.

pi.	po.	Rapp.	livres	kilogram
11	0	6	304861	160051
12	10	7	259667	136324
14	8	8	225771	118529
16	6	9	199369	104664
18	4	10	178282	93598
20	2	11	161029	84539
22	0	12	146623	76976
23	10	13	134459	70590
25	8	14	124034	65117
27	6	15	114975	60361
29	4	16	107070	56211
31	2	17	100089	52546
33	0	18	93876	49284

Pièces de 12 po. sur 12 po.

pi.	po.	Rapp.	livres	kilogram
6	0	6	181406	95238
7	0	7	154512	81118
8	0	8	134343	71529
9	0	9	118633	62281
10	0	10	106085	55694
11	0	11	95819	50304
12	0	12	83913	44053
13	0	13	80009	42004
14	0	14	73805	38747
15	0	15	68281	35847
16	0	16	63711	33447
17	0	17	59561	31169
18	0	18	55860	29326
19	0	19	52560	27594
20	0	20	49590	26034
21	0	21	46888	25616
22	0	22	44450	23336
23	0	23	42220	22165
24	0	24	40167	21087
25	0	25	38287	20100
26	0	26	36551	19188
27	0	27	34936	18341
28	0	28	33444	17553
29	0	29	32055	16828
30	0	30	30751	16091

Pièces de 12 po. sur 13 po.

pi.	po.	Rapp.	livres	kilogram
6	6	6	196522	103174
7	7	7	167388	87882
8	8	8	145538	76407
9	9	9	128519	67471
10	10	10	114925	60335
11	11	11	103804	56997
13	0	12	94517	49620
14	1	13	86676	45504
15	2	14	79955	41975
16	3	15	74116	38910
17	4	16	69020	36235
18	5	17	64524	33875
19	6	18	60515	31769

Pièces de 12 po. sur 14 po.

pi.	po.	Rapp.	livres	kilogram
7	0	6	211639	111109
8	2	7	180264	94638
9	4	8	156734	84385
10	6	9	138405	69662
11	8	10	123766	64977
12	10	11	111789	58688
14	0	12	101787	53437
15	2	13	93344	49005
16	4	14	86106	45205
17	6	15	79817	41903
18	8	16	74329	39022
19	10	17	69487	36480
21	0	18	65170	33214

Pièces de 12 po. sur 15 po.

pi.	po.	Rapp.	livres	kilogram
7	6	6	226755	119035
8	9	7	193141	101398
10	0	8	167929	88162
11	3	9	148291	77852
12	6	10	132606	69618
13	9	11	119774	62884
15	0	12	109058	57355
16	3	13	100011	52505
17	6	14	92256	48434
18	9	15	85518	44891
20	0	16	79039	41809
21	3	17	74445	39083
22	6	18	69825	36657

Pièces de 12 po. sur 16 po.

pi.	po.	Rapp.	livres	kilogram
8	0	6	241873	126982
9	4	7	206017	108158
10	8	8	179124	84040
12	0	9	158177	83042
13	4	10	141447	74359
14	8	11	127758	67072
16	0	12	116328	61072
17	4	13	106673	56002
18	8	14	98407	51663
20	0	15	91219	47889
21	4	16	84948	44597
22	8	17	79414	41692
24	0	18	70591	37059

Pièces de 12 po. sur 17 po.

pi.	po.	Rapp.	livres	kilogram
8	6	6	256891	134919
9	11	7	218893	109668
11	4	8	190319	99916

Pièces de 12 po. sur 17 po.

LONGUEUR des pièces (pi)	(po)	Rapp. de l'épaiss. vertic. à la long.	FORCE en livres.	FORCE en kilogram.
12	9	9	168063	88232
14	2	10	150287	78900
15	7	11	135743	71464
17	0	12	123599	64888
18	4	13	113346	59506
19	10	14	104557	54891
21	3	15	96921	50883
22	8	16	90258	47385
23	3	17	84378	44248
25	6	18	79131	41543

Pièces de 12 po. sur 18 po.

pi	po	Rapp.	livres	kilogram
9	0	6	272108	142856
10	6	7	231769	121573
12	0	8	201515	105784
13	6	9	177949	93452
15	0	10	159127	83541
16	6	11	143728	75457
18	0	12	130870	68706
19	6	13	120013	63006
21	0	14	110708	58121
22	6	15	102622	53876
24	0	16	95567	49172
25	6	17	89342	46904
27	0	18	83791	43989

Pièces de 12 po. sur 19 po.

pi	po	Rapp.	livres	kilogram
9	6	6	287225	150792
11	1	7	244645	128438
12	8	8	212740	111672
13	6	9	187835	98612
15	10	10	167968	88183
17	5	11	151713	79648
19	0	12	138140	72523
20	7	13	126681	66507
22	2	14	116858	61350
23	9	15	108323	56869
25	4	16	100876	52959
27	9	17	94304	49509
28	6	18	88445	46433

Pièces de 12 po. sur 20 po.

pi	po	Rapp.	livres	kilogram
10	0	6	302342	158729
11	8	7	257521	135198
13	4	8	223905	117549
15	0	9	197721	103853
16	8	10	176808	92824
18	4	11	159698	83841
20	0	12	145411	76330
21	8	13	133341	70003
23	4	14	124437	65328
25	0	15	114025	58862
26	8	16	105185	55746
28	4	17	98208	52115
30	0	18	93101	48877

Pièces de 12 po. sur 21 po.

pi	po	Rapp.	livres	kilogram
10	6	6	317459	166665
12	3	7	268968	141208
14	0	8	235101	123427
15	9	9	207607	108993
17	6	10	185649	97465
19	3	11	167683	88033
21	0	12	152681	80157
22	9	13	140015	73507
24	6	14	129159	67807
26	3	15	119726	62856
28	0	16	111494	58534
29	9	17	103643	54412
31	6	18	97755	51320

Pièces de 12 po. sur 22 po.

pi	po	Rapp.	livres	kilogram
11	0	6	332576	174612
12	10	7	283273	148717
14	8	8	246171	129249
16	6	9	217493	114283
18	4	10	194489	102106
20	2	11	175668	92225
22	0	12	159950	83973
23	10	13	146683	77008
25	8	14	135309	71036
27	6	15	125427	65848
29	4	16	116804	61322
31	2	17	109195	57326
33	0	18	102411	53765

Pièces de 12 po. sur 23 po.

pi	po	Rapp.	livres	kilogram
11	6	6	347693	182538
13	5	7	296149	155477
15	4	8	257491	135182
17	3	9	227379	119373
19	2	10	203330	106748
21	1	11	183671	96426
23	0	12	167223	87791
24	11	13	153350	80508
26	10	14	141400	74266
28	9	15	131128	68842
30	8	16	122113	64108
32	7	17	114041	59871
34	6	18	107066	56209

Pièces de 12 po. sur 24 po.

pi	po	Rapp.	livres	kilogram
12	0	6	362811	190475
14	0	7	309025	162237
16	0	8	268686	141060
18	0	9	237266	124039
20	0	10	212170	111389
22	0	11	191638	100609
24	0	12	174493	91608
26	0	13	160018	84009
28	0	14	147610	77495
30	0	15	136836	71838
32	0	16	127423	66896
34	0	17	119115	62534
36	0	18	111721	58653

Pièces de 13 po. sur 13 po.

pi	po	Rapp.	livres	kilogram
6	6	6	212897	111770
7	7	7	181338	95202
8	8	8	157666	82774
9	9	9	139228	73094
10	10	10	121503	65363
11	11	11	112454	59038
13	0	12	102393	53755
14	1	13	93899	49396
15	2	14	86618	45474
16	3	15	80292	42153
17	4	16	74772	38225
18	5	17	69901	36697
19	6	18	65558	34317

Pièces de 13 po. sur 14 po.

pi	po	Rapp.	livres	kilogram
7	0	6	229276	120369
8	2	7	195287	102525
9	4	8	169795	89141
10	6	9	149938	78717
11	8	10	134080	71392
12	10	11	121104	63579
14	0	12	110270	57881
15	2	13	101122	53089
16	4	14	93346	49006
17	6	15	86468	45395
18	8	16	80524	42275
19	10	17	75272	39517
21	0	18	70601	37065

Chaque sous-tableau comporte les colonnes : LONGUEUR des pièces (pi. po.) — Rapp. de l'épaiss. vertic. à la long. — FORCE en livres. — FORCE en kilogram.

Pièces de 13 po. sur 15 po.

pi.	po.	Rapp.	livres.	kilogram.
7	6	6	245653	128967
8	9	7	209236	110348
10	0	8	181923	95409
11	3	9	160648	84340
12	6	10	143357	75261
13	9	11	129754	68120
15	0	12	118146	62026
16	3	13	108345	56880
17	6	14	99044	52470
18	9	15	92645	48638
20	0	16	86275	45293
21	3	17	80655	42343
22	6	18	75699	39741

Pièces de 13 po. sur 16 po.

pi.	po.	Rapp.	livres.	kilogram.
8	0	6	262030	137565
9	4	7	223185	117171
10	8	8	194051	101876
12	0	9	171025	89212
13	4	10	152246	79929
14	8	11	138405	72662
16	0	12	126068	66285
17	4	13	115568	60673
18	8	14	105893	55593
20	0	15	98821	51880
21	4	16	92033	48316
22	8	17	86032	45166
24	0	18	85131	44693

Pièces de 13 po. sur 17 po.

pi.	po.	Rapp.	livres.	kilogram.
8	6	6	278406	146163
9	11	7	237134	124490
11	4	8	206179	108243
12	9	9	182068	95585
14	2	10	162811	85475
15	7	11	147055	77203
17	0	12	133899	70296
18	4	13	122791	64464
19	10	14	113270	59466
21	3	15	104998	55123
22	8	16	97779	51333
23	3	17	91409	47989
25	6	18	85730	45008

Pièces de 13 po. sur 18 po.

pi.	po.	Rapp.	livres.	kilogram.
9	0	6	294784	154764
10	6	7	251083	131818
12	0	8	218307	114610
13	6	9	192778	101208
15	0	10	172388	90503
16	6	11	155706	81745
18	0	12	141773	74430
19	6	13	130014	68257
21	0	14	119933	62964
22	6	15	111172	58365
24	0	16	103531	54353
25	6	17	96786	48712
27	0	18	90773	47655

Pièces de 13 po. sur 19 po.

pi.	po.	Rapp.	livres.	kilogram.
9	6	6	311160	163359
11	1	7	265032	139141
12	8	8	230436	120978
13	6	9	207448	108931
15	10	10	181965	95531
17	5	11	165222	86741
19	0	12	149652	78567
20	7	13	137237	72048
22	2	14	126596	66462
23	9	15	117351	61608
25	4	16	109283	57373
27	9	17	102164	53636
28	6	18	95816	50198

Pièces de 13 po. sur 20 po.

pi.	po.	Rapp.	livres.	kilogram.
10	0	6	327374	171869
11	8	7	278981	146464
13	4	8	242564	127346
15	0	9	215420	113095
16	8	10	190307	99910
18	4	11	173006	96828
20	0	12	157528	82702
21	8	13	144461	75841
23	4	14	133259	69960
25	0	15	123527	64846
26	8	16	115034	60392
28	4	17	107541	56458
30	0	18	100881	52962

Pièces de 13 po. sur 21 po.

pi.	po.	Rapp.	livres.	kilogram.
10	6	6	343914	180554
12	3	7	292930	153788
14	0	8	254692	133713
15	9	9	224908	118076
17	6	10	201120	110738
19	3	11	181675	95378
21	0	12	165405	86837
22	9	13	151683	79633
24	6	14	139922	73459
26	3	15	129703	68093
28	0	16	120786	63412
29	9	17	112863	59252
31	6	18	105902	55598

Pièces de 13 po. sur 22 po.

pi.	po.	Rapp.	livres.	kilogram.
11	0	6	360291	189152
12	10	7	306879	161110
14	8	8	266821	140080
16	6	9	235688	123736
18	4	10	210697	110615
20	2	11	190367	99942
22	0	12	173281	90972
23	10	13	158906	83425
25	8	14	146585	76956
27	6	15	135879	71335
29	4	16	126537	66431
31	2	17	118289	62101
33	0	18	110045	58245

Pièces de 13 po. sur 23 po.

pi.	po.	Rapp.	livres.	kilogram.
11	6	6	376668	198750
13	5	7	320828	168434
15	4	8	278949	143417
17	3	9	246317	129345
19	2	10	220274	115643
21	1	11	198957	104451
23	0	12	181158	95107
24	11	13	166129	87217
26	10	14	153248	80455
28	9	15	142056	74579
30	8	16	132289	69151
32	7	17	123672	64927
34	6	18	115988	60893

Pièces de 13 po. sur 24 po.

pi.	po.	Rapp.	livres.	kilogram.
12	0	6	393045	206348
14	0	7	334777	175757
16	0	8	291077	152814
18	0	9	257038	134944
20	0	10	229851	120666
22	0	11	207608	108994
24	0	12	189034	99237
26	0	13	173353	91009
28	0	14	159911	83952

Chaque tableau donne : la **Longueur des pièces** (en pieds et pouces), le **Rapport de l'épaisseur vertic. à la longueur**, la **Force en livres** et la **Force en kilogrammes**.

Pièces de 13 po. sur 24 po.

Long. pi.	po.	Rapp. épaiss. vert./long.	Force en livres	Force en kilogram.
30	0	15	148214	77812
32	0	16	138041	72471
34	0	17	129049	67752
36	0	18	121029	63539

Pièces de 13 po. sur 25 po.

Long. pi.	po.	Rapp. épaiss. vert./long.	Force en livres	Force en kilogram.
12	6	6	409422	214946
14	7	7	348726	183081
16	8	8	303205	159182
18	9	9	267748	140567
20	10	10	239428	125699
22	11	11	216258	113535
25	0	12	196911	103377
27	1	13	180576	94802
29	2	14	166574	87451
31	3	15	154391	81054
33	4	16	143793	75490
35	5	17	134426	70573
37	6	18	126074	66188

Pièces de 13 po. sur 26 po.

Long. pi.	po.	Rapp. épaiss. vert./long.	Force en livres	Force en kilogram.
13	0	6	425798	223543
15	2	7	362675	190403
17	4	8	315333	165549
19	6	9	278457	146189
21	8	10	249005	130727
23	10	11	224908	118076
26	0	12	204787	107512
28	2	13	187876	98634
30	4	14	173237	90948
32	6	15	160585	84306
34	8	16	149544	78510
36	10	17	139802	73396
39	0	18	131117	68835

Pièces de 14 po. sur 14 po.

Long. pi.	po.	Rapp. épaiss. vert./long.	Force en livres	Force en kilogram.
7	0	6	246913	129628
8	2	7	210309	110411
9	4	8	182856	95999
10	6	9	164472	85822
11	8	10	144393	75805
12	10	11	130420	68470
14	0	12	118752	62344
15	2	13	108901	57172
16	4	14	100457	52739
17	6	15	93120	48888
18	8	16	86718	45566
19	10	17	81069	42560
21	0	18	76032	39916

Pièces de 14 po. sur 15 po.

Long. pi.	po.	Rapp. épaiss. vert./long.	Force en livres	Force en kilogram.
7	6	6	264549	138887
8	9	7	225331	118298
10	0	8	195917	102855
11	3	9	173006	90828
12	6	10	154507	81220
13	9	11	139736	73361
15	0	12	127234	66797
16	3	13	116679	61255
17	6	14	107632	56506
18	9	15	99771	52379
20	0	16	92912	48778
21	3	17	86859	45600
22	6	18	81463	42767

Pièces de 14 po. sur 16 po.

Long. pi.	po.	Rapp. épaiss. vert./long.	Force en livres	Force en kilogram.
8	0	6	282186	148147
9	11	7	240353	126184
11	4	8	208978	109713
12	9	9	183357	96261
14	2	10	165021	86635
15	7	11	149052	78252
17	0	12	135717	71250
18	4	13	124457	65339
19	10	14	114808	60274
21	3	15	106423	55874
22	8	16	99106	52030
23	3	17	92650	48641
25	6	18	86894	45619

Pièces de 14 po. sur 17 po.

Long. pi.	po.	Rapp. épaiss. vert./long.	Force en livres	Force en kilogram.
8	6	6	299822	157406
9	11	7	255375	134071
11	4	8	222039	116569
12	9	9	196073	102937
14	2	10	175335	92050
15	7	11	158277	83094
17	0	12	144199	75703
18	4	13	132237	69423
19	10	14	121983	64040
21	3	15	113074	59363
22	8	16	105337	55301
23	3	17	98141	51681
25	6	18	92325	48470

Pièces de 14 po. sur 18 po.

Long. pi.	po.	Rapp. épaiss. vert./long.	Force en livres	Force en kilogram.
9	0	6	317293	166578
10	6	7	270397	141957
12	0	8	235100	123427
13	6	9	217607	108993
15	0	10	185649	97465
16	6	11	167683	88033
18	0	12	152681	80157
19	6	13	147708	77546
21	0	14	129159	67807
22	6	15	119726	62856
24	0	16	111495	58534
25	6	17	104232	54721
27	0	18	97755	51320

Pièces de 14 po. sur 19 po.

Long. pi.	po.	Rapp. épaiss. vert./long.	Force en livres	Force en kilogram.
9	6	6	335096	175925
11	1	7	285419	149844
12	8	8	248162	130285
13	6	9	219141	115048
15	10	10	196803	103321
17	5	11	176989	92923
19	0	12	161164	84614
20	7	13	147794	77591
22	2	14	136334	71575
23	9	15	126577	66347
25	4	16	117689	61786
27	9	17	110022	57261
28	6	18	103186	54172

Pièces de 14 po. sur 20 po.

Long. pi.	po.	Rapp. épaiss. vert./long.	Force en livres	Force en kilogram.
10	0	6	352728	185182
11	8	7	300441	157731
13	4	8	261223	136616
15	0	9	230675	121103
16	8	10	206274	108293
18	4	11	186315	97814
20	0	12	169646	89064
21	8	13	155573	81875
23	4	14	143510	75342
25	0	15	133029	69839
26	8	16	123883	65038
28	4	17	115813	60853
30	0	18	108617	57023

Pièces de 14 po. sur 21 po.

Long. pi.	po.	Rapp. épaiss. vert./long.	Force en livres	Force en kilogram.
10	6	6	370369	194443
12	3	7	311606	163593
14	0	8	274284	143999
15	9	9	242208	127159
17	6	10	216590	113709
19	3	11	195630	102705

The tables below share these columns: **LONGUEUR des pièces** (pi. / po.), **Rapp. de l'épaiss. vertic. à la long.**, **FORCE en livres.**, **FORCE en kilogram.**

Pièces de 14 po. sur 21 po.

pi.	po.	Rapp.	livres.	kilogram.
21	0	12	178128	93517
22	9	13	163351	85758
24	6	14	150685	79109
26	3	15	139680	73332
28	0	16	130077	68289
29	9	17	121603	63841
31	6	18	104048	59879

Pièces de 14 po. sur 22 po.

pi.	po.	Rapp.	livres.	kilogram.
11	0	6	388006	203703
12	10	7	330485	173504
14	8	8	287345	150855
16	6	9	253744	133215
18	4	10	227904	119649
20	2	11	204946	107596
22	0	12	186611	97990
23	10	13	171130	89811
25	8	14	157861	82876
27	6	15	146332	76824
29	4	16	136271	71541
31	2	17	127394	66881
33	0	18	119479	65725

Pièces de 14 po. sur 23 po.

pi.	po.	Rapp.	livres.	kilogram.
11	6	6	418240	219576
13	5	7	356237	187023
15	4	8	309736	162716
17	3	9	273514	143584
19	2	10	244585	128406
21	1	11	229916	115580
23	0	12	201151	105603
24	11	13	184465	96843
26	10	14	170162	89335
28	9	15	157734	82810
30	8	16	146890	77117
32	7	17	137321	71693
34	6	18	128769	67613

Pièces de 14 po. sur 24 po.

pi.	po.	Rapp.	livres.	kilogram.
12	0	6	423279	222620
14	0	7	360530	189278
16	0	8	313468	164570
18	0	9	276588	145208
20	0	10	247532	129954
22	0	11	223578	117378
24	0	12	203575	106876
26	0	13	186688	98011
28	0	14	172212	90411
30	0	15	159635	83807
32	0	16	148660	78946
34	0	17	138960	72954
36	0	18	130341	68428

Pièces de 14 po. sur 25 po.

pi.	po.	Rapp.	livres.	kilogram.
12	6	6	440916	231475
14	7	7	375552	197154
16	8	8	326529	163264
18	9	9	288344	144122
20	10	10	257846	135364
22	11	11	232843	126268
25	0	12	212058	111530
27	1	13	194466	102094
29	2	14	179388	94126
31	3	15	166286	87300
33	4	16	154851	81298
35	5	17	144766	76002
37	6	18	135772	71280

Pièces de 14 po. sur 26 po.

pi.	po.	Rapp.	livres.	kilogram.
13	0	6	458552	241264
15	2	7	390594	205059
17	4	8	339590	178284
19	6	9	299877	157434
21	8	10	268160	140784
23	10	11	242269	127164
26	0	12	220540	115783
28	2	13	202245	106178
30	4	14	186563	97945
32	6	15	172937	90791
34	8	16	161048	84550
36	10	17	150557	79011
39	0	18	141202	74131

Pièces de 14 po. sur 27 po.

pi.	po.	Rapp.	livres.	kilogram.
13	6	6	476189	249998
15	9	7	405546	212937
18	10	8	352654	185191
22	3	9	311411	164490
20	8	10	278474	146193
24	9	11	251525	132050
27	0	12	229022	120236
29	3	13	210100	110262
31	6	14	193739	101712
33	9	15	179582	94240
36	0	16	167242	87802
38	3	17	156347	82082
40	6	18	146633	76981

Pièces de 14 po. sur 28 po.

pi.	po.	Rapp.	livres.	kilogram.
14	0	6	494825	259257
16	4	7	420618	220824
18	8	8	365712	191998
21	0	9	322945	169545
23	4	10	288787	151612
25	8	11	260841	136941
28	0	12	239171	125564
30	4	13	217802	116346
32	8	14	200914	105474
35	0	15	186240	97776
37	4	16	173436	90053
39	8	17	162138	85122
42	0	18	152064	79817

Pièces de 15 po. sur 15 po.

pi.	po.	Rapp.	livres.	kilogram.
7	6	6	283446	148809
8	9	7	241426	126748
10	0	8	208911	110202
11	3	9	185365	97316
12	6	10	165758	87022
13	9	11	149717	78600
15	0	12	136323	71569
16	3	13	125014	65632
17	6	14	115321	60543
18	9	15	106858	56121
20	0	16	99519	52262
21	3	17	93064	48858
22	6	18	87282	45823

Pièces de 15 po. sur 16 po.

pi.	po.	Rapp.	livres.	kilogram.
8	0	6	302342	158729
9	4	7	257521	135198
10	8	8	223905	117549
12	0	9	198832	104386
13	4	10	176808	92824
14	8	11	160562	84295
16	0	12	145411	76340
17	4	13	133348	70007
18	8	14	123008	64579
20	0	15	114025	59862
21	4	16	106185	55746
22	8	17	99268	52115
24	0	18	93100	48877

Pièces de 15 po. sur 17 po.

pi.	po.	Rapp.	livres.	kilogram.
8	6	6	321255	168658
9	11	7	273616	143648
11	4	8	237899	124896

Tableau. Colonnes de chaque groupe : LONGUEUR des pièces (pi. po.) | Rapp. de l'épaiss. vertic. à la long. | FORCE en livres | FORCE en kilogram.

Pièces de 15 po. sur 17 po.

pi.	po.	Rapp.	livres	kilogram.
12	9	9	210079	110290
14	2	10	187859	98525
15	7	11	169679	89080
17	0	12	154499	81111
18	4	13	141682	74383
19	10	14	130897	68615
21	3	15	121151	63603
22	8	16	112822	59231
23	3	17	105472	55372
25	6	18	98919	51934

Pièces de 15 po. sur 18 po.

pi.	po.	Rapp.	livres	kilogram.
9	0	6	340535	178570
10	6	7	289711	152097
12	0	8	251893	132243
13	6	9	222636	116883
15	0	10	198910	101527
16	6	11	179659	94330
18	0	12	163704	85839
19	6	13	150016	78758
21	0	14	138585	72651
22	6	15	128411	67415
24	0	16	119158	62715
25	6	17	111681	58632
27	0	18	104538	54987

Pièces de 15 po. sur 19 po.

pi.	po.	Rapp.	livres	kilogram.
9	6	6	369651	188410
11	1	7	305806	160518
12	8	8	269900	139655
13	6	9	234794	123266
15	10	10	209960	110229
17	5	11	189642	99562
19	0	12	172676	90654
20	7	13	158351	83133
22	2	14	146073	76687
23	9	15	135404	71087
25	4	16	126005	66199
27	9	17	117875	61883
28	6	18	110557	58041

Pièces de 15 po. sur 20 po.

pi.	po.	Rapp.	livres	kilogram.
10	0	6	377928	198412
11	8	7	321901	168997
13	4	8	279882	146938
15	0	9	247152	129756
16	8	10	221011	116030
18	4	11	199623	104801
20	0	12	181847	95469
21	8	13	166685	87509
23	4	14	153761	80724
25	0	15	142531	75828
26	8	16	132732	69684
28	4	17	124085	65144
30	0	18	116376	61097

Pièces de 15 po. sur 21 po.

pi.	po.	Rapp.	livres	kilogram.
10	6	6	396824	208352
12	3	7	337938	177448
14	0	8	293876	153284
15	9	9	259509	136241
17	6	10	232061	121831
19	3	11	209604	115292
21	0	12	196858	103200
22	9	13	175019	91834
24	6	14	161449	84760
26	3	15	149657	78569
28	0	16	139308	73168
29	9	17	130878	68710
31	6	18	121063	63568

Pièces de 15 po. sur 22 po.

pi.	po.	Rapp.	livres	kilogram.
11	0	6	415720	218253
12	10	7	353920	186333
14	8	8	307870	161631
16	6	9	271867	142719
18	4	10	243112	127633
20	2	11	219585	115281
22	0	12	199910	104968
23	10	13	183354	96260
25	8	14	169137	88764
27	6	15	156784	82311
29	4	16	146005	76652
31	2	17	136494	71659
33	0	18	128013	67206

Pièces de 15 po. sur 23 po.

pi.	po.	Rapp.	livres	kilogram.
11	6	6	431617	228173
13	5	7	370185	194346
15	4	8	321864	168978
17	3	9	284224	149217
19	2	10	254162	133435
21	1	11	229566	120523
23	0	12	209028	109739
24	11	13	191688	100636
26	10	14	176825	92832
28	9	15	163911	86052
30	8	16	152644	80136
32	7	17	142698	74916
34	6	18	133832	70261

Pièces de 15 po. sur 24 po.

pi.	po.	Rapp.	livres	kilogram.
12	0	6	453513	238093
14	0	7	386272	202792
16	0	8	335858	176325
18	0	9	296582	155705
20	0	10	265213	139236
22	0	11	239548	125762
24	0	12	218116	114510
26	0	13	200022	105011
28	0	14	184513	98968
30	0	15	171057	89793
32	0	16	159278	83620
34	0	17	148902	78173
36	0	18	139651	73316

Pièces de 16 po. sur 16 po.

pi.	po.	Rapp.	livres	kilogram.
8	0	6	322496	169310
9	4	7	274689	144111
10	8	8	238832	125386
12	0	9	219903	115448
13	4	10	188596	99012
14	8	11	170345	89430
16	0	12	155105	81429
17	4	13	142238	74674
18	8	14	131209	68884
20	0	15	121626	63853
21	4	16	113858	59775
22	8	17	111768	58678
24	0	18	99307	42140

Pièces de 16 po. sur 17 po.

pi.	po.	Rapp.	livres	kilogram.
8	6	6	342654	179893
9	11	7	291857	153224
11	4	8	253759	133222
12	9	9	224084	117644
14	2	10	200383	105205
15	7	11	181009	95029
17	0	12	164799	86518
18	4	13	151128	79342
19	10	14	139410	73190
21	3	15	129228	67844
22	8	16	120343	63179
23	3	17	112508	59066
25	6	18	105513	55393

The three column-groups below each carry the same headings:

LONGUEUR des pièces.		Rapp. de l'épaiss. vertic. à la long.	FORCE en livres.	FORCE en kilogram.

Pièces de 16 po. sur 18 po.

pi.	po.			
9	0	6	362811	199475
10	6	7	309025	162237
12	0	8	268686	141060
13	6	9	237266	124564
15	0	10	212170	111389
16	6	11	191638	100609
18	0	12	174493	91608
19	6	13	160018	84009
21	0	14	147610	77495
22	6	15	136836	71838
24	0	16	127423	66891
25	6	17	119115	62534
27	0	18	111721	58603

Pièces de 16 po. sur 19 po.

pi.	po.			
9	6	6	382967	201057
11	1	7	326193	171250
12	8	8	283613	148896
13	6	9	250447	131484
15	10	10	223958	117577
17	5	11	202284	106199
19	0	12	184187	96697
20	7	13	168908	88676
22	2	14	155811	81800
23	9	15	144413	75816
25	4	16	134501	70612
27	9	17	125740	66013
28	6	18	117927	61911

Pièces de 16 po. sur 20 po.

pi.	po.			
10	0	6	403123	211639
11	8	7	343361	180264
13	4	8	298540	156733
15	0	9	263617	138398
16	8	10	235745	123765
18	4	11	212931	111788
20	0	12	193881	101787
21	8	13	172413	90516
23	4	14	164011	86105
25	0	15	152015	79807
26	8	16	141581	74319
28	4	17	132358	69487
30	0	18	124178	65193

Pièces de 16 po. sur 21 po.

pi.	po.			
10	6	6	423279	222220
12	3	7	360529	189277
14	0	8	313467	164569
15	9	9	276810	145325
17	6	10	241532	126954
19	3	11	223578	117358
21	0	12	203575	106846
22	9	13	186687	98012
24	6	14	172212	90411
26	3	15	159635	83897
28	0	16	148659	78045
29	9	17	138975	72961
31	6	18	130341	68428

Pièces de 16 po. sur 22 po.

pi.	po.			
11	0	6	443435	232797
12	10	7	377689	198391
14	8	8	328394	172406
16	6	9	293325	153895
18	4	10	259319	136141
20	2	11	231221	122967
22	0	12	213269	106715
23	10	13	195578	102678
25	8	14	180413	94716
27	6	15	167236	87798
29	4	16	156363	82090
31	2	17	145587	76432
33	0	18	136517	71686

Pièces de 16 po. sur 23 po.

pi.	po.			
11	6	6	463591	243184
13	5	7	394866	207304
15	4	8	343321	180243
17	3	9	303173	159160
19	2	10	271107	146330
21	1	11	244821	128530
23	0	12	222963	117055
24	11	13	204467	107311
26	10	14	188613	99021
28	9	15	174838	91789
30	8	16	162817	85478
32	7	17	152211	79910
34	6	18	142754	74945

Pièces de 16 po. sur 24 po.

pi.	po.			
12	0	6	483747	253976
14	0	7	412034	216817
16	0	8	358373	188145
18	0	9	317465	166668
20	0	10	282894	148519
22	0	11	255517	131145
24	0	12	232741	122188
26	0	13	213357	112011
28	0	14	196814	103327
30	0	15	182439	95779
32	0	16	169834	89162
34	0	17	158235	83072
36	0	18	148105	79912

Pièces de 17 po. sur 17 po.

pi.	po.			
8	4	6	364070	191136
9	11	7	310098	162801
11	4	8	269607	141543
12	9	9	238089	124996
14	2	10	212877	111759
15	7	11	192303	100958
17	0	12	175009	91926
18	4	13	160573	84300
19	10	14	148123	77764
21	3	15	137312	72088
22	8	16	127865	67128
23	3	17	119524	62750
25	6	18	112108	58856

Pièces de 17 po. sur 18 po.

pi.	po.			
9	0	6	385486	202380
10	6	7	328339	172377
12	0	8	285479	149875
13	6	9	252095	132344
15	0	10	225431	118350
16	6	11	203615	106895
18	0	12	185399	97333
19	6	13	170788	89663
21	0	14	156836	82338
22	6	15	145381	76324
24	0	16	135386	71077
25	6	17	126543	66434
27	0	18	118703	52318

Pièces de 17 po. sur 19 po.

pi.	po.			
9	6	6	406902	213623
11	1	7	346581	181954
12	8	8	301339	158202
13	6	9	266100	139702
15	10	10	237955	124925
17	5	11	214927	112836
19	0	12	195699	102741
20	7	13	179464	94228
22	2	14	165549	92162

Colonne 1

LONGUEUR des pièces (pi. / po.)		Rapp. de l'épaiss. vertic. à la long.	FORCE en livres.	FORCE en kilogram.
Pièces de 17 po. sur 19 po.				
23	9	15	153440	80556
25	4	16	142908	75026
27	9	17	134187	70447
28	6	18	125242	65752
Pièces de 17 po. sur 20 po.				
10	0	6	428318	224866
11	8	7	364836	191538
13	4	8	317199	165478
15	0	9	289105	151779
16	8	10	250479	131500
18	4	11	226239	118774
20	0	12	205599	108148
21	8	13	188910	99177
23	4	14	174262	91487
25	0	15	161517	84795
26	8	16	150429	78931
28	4	17	140630	73830
30	0	18	131892	69243
Pièces de 17 po. sur 21 po.				
10	6	6	449767	236127
12	3	7	383063	201107
14	0	8	331809	174199
15	9	9	294111	154407
17	6	10	263003	138076
19	3	11	237553	124716
21	0	12	216299	113556
22	9	13	198355	104135
24	6	14	182975	96061
26	3	15	169594	89036
28	0	16	157662	82772
29	9	17	147662	77522
31	6	18	138487	72705
Pièces de 17 po. sur 22 po.				
11	0	6	474150	247353
12	10	7	401304	210684
14	8	8	348919	183181
16	6	9	308116	161760
18	4	10	275527	144651
20	2	11	248881	130662
22	0	12	226599	118963
23	10	13	207801	109095
25	8	14	191688	100636
27	6	15	177670	93276
29	4	16	165472	86872
31	2	17	154698	81216
33	0	18	145082	76168

Colonne 2

LONGUEUR des pièces (pi. / po.)		Rapp. de l'épaiss. vertic. à la long.	FORCE en livres.	FORCE en kilogram.
Pièces de 17 po. sur 23 po.				
11	6	6	492566	258597
13	5	7	419545	220260
15	4	8	364779	191503
17	3	9	322121	169113
19	2	10	287751	151068
21	1	11	260175	136591
23	0	12	236899	124371
24	11	13	217246	114054
26	10	14	200402	105211
28	9	15	185747	97516
30	8	16	172994	90821
32	7	17	161725	84905
34	6	18	151676	79629
Pièces de 17 po. sur 24 po.				
12	0	6	513982	269840
14	0	7	437786	229837
16	0	8	380639	199834
18	0	9	336126	176466
20	0	10	309575	157801
22	0	11	271487	142530
24	0	12	247499	129778
26	0	13	226692	119013
28	0	14	209145	109784
30	0	15	193842	101767
32	0	16	180515	94769
34	0	17	168755	88595
36	0	18	158271	83091
Pièces de 18 po. sur 18 po.				
9	0	6	408162	214285
10	6	7	347653	182569
12	0	8	302272	158792
13	6	9	266924	130135
15	0	10	238692	125838
16	6	11	215593	113185
18	0	12	196395	103106
19	6	13	180020	94510
21	0	14	166062	87182
22	6	15	153915	80804
24	0	16	143350	75658
25	6	17	134012	70356
27	0	18	125686	65985
Pièces de 18 po. sur 19 po.				
9	6	6	430837	225988
11	1	7	366967	192657
12	8	8	319065	167508

Colonne 3

LONGUEUR des pièces (pi. / po.)		Rapp. de l'épaiss. vertic. à la long.	FORCE en livres.	FORCE en kilogram.
Pièces de 18 po. sur 19 po.				
13	6	9	281753	147919
15	10	10	251952	132775
17	5	11	227570	119474
19	0	12	207211	108785
20	7	13	190021	99760
22	2	14	175287	92025
23	9	15	162467	85294
25	4	16	151314	79439
27	9	17	141457	74264
28	6	18	132668	70175
Pièces de 18 po. sur 20 po.				
10	0	6	453513	238093
11	8	7	386272	208042
13	4	8	335858	176325
15	0	9	296582	155705
16	0	10	265213	138236
18	4	11	239548	125762
20	0	12	218116	114505
21	8	13	200022	105011
23	4	14	184513	96868
25	0	15	171037	89793
26	8	16	159278	83620
28	4	17	148902	78173
30	0	18	139651	73316
Pièces de 18 po. sur 21 po.				
10	6	6	476189	249998
12	3	7	405596	212937
14	0	8	352651	185141
15	9	9	311411	163490
17	6	10	278484	146204
19	3	11	251543	132059
21	0	12	229022	120236
22	9	13	210022	110261
24	6	14	193739	101712
26	3	15	179571	94274
28	0	16	167242	87802
29	9	17	156352	82084
31	6	18	146633	76981
Pièces de 18 po. sur 22 po.				
11	0	6	498864	260853
12	10	7	424910	223077
14	8	8	369444	193958
16	6	9	326240	171276
18	4	10	291734	153160
20	2	11	263502	138338

Pièces de 18 po. sur 22 po.

LONGUEUR des pièces (pi. po.)		Rapp. de l'épaiss. vertic. à la long.	FORCE en livres.	FORCE en kilogram.
22	0	12	239928	125962
23	10	13	220024	115512
25	8	14	202964	106556
27	6	15	187456	98414
29	4	16	175206	91983
31	2	17	163793	85990
33	0	18	153616	80648

Pièces de 18 po. sur 23 po.

pi.	po.	Rapp.	livres.	kilogram.
11	6	6	521540	273808
13	5	7	444224	233217
15	4	8	386237	202773
17	3	9	341069	179060
19	2	10	304995	160121
21	1	11	275480	147627
23	0	12	250834	131687
24	11	13	230026	120763
26	10	14	212190	111399
28	9	15	196693	103263
30	8	16	183170	96153
32	7	17	171238	89898
34	6	18	160598	84313

Pièces de 18 po. sur 24 po.

pi.	po.	Rapp.	livres.	kilogram.
12	0	6	541949	284522
14	0	7	463538	243357
16	0	8	405406	212838
18	0	9	355898	186846
20	0	10	318256	167084
22	0	11	287457	150914
24	0	12	261740	137413
26	0	13	249026	126013
28	0	14	221416	116243
30	0	15	205243	107752
32	0	16	191752	100669
34	0	17	178683	93808
36	0	18	167581	87969

Pièces de 18 po. sur 25 po.

pi.	po.	Rapp.	livres.	kilogram.
12	6	6	566892	297618
14	7	7	482853	253447
16	8	8	419823	215151
18	9	9	370728	194632
20	10	10	331516	174045
22	11	11	299434	157202
25	0	12	272646	143139
27	1	13	249259	130860
29	2	14	230641	121086

Pièces de 18 po. sur 25 po.

pi.	po.	Rapp.	livres.	kilogram.
31	3	15	213796	112242
33	4	16	199098	104526
35	5	17	186128	97747
37	6	18	174564	91646

Pièces de 18 po. sur 26 po.

pi.	po.	Rapp.	livres.	kilogram.
13	0	6	589567	314542
15	2	7	502166	263637
17	4	8	433615	239222
19	6	9	385557	202416
21	8	10	344777	181007
23	10	11	311412	163491
26	0	12	283551	148863
28	2	13	260029	136514
30	4	14	239867	125929
32	6	15	223348	116732
34	8	16	207061	108706
36	10	17	193573	101625
39	0	18	181546	95311

Pièces de 18 po. sur 27 po.

pi.	po.	Rapp.	livres.	kilogram.
13	6	6	610576	320552
15	9	7	521480	273777
18	0	8	453408	238039
20	3	9	400386	210202
22	8	10	358038	187969
24	9	11	323389	169778
27	0	12	294457	154589
29	3	13	270030	141765
31	6	14	249093	130773
33	9	15	230900	121747
36	0	16	215025	112887
38	3	17	201012	105527
40	6	18	188529	98977

Pièces de 19 po. sur 19 po.

pi.	po.	Rapp.	livres.	kilogram.
9	6	6	454773	238755
11	1	7	387355	203360
12	8	8	336791	176814
13	6	9	297406	156138
15	10	10	265950	139623
17	5	11	240213	126111
19	0	12	218722	114829
20	7	13	200578	105303
22	2	14	185025	97137
23	9	15	174512	90043
25	4	16	159720	83853
27	9	17	149316	78389
28	6	18	140039	73519

Pièces de 19 po. sur 20 po.

pi.	po.	Rapp.	livres.	kilogram.
10	0	6	478708	251321
11	8	7	407742	214064
13	4	8	354517	186068
15	0	9	313059	164455
16	8	10	279047	146971
18	4	11	252856	132749
20	0	12	230234	120872
21	8	13	211135	110845
23	4	14	194764	102251
25	0	15	180539	94782
26	8	16	168127	88266
28	4	17	157469	82513
30	0	18	147409	77389

Pièces de 19 po. sur 21 po.

pi.	po.	Rapp.	livres.	kilogram.
10	6	6	502644	263858
12	3	7	428129	224767
14	0	8	372243	195427
15	9	9	328712	172573
17	6	10	293944	154320
18	3	11	265498	139386
21	0	12	241746	126916
22	8	13	221691	116387
24	6	14	204460	107341
26	3	15	189548	98987
28	0	16	176533	92679
29	9	17	165033	82641
31	6	18	154780	81259

Pièces de 19 po. sur 22 po.

pi.	po.	Rapp.	livres.	kilogram.
11	0	6	526569	276448
12	10	7	448516	235470
14	8	8	389968	204733
16	6	9	344364	180791
18	4	10	307942	161669
20	2	11	278144	146025
22	0	12	253174	132916
23	10	13	233017	122333
25	8	14	214240	112476
27	6	15	198593	104260
29	4	16	184939	97092
31	2	17	172892	90768
33	0	18	162150	85128

Pièces de 19 po. sur 23 po.

pi.	po.	Rapp.	livres.	kilogram.
11	6	6	550515	289019
13	5	7	468903	246173

Table. Chaque sous-tableau a pour colonnes : LONGUEUR des pièces (pi. / po.) ; Rapp. de l'épaiss. vertic. à la long. ; FORCE en livres ; FORCE en kilogram.

Pièces de 19 po. sur 23 po.

pi.	po.	Rapp.	Force en livres	Force en kilogram.
15	4	8	407694	214039
17	3	9	360018	189009
19	2	10	321939	169017
21	1	11	290783	152667
23	0	12	264769	138003
24	11	13	242805	127472
26	10	14	223978	117588
28	9	15	207618	108999
30	8	16	199596	104787
32	7	17	180751	94893
34	6	18	169521	88998

Pièces de 19 po. sur 24 po.

pi.	po.	Rapp.	Force en livres	Force en kilogram.
12	0	6	574450	301622
14	0	7	489147	257801
16	0	8	425420	223345
18	0	9	375668	197225
20	0	10	335937	176366
22	0	11	303427	159298
24	0	12	276281	145047
26	0	13	253362	133015
28	0	14	233716	122700
30	0	15	216647	112739
32	0	16	201752	105919
34	0	17	188610	99070
36	0	18	176891	92867

Pièces de 19 po. sur 25 po.

pi.	po.	Rapp.	Force en livres	Force en kilogram.
12	6	6	598386	314152
14	7	7	509677	267579
16	8	8	443146	232650
18	9	9	391324	205445
20	10	10	349924	183710
22	11	11	316088	165946
25	0	12	287793	151090
27	1	13	263918	138556
29	2	14	243455	127813
31	3	15	225607	118443
33	4	16	210159	110332
35	5	17	196473	103147
37	6	18	184262	96737

Pièces de 19 po. sur 26 po.

pi.	po.	Rapp.	Force en livres	Force en kilogram.
13	0	6	622321	326718
15	2	7	530064	278283
17	4	8	460872	241957
19	6	9	406976	213662
21	8	10	363931	191063
23	10	11	328714	172574
26	0	12	299304	157134
28	2	13	274475	144098
30	4	14	253155	132905
32	6	15	235701	123217
34	4	16	218565	114746
36	10	17	204327	107271
39	0	18	191632	100606

Pièces de 19 po. sur 27 po.

pi.	po.	Rapp.	Force en livres	Force en kilogram.
13	6	6	646256	339284
15	9	7	550451	288986
18	10	8	478598	251263
20	3	9	422629	226879
22	8	10	377929	198412
24	9	11	341355	179110
27	0	12	310816	163178
29	3	13	285032	149741
31	6	14	262931	138038
33	9	15	243728	127957
36	0	16	226971	119159
38	3	17	212186	111397
40	6	18	199003	104476

Pièces de 20 po. sur 20 po.

pi.	po.	Rapp.	Force en livres	Force en kilogram.
10	0	6	503904	264549
11	8	7	429202	225331
13	4	8	373476	195917
15	0	9	329536	172996
16	8	10	294681	154707
18	4	11	266164	133683
20	0	12	242352	127234
21	8	13	222247	116679
23	4	14	205014	107632
25	0	15	190041	99771
26	8	16	176913	92878
28	4	17	165447	86859
30	0	18	155168	81463

Pièces de 20 po. sur 21 po.

pi.	po.	Rapp.	Force en livres	Force en kilogram.
10	6	6	529099	277771
12	3	7	450662	236597
14	0	8	391834	205712
15	9	9	346012	181656
17	6	10	309415	162442
19	3	11	279472	146722
21	0	12	254469	133595
22	9	13	233359	122512
24	6	14	215265	113013
26	3	15	199543	104759
28	0	16	185824	97557
29	9	17	173719	91201
31	6	18	162926	85536

Pièces de 20 po. sur 22 po.

pi.	po.	Rapp.	Force en livres	Force en kilogram.
11	0	6	554294	291004
12	10	7	472122	247864
14	8	8	410493	215508
16	6	9	362489	190306
18	4	10	324149	170177
20	2	11	292780	153709
22	0	12	266580	139954
23	10	13	244472	128342
25	8	14	225516	118495
27	6	15	209045	109748
29	4	16	194673	102202
31	2	17	181992	95575
33	0	18	170685	89619

Pièces de 20 po. sur 23 po.

pi.	po.	Rapp.	Force en livres	Force en kilogram.
11	6	6	579489	304231
13	5	7	493582	259130
15	4	8	429152	225304
17	3	9	378966	198957
19	2	10	338883	177913
21	1	11	306089	163846
23	0	12	270321	141913
24	11	13	255584	134181
26	10	14	235767	123777
28	9	15	218547	114736
30	8	16	203459	106805
32	7	17	190264	99888
34	6	18	178443	93682

Pièces de 20 po. sur 24 po.

pi.	po.	Rapp.	Force en livres	Force en kilogram.
12	0	6	604684	317459
14	0	7	515042	270397
16	0	8	447811	235100
18	0	9	395443	207607
20	0	10	353617	185648
22	0	11	319397	167682
24	0	12	290822	152681
26	0	13	266696	140015
28	0	14	246017	129158
30	0	15	228049	119725
32	0	16	212371	111489
34	0	17	198531	104228
36	0	18	186201	97755

Dans chaque groupe de colonnes : **LONGUEUR des pièces** (pi. po.) | **Rapp. de l'épaiss. vertic. à la long.** | **FORCE en livres** | **FORCE en kilogram.**

Pièces de 20 po. sur 25 po.

pi.	po.	Rapp.	livres	kilogram.
12	6	6	629880	330687
14	7	7	536502	281663
16	8	8	466470	244896
18	9	9	411920	216258
20	10	10	368352	193386
22	11	11	332705	174669
25	0	12	302940	159043
27	1	13	277809	145849
29	2	14	256268	134540
31	3	15	237552	124714
33	4	16	221220	116140
35	5	17	206809	108574
36	6	18	193960	101329

Pièces de 20 po. sur 26 po.

pi.	po.	Rapp.	livres	kilogram.
13	0	6	655075	344913
15	2	7	557962	292930
17	4	8	485128	254692
19	6	9	428396	224907
21	8	10	383086	201120
23	10	11	346013	181656
26	0	12	315057	165404
28	2	13	288921	151683
30	4	14	266519	139921
32	6	15	247052	129702
34	8	16	230068	120785
36	10	17	215081	112292
39	0	18	201718	105899

Pièces de 20 po. sur 27 po.

pi.	po.	Rapp.	livres	kilogram.
13	6	6	680270	357141
15	9	7	579423	304196
18	10	8	503787	264487
20	3	9	444873	233557
22	8	10	397820	208855
24	9	11	359321	188643
27	0	12	327175	172266
29	3	13	300033	157516
31	6	14	276770	145304
33	9	15	256556	134691
36	0	16	238917	125430
38	3	17	223354	117260
40	6	18	209476	109974

Pièces de 20 po. sur 28 po.

pi.	po.	Rapp.	livres	kilogram.
14	0	6	705465	370368
16	4	7	600883	315463
18	8	8	522445	274283

Pièces de 20 po. sur 28 po.

pi.	po.	Rapp.	livres	kilogram.
21	0	9	461350	242208
23	4	10	412554	216590
25	8	11	372630	195620
28	0	12	339292	178128
30	4	13	311146	163351
32	8	14	287020	150685
35	0	15	266058	139675
37	4	16	247766	129077
39	8	17	231626	121603
42	0	18	217235	114047

Pièces de 20 po. sur 29 po.

pi.	po.	Rapp.	livres	kilogram.
14	6	6	730660	383596
16	11	7	622343	326729
19	4	8	541217	284138
21	9	9	477827	250858
24	2	10	427286	224326
26	7	11	385938	202617
29	0	12	351493	184533
31	5	13	322258	169685
33	10	14	297274	156066
36	3	15	275560	144669
38	4	16	256615	134712
41	1	17	239893	125943
43	6	18	224993	118120

Pièces de 20 po. sur 30 po.

pi.	po.	Rapp.	livres	kilogram.
15	0	6	755856	396824
17	6	7	643803	337996
20	0	8	559764	293876
22	6	9	494304	259509
25	0	10	442022	222051
27	6	11	399246	209604
30	0	12	363528	190852
32	6	13	333371	175019
35	0	14	307522	161449
37	6	15	285062	149657
40	0	16	265464	139368
42	6	17	248171	130289
45	0	18	232752	122194

Pièces de 21 po. sur 21 po.

pi.	po.	Rapp.	livres	kilogram.
10	6	6	555554	291665
12	3	7	473195	248426
14	0	8	411426	215998
15	9	9	363313	190738
17	6	10	324886	170565
19	3	11	293446	154059

Pièces de 21 po. sur 21 po.

pi.	po.	Rapp.	livres	kilogram.
21	0	12	267193	140275
22	9	13	245027	128638
24	6	14	226021	118660
26	3	15	209520	109908
28	0	16	195116	102435
29	9	17	182405	95760
31	6	18	171072	89812

Pièces de 21 po. sur 22 po.

pi.	po.	Rapp.	livres	kilogram.
11	0	6	582006	295053
12	10	7	495728	260257
14	8	8	431030	226290
16	6	9	380614	199832
18	4	10	340357	178686
20	2	11	307419	161394
22	0	12	279916	146955
23	10	13	256695	134764
25	8	14	236792	124315
27	6	15	219498	114711
29	4	16	204407	107313
31	2	17	191092	100323
33	0	18	179224	94092

Pièces de 21 po. sur 23 po.

pi.	po.	Rapp.	livres	kilogram.
11	6	6	608464	319443
13	5	7	518261	272086
15	4	8	450610	236560
17	3	9	397914	208904
19	2	10	355828	186809
21	1	11	321393	168730
23	0	12	292640	153636
24	11	13	269133	141294
26	10	14	247555	129965
28	9	15	229475	120573
30	8	16	213698	112186
32	7	17	199766	104877
34	6	18	187365	98366

Pièces de 21 po. sur 24 po.

pi.	po.	Rapp.	livres	kilogram.
12	0	6	634919	333331
14	0	7	540794	283916
16	0	8	470201	246850
18	0	9	415215	217567
20	0	10	371298	194931
22	0	11	335367	176067
24	0	12	305363	160315
26	0	13	280031	147015
28	0	14	258318	135616

Pièces de 21 po. sur 24 po.

pi	po	Rapp. de l'épaiss. vertic. à la long.	Force en livres	Force en kilogram.
30	0	15	239452	125712
32	0	16	222989	117068
34	0	17	220228	115619
36	0	18	195511	102642

Pièces de 21 po. sur 25 po.

pi	po	Rapp.	Force en livres	Force en kilogram.
12	6	6	661373	347220
14	7	7	563328	295747
16	8	8	489793	257140
18	9	9	432564	227094
20	10	10	386769	203053
22	11	11	349340	183248
25	0	12	318087	166995
27	1	13	291689	153141
29	2	14	269082	141368
31	3	15	249429	130949
33	4	16	232284	121947
35	5	17	217149	114092
36	6	18	203658	106920

Pièces de 21 po. sur 26 po.

pi	po	Rapp.	Force en livres	Force en kilogram.
13	0	6	687828	361109
15	2	7	585861	307576
17	4	8	509385	267426
19	6	9	449372	235920
21	8	10	402440	211284
23	10	11	363314	190739
26	0	12	330840	174675
28	2	13	303367	159267
30	4	14	279845	146918
32	6	15	259406	136188
34	8	16	241572	126825
36	10	17	225835	118562
39	0	18	211804	111197

Pièces de 21 po. sur 27 po.

pi	po	Rapp.	Force en livres	Force en kilogram.
13	6	6	714283	374998
15	9	7	608394	319406
18	10	8	528976	277712
20	3	9	467447	245235
23	8	10	417711	219297
24	9	11	377289	198076
27	0	12	343534	180355
29	3	13	315135	165445
31	8	14	283465	148818
33	9	15	269384	141426
36	0	16	250863	131702
38	3	17	234522	123649
40	6	18	219950	115473

Pièces de 21 po. sur 28 po.

pi	po	Rapp.	Force en livres	Force en kilogram.
14	0	6	740738	388887
16	4	7	630927	331235
18	8	8	548692	288063
21	0	9	484447	254318
23	4	10	433181	227419
25	8	11	390352	204954
28	0	12	356257	187034
30	4	13	326703	171518
32	8	14	301371	158619
35	0	15	279361	146664
37	4	16	260054	136580
39	8	17	243204	127684
42	0	18	228496	119750

Pièces de 21 po. sur 29 po.

pi	po	Rapp.	Force en livres	Force en kilogram.
14	6	6	767493	402775
16	11	7	653460	343119
19	4	8	568160	298284
21	9	9	501718	263401
24	2	10	448652	235542
26	7	11	405235	212747
29	0	12	368980	193694
31	5	13	338374	177594
33	10	14	312135	163870
36	3	15	289338	152902
38	4	16	269435	141458
41	1	17	251893	132243
43	6	18	236243	124037

Pièces de 21 po. sur 30 po.

pi	po	Rapp.	Force en livres	Force en kilogram.
15	0	6	793658	416665
17	6	7	675850	354821
20	0	8	587752	308569
22	6	9	519619	272484
25	0	10	464123	243664
27	6	11	419208	220084
30	0	12	381704	200394
32	6	13	350039	183769
35	0	14	322898	169521
37	6	15	299315	157139
40	0	16	278799	146368
42	6	17	260579	136803
45	0	18	244389	128303

Pièces de 22 po. sur 22 po.

pi	po	Rapp.	Force en livres	Force en kilogram.
11	0	6	609724	320105
12	10	7	519334	272650
14	8	8	451543	237039
16	6	9	398738	209357
18	4	10	356544	187185
20	2	11	322058	169080
22	0	12	293244	153953
23	10	13	268918	141181
25	8	14	248068	130235
27	6	15	229950	120723
29	4	16	214141	112423
31	2	17	200191	105099
33	0	18	188863	99152

Pièces de 22 po. sur 23 po.

pi	po	Rapp.	Force en livres	Force en kilogram.
11	6	6	637438	334154
13	5	7	542940	295043
15	4	8	472067	242584
17	3	9	416863	218852
19	2	10	372772	195705
21	1	11	336638	176766
23	0	12	306575	160951
24	11	13	281143	147599
26	10	14	259343	136154
28	9	15	240402	126211
30	8	16	223874	117533
32	7	17	209291	109877
34	6	18	196287	103050

Pièces de 22 po. sur 24 po.

pi	po	Rapp.	Force en livres	Force en kilogram.
12	0	6	665153	349204
14	0	7	566546	297436
16	0	8	492592	258610
18	0	9	433987	228315
20	0	10	388599	204223
22	0	11	351336	184451
24	0	12	319904	167949
26	0	13	287810	151100
28	0	14	270619	141574
30	0	15	250854	131698
32	0	16	233668	122644
34	0	17	218310	114654
36	0	18	204844	107543

Pièces de 22 po. sur 25 po.

pi	po	Rapp.	Force en livres	Force en kilogram.
12	6	6	692868	363755
14	7	7	590153	309826
16	8	8	513103	269378
18	9	9	453112	237883
20	10	10	405187	212670
22	11	11	365976	192137
25	0	12	333234	174947
27	1	13	305590	160433

Pièces de 22 po. sur 25 po.

LONGUEUR des pièces (pi.)	(po.)	Rapp. de l'épaiss. vertic. à la long.	FORCE en livres.	FORCE en kilogram.
29	2	14	281895	147994
31	3	15	261307	136685
33	4	16	243342	127754
35	5	17	227490	119484
37	6	18	213356	112011

Pièces de 22 po. sur 26 po.

pi.	po.	Rapp.	FORCE en livres.	FORCE en kilogram.
13	0	6	720582	378305
15	2	7	613759	319072
17	4	8	533646	280164
19	6	9	471236	247398
21	8	10	421394	226045
23	10	11	380615	199822
26	0	12	346563	181945
28	2	13	317813	166851
30	4	14	293178	153918
32	6	15	271759	142672
34	8	16	253075	132863
36	10	17	236589	124208
39	0	18	221890	116487

Pièces de 22 po. sur 27 po.

pi.	po.	Rapp.	FORCE en livres.	FORCE en kilogram.
13	6	6	748630	393030
15	9	7	637365	334610
18	10	8	554166	290937
20	3	9	489358	256912
23	6	10	437602	229741
24	9	11	395254	207508
27	0	12	359892	188943
29	3	13	330037	173268
31	6	14	304447	159834
33	9	15	282211	148160
36	0	16	262809	137974
38	3	17	245689	128986
40	6	18	230424	120972

Pièces de 22 po. sur 28 po.

pi.	po.	Rapp.	FORCE en livres.	FORCE en kilogram.
14	0	6	776012	407400
16	4	7	660971	347009
18	8	8	574691	301712
21	0	9	507485	266429
23	4	10	453809	238249
25	8	11	409893	215193
28	0	12	373222	195941
30	4	13	342260	179686
32	8	14	315723	165754
35	0	15	292664	153648
37	4	16	272543	143084
39	8	17	243024	127587
42	0	18	238958	125452

Pièces de 22 po. sur 29 po.

pi.	po.	Rapp.	FORCE en livres.	FORCE en kilogram.
14	6	6	803726	421956
16	11	7	684577	359401
19	4	8	595215	312487
21	9	9	525609	275944
24	2	10	470017	246758
26	7	11	424532	228099
29	0	12	386551	208188
31	5	13	354484	186104
33	10	14	326998	171673
36	3	15	303116	159135
38	4	16	282276	148194
41	1	17	263888	138016
43	6	18	247493	129933

Pièces de 22 po. sur 30 po.

pi.	po.	Rapp.	FORCE en livres.	FORCE en kilogram.
15	0	6	831441	436506
17	6	7	708183	371795
20	0	8	615740	323263
22	6	9	513734	285460
25	0	10	486224	255267
27	6	11	439171	230561
30	0	12	399880	209937
32	6	13	366708	192521
35	0	14	338874	177908
37	6	15	313568	164623
40	0	16	292010	153305
42	6	17	272988	143318
45	0	18	256027	134413

Pièces de 23 po. sur 23 po.

pi.	po.	Rapp.	FORCE en livres.	FORCE en kilogram.
11	6	6	666413	349866
13	5	7	567620	298000
15	4	8	493525	259100
17	3	9	435814	228802
19	2	10	389716	204600
21	1	11	352002	184801
23	0	12	320510	168267
24	11	13	293922	154309
26	10	14	271132	142314
28	9	15	251330	132948
30	8	16	234050	122876
32	7	17	218804	114872
34	6	18	205207	107733

Pièces de 23 po. sur 24 po.

pi.	po.	Rapp.	FORCE en livres.	FORCE en kilogram.
12	0	6	695387	365077
14	0	7	592299	310956
16	0	8	514983	270365
18	0	9	454759	238747
20	0	10	406660	213496
22	0	11	367306	192835
24	0	12	334445	175583
26	0	13	306701	161017
28	0	14	282920	148480
30	0	15	262257	137184
32	0	16	244227	128218
34	0	17	228317	119865
36	0	18	214130	112418

Pièces de 23 po. sur 25 po.

pi.	po.	Rapp.	FORCE en livres.	FORCE en kilogram.
12	6	6	724362	380290
14	7	7	616964	323906
16	8	8	536440	281631
18	9	9	473708	243646
20	10	10	423604	222392
22	11	11	382611	200870
25	0	12	348581	182899
27	1	13	319480	167727
29	2	14	294708	154721
31	3	15	273184	143421
33	4	16	254403	133261
35	5	17	237830	124860
37	6	18	223052	117102

Pièces de 23 po. sur 26 po.

pi.	po.	Rapp.	FORCE en livres.	FORCE en kilogram.
13	0	6	753336	395501
15	2	7	644657	336921
17	4	8	557898	292896
19	6	9	492656	258644
21	8	10	440518	231287
23	10	11	397917	208905
26	0	12	362316	190215
28	2	13	332259	174435
30	4	14	306497	166160
32	6	15	284112	147158
34	8	16	264579	138903
36	10	17	247344	129855
39	0	18	231974	121786

Pièces de 23 po. sur 27 po.

pi.	po.	Rapp.	FORCE en livres.	FORCE en kilogram.
13	6	6	782310	410712
15	9	7	666336	349826
18	10	8	579355	304160

Pièces de 23 po. sur 27 po.

LONGUEUR des pièces (pi. po.)		Rapp. de l'épaiss. vertic. à la long.	FORCE en livres.	FORCE en kilogram.
20	3	9	511604	268592
23	6	10	457493	240183
24	9	11	413220	216940
27	0	12	376251	197531
29	3	13	345039	181144
31	6	14	318285	167099
33	9	15	295039	154894
36	0	16	274755	143745
38	3	17	256857	134849
40	6	18	240896	126470

Pièces de 23 po. sur 28 po.

LONGUEUR des pièces (pi. po.)		Rapp. de l'épaiss. vertic. à la long.	FORCE en livres.	FORCE en kilogram.
14	0	6	811452	426012
16	4	7	691015	362257
18	8	8	600813	315426
21	0	9	530553	278489
23	4	10	474437	249078
25	8	11	428524	224975
28	0	12	390186	204847
30	4	13	357817	187853
32	8	14	330074	173288
35	0	15	305967	160632
37	4	16	284993	149620
39	8	17	266370	139844
42	0	18	249819	131154

Pièces de 23 po. sur 29 po.

LONGUEUR des pièces (pi. po.)		Rapp. de l'épaiss. vertic. à la long.	FORCE en livres.	FORCE en kilogram.
14	6	6	840259	441135
16	11	7	715694	375791
19	4	8	622270	326694
21	9	9	549504	298489
24	2	10	494381	257974
26	7	11	443829	233069
29	0	12	404121	212163
31	5	13	370597	194562
33	10	14	341862	179477
36	3	15	316894	164369
38	4	16	295107	154930
41	1	17	275883	144838
43	6	18	258741	135838

Pièces de 23 po. sur 30 po.

LONGUEUR des pièces (pi. po.)		Rapp. de l'épaiss. vertic. à la long.	FORCE en livres.	FORCE en kilogram.
15	0	6	869234	456347
17	6	7	740374	388696
20	0	8	643728	337957
22	6	9	568449	298435
25	0	10	508325	266870
27	6	11	459133	241044
30	0	12	418057	219479
32	6	13	383376	201272
35	0	14	353651	185666
37	6	15	327821	172105
40	0	16	305283	160273
42	6	17	285397	149832
45	0	18	267663	140522

Pièces de 24 po. sur 24 po.

LONGUEUR des pièces (pi. po.)		Rapp. de l'épaiss. vertic. à la long.	FORCE en livres.	FORCE en kilogram.
12	0	6	725621	380950
14	0	7	618051	324476
16	0	8	537373	282120
18	0	9	474534	249130
20	0	10	424341	222726
22	0	11	383276	201219
24	0	12	348986	183217
26	0	13	320036	168018
28	0	14	295221	154990
30	0	15	273659	143670
32	0	16	251845	133790
34	0	17	238244	125078
36	0	18	223440	117306

Pièces de 24 po. sur 25 po.

LONGUEUR des pièces (pi. po.)		Rapp. de l'épaiss. vertic. à la long.	FORCE en livres.	FORCE en kilogram.
12	6	6	755856	396824
14	7	7	643803	337946
16	8	8	559767	293877
18	9	9	494304	259509
20	10	10	442022	232061
22	11	11	399246	208604
25	0	12	363528	190852
27	1	13	333374	175019
29	2	14	307522	161449
31	3	15	285062	149657
33	4	16	265464	139368
35	5	17	248171	130289
37	6	18	232750	122193

Pièces de 24 po. sur 26 po.

LONGUEUR des pièces (pi. po.)		Rapp. de l'épaiss. vertic. à la long.	FORCE en livres.	FORCE en kilogram.
13	0	6	756090	412697
15	2	7	669555	351515
17	4	8	582154	305630
19	6	9	514076	269889
21	8	10	459703	241343
23	10	11	415216	217988
26	0	12	378069	198485
28	2	13	346705	182019
30	4	14	319823	167906
32	6	15	296451	155636
34	8	16	276082	144943
36	10	17	258098	135501
39	0	18	242060	127081

Pièces de 24 po. sur 27 po.

LONGUEUR des pièces (pi. po.)		Rapp. de l'épaiss. vertic. à la long.	FORCE en livres.	FORCE en kilogram.
13	6	6	816324	428560
15	9	7	695307	364983
18	10	8	604545	317385
20	3	9	533848	280270
23	6	10	477384	250626
24	9	11	431186	226372
27	0	12	392610	206120
29	3	13	360041	189021
31	6	14	332124	174365
33	9	15	307867	161629
36	0	16	286701	150517
38	3	17	268025	140712
40	6	18	251370	132969

Pièces de 24 po. sur 28 po.

LONGUEUR des pièces (pi. po.)		Rapp. de l'épaiss. vertic. à la long.	FORCE en livres.	FORCE en kilogram.
14	0	6	846558	447592
16	4	7	721059	378555
18	8	8	626935	329140
21	0	9	553620	290650
23	4	10	495065	259908
25	8	11	447156	234756
28	0	12	407151	213753
30	4	13	373375	206021
32	8	14	344425	180822
35	0	15	319269	167615
37	4	16	297319	156091
39	8	17	277951	145923
42	0	18	260680	136857

Pièces de 24 po. sur 29 po.

LONGUEUR des pièces (pi. po.)		Rapp. de l'épaiss. vertic. à la long.	FORCE en livres.	FORCE en kilogram.
14	6	6	876792	460315
16	11	7	746811	392075
19	4	8	649326	340596
21	9	9	573392	301030
24	2	10	512745	263970
26	7	11	463125	243140
29	0	12	421692	226269
31	5	13	385941	202618
33	10	14	356725	187280
36	3	15	330672	173602
38	4	16	307938	161667
41	1	17	287878	151135
43	6	18	269990	140744

Chaque groupe de colonnes a pour en-tête : LONGUEUR des pièces (pi., po.) — Rapp. de l'épaiss. vertic. à la long. — FORCE en livres. — FORCE en kilogram.

Pièces de 24 po. sur 30 po.

pi.	po.	Rapp.	Force (livres)	Force (kilogram)
15	0	6	892027	468313
17	6	7	772564	395596
20	0	8	671716	352650
22	6	9	593164	311411
25	0	10	530426	278473
27	6	11	479095	251524
30	0	12	436233	229021
32	6	13	400045	210023
35	0	14	369026	194738
37	6	15	342074	179583
40	0	16	318556	167241
42	6	17	297805	156447
45	0	18	279300	146632

Pièces de 25 po. sur 25 po.

pi.	po.	Rapp.	Force (livres)	Force (kilogram)
12	6	6	787350	413358
14	7	7	670628	351879
16	8	8	583087	306120
18	9	9	514788	270263
20	10	10	460440	241731
22	11	11	415881	218337
25	0	12	378675	198803
27	1	13	347261	182311
29	2	14	320335	168175
31	3	15	296940	155893
33	4	16	276525	145175
35	5	17	258511	135687
37	6	18	242448	127285

Pièces de 25 po. sur 26 po.

pi.	po.	Rapp.	Force (livres)	Force (kilogram)
13	0	6	818844	429893
15	2	7	697453	366162
17	4	8	606411	318365
19	6	9	534607	280668
21	8	10	478857	251399
23	10	11	432517	227070
26	0	12	393822	206756
28	2	13	361452	189804
30	4	14	333149	175902
32	6	15	309417	162443
34	8	16	287586	150982
36	10	17	268852	141147
39	0	18	252146	132376

Pièces de 25 po. sur 27 po.

pi.	po.	Rapp.	Force (livres)	Force (kilogram)
13	6	6	852171	442389
15	9	7	724279	380245
18	10	8	629734	330640
20	3	9	556092	291918
23	6	10	497275	261068
24	9	11	449152	235804
27	0	12	408969	214608
29	3	13	375042	196897
31	6	14	345962	179630
33	9	15	320695	168364
36	0	16	298647	156789
38	3	17	279192	146575
40	6	18	261844	137468

Pièces de 25 po. sur 28 po.

pi.	po.	Rapp.	Force (livres)	Force (kilogram)
14	0	6	881832	463014
16	4	7	751104	394329
18	8	8	653058	342855
21	0	9	576665	302748
23	4	10	513692	270738
25	8	11	465787	244537
28	0	12	424116	222660
30	4	13	388933	204189
32	8	14	358776	188357
35	0	15	332572	174600
37	4	16	309708	162596
39	8	17	289533	152004
42	0	18	271542	142559

Pièces de 25 po. sur 29 po.

pi.	po.	Rapp.	Force (livres)	Force (kilogram)
14	6	6	913326	479443
16	11	7	777929	408412
19	4	8	676381	355099
21	9	9	586173	307740
24	2	10	534110	280407
26	7	11	482422	253274
29	0	12	439263	230612
31	5	13	402823	211181
33	10	14	374589	195083
36	3	15	344450	180836
38	4	16	320769	168403
41	1	17	299873	157432
43	6	18	281240	147651

Pièces de 25 po. sur 30 po.

pi.	po.	Rapp.	Force (livres)	Force (kilogram)
15	0	6	944820	496030
17	6	7	804754	422495
20	0	8	676381	355099
22	6	9	597284	313574
25	0	10	552528	290077
27	6	11	499058	262005
30	0	12	454410	238565
32	6	13	416713	218773
35	0	14	384402	201811
37	6	15	356328	187074
40	0	16	331830	174210
42	6	17	310214	162862
45	0	18	290038	152742

Pièces de 26 po. sur 26 po.

pi.	po.	Rapp.	Force (livres)	Force (kilogram)
13	0	6	851597	447087
15	2	7	725352	380809
17	4	8	630642	331087
19	6	9	554693	291213
21	8	10	498011	261455
23	10	11	449817	236153
26	0	12	409574	215026
28	2	13	375598	197188
30	4	14	346475	181898
32	6	15	321470	168614
34	8	16	299089	157021
36	10	17	279606	146693
39	0	18	262232	137671

Pièces de 26 po. sur 27 po.

pi.	po.	Rapp.	Force (livres)	Force (kilogram)
13	6	6	884351	464283
15	9	7	753250	395456
18	10	8	654924	343835
20	3	9	578337	303576
23	6	10	517166	271512
24	9	11	467118	245636
27	0	12	425327	223296
29	3	13	390044	204773
31	6	14	359801	188895
33	9	15	334789	175763
36	0	16	310592	163060
38	3	17	290360	152439
40	6	18	272318	142966

Pièces de 26 po. sur 28 po.

pi.	po.	Rapp.	Force (livres)	Force (kilogram)
14	0	6	917705	481479
16	4	7	781148	410102
18	6	8	679180	356569
21	0	9	599755	314870
23	4	10	536320	281568
25	8	11	484419	254319
28	0	12	444080	231567
30	4	13	404490	212357
32	8	14	373127	195804

LONGUEUR des pièces.		Rapp. de l'épaiss. vertic. à la long.	FORCE en livres.	FORCE en kilogram.
Pièces de 26 po. sur 28 po.				
pi.	po.			
35	0	15	345875	181478
37	4	16	322096	169100
39	8	17	301114	158084
42	0	18	282404	148262
Pièces de 26 po. sur 29 po.				
14	6	6	949859	498675
16	11	7	809046	424749
19	4	8	703436	369303
21	9	9	621175	326105
24	2	10	555474	291623
26	7	11	501719	263401
29	0	12	456833	239836
31	5	13	418935	219940
33	10	14	386453	203587
36	3	15	358228	188069
38	4	16	333599	175138
41	1	17	313045	164348
43	6	18	292490	153557
Pièces de 26 po. sur 30 po.				
15	0	6	982612	515871
17	6	7	836944	439395
20	0	8	727693	382039
22	6	9	642595	337361
25	0	10	574629	301684
27	6	11	519020	272385
30	0	12	472586	248107
32	6	13	433382	227525
35	0	14	399779	209883
37	6	15	370581	195554
40	0	16	345103	181178
42	6	17	322622	169376
45	0	18	302575	158851
Pièces de 27 po. sur 27 po.				
13	6	6	918365	472141
15	9	7	782221	410665
18	10	8	680113	357058
20	3	9	600579	315303
23	6	10	537057	281954
24	9	11	485084	254669
27	0	12	441686	231885
29	3	13	405045	212648
31	7	14	373639	196159
33	9	15	346350	181833
36	0	16	322538	170332
Pièces de 27 po. sur 27 po.				
pi.	po.			
38	3	17	301528	158302
40	6	18	282792	148465
Pièces de 27 po. sur 28 po.				
14	0	6	952378	499998
16	4	7	811192	425875
18	8	8	705302	370283
21	0	9	622823	326981
23	4	10	556948	292402
25	8	11	503050	264101
28	0	12	458045	240479
30	4	13	420057	220529
32	8	14	387478	203425
35	0	15	359178	188568
37	4	16	334484	176604
39	8	17	312695	164164
42	0	18	293265	153963
Pièces de 27 po. sur 29 po.				
14	6	6	986392	517855
16	11	7	840163	441124
19	4	8	730492	384008
21	9	9	633955	332520
24	2	10	576839	292339
27	7	11	521016	278043
29	0	12	474404	249062
31	5	13	435057	228404
33	10	14	401316	210690
36	3	15	372006	195303
38	4	16	346805	182072
41	1	17	323863	170077
43	6	18	303739	159462
Pièces de 27 po. sur 30 po.				
15	0	6	1020405	535712
17	6	7	869134	466295
20	0	8	755681	376732
22	6	9	667310	350337
25	0	10	596730	313283
27	6	11	538982	289965
30	0	12	490762	257650
32	6	13	450050	236276
35	0	14	415155	218955
37	6	15	384834	202037
40	0	16	358376	188147
42	6	17	335032	175891
45	0	18	314213	164961
Pièces de 28 po. sur 28 po.				
pi.	po.			
14	0	6	987651	518068
16	4	7	841236	441648
18	8	8	731425	383997
21	0	9	645890	338567
23	4	10	577575	303226
25	8	11	521654	273864
28	0	12	475009	249379
30	4	13	435605	228692
32	8	14	401829	210959
35	0	15	372481	195552
37	4	16	346872	182107
39	8	17	324277	170244
42	0	18	304127	159666
Pièces de 28 po. sur 29 po.				
14	6	6	1022925	536193
16	11	7	871280	457422
19	4	8	757547	397711
21	9	9	665958	349627
24	2	10	598203	314056
27	7	11	540313	283663
29	0	12	492307	258460
31	5	13	451162	237860
33	10	14	416180	218442
36	3	15	385517	207645
38	4	16	359260	188611
41	1	17	335858	178325
43	6	18	314980	165364
Pièces de 28 po. sur 30 po.				
15	0	6	1058198	555553
17	6	7	901324	473195
20	0	8	783669	411425
22	6	9	692025	363312
25	0	10	618831	324825
27	6	11	558945	293445
30	0	12	508939	267292
32	6	13	466719	245026
35	0	14	430531	226028
37	6	15	399020	209485
40	0	16	374649	195115
42	6	17	347439	182404
45	0	18	327850	172121
Pièces de 29 po. sur 29 po.				
14	6	6	1059458	646215
16	11	7	902397	473757
19	4	8	784602	411916

LONGUEUR des pièces.		Rapp. de l'épaiss. vertic. à la long.	FORCE en livres.	FORCE en kilogram.	LONGUEUR des pièces.		Rapp. de l'épaiss. vertic. à la long.	FORCE en livres.	FORCE en kilogram.	LONGUEUR des pièces.		Rapp. de l'épaiss. vertic. à la long.	FORCE en livres.	FORCE en kilogram.
Pièces de 29 po. sur 29 po.					Pièces de 29 po. sur 30 po.					Pièces de 30 po. sur 30 po.				
pi.	po.				pi.	po.				pi.	po.			
21	9	9	692849	363745	15	0	6	1095991	575394	15	0	6	1133784	595236
24	2	10	619568	325273	17	6	7	933514	490094	17	6	7	965705	506994
27	7	11	559610	293795	20	0	8	811657	426119	20	0	8	839646	440814
29	0	12	509545	266985	22	6	9	716740	376288	22	6	9	741456	390264
31	5	13	467275	245318	25	0	10	640032	336489	25	0	10	663033	348091
33	10	14	431043	226297	27	6	11	578907	303925	27	6	11	598869	314405
36	3	15	399562	209760	30	0	12	527115	276734	30	0	12	545292	286278
38	4	16	372092	195348	32	6	13	483387	253777	32	6	13	506055	262528
41	1	17	347853	182622	35	0	14	445907	234100	35	0	14	461284	242174
43	6	18	326238	171274	37	6	15	413347	217006	37	6	15	427593	224485
					40	0	16	384922	202084	40	0	16	398321	209113
					42	6	17	359848	188920	42	6	17	362257	190684
					45	0	18	337488	177181	45	0	18	349126	183291

Quoique ces tables ne soient calculées que pour le bois de chêne, on peut en faire usage pour toutes sortes de bois, en connaissant sa force primitive et son rapport avec celle du bois de chêne. Pour en rendre l'application plus facile, nous avons dressé la table suivante, dans laquelle on a réuni les forces absolues et les forces primitives de plusieurs espèces de bois, parmi lesquelles il s'en trouve de propres à la charpente.

TABLE *pour servir à l'application des méthodes précédentes, dans laquelle sont indiquées les forces absolues et primitives des différentes espèces de bois, comparées à celles du chêne, dont la force primitive horizontale est évaluée à 1,000.*

DÉSIGNATION DES BOIS.	Force primitive horizontale.	Force primitive verticale.	Force absolue	DÉSIGNATION DES BOIS.	Force primitive horizontale.	Force primitive verticale.	Force absolue
Abricotier.	1096	1255	2040	Mélèse.	843	902	1460
Acacia jaune.	780	1228	1560	Merisier.	916	932	1580
Alisier.	1142	1468	2104	Mûrier.	981	1031	1050
Arbousier.	857	1062	1620	Noisetier.	1008	1061	1621
Arbre de Judée.	939	857	1840	Noyer commun.	900	753	1120
Aune commun.	644	780	2080	Noyer d'Amérique.	864	701	1020
Bois de Sainte-Lucie.	1095	981	2231	Oranger.	1180	843	2340
Bouleau commun.	853	861	1980	Orme.	1077	1075	1980
Buis de Mahon.	1160	1444	2324	Peuplier d'Italie.	586	680	940
Cèdre.	627	720	1740	Picea.	817	715	1140
Cerisier.	961	986	1912	Pin du Nord.	882	804	1141
Charme commun.	1034	1022	2189	Plane.	728	830	1916
Châtaignier.	957	950	1944	Platane d'Orient.	776	874	931
Chêne commun.	1000	807	1821	Platane d'Occident.	853	941	1031
Citronnier.	1192	871	1460	Poirier sauvage.	883	896	1120
Cyprès.	682	869	1880	Poirier.	850	816	1680
Ébénier des Alpes.	1155	1062	2321	Pommier.	976	903	1187
Épine blanche.	957	892	1915	Prunier.	950	843	1770
Érable de Virginie.	1094	843	2094	Sapin.	918	851	1250
Érable jaspé.	1196	862	2135	Saule.	850	807	1880
Faux acacia.	1305	1120	1791	Sycomore.	900	968	1564
Févier sans épines.	1024	1063	2030	Sorbier.	965	981	1642
Frêne.	1072	1112	1800	Sureau.	1072	780	1500
Hêtre.	1032	986	2480	Thuya de la Chine.	707	741	1113
If.	1037	1375	2287	Tilleul.	750	717	1407
Limonier.	1087	858	1400	Tremble.	624	717	1293
Mahaleb.	1995	1232	2171	Tulipier.	563	682	981
Maronnier.	931	689	1231	Vernis du Japon.	758	805	1201

Application pour la force horizontale.

Si l'on veut connaître la force d'une solive en bois de sapin de 18 pieds de long sur 6 et 8 pouces de gros, on cherchera dans la grande table celle d'une solive en bois de chêne, de même dimension, qu'on trouvera de 11645 : ayant vu ensuite dans la table ci-dessus que la force primitive du chêne posé horizontalement est à celle du sapin comme 1000 est à 918, on fera la proportion 1000 : 918 :: 11645 est à un quatrième terme, qu'on trouvera égal à 10690, qui exprimera la plus grande force de cette solive de sapin, c'est-à-dire, sous laquelle elle se romprait. En retranchant le dernier chiffre, on aura 1069 pour la charge qu'on peut lui faire porter sans risques.

Si cette solive est en bois de châtaignier, dont la force primitive est de 957, on fera la proportion de 1000 : 957 :: 11645 est à un quatrième terme, qui donnera 11144 pour la plus grande force de cette solive, et 1114 pour la charge qu'on peut lui faire porter sans risques.

Application pour la force verticale.

S'il s'agit de connaître la force verticale d'un poteau de chêne de 9 pouces en carré sur 9 pieds de hauteur, on cherchera dans la table précédente la force verticale primitive de cette espèce de bois, qu'on trouvera de 807 *pour* 18 *lignes de superficie de base.* Mais comme cette force doit diminuer en raison du nombre de fois que la largeur de la base est contenue dans la longueur du poteau, qui est pour ce cas-ci de 12 fois, on ne prendra que les $\frac{5}{6}$ de 807 d'après la progression de la page 232, c'est-à-dire 672 $\frac{1}{2}$.

Ce poteau ayant 9 pouces en carré de grosseur, présentera une superficie de 11644 lignes carrées, laquelle étant divisée par 18 donnera 648, et pour la plus grande charge qu'elle puisse porter avant de se rompre $648 \times 672 \frac{1}{2} = 435780$, et 43578 pour celle qu'on peut lui confier sans risques.

Si ce poteau au lieu d'être en chêne était en sapin, dont la force primitive verticale, est à celle du chêne, comme 851 est à 807, on n'aurait, pour avoir sa plus grande force, qu'à faire la proportion 807 : 435780 :: 851 est à un quatrième terme, qui donnera pour cette force 459549, et 45954 pour la plus grande charge à lui faire soutenir.

Application pour la force absolue.

Relativement à cette force qui est celle avec laquelle le bois résiste étant tiré par les deux bouts, il suffit de multiplier la surface en lignes de la grosseur du bois par 1821, si c'est du bois de chêne, et diviser le produit par 18 ; le quotient indiquera le plus grand effort auquel la pièce puisse résister.

Ainsi, pour une pièce en bois de chêne de 9 pouces en carré de grosseur, on aura $\frac{11664 \times 1821}{18}$, qui donnera, après avoir fait les calculs indiqués, 1180008 ; et, pour la plus grande charge à lui faire soutenir sans risques, 118000.

On voit par la table précédente que le hêtre est le bois qui a le plus de force pour résister à cet effort; de sorte qu'une pièce en bois de hêtre, de mêmes dimensions que la précédente, aurait une force exprimée par $\frac{11664 \times 2480}{18}$, qui donne 1607040 pour la plus grande force, et 160704 pour la plus grande charge.

De la force des bois inclinés.

Si l'on suppose qu'une pièce de bois verticale, telle que A B, fig. 2, Planche VIII, devienne inclinée sur sa base, l'expérience prouve que sa force, pour soutenir un effort vertical, diminue en raison de ce que son inclinaison est plus grande, en sorte que, si de son extrémité supérieure en D, on abaisse une verticale Df, et que du point de sa base B on tire une horizontale B C, la force de la pièce sera d'autant moindre que la partie Bf sera plus grande : d'où il résulte, 1°. que la force d'une pièce de bois verticale est à celle d'une pièce de bois inclinée, de même longueur et grosseur, comme la longueur A B est à Bf, comme le rayon ou sinus total est au sinus de l'inclinaison de la pièce; 2°. que les pièces verticales sont celles qui ont le plus de force pour soutenir un fardeau, et que celles qui en ont le moins sont les pièces horizontales. Le premier de ces résultats fournit une méthode facile pour trouver, par le moyen de la table précédente, la force d'une pièce de bois dont on connaît la longueur et l'inclinaison.

Soit, par exemple, une pièce de bois de chêne inclinée de 4 pieds 7 pouces 7 lignes, ayant 9 pieds de longueur, sur 8 à 9 pouces de grosseur ou de 96 à 108 lignes, produisant une superficie de 10368 lignes qu'on divisera par 18, ce qui donnera 576 : on cherchera ensuite, dans la table précédente, la force verticale primitive du bois de chêne qu'on trouvera de 807 (*pour* 18 *lignes de superficie de base*) : mais comme la longueur de cette pièce est plus de 12 fois la largeur de sa base, on ne prendra que les $\frac{5}{6}$ de 807, c'est-à-dire, 672 $\frac{1}{2}$, qu'on multipliera par 576, ce qui donnera 387360, et on fera la proportion 9 : 4 :: 38736 est à un quatrième terme qui donnera 96850 pour la plus grande force de cette pièce, et 9684 pour la charge qu'elle pourrait porter sans risques.

CHAPITRE QUATRIÈME.

DES QUALITÉS, FORCE, ET PROPRIÉTÉS DES FERS.

Fers éprouvés par l'effort de la traction.

M. DE BUFFON ayant fait façonner avec du fer à gros grain, provenant de la forge d'Aisy-sous-Rougemont, département du Doubs, une boucle dont les montans avaient 18 lignes ⅔ de grosseur, formant une surface de 348 lignes ⅘ pour chaque montant, et 697 lignes pour les deux; cette boucle, qui avait 10 pouces de largeur sur 10 pouces de hauteur, s'est cassée presque au milieu de la hauteur des branches, sous un poids de 28 milliers, ce qui ne fait qu'environ 40 livres pour chaque ligne carrée de grosseur. Cependant, ayant éprouvé deux fils de fer rond d'une ligne de diamètre, le premier supporta, avant de se rompre, 482 livres, et l'autre ne se rompit que sous une charge de 495 livres, ce qui donnerait 488 livres pour poids moyen. Si au lieu d'un fil de fer rond on eût pris une verge carrée d'une ligne de grosseur de ce même fer, qui était tout nerf, elle aurait porté, pour poids moyen, 621 livres en supposant sa force en raison de sa superficie. En comparant le résultat de ces expériences, on est étonné de voir que le fer tout nerf soit plus de quinze fois plus fort que celui à gros grain.

Une autre boucle de même fer et de même grandeur que la précédente, dont les montans avaient 18 lignes ⅔ de grosseur, se rompit aussi dans le milieu des montans, sous un poids de 28450, qui ne donne qu'un peu plus de 40 liv. $\frac{8}{10}$, par ligne carrée.

Une autre boucle de même fer, dont la grosseur des montans était de 16 lignes ¾, s'est rompue sous un poids de 24600, ce qui donne un peu moins de 44 liv. $\frac{11}{100}$, par ligne carrée.

Une quatrième boucle de même fer, dont la grosseur des montans était de 18 lignes sur 9, a porté, avant de se rompre, 17300 livres, ce qui fait un peu plus de 53 liv. $\frac{4}{10}$, par ligne carrée [1].

Le résultat de ces expériences, qui ne donne que 44 livres de force moyenne pour chaque ligne carrée de grosseur, est d'autant plus étonnant, qu'il n'est pas la moitié de ce qu'auraient porté des montans de bois de chêne de même grosseur.

[1] Buffon, Histoire des Minéraux, Tome II, page 61.

Expériences faites par M. Soufflot.

Avant de faire ces expériences, M. Soufflot, qui avait connaissance de celles faites par M. de Buffon, voulut le consulter sur le moyen de les faire d'une manière utile à la science et à l'art. Dans les explications que lui donna M. de Buffon, il convint qu'il n'était pas content des expériences qu'il avait faites avec des boucles; il engagea M. Soufflot à n'employer dans les expériences qu'il se proposait de faire, qu'une tige de fer terminée par des talons. D'après cet avis, M. Soufflot fit ajuster à l'extrémité supérieure de sa machine à écraser les pierres (*voyez Planche VII, Figure* 1), une pièce de fer disposée pour recevoir un des bouts des tringles de fer à éprouver; l'autre bout était arrêté au levier, au moyen duquel on parvenait à rompre la tringle en chargeant un plateau de balance, suspendu à l'extrémité de ce levier, qui agissait comme un levier de la troisième espèce, avec un effort égal à quatorze fois le poids.

Toutes les tringles à éprouver avaient un peu plus de 2 pieds de longueur; elles étaient carrées et terminées à leurs extrémités par des espèces de talons qui avaient trois fois plus d'épaisseur que la tringle, et qui servaient à fixer leurs extrémités dans les entailles pratiquées dans le levier et dans la pièce du haut.

Lorsque tout fut préparé, M. Soufflot me chargea de rendre compte à M. de Buffon des dispositions que nous avions faites; il les approuva. Il assista aux premières expériences; il examina les cassures des tringles et expliqua les raisons de la différence de force des fers éprouvés, qui étaient tout nerf ou tout grain plus ou moins gros ou mélangés; il ajouta au sujet des expériences faites avec les boucles de fer ci-devant détaillées, que ces boucles pouvaient avoir été mal forgées; relativement à cette opération, il fit observer que lorsque les fers ont beaucoup d'épaisseur, il arrive quelquefois qu'en forgeant les surfaces qui s'étendent sous le marteau, on diminue l'adhérence des parties du milieu sur lesquelles le marteau a moins d'action : *c'est pourquoi*, disait-il, *il faut toujours préférer les fers méplats aux fers carrés.*

Voici le résultat des expériences qui furent faites et dont je fus chargé de rédiger le rapport.

La première tringle éprouvée avait de grosseur 2 lignes ⅓ sur 2 lignes ⅓ produisant 6 lignes de superficie; elle se rompit par le haut, à 2 pouces 7 lignes du talon, après s'être allongée de près d'un pouce, sous un poids de 3542 livres, ce qui fait 590 livres $\frac{1}{3}$ par ligne carrée de grosseur.

La rupture paraissait arrachée, et le fer était tout nerf.

Une seconde tringle, dont la grosseur était de 2 lignes $\frac{2}{3}$ sur 2 lignes, produisant 5 lignes $\frac{1}{3}$ de superficie, se rompit environ à moitié de sa longueur, sous un poids de 3374 livres, ce qui fait 632 livres 10 onces par ligne carrée.

La rupture était comme celle de la tringle précédente.

Une troisième tringle, dont la grosseur était de 6 lignes sur 2 lignes $\frac{1}{2}$, produisant 15 lignes de superficie, se rompit à 8 pouces $\frac{1}{2}$ du talon du haut, sous un poids de 6157, ce qui fait 410 $\frac{1}{2}$ par ligne carrée.

La cassure n'était pas tout nerf, il paraissait un peu de grain.

Une quatrième tringle, dont la moindre grosseur était de 5 lignes sur 2 lignes $\frac{1}{2}$, produisant une surface de 12 lignes $\frac{1}{2}$, se rompit auprès du talon du haut, sous un poids de 4874; la cassure ne présentait que les deux tiers environ de nerf, et le surplus était un grain moyennement gros; sa force réduite était 390 livres par ligne carrée.

Une cinquième tringle de 5 lignes $\frac{1}{2}$, sur 3, produisant 16 lignes $\frac{1}{2}$ de surface de grosseur, se rompit sous un poids de 5524. La cassure était moitié nerf; sa force réduite était de 334 livres $\frac{3}{4}$.

La sixième tringle de 6 lignes sur 3, produisant 18 lignes de superficie, se rompit au tiers de sa longueur, sous un poids de 15600; la cassure était tout nerf, elle s'était allongée de 10 lignes $\frac{1}{2}$; sa force était de 866 livres $\frac{1}{3}$ par ligne carrée.

La septième tringle de même grosseur que la précédente se rompit sous un poids de 7800, ce qui fait 433 livres $\frac{1}{3}$ par ligne carrée; la cassure présentait environ le tiers de sa superficie de fer en grains.

La huitième tringle de même grosseur fut rompue sous un poids de 5857, ce qui fait 325; sa cassure présentait plus de la moitié de fer en grains.

La neuvième tringle de 3 lignes sur 2, fut rompue sous un poids de 3635, ce qui fait 606 livres par ligne carrée; sa cassure n'était pas tout nerf.

La dixième tringle ronde de 3 lignes de diamètre, produisant une superficie de 7 lignes $\frac{1}{4}$, se rompit sous un poids de 6600, après s'être allongée de 8 lignes, ce qui fait 933 livres $\frac{1}{2}$ par ligne carrée, la cassure était tout nerf.

Nous avons essayé plusieurs fois de faire rompre des fers de carillon de 6 à 7 lignes de grosseur, en les chargeant de 10 à 12 milliers, sans avoir pu y parvenir. Il y a de ces fers qui sont restés huit jours en expérience : on les a fait balancer plusieurs fois avec le fardeau qu'ils soutenaient, sans qu'il en soit rien résulté. Quelques-uns de ces fers, qui avaient été soudés, après avoir été coupés exprès dans le milieu de leur longueur, ont également résisté. C'est d'après toutes ces tentatives que, dans la suite, j'imaginai de faire des expériences sur des fers tout grain ; je choisis des tringles carrées de 4 lignes de grosseur : c'est le plus petit échantillon de fer qui se trouve dans le commerce ; j'ai été long-temps avant de pouvoir me procurer de ces fers, dont la cassure fut à gros grains, moyens et fins.

Afin d'avoir plusieurs expériences sur une même qualité, je fis couper dans une même barre, trois tringles de 14 pouces de longueur compris talons, sur 4 lignes de grosseur, produisant 16 lignes de superficie. Les talons avaient 6 lignes de haut sur 6 lignes de grosseur.

Le résultat moyen des trois expériences faites sur le fer à gros grains, donna 2991 livres, répondant à 187 livres par ligne carrée.

Les expériences faites sur trois tringles dont le grain était moyen, donnèrent pour résultat moyen, 3980 livres, ce qui fait 249 livres par ligne carrée.

Le résultat moyen des trois expériences sur les tringles faites avec du fer à grain fin, fut 5840 livres, qui donna 365 livres par ligne carrée.

Ces tringles ne présentaient, à leur cassure, que des grains sans nerf ; trois tringles prises dans des fers plus gros dont le grain était moyen, forgées de manière que la cassure présentait moitié nerf, ont donné pour résultat moyen 7200, ce qui fait 450 livres par ligne carrée.

Trois autres tringles de même fer plus fortement forgées, en sorte que la cassure était tout nerf, ont soutenu un effort moyen de 10320, ce qui fait 645 livres par ligne carrée.

Les expériences faites sur du fer à gros grains réduit à moitié nerf, ont donné pour résultat moyen, 5840, ce qui fait 365 par ligne carrée.

Autres expériences faites par Muschembrock, sur de petites tringles de fer forgées et à base carrée, d'un dixième de pouce du pied Rhenan, avec les résultats en poids de Troye, dont on fait usage à Leyde, qui ne diffère de la livre de Paris que de 4 grains, avec la réduction pour la force d'une ligne carrée, évaluée en poids de Paris.

	Poids portés.	Poids moyens.	Poids calculés pour une ligne carrée.
Deux tringles de fer d'Espagne, tiré des environs de Ronda, dans l'Andalousie. La première a porté	800	800	600
La seconde	800		600	600
Quatre autres tringles en fer de Suède. La première s'est rompue sous un poids de	870		652
La deuxième	760	762	570
La troisième	750		562	572
La quatrième	670		502
Trois autres tringles en fer d'Oosemont. La première a porté	750		562
La deuxième	680	700	510	525
La troisième	670		502
Deux autres en fer d'Allemagne, marqué B R. La première a porté	910	755	682
La seconde	600		450	566
Trois autres faites avec du fer d'Allemagne, marqué L. La première	840		630
La deuxième	700	740	520	553
La troisième	680		510
Trois autres en fer ordinaire d'Allemagne. La première	690		517
La deuxième	670	676	502	507
La troisième	670		502
Trois autres en fer de Liége. La première a porté, avant de se rompre	810		607
La deuxième	750	724	562	542
La troisième	610		457

Il est à propos de remarquer que les deux expériences faites sur le fer d'Allemagne marqué B R, indiquent la plus grande et la moindre force des sept espèces de fer éprouvés; comme Muschembrock ne parle pas des cassures, il faut croire que celle de la verge qui a porté le plus grand poids était tout nerf, et celle de l'autre tout grain, ou que cette dernière avait quelque défaut. En prenant les résultats moyens, on trouve que c'est le fer d'Espagne qui a le plus porté, et que sa force pour une ligne carrée serait de. . . . . 600.

Au second rang, c'est le fer de Suède, dont la force est de. . . 572.

Au troisième, le fer d'Allemagne marqué B R, qui donne. . . . 566.

Au quatrième, le fer d'Allemagne marqué L, qui donne. . . . . 553.

Au cinquième, le fer de Liège, qui donne. . . . . 542.

Au sixième, le fer dit d'Oosemont. . . . . 525.

Au septième, le fer ordinaire d'Allemagne. . . . . 507.

Le résultat moyen entre ces expressions, serait 552; mais si l'on prend celui entre toutes les verges éprouvées, on trouve 545.

Le résultat moyen des expériences faites par M. Soufflot donne 553; mais si l'on ne comprend pas la sixième ni la neuvième expérience qui ont donné des résultats extrêmement forts, on ne trouve que 465.

Le résultat moyen des expériences que j'ai faites donne 267 pour les fers dont la cassure ne présente que du grain plus ou moins fin, 632 pour le fer tout nerf, et 449 pour la force moyenne entre toutes ces expériences. Si on compare ces trois résultats généraux on trouvera 486 livres par ligne carrée.

On peut conclure de toutes ces expériences, 1°. que les fers qui ne sont pas forgés ont plus de force en raison de ce que leur grain est plus fin; 2°. que celui à paillettes ou à gros grain n'a que la moitié de la force de celui qui a le grain fin; 3°. que ces fers acquièrent plus de force en les forgeant; 4°. que les fers résistent par leur fermeté à l'effort du marteau, en raison de leur épaisseur; 5°. que cette force va en diminuant depuis la surface jusqu'au centre, par la raison que la face qui pose sur l'enclume, lorsqu'on le forge, reçoit, par la réaction, une impression presqu'aussi forte que celle du coup de marteau; d'où il résulte que, dans les fers forgés, la force doit augmenter en raison directe de leur surface et en raison inverse de leur épaisseur.

Le fer forgé le plus fort est celui qui est réduit tout en nerf, c'est-à-dire, celui dont la cassure paraît arrachée. La force du fer tout nerf est quatre fois plus grande que celle du fer à paillettes ou à gros grain;

trois fois plus grande que celle du fer dont le grain est moyen, et deux fois plus grande que celle du fer dont le grain est fin.

J'ai observé dans une grande quantité d'échantillons de fers de toutes espèces, et dans ceux que j'ai fait forger à plusieurs fois, que l'effort du marteau pour réduire le fer en nerf, ne pénètre pas, dans les gros fers carrés, plus *d'une demi-ligne*, et dans les petits ou les fers méplats, à plus de *deux lignes*; de sorte que les fers tout nerf les mieux forgés ne passent pas trois à quatre lignes d'épaisseur; les plus forts sont ceux dont la superficie de grosseur est égale au pourtour [1]. Le calcul, d'accord avec l'expérience, paraît indiquer que l'épaisseur des fers tout nerf ne doit pas passer 4 lignes; ainsi, nommant x la largeur du fer et y son épaisseur, le maximum de la force sera lorsqu'on aura $2\,x + 2\,y = x\,y$, qui est une équation indéterminée, qu'on ne peut résoudre qu'en donnant une valeur à l'une des deux inconnues. Supposons $x = 4$, l'équation ou formule générale donnera $8 + 2\,y = 4\,y$, qui devient $8 = 4\,y - 2\,y$, ensuite $8 = 2\,y$, et enfin $y = \frac{8}{2} = 4$. Par le moyen de la même formule on trouvera que x étant 5, y devient $= 3\;\frac{1}{3}$.

$$x \text{ étant } 6,\ y \text{ devient } = 3$$
$$x \text{ étant } 7,\ y \text{ devient } = 2\;\tfrac{4}{5}$$
$$x \text{ étant } 8,\ y \text{ devient } = 2\;\tfrac{2}{3}$$
$$x \text{ étant } 9,\ y \text{ devient } = 2\;\tfrac{4}{7}$$
$$x \text{ étant } 10,\ y \text{ devient } = 2\;\tfrac{2}{10}.$$

Il est bon de remarquer que, quelle que soit la largeur du fer, son épaisseur se trouve toujours au-dessus de 2 lignes et qu'elle en approche toujours sans pouvoir y atteindre, ainsi, pour une largeur de 6 pouces ou 72 lignes, la formule donne 2 lignes $\frac{2}{35}$.

Pour un pied de largeur ou 144 lignes, on trouve 2 lignes $\frac{2}{71}$.

Observation sur la manière d'évaluer la force des fers.

Considérant que les barres de fer forgé acquièrent une augmentation de force en raison directe de leur périmètre ou pourtour de grosseur, et en raison inverse de leur épaisseur, j'ai cherché à trouver, d'après

---

[1] Les Italiens, qui ont reconnu cette propriété des fers minces, s'en servent avec succès pour réunir et fortifier les bois extrêmement légers dont ils forment des échafauds qui étonnent par leur hardiesse et leur solidité.

ces principes et les résultats moyens d'un grand nombre d'expériences, une règle pour évaluer la force des fers qui agissent en tirant. De toutes les combinaisons que j'ai essayées, celle qui m'a paru la plus simple et la plus facile, et qui s'accorde le mieux avec les résultats de l'expérience, consiste à multiplier la surface de grosseur de la barre, exprimée en ligne carrée, plus son contour ou périmètre par 240, qui est la force moyenne des fers tout grains; ainsi, désignant la surface de la grosseur par s, le périmètre de sa grosseur par p, et la force moyenne 240 par f, on trouvera, pour l'expression générale de la force des fers qui agissent en tirant, $s, + p \times f$.

Application.

Une des tringles de fer éprouvée par M. Soufflot, avait de grosseur 2 lignes $\frac{1}{3}$ sur 2 lignes $\frac{1}{4}$, produisant une superficie de 6 lignes carrées et un périmètre de 9 lignes $\frac{1}{6}$, ce qui donne pour sa force, d'après la formule, $6 + 9 \frac{1}{6} \times 240 = 3640$. L'expérience donne 3542.

La même formule appliquée à une autre tringle, dont la grosseur était de 2 lignes $\frac{2}{3}$ sur 2 lignes, produisant une surface de 5 lignes $\frac{1}{3}$, et un périmètre de 9 lignes $\frac{1}{4}$, donne $5\frac{1}{3} + 9 \frac{1}{4} \times 240 = 3440$. L'expérience donne 3374.

Le résultat moyen de trois expériences faites sur des tringles dont la grosseur était de 6 lignes sur trois, a donné 8945; l'application de la formule donne $18 + 18 \times 240 = 8640$. Nous croyons inutile d'ajouter un plus grand nombre d'exemples pour prouver l'exactitude de cette règle.

Après avoir fait connaître les expériences faites pour déterminer la force des fers, et en avoir déduit la théorie sur laquelle repose l'évaluation relative de cette force, pour tous les cas possibles, nous avons pensé qu'il pouvait être utile, pour la pratique, d'en présenter ici les applications aux fers de toutes formes d'épaisseur, depuis 4 lignes en carré (9 millim.), jusqu'à 36 lignes en carré (81 millim.)

Nous avons en conséquence calculé la table suivante qui comprend six colonnes. La première indique la grosseur des fers en pieds anciens; La seconde, la même grosseur en millimètres.

La troisième, le poids en livres pour un pied de longueur (ou 325 millimètres);

La quatrième, le même poids, en kilogrammes, du pied métrique dont la longueur est égale au tiers du mètre.

La cinquième colonne indique la force moyenne en livres, poids de marc, pour les grosseurs exprimées en pieds anciens.

La sixième exprime la même force, en kilogrammes, pour des barres dont la grosseur est en lignes du pied métrique [1].

[1] La grandeur du mètre ayant été définitivement fixée à 443 lignes $\frac{296}{1,000}$, il en résulte que mille mètres, ou trois mille pieds métriques valent exactement 443296 lignes, tandis que trois mille pieds anciens ne valent que 432000 lignes.

TRAITÉ DE L'ART DE BATIR.

TABLE du poids et de la force du fer, en raison de sa grandeur et de sa qualité. Le poids est calculé sur une pesanteur spécifique moyenne de 7714, ce qui donne 540 livres pour le poids du pied cube, ou 264 kilogrammes, 329 grammes.

GROSSEURS		POIDS POUR UN PIED ou 325 millimètres.		FORCE POUR LE FER à grain moyen.	
en lignes.	en millimètr.	en livres.	en kilogramm.	en livres.	en kilogramm.
lig. lig.	mil. mil.	livres.	kilogramm.	livres.	kilogramm.
4 sur 4	9 sur 9	0,416	0,204	7680	3759
4 — 5	9 — 11	0,520	0,254	9120	4464
4 — 6	9 — 14	0,624	0,305	10561	5170
4 — 7	9 — 16	0,728	0,356	12000	5874
4 — 8	9 — 18	0,833	0,408	13440	6578
4 — 9	9 — 20	0,937	0,459	14880	7283
4 — 10	9 — 23	1,041	0,510	16320	7988
4 — 11	9 — 25	1,145	0,561	17760	8693
4 — 12	9 — 27	1,250	0,612	19200	9398
4 — 13	9 — 29	1,354	0,663	20640	10103
4 — 14	9 — 32	1,458	0,714	22080	10808
4 — 15	9 — 34	1,562	0,765	23520	11513
4 — 16	9 — 36	1,666	0,815	24960	12218
4 — 17	9 — 38	1,770	0,866	26400	12923
4 — 18	9 — 41	1,875	0,918	27840	13627
4 — 19	9 — 43	1,979	0,969	29280	14332
4 — 20	9 — 45	2,083	1,020	30720	15037
4 — 21	9 — 47	2,187	1,071	32160	15742
4 — 22	9 — 50	2,291	1,121	33600	16447
4 — 23	9 — 52	2,396	1,173	35040	17152
4 — 24	9 — 54	2,500	1,224	36480	17857
4 — 25	9 — 56	2,604	1,275	37920	18562
4 — 26	9 — 59	2,708	1,326	39360	19267
4 — 27	9 — 61	2,812	1,376	40800	19972
4 — 28	9 — 63	2,917	1,428	42240	20676
4 — 29	9 — 65	3,021	1,479	43680	21381
4 — 30	9 — 68	3,125	1,530	45120	22086
4 — 31	9 — 70	3,229	1,581	46560	22791
4 — 32	9 — 72	3,333	1,632	48000	23496
4 — 33	9 — 74	3,437	1,683	49440	24201
4 — 34	9 — 77	3,542	1,734	50880	24906
4 — 35	9 — 79	3,646	1,785	52320	25611
4 — 36	9 — 81	3,754	1,838	53760	26315
5 — 5	11 — 11	0,651	0,318	10800	5286
5 — 6	11 — 14	0,781	0,382	12480	6109
5 — 7	11 — 16	0,911	0,446	14160	6931
5 — 8	11 — 18	1,041	0,510	15840	7754
5 — 9	11 — 20	1,171	0,573	17520	8576
5 — 10	11 — 23	1,301	0,637	19200	9398
5 — 11	11 — 25	1,431	0,700	20880	10220
5 — 12	11 — 27	1,562	0,765	22560	11043
5 — 13	11 — 29	1,692	0,828	24240	11865
5 — 14	11 — 32	1,822	0,892	25920	12688
5 — 15	11 — 34	1,953	0,956	27600	13510
5 — 16	11 — 36	2,083	1,020	29280	14332
5 — 17	11 — 38	2,213	1,083	30960	15155
5 — 18	11 — 41	2,343	1,147	32640	15977
5 — 19	11 — 43	2,473	1,210	34320	16799
5 — 20	11 — 45	2,604	1,275	36000	17622
5 — 21	11 — 47	2,734	1,338	37680	18444
5 — 22	11 — 50	2,864	1,402	39360	19267

GROSSEURS		POIDS POUR UN PIED ou 325 millimètres.		FORCE POUR LE FER à grain moyen.	
en lignes.	en millimètr.	en livres.	en kilogramm.	en livres.	en kilogramm.
lig.	mil. mil.	livres.	kilogramm.	livres.	kilogramm.
5 sur 23	11 sur 52	2,994	1,466	41040	20089
5 — 24	11 — 54	3,125	1,531	42720	20911
5 — 25	11 — 56	3,255	1,594	44400	21734
5 — 26	11 — 59	3,385	1,658	46080	22556
5 — 27	11 — 61	3,515	1,722	47760	23378
5 — 28	11 — 63	3,646	1,786	49440	24201
5 — 29	11 — 65	3,776	1,849	51120	25023
5 — 30	11 — 68	3,906	1,913	52800	25845
5 — 31	11 — 70	4,036	1,976	54480	26668
5 — 32	11 — 72	4,166	2,039	56160	27490
5 — 33	11 — 74	4,296	2,103	57840	28312
5 — 34	11 — 77	4,427	2,167	59520	29135
5 — 33	11 — 79	4,557	2,231	61200	29957
5 — 36	11 — 81	4,687	2,294	62880	30779
6 — 6	14 — 14	0,937	0,459	14400	7049
6 — 7	14 — 16	1,093	0,535	16320	7989
6 — 8	14 — 18	1,250	0,612	18240	8929
6 — 9	14 — 20	1,406	0,688	20160	9868
6 — 10	14 — 23	1,562	0,765	22080	10808
6 — 11	14 — 25	1,718	0,841	24000	11747
6 — 12	14 — 27	1,875	0,918	25920	12687
6 — 13	14 — 29	2,031	0,994	27840	13628
6 — 14	14 — 32	2,187	1,070	29760	14567
6 — 15	14 — 34	2,329	1,140	31680	15507
6 — 16	14 — 36	2,500	1,224	33600	16447
6 — 17	14 — 38	2,656	1,300	35520	17387
6 — 18	14 — 41	2,812	1,376	37440	18327
6 — 19	14 — 43	2,968	1,453	39360	19266
6 — 20	14 — 45	3,125	1,531	41280	20206
6 — 21	14 — 47	3,267	1,600	43200	21146
6 — 22	14 — 50	3,437	1,683	45120	22086
6 — 23	14 — 52	3,594	1,760	47040	23026
6 — 24	14 — 54	3,750	1,837	48960	23966
6 — 25	14 — 56	3,906	1,913	50880	24906
6 — 26	14 — 59	4,062	1,988	52800	25846
6 — 27	14 — 61	4,218	2,065	54720	26785
6 — 28	14 — 63	4,375	2,142	56640	27725
6 — 29	14 — 65	4,531	2,218	58560	28665
6 — 30	14 — 68	4,687	2,294	60480	29605
6 — 31	14 — 70	4,843	2,371	62400	30545
6 — 32	14 — 72	5,000	2,447	64320	31485
6 — 33	14 — 74	5,156	2,524	66240	32424
6 — 34	14 — 77	5,312	2,600	68160	33364
6 — 35	14 — 79	5,468	2,676	70080	34304
6 — 36	14 — 81	5,625	2,753	72000	35244
7 — 7	16 — 16	1,276	0,625	18480	9046
7 — 8	16 — 18	1,458	0,714	20640	10103
7 — 9	16 — 20	1,641	0,803	22800	11160
7 — 10	16 — 23	1,823	0,892	24960	12218

Première partie du tableau

GROSSEURS		POIDS POUR UN PIED ou 325 millimètres.		FORCE POUR LE FER à grain moyen.	
en lignes.	en millimètr.	en livres.	en kilogramm.	en livres.	en kilogramm.
lig. lig.	mil. mil.	livres.	kilogramm.	livres.	kilogramm.
7 sur 11	16 sur 25	2,005	0,981	27120	13275
7 — 12	16 — 27	2,187	1,070	29280	14332
7 — 13	16 — 29	2,370	1,160	31440	15390
7 — 14	16 — 32	2,552	1,249	33600	16447
7 — 15	16 — 34	2,734	1,338	35760	17504
7 — 16	16 — 36	2,916	1,427	37920	18562
7 — 17	16 — 38	3,099	1,518	40080	19619
7 — 18	16 — 41	3,281	1,607	42240	20676
7 — 19	16 — 43	3,463	1,696	44400	21734
7 — 20	16 — 45	3,645	1,785	46560	22791
7 — 21	16 — 47	3,828	1,875	48720	23848
7 — 22	16 — 50	4,010	1,963	50880	24906
7 — 23	16 — 52	4,192	2,052	53040	25963
7 — 24	16 — 54	4,375	2,142	55200	27020
7 — 25	16 — 56	4,557	2,231	57360	28078
7 — 26	16 — 59	4,739	2,320	59520	29135
7 — 27	16 — 61	4,922	2,409	61680	30192
7 — 28	16 — 63	5,104	2,498	63840	31250
7 — 29	16 — 65	5,286	2,587	66000	32307
7 — 30	16 — 68	5,468	2,677	68160	33364
7 — 31	16 — 70	5,651	2,766	70320	34421
7 — 32	16 — 72	5,833	2,855	72480	35479
7 — 33	16 — 74	6,015	2,944	74640	36538
7 — 34	16 — 77	6,197	3,033	76800	37594
7 — 35	16 — 79	6,380	3,123	78960	38651
7 — 36	16 — 81	6,562	3,212	81120	39708
8 — 8	18 — 18	1,666	0,815	23040	11278
8 — 9	18 — 20	1,875	0,918	25440	12453
8 — 10	18 — 23	2,083	1,020	27840	13628
8 — 11	18 — 25	2,291	1,121	30240	14802
8 — 12	18 — 27	2,499	1,223	32640	15977
8 — 13	18 — 29	2,708	1,325	35040	17152
8 — 14	18 — 32	2,916	1,427	37440	18327
8 — 15	18 — 34	3,124	1,530	39840	19502
8 — 16	18 — 36	3,333	1,632	42240	20676
8 — 17	18 — 38	3,541	1,734	44640	21851
8 — 18	18 — 41	3,750	1,837	47040	23026
8 — 19	18 — 43	3,958	1,938	49440	24201
8 — 20	18 — 45	4,166	2,039	51840	25376
8 — 21	18 — 47	4,375	2,142	54240	26550
8 — 22	18 — 50	4,583	2,243	56640	27725
8 — 23	18 — 52	4,791	2,345	59040	28900
8 — 24	18 — 54	5,000	2,447	61440	30075
8 — 25	18 — 56	5,208	2,549	63840	31250
8 — 26	18 — 59	5,416	2,651	66240	32424
8 — 27	18 — 61	5,625	2,753	68640	33599
8 — 28	18 — 63	5,833	2,855	71040	34774
8 — 29	18 — 65	6,041	2,957	73440	35949
8 — 30	18 — 68	6,250	3,059	75840	37124
8 — 31	18 — 70	6,458	3,161	78240	38298
8 — 32	18 — 72	6,667	3,263	80640	39472
8 — 33	18 — 74	6,875	3,365	83040	40648
8 — 34	18 — 77	7,083	3,467	85440	41823
8 — 35	18 — 79	7,292	3,569	87840	42998
8 — 36	18 — 81	7,500	3,671	90240	44172
9 — 9	20 — 20	2,109	1,032	28080	13745
9 — 10	20 — 23	2,343	1,147	30720	15037
9 — 11	20 — 25	2,577	1,261	33360	16330
9 — 12	20 — 27	2,812	1,376	36000	17622

Deuxième partie du tableau

GROSSEURS		POIDS POUR UN PIED ou 325 millimètres.		FORCE POUR LE FER à grain moyen.	
en lignes	en millimètr	en livres.	en kilogramm.	en livres	en kilogramm
lig. lig	mil. mil	livres.	kilogramm.	livres.	kilogramm
9 sur 13	20 sur 29	3,046	1,492	38640	18914
9 — 14	20 — 32	3,280	1,607	41280	20207
9 — 15	20 — 34	3,515	1,722	43920	21499
9 — 16	20 — 36	3,749	1,836	46560	22791
9 — 17	20 — 38	3,983	1,951	49200	24083
9 — 18	20 — 41	4,218	2,065	51840	25376
9 — 19	20 — 43	4,452	2,179	54480	26668
9 — 20	20 — 45	4,687	2,294	57120	27960
9 — 21	20 — 47	4,921	2,409	59760	29252
9 — 22	20 — 50	5,155	2,523	62400	30545
9 — 23	20 — 52	5,390	2,638	65040	31837
9 — 24	20 — 54	5,624	2,753	67680	33129
9 — 25	20 — 56	5,858	2,867	70320	34422
9 — 26	20 — 59	6,083	2,978	72960	35714
9 — 27	20 — 61	6,327	3,097	75600	37006
9 — 28	20 — 63	6,562	3,212	78240	38298
9 — 29	20 — 65	6,796	3,327	80880	39591
9 — 30	20 — 68	7,030	3,441	83520	40883
9 — 31	20 — 70	7,265	3,556	86160	42175
9 — 32	20 — 72	7,499	3,671	88800	43467
9 — 33	20 — 74	7,733	3,785	91440	44760
9 — 34	20 — 77	7,968	3,900	94080	46052
9 — 35	20 — 79	8,202	4,015	96720	47344
9 — 36	20 — 81	8,437	4,130	99360	48637
10 — 10	23 — 23	2,604	1,275	33360	16447
10 — 11	23 — 25	2,864	1,402	36480	17857
10 — 12	23 — 27	3,124	1,530	39360	19267
10 — 13	23 — 29	3,385	1,658	42240	20676
10 — 14	23 — 32	3,645	1,785	45120	22086
10 — 15	23 — 34	3,906	1,913	48000	23496
10 — 16	23 — 36	4,166	2,039	50880	24906
10 — 17	23 — 38	4,426	2,166	53760	26315
10 — 18	23 — 41	4,687	2,294	56640	27725
10 — 19	23 — 43	4,947	2,422	59520	29135
10 — 20	23 — 45	5,208	2,549	62400	30545
10 — 21	23 — 48	5,468	2,677	65280	31954
10 — 22	23 — 50	5,729	2,804	68160	33364
10 — 23	23 — 52	5,989	2,932	71040	34774
10 — 24	23 — 54	6,249	3,059	73920	36184
10 — 25	23 — 56	6,510	3,187	76800	37593
10 — 26	23 — 59	6,770	3,314	79680	39003
10 — 27	23 — 61	7,031	3,442	82560	40413
10 — 28	23 — 63	7,291	3,569	85440	41823
10 — 29	23 — 65	7,552	3,697	88320	43232
10 — 30	23 — 68	7,812	3,824	91200	44642
10 — 31	23 — 70	8,072	3,951	94080	46052
10 — 32	23 — 72	8,333	4,079	96960	47462
10 — 33	23 — 74	8,593	4,206	99840	48872
10 — 34	23 — 77	8,854	4,334	102720	50281
10 — 35	23 — 79	9,114	4,461	105600	51691
10 — 36	23 — 81	9,375	4,589	108480	53101
11 — 11	25 — 25	3,151	1,543	39600	19384
11 — 12	25 — 27	3,437	1,683	42720	20911
11 — 13	25 — 29	3,723	1,823	45840	22439
11 — 14	25 — 32	4,010	1,963	48960	23966
11 — 15	25 — 34	4,296	2,103	52080	25493
11 — 16	25 — 36	4,583	2,243	55200	27020
11 — 17	25 — 38	4,869	2,383	58320	28547
11 — 18	25 — 41	5,156	2,524	61440	30075

GROSSEURS		POIDS POUR UN PIED ou 325 millimètres.		FORCE POUR LE FER à grain moyen.	
en lignes.	en millimètr.	en livres.	en kilogramm.	en livres.	en kilogramm.
lig. lig.	mil. mil.	livres.	kilogramm.	livres.	kilogramm.
11 sur 19	25 sur 43	5,442	2,664	64560	31602
11 — 20	25 — 45	5,728	2,804	67680	33129
11 — 21	25 — 48	6,015	2,944	70800	34656
11 — 22	25 — 50	6,301	3,084	73920	36184
11 — 23	25 — 52	6,588	3,225	77040	37711
11 — 24	25 — 54	6,874	3,365	80160	39238
11 — 25	25 — 56	7,161	3,505	83280	40765
11 — 26	25 — 59	7,447	3,645	86400	42293
11 — 27	25 — 61	7,734	3,786	89520	43820
11 — 28	25 — 63	8,020	3,926	92640	45347
11 — 29	25 — 65	8,306	4,066	95760	46874
11 — 30	25 — 68	8,593	4,206	98880	48402
11 — 31	25 — 70	8,879	4,346	102000	49929
11 — 32	25 — 72	9,166	4,487	105120	51456
11 — 33	25 — 74	9,452	4,627	108240	52983
11 — 34	25 — 77	9,739	4,767	111360	54511
11 — 35	25 — 79	10,025	4,907	114480	56038
11 — 36	25 — 81	10,312	5,048	117600	57565
12 — 12	27 — 27	3,750	1,837	46080	22556
12 — 13	27 — 29	4,062	1,988	49440	24201
12 — 14	27 — 32	4,375	2,142	52800	25846
12 — 15	27 — 34	4,687	2,294	56160	27490
12 — 16	27 — 36	5,000	2,447	59520	29135
12 — 17	27 — 38	5,312	2,600	62880	30780
12 — 18	27 — 41	5,625	2,753	66240	32424
12 — 19	27 — 43	5,937	2,906	69600	34069
12 — 20	27 — 45	6,250	3,059	72960	35714
12 — 21	27 — 47	6,562	3,212	76320	37359
12 — 22	27 — 50	6,875	3,365	79680	39003
12 — 23	27 — 52	7,187	3,518	83040	40648
12 — 24	27 — 54	7,500	3,671	86400	42293
12 — 25	27 — 56	7,812	3,824	89760	43937
12 — 26	27 — 59	8,125	3,977	93120	45582
12 — 27	27 — 61	8,437	4,130	96480	47227
12 — 28	27 — 63	8,750	4,283	99840	48872
12 — 29	27 — 65	9,062	4,436	103200	50516
12 — 30	27 — 68	9,375	4,589	106560	52161
12 — 31	27 — 70	9,687	4,742	109920	53806
12 — 32	27 — 72	10,000	4,895	113280	55450
12 — 33	27 — 74	10,312	5,048	116640	57095
12 — 34	27 — 77	10,625	5,201	120000	58740
12 — 35	27 — 79	10,937	5,354	123360	60385
12 — 36	27 — 81	11,250	5,511	126720	62029
13 — 13	29 — 29	4,401	2,154	53040	25963
13 — 14	29 — 32	4,739	2,320	56640	27725
13 — 15	29 — 34	5,078	2,486	60240	29487
13 — 16	29 — 36	5,417	2,652	63840	31250
13 — 17	20 — 38	5,755	2,817	67440	33012
13 — 18	29 — 41	1,094	2,983	71040	34284
13 — 19	29 — 43	6,432	3,148	74640	36536
13 — 20	29 — 45	6,771	3,314	78240	38298
13 — 21	29 — 47	7,109	3,480	81840	40061
13 — 22	29 — 50	7,448	3,646	85440	41823
13 — 23	29 — 52	7,786	3,811	89040	43585
13 — 24	29 — 54	8,125	3,977	92640	45347
13 — 25	29 — 56	8,463	4,143	96240	47109
13 — 26	29 — 59	8,802	4,308	99840	48871
13 — 27	29 — 61	9,140	4,474	103440	50634

GROSSEURS		POIDS POUR UN PIED ou 325 millimètres.		FORCE POUR LE FER à grain moyen.	
en lignes.	en millimètr.	en livres.	en kilogramm.	en livres.	en kilogramm.
13 sur 28	29 sur 63	9,479	4,640	107040	52396
13 — 29	29 — 65	9,817	4,805	110640	54158
13 — 30	29 — 68	10,156	4,971	114240	55920
13 — 31	29 — 70	10,494	5,137	117840	57682
13 — 32	29 — 72	10,833	5,303	121440	59445
13 — 33	29 — 74	11,171	5,472	125040	61207
13 — 34	29 — 77	11,510	5,638	128640	62969
13 — 35	29 — 79	11,848	5,804	132240	64731
13 — 36	29 — 81	12,187	5,966	135840	66493
14 — 14	32 — 32	5,104	2,498	60480	29605
14 — 15	32 — 34	5,468	2,677	64320	31485
14 — 16	32 — 36	5,833	2,855	68160	33364
14 — 17	32 — 38	6,197	3,033	72000	35244
14 — 18	32 — 41	6,562	3,212	75840	37124
14 — 19	32 — 43	6,926	3,390	79680	39003
14 — 20	32 — 45	7,292	3,569	83520	40883
14 — 21	32 — 47	7,656	3,748	87360	42763
14 — 22	32 — 50	8,021	3,926	91200	44642
14 — 23	32 — 52	8,385	4,105	95040	46522
14 — 24	32 — 54	8,750	4,283	98880	48402
14 — 25	32 — 56	9,115	4,462	102720	50281
14 — 26	32 — 59	9,479	4,640	106560	52161
14 — 27	32 — 61	9,844	4,819	110400	54041
14 — 28	32 — 63	10,208	4,997	114240	55920
14 — 29	32 — 65	10,573	5,175	118080	57800
14 — 30	32 — 68	10,937	5,354	121920	59680
14 — 31	32 — 70	11,302	5,532	125760	61559
14 — 32	32 — 72	11,667	5,715	129600	63439
14 — 33	32 — 74	12,031	5,889	133440	65319
14 — 34	32 — 77	12,396	6,068	137280	67198
14 — 35	32 — 79	12,760	6,246	141120	69078
14 — 36	32 — 81	13,125	6,425	144960	70958
15 — 15	34 — 34	5,859	2,868	68400	33482
15 — 16	34 — 36	6,250	3,059	72480	35479
15 — 17	34 — 38	6,640	3,250	76560	37476
15 — 18	34 — 41	7,031	3,442	80640	39473
15 — 19	34 — 43	7,421	3,633	84720	41470
15 — 20	34 — 45	7,812	3,824	88800	43467
15 — 21	34 — 47	8,203	4,015	92880	45465
15 — 22	34 — 50	8,594	4,207	96960	47462
15 — 23	34 — 52	8,984	4,398	101040	49459
15 — 24	34 — 54	9,375	4,589	105120	51456
15 — 25	34 — 56	9,766	4,780	109200	53453
15 — 26	34 — 59	10,156	4,971	113280	55450
15 — 27	34 — 61	10,547	5,163	117360	57448
15 — 28	34 — 63	10,938	5,354	121440	59445
15 — 29	34 — 65	11,328	5,549	125520	61442
15 — 30	34 — 68	11,719	5,741	129600	63439
15 — 31	34 — 70	12,109	5,927	133680	65436
15 — 32	34 — 72	12,500	6,119	137760	67433
15 — 33	34 — 74	12,891	6,310	141840	69430
15 — 34	34 — 77	13,282	6,502	145920	71428
15 — 35	34 — 79	13,672	6,692	150000	73425
15 — 36	34 — 81	14,063	6,884	154080	75422
16 — 16	36 — 36	6,666	3,263	76800	37593
16 — 17	36 — 38	7,083	3,467	81120	39708

GROSSEURS		POIDS POUR UN PIED ou 3a5 millimètres.		FORCE POUR LE FER à grain moyen.	
en lignes.	en millimètr.	en livres.	en kilogramm	en livres.	en kilogramm.
lig. lig.	mil. mil.	livres.	kilogramm	livres.	kilogramm.
16 sur 18	36 sur 41	7,500	3,671	85440	41823
16 — 19	36 — 43	7,917	3,875	89760	43937
16 — 20	36 — 45	8,334	4,079	94080	46052
16 — 21	36 — 47	8,751	4,284	98400	48167
16 — 22	36 — 50	9,167	4,487	102720	50281
16 — 23	36 — 52	9,583	4,691	107040	52396
16 — 24	36 — 54	10,001	4,895	111360	54511
16 — 25	36 — 56	10,417	5,099	115680	56625
16 — 26	36 — 59	10,834	5,303	120000	58740
16 — 27	36 — 61	11,251	5,512	124320	60854
16 — 28	36 — 63	11,667	5,715	128640	62969
16 — 29	36 — 65	12,084	5,915	132960	65084
16 — 30	36 — 68	12,501	6,119	137280	67198
16 — 31	36 — 70	12,918	6,323	141600	69313
16 — 32	36 — 72	13,334	6,527	145920	71428
16 — 33	36 — 74	13,750	6,731	150240	73542
16 — 34	36 — 77	14,168	6,935	154560	75657
16 — 35	36 — 79	14,584	7,139	158880	77771
16 — 36	36 — 81	15,000	7,342	163200	79886
17 — 17	38 — 38	7,526	3,684	85680	41940
17 — 18	38 — 41	7,968	3,900	90240	44172
17 — 19	38 — 43	8,411	4,117	94800	46404
17 — 20	38 — 45	8,854	4,334	99360	48636
17 — 21	38 — 47	9,297	4,551	103920	50869
17 — 22	38 — 50	9,739	4,767	108480	53101
17 — 23	38 — 52	10,182	4,984	113040	55333
17 — 24	38 — 54	10,625	5,200	117600	57565
17 — 25	38 — 56	11,067	5,417	122160	59797
17 — 26	38 — 59	11,510	5,638	126720	62029
17 — 27	38 — 61	11,953	5,855	131280	64261
17 — 28	38 — 63	12,396	6,068	135840	66493
17 — 29	38 — 65	12,838	6,284	140400	68726
17 — 30	38 — 68	13,281	6,501	144960	70958
17 — 31	38 — 70	13,734	6,723	149520	73190
17 — 32	38 — 72	14,166	6,934	154080	75422
17 — 33	38 — 74	14,609	7,151	158640	77654
17 — 34	38 — 77	15,052	7,368	163200	79886
17 — 35	38 — 79	15,494	7,584	167760	82118
17 — 36	38 — 81	15,937	7,801	172320	84350
18 — 18	41 — 41	8,437	4,130	95040	46522
18 — 19	41 — 43	8,906	4,359	99840	48872
18 — 20	41 — 45	9,374	4,589	104640	51221
18 — 21	41 — 47	9,843	4,818	109440	53571
18 — 22	41 — 50	10,312	5,048	114240	55920
18 — 23	41 — 52	10,781	5,277	119040	58270
18 — 24	41 — 54	11,250	5,511	123840	60620
18 — 25	41 — 56	11,718	5,740	128640	62969
18 — 26	41 — 59	12,187	5,966	133440	65319
18 — 27	41 — 61	12,656	6,195	138240	67668
18 — 28	41 — 63	13,125	6,425	143040	70018
18 — 29	41 — 65	13,593	6,654	147840	72367
18 — 30	41 — 68	14,062	6,883	152640	74717
18 — 31	41 — 70	14,531	7,113	157440	77067
18 — 32	41 — 72	14,999	7,342	162240	79416
18 — 33	41 — 74	15,469	7,572	167040	81766
18 — 34	41 — 77	15,937	7,801	171840	84115
18 — 35	41 — 79	16,406	8,031	176640	86465
18 — 36	41 — 81	16,875	8,260	181440	88815

GROSSEURS		POIDS POUR UN PIED ou 3a5 millimètres.		FORCE POUR LE FER à grain moyen.	
en lignes.	en millimètr.	en livres.	en kilogramm.	en livres.	en kilogramm.
lig. lig.	mil. mil.	livres.	kilogramm	livres.	kilogramm.
19 sur 19	43 sur 43	9,401	4,602	104880	51339
19 — 20	43 — 45	9,896	4,844	109920	53806
19 — 21	43 — 47	10,390	5,086	114960	56273
19 — 22	43 — 50	10,885	5,328	120000	58740
19 — 23	43 — 52	11,380	5,575	125040	61207
19 — 24	43 — 54	11,875	5,817	130080	63674
19 — 25	43 — 56	12,370	6,055	135120	66141
19 — 26	43 — 59	12,864	6,297	140160	68608
19 — 27	43 — 61	13,359	6,539	145200	71075
19 — 28	43 — 63	13,853	6,781	150240	73542
19 — 29	43 — 65	14,349	7,024	155280	76009
19 — 30	43 — 68	14,843	7,266	160320	78476
19 — 31	43 — 70	15,338	7,508	165360	80943
19 — 32	43 — 72	15,833	7,750	170400	83411
19 — 33	43 — 74	16,328	7,992	175440	85877
19 — 34	43 — 77	16,822	8,234	180480	88345
19 — 35	43 — 79	17,317	8,477	185520	90812
19 — 36	43 — 81	17,812	8,719	190560	93279
20 — 20	45 — 45	10,416	5,099	115200	55390
20 — 21	45 — 47	10,937	5,354	120480	58075
20 — 22	45 — 50	11,458	5,613	125760	61559
20 — 23	45 — 52	11,979	5,868	131040	64114
20 — 24	45 — 54	12,499	6,118	136320	66728
20 — 25	45 — 56	13,020	6,373	141600	69313
20 — 26	45 — 59	13,541	6,628	146880	71898
20 — 27	45 — 61	14,062	6,883	152160	74482
20 — 28	45 — 63	14,583	7,138	157440	77067
20 — 29	45 — 65	15,103	7,393	162720	79651
20 — 30	45 — 68	15,624	7,648	168000	82236
20 — 31	45 — 70	16,145	7,903	173280	84820
20 — 32	45 — 72	16,666	8,158	178560	87405
20 — 33	45 — 74	17,187	8,413	183840	89989
20 — 34	45 — 77	17,708	8,668	189120	92574
20 — 35	45 — 79	28,229	8,923	194400	95159
20 — 36	45 — 81	18,750	9,178	199680	97743
21 — 21	47 — 47	11,484	5,626	126000	61677
21 — 22	47 — 50	12,031	5,889	131520	64379
21 — 23	47 — 52	12,578	6,152	137040	67081
21 — 24	47 — 54	13,125	6,425	142560	69783
21 — 25	47 — 56	13,671	6,692	148080	72485
21 — 26	47 — 59	14,218	6,960	153600	75187
21 — 27	47 — 61	14,765	7,227	159120	77889
21 — 28	47 — 63	15,312	7,495	164640	80591
21 — 29	47 — 65	15,839	7,763	170160	83293
21 — 30	47 — 68	16,406	8,031	175680	85995
21 — 31	47 — 70	16,953	8,298	181200	88697
21 — 32	47 — 72	17,499	8,566	186720	91399
21 — 33	47 — 74	18,046	8,833	192240	94101
21 — 34	47 — 77	18,593	9,101	197760	96803
21 — 35	47 — 79	19,140	9,369	203280	99505
21 — 36	47 — 81	19,687	9,637	208800	102207
22 — 22	50 — 50	12,604	6,170	137280	67198
22 — 23	50 — 52	13,177	6,450	143040	70018
22 — 24	50 — 54	13,750	6,731	148800	72837
22 — 25	50 — 56	14,323	7,011	154560	75657
22 — 26	50 — 59	14,896	7,292	160320	78476

GROSSEURS		POIDS POUR UN PIED ou 325 millimètres.		FORCE POUR LE FER à grain moyen.	
en lignes.	en millimètr.	en livres.	en kilogramm.	en livres.	en kilogramm.
lig. lig.	mil. mil.	livres.	kilogramm.	livres	kilogramm.
22 sur 27	50 sur 61	15,469	7,572	166080	81296
22 — 28	50 — 63	16,042	7,852	171840	84115
22 — 29	50 — 65	16,614	8,133	177600	86935
22 — 30	50 — 68	17,187	8,413	183360	89754
22 — 31	50 — 70	17,760	8,693	189120	92574
22 — 32	50 — 72	18,333	8,974	194880	95393
22 — 33	50 — 74	18,906	9,254	200640	98213
22 — 34	50 — 77	19,479	9,535	206400	101032
22 — 35	50 — 79	20,052	9,815	212160	103852
22 — 36	50 — 81	20,625	10,096	217920	106671
23 — 23	52 — 52	13,776	6,743	149040	72955
23 — 24	52 — 54	14,375	7,037	155040	75892
23 — 25	52 — 56	14,974	7,330	161040	78829
23 — 26	52 — 59	15,573	7,623	167040	81766
23 — 27	52 — 61	16,172	7,916	173040	84703
23 — 28	52 — 63	16,771	8,209	179040	87640
23 — 29	52 — 65	17,370	8,503	185040	90577
23 — 30	52 — 68	17,968	8,795	191040	93514
23 — 31	52 — 70	18,567	9,089	197040	96451
23 — 32	52 — 72	19,166	9,382	203040	99388
23 — 33	52 — 74	19,765	9,675	209040	102325
23 — 34	52 — 77	20,364	9,969	215040	105262
23 — 35	52 — 79	20,963	10,261	221040	108199
23 — 36	52 — 81	21,562	10,555	227040	111136
24 — 24	54 — 54	15,000	7,342	161280	78916
24 — 25	54 — 56	15,625	7,648	167520	82001
24 — 26	54 — 59	16,250	7,954	173760	85055
24 — 27	54 — 61	16,875	8,260	180000	88109
24 — 28	54 — 63	17,500	8,566	186240	91164
24 — 29	54 — 65	18,125	8,872	192480	94219
24 — 30	54 — 68	18,750	9,178	198720	97273
24 — 31	54 — 70	19,375	9,484	204960	100328
24 — 32	54 — 72	20,000	9,790	211200	103382
24 — 33	54 — 74	20,625	10,096	217440	106437
24 — 34	54 — 77	21,250	10,402	223680	109491
24 — 35	54 — 79	21,875	10,708	229920	112545
24 — 36	54 81	22,500	11,014	236160	115600
25 — 25	56 — 56	16,276	7,967	174000	85173
25 — 26	56 — 59	16,927	8,286	180480	88345
25 — 27	56 — 61	17,578	8,604	186960	91517
25 — 28	56 — 63	18,229	8,923	193440	94689
25 — 29	56 — 65	18,880	9,242	199920	97861
25 — 30	56 — 68	19,531	9,560	206400	101033
25 — 31	56 — 70	20,182	9,879	212880	104204
25 — 32	56 — 72	20,833	10,198	219360	107376
25 — 33	56 — 74	21,484	10,516	225840	110548
25 — 34	56 — 77	22,135	10,835	232320	113720
25 — 35	56 — 79	22,786	11,154	238800	116892
25 — 36	56 — 81	23,437	11,472	245280	120064
26 — 26	59 — 59	17,604	8,617	187200	91634
26 — 27	59 — 61	18,281	8,949	193920	94924
26 — 28	59 — 63	18,958	9,280	200640	98213
26 — 29	59 — 65	19,635	9,611	207360	101502
26 — 30	59 — 68	20,312	9,943	214080	104792
26 — 31	59 — 70	20,989	10,274	220800	108081
26 — 32	59 — 72	21,667	10,606	227520	111371
26 — 33	59 — 74	22,344	10,937	234240	114660
26 — 34	59 — 77	23,021	11,269	240960	117950
26 — 35	59 — 79	23,698	11,600	247680	121239
26 — 36	59 — 81	24,375	11,932	254400	124528

GROSSEURS		POIDS POUR UN PIED ou 325 millimètres.		FORCE POUR LE FER à grain moyen.	
en lignes.	en millimètr.	en livres	en kilogramm.	en livres.	en kilogramm.
lignes.	mil. mil.	livres.	kilogramm.	livres.	kilogramm.
27 sur 27	61 sur 61	18,984	9,293	200880	98330
27 — 28	61 — 63	19,687	9,637	207840	101737
27 — 29	61 — 65	20,390	9,981	214800	105144
27 — 30	61 — 68	21,093	10,335	221760	108551
27 — 31	61 — 70	21,796	10,669	228720	111958
27 — 32	61 — 72	22,500	11,014	235680	115365
27 — 33	61 — 74	23,203	11,358	242640	118772
27 — 34	61 — 77	23,906	11,702	249600	122179
27 — 35	61 — 79	24,609	12,046	256560	125586
27 — 36	61 — 81	25,312	12,390	263520	128993
28 — 28	63 — 63	20,416	9,994	215040	105262
28 — 29	63 — 65	21,145	10,351	222240	108786
28 — 30	63 — 68	21,874	10,707	229440	112311
28 — 31	63 — 70	22,604	11,065	236640	115835
28 — 32	63 — 72	23,333	11,421	243840	119359
28 — 33	63 — 74	24,062	11,778	251040	122884
28 — 34	63 — 77	24,791	12,135	258240	126408
28 — 35	63 — 79	25,520	12,492	265440	129932
28 — 36	63 — 81	26,250	12,849	272640	133457
29 — 29	65 — 65	21,901	10,721	229680	112428
29 — 30	65 — 68	22,656	11,090	237120	116070
29 — 31	65 — 70	23,411	11,460	244560	119712
29 — 32	65 — 72	24,166	11,829	252000	123354
29 — 33	65 — 74	24,921	12,199	259440	126996
29 — 34	65 — 77	25,676	12,568	266880	130637
29 — 35	65 — 79	26,431	12,938	274320	134279
29 — 36	65 — 81	27,187	13,308	281760	137921
30 — 30	68 — 68	23,437	11,472	244800	119829
30 — 31	68 — 70	24,218	11,855	252480	123589
30 — 32	68 — 42	25,000	12,237	260160	127348
30 — 33	68 — 74	25,781	12,620	267840	131107
30 — 34	68 — 77	26,562	13,002	275520	134867
30 — 35	68 — 79	27,343	13,384	283200	138626
30 — 36	68 — 81	28,125	13,767	290880	142385
31 — 31	70 — 70	25,026	12,250	260400	127465
31 — 32	70 — 72	25,833	12,645	268320	131342
31 — 33	70 — 74	26,640	13,040	276240	135219
31 — 34	70 — 77	27,448	13,435	284160	139096
31 — 35	70 — 79	28,255	13,831	292080	142973
31 — 36	70 — 81	29,062	14,226	300000	146849
32 — 32	72 — 72	26,666	13,053	276480	135337
32 — 33	72 — 74	27,500	13,461	284640	139331
32 — 34	72 — 77	28,334	13,869	292800	143325
32 — 35	72 — 79	29,167	14,277	300960	147319
32 — 36	72 — 81	30,000	14,685	309120	151314
33 — 33	74 — 74	28,359	13,881	293040	143443
33 — 34	74 — 77	29,218	14,302	301440	147554
33 — 35	74 — 79	30,078	14,723	309840	151666
33 — 36	74 — 81	30,937	15,144	318240	155778
34 — 34	77 — 77	30,104	14,736	310080	151784
34 — 35	77 — 79	30,989	15,169	318720	156013
34 — 36	77 — 81	31,875	15,603	327360	160242
35 — 35	79 — 79	31,901	15,615	327600	160360
35 — 36	79 — 81	32,812	16,061	336480	164706
36 — 36	81 — 81	33,750	16,521	345600	169171

Force des barres de fer posées horizontalement comme des linteaux ou des solives.

La table ci-après présente les résultats de plusieurs expériences faites sur des barres de fer forgé, suspendues horizontalement par les deux bouts, afin de parvenir à connaître de combien elles plient par leur propre poids, et en raison des charges qu'on peut ajouter dans le milieu.

Cette table est divisée en seize colonnes.

La première indique la longueur en pieds, pouces et lignes de chacune des barres éprouvées.

La seconde et la troisième indiquent leur largeur et leur épaisseur en lignes ;

La quatrième leur poids en livres.

La cinquième et la sixième expriment combien de fois leur largeur et leur épaisseur sont contenues dans leur longueur.

La septième et la huitième indiquent de combien chaque barre a plié, étant suspendue par le milieu, posée de champ ou de plat.

La neuvième et la dixième indiquent les flèches de courbure des mêmes barres suspendues par leurs extrémités, de champ ou de plat.

Les onzième, douzième, treizième, quatorzième, quinzième et seizième, indiquent de combien ces barres, posées de champ et de plat, ont plié en ajoutant au milieu un poids de 12 livres, de 25 livres et de 50 livres.

Expériences sur la raideur des barres de fer placées horizontalement sur deux appuis. La quantité dont ces barres plient dans le milieu, est exprimée en lignes.

LONGUEUR.		Largeur.	Épaiss.	Poids.	Rapport de la longueur à la		Suspendue dans le milieu, de		Suspendue des deux bouts, de		De champ, chargée d'un poids de			De plat, chargée d'un poids de		
					largeur.	épaiss.	champ.	plat.	champ.	plat.	12 liv.	25 liv.	50 liv.	12 liv.	25 liv.	50 liv.
	pi. po.	lignes.	lignes.	livres.												
A 11	3	28	7	57	58	231	$0\frac{3}{4}$	13	$1\frac{1}{4}$	$19\frac{1}{2}$	$2\frac{1}{2}$	3	$4\frac{1}{2}$	$27\frac{1}{2}$	34	42
B 9	10	$25\frac{1}{2}$	9	57	56	157	$0\frac{3}{4}$	$5\frac{1}{2}$	$1\frac{1}{4}$	$7\frac{1}{2}$	$0\frac{7}{8}$	1	$1\frac{1}{2}$	$9\frac{1}{2}$	12	18
C 9	2	31	9	62	43	146	$0\frac{1}{3}$	4	$0\frac{1}{3}$	$6\frac{1}{2}$	$0\frac{1}{2}$	1	$1\frac{1}{2}$	5	$8\frac{1}{2}$	12
D 8	$3\frac{1}{2}$	25	8	$44\frac{3}{4}$	48	149	$0\frac{1}{4}$	$2\frac{3}{4}$	$0\frac{1}{4}$	$6\frac{1}{6}$	$0\frac{1}{4}$	$0\frac{3}{4}$	1	$5\frac{1}{2}$	$7\frac{1}{2}$	11
E 13	3	$16\frac{1}{2}$	9	49	116	212	$4\frac{1}{3}$	$14\frac{1}{2}$	$6\frac{1}{2}$	$24\frac{1}{2}$	8	10	15	34	45	65
F 9	$10\frac{1}{2}$	21	20	104	68	71	$1\frac{5}{8}$	2	$2\frac{1}{4}$	$2\frac{1}{3}$	$2\frac{1}{4}$	$2\frac{1}{3}$	$2\frac{2}{3}$	$2\frac{1}{3}$	$2\frac{1}{2}$	$2\frac{3}{4}$
G 15	$4\frac{1}{2}$	12	12	59	184	184	$16\frac{1}{2}$	$16\frac{1}{2}$	23	23	31	39	55	31	39	55
H 13	$10\frac{5}{12}$	14	14	75	142	142	8	8	10	10	14	16	$25\frac{1}{4}$	14	16	$25\frac{3}{4}$

OBSERVATIONS.

Il est bon de remarquer que deux appuis placés aux extrémités d'une barre de fer horizontale peuvent bien la soutenir, en portant chacun la moitié de son poids, mais qu'ils ne peuvent pas l'empêcher de plier au milieu ; il faut pour cela une troisième puissance placée à ce point. L'effort de cette puissance doit être égal à la moitié du poids de la barre, parce qu'il faut la considérer comme coupée en deux, et supposer les bouts soutenus dans le milieu par cette puissance. Ainsi, désignant le poids de la barre par p, sa longueur par l, en prenant son épaisseur verticale pour unité, l'expression de l'effort qui empêche la barre de plier serait $\frac{1}{2} p \times \frac{1}{2} l$ qui se réduit à $\frac{pl}{4}$; c'est-à-dire au quart du produit du poids de la barre par sa longueur l : ainsi la barre indiquée dans la table précédente par A étant suspendue horizontalement par les deux bouts et posée de champ, c'est-à-dire la largeur étant d'aplomb, fléchit dans le milieu d'une ligne $\frac{1}{4}$.

Dans cette position, sa longueur exprimée par le nombre de fois qu'elle contient sa largeur verticale est de 58, le poids étant de 57 livres, la formule $\frac{pl}{4}$ donnera $\frac{57 \times 58}{4}$ qui se réduit à 856 $\frac{1}{2}$. Divisant ce résultat par 1 $\frac{1}{4}$ qui indique de combien la barre plie, on trouvera la fermeté de la barre $= 661$ $\frac{1}{5}$, qui répond à l'effort d'une barre de même grosseur placée de même, dont la longueur serait égale à 52 fois son épaisseur verticale, qui pèserait un peu moins de 51 livres et qui donnerait $\frac{52 \times 51}{4} = 663$ au lieu de 661 $\frac{1}{5}$. L'expérience justifie ce résultat, car une barre de cette longueur ne plie point.

La même barre suspendue de plat plie de 19 lignes $\frac{1}{2}$, son épaisseur qui n'est que de 7 lignes, donne 231 pour la valeur de l. Le poids de la barre étant toujours de 57 livres, la formule $\frac{pl}{4}$ donne $\frac{57 \times 231}{4}$ qui se réduit à 3291 $\frac{3}{4}$. Divisant ce résultat par 19 $\frac{1}{2}$, on trouvera pour l'expression de la raideur de la barre 168 $\frac{3}{4}$, qui répond aussi à une longueur égale à 52 fois l'épaisseur, et qui pèserait un peu moins de 13 livres, ce qui donne $\frac{52 \times 13}{4} = 169$. L'expérience justifie encore ce résultat : une barre de 28 lignes de largeur sur 7 lignes d'épaisseur posée de plat ne commence à plier que lorsqu'elle a plus de 30 pouces $\frac{1}{3}$, c'est-à-dire 52 fois son épaisseur verticale; son poids est de 12 livres 15 onces.

Autre observation.

Il faut remarquer que quand une barre plie sans charge, la partie de son poids qui la fait courber se trouve partagée dans toute sa longueur, tandis que si l'on ajoute un poids au milieu, il agit à ce point avec toute son énergie et avec le levier le plus grand, en sorte que son effort est égal à celui d'un poids double qui serait réparti également dans toute la longueur de la barre; c'est pourquoi, dans cette circonstance, si l'on désigne par q le poids ajouté au milieu de la barre, on doit avoir $\frac{1}{2} p + q \times \frac{1}{2} l$, ou $p + 2 q \times \frac{l}{4}$. Ainsi, ayant ajouté au milieu de la barre précédente, posée de plat, un poids de 12 livres, la formule donnera $57 + 24 \times \frac{231}{4}$, qui se réduit, après avoir fait les calculs indiqués, à 4678. Ce résultat divisé par l'expression de la fermeté de cette barre, que nous avons trouvée de 169, donnera pour la flèche de courbure 27 lignes $\frac{115}{169}$ à peu près $\frac{2}{3}$, au lieu de 27 lignes $\frac{1}{2}$ que donne l'expérience.

La même barre chargée d'un poids de 25 livres courbe de 36 lignes; en y appliquant la formule on trouve $57 + 50 \times \frac{231}{4}$ qui se réduit à 6179 $\frac{1}{4}$. Ce résultat divisé par 169, donne pour la flèche de courbure 36 lignes $\frac{95}{169}$. La même chargée d'un poids de 50 livres courbe de 52 lignes, la formule aurait donné 53 $\frac{11}{17}$.

En faisant ces expériences, nous avons observé que la courbe formée par une barre de bois ou de fer qui plie par son propre poids, est une espèce de chaînette, et que cette courbe change lorsqu'on ajoute un poids au milieu; elle devient d'abord parabolique, et à mesure que les branches de la courbe se redressent, les flèches de courbure augmentent en plus forte raison que les poids.

La courbure se maintient mieux dans les fers doux que dans ceux qui sont raides; ces derniers se rompent dès que le rallongement de la partie convexe, opposée au pli qui se forme à l'endroit où la charge est suspendue, surpasse le degré d'extension dont le fer est susceptible, fig. 3, Pl. VIII.

En rapprochant les cordes qui tenaient une barre de fer suspendue;

à mesure qu'elle pliait par l'augmentation de la charge qu'on lui faisait soutenir au milieu, je suis parvenu à faire toucher les deux bouts sans qu'elle se soit rompue, comme on le voit figure 4, la longueur de cette barre contenait 250 fois son épaisseur.

Il résulte de cette expérience, qu'une barre de fer courbée, figure 5, peut porter un poids presque aussi fort que celui qu'il faudrait pour la rompre en la tirant par les deux bouts.

Si au lieu d'une barre courbée, on considère deux barres formant un angle, figure 6, arrêtées par le haut et réunies par le bas au moyen d'un œil et d'un crochet, et qu'on suspende un poids à l'angle qu'elles forment à leur réunion, il faudrait, pour faire équilibre à la force de ces barres, agissant comme une corde ou une chaîne, un effort qui fût comme la diagonale C D est à la somme des côtés AD, DB.

Pour la barre courbée, figure 5, on trouve que la force doit être au poids comme le développement de la courbe A D B est au double de la flèche C D.

Ainsi, nommant la force absolue f
le développement du contour. . b
le poids. . . . . p
la flèche . . . . d

l'expression pour la barre courbe sera, pour la force absolue, $f = \frac{pb}{2d}$, et pour le poids $p = \frac{2df}{b}$.

Si ce sont deux barres qui forment ensemble un angle, figure 6, b exprimera la somme de leur longueur.

Si c'est une barre droite, 2 d exprimera le double de son é aisseur, en sorte que, prenant d pour unité, on aura pour la barre indiquée dans la table par A, $\frac{63840 \times 2}{231} = 552{,}73$ pour la valeur d'un poids placé au milieu, faisant équilibre à la force de la barre.

En faisant usage de la formule $\frac{pl}{4}$, on aurait trouvé, en prenant pour la valeur de p, le double de 552,73, la force de cette barre $= \frac{552{,}73 \times 2 \times 231}{4}$ qui se réduit à 63840, ce qui prouve l'accord de ces deux formules, qui se rapportent aussi avec l'expérience; car cette barre a fini par se rompre sous un poids de 560.

En considérant les résultats des expériences faites sur les barres indiquées dans la table précédente, on reconnaîtra, 1°. que les barres suspendues par le milieu, courbent d'environ ⅓ de moins que celles suspendues par les deux bouts;

2°. Qu'à longueur égale, la flèche de courbure est en raison inverse du carré de leur épaisseur;

3°. Que l'augmentation de courbure de ces barres est proportionnelle aux poids dont on les charge dans le milieu.

Il résulte encore de plusieurs autres expériences, qu'à grosseur égale, la courbure des barres, doubles de longueur, est seize fois plus grande.

La courbure d'une barre ne commence à être sensible que lorsque sa longueur est depuis 44 jusqu'à 56 fois son épaisseur, en raison de ce que le fer est plus ou moins doux; et moyennement de 50.

Ainsi, la barre indiquée dans la table par G qui pliait de 23 lignes, ayant été coupée en deux, chaque moitié ne pliait plus que d'une ligne $\frac{7}{16}$.

Les deux tables ci-après indiquent les résultats d'expériences faites sur des barres de même longueur et grosseur en fer forgé, en fer fondu de différentes qualités, et en bois de chêne et de sapin, pour parvenir à connaître leur force et leur raideur respectives, étant posées horizontalement sur deux appuis éloignés de 42 pouces et de 21 pouces.

PREMIÈRE TABLE. *Expériences faites sur des barres de fer forgé, de fer fondu, de bois de chêne et de sapin, de 4 pieds de longueur et d'un pouce en carré de grosseur, posées horizontalement sur deux appuis éloignés de 42 pouces.*

Poids dont elles ont été chargées dans le milieu.

	125.00	187.50	250.00	312.50	375.50	437.50	500.00	562.60	675.00	685.00	750.00	812.50	875.00	937.50	1000.00	1062.50
En fer forgé....	1.00	2.00	3.00	5.00	8.00	9.50	11.00	12.00	14.00	15.50	16.25	18.25	20.00	22.50	25.00	27.00
Idem........	1.50	2.25	4.00	6.50	9.00	10.50	12.00	13.50	15.50	16.75	18.00	19.75	22.00	24.00	26.50	29.00
En fonte grise...	1.00	2.25	4.00	5.50	6.25	*rompue sous un poids de 450.*										
Idem........	1.75	3.50	4.25	5.50	6.75	*rompue sous le même poids.*										
En fonte douce...	1.50	3.50	5.25	7.00	8.50	10.50	11.50	14.15	15.75	*rompue sous un poids de 650.*						
Idem........	0.25	0.75	1.50	2.25	3.00	3.50	4.25	5.00	5.75	6.50	7.50	8.25	9.25	10.50	11.75	14.00 | *rompue sous 1062.50.*
Idem........	1.00	1.75	2.75	4.25	*rompue sous 350.*											
Idem........	1.00	2.00	3.25	5.00	7.50	9.00	10.50	*rompue sous 561.*								

(Courbure exprimée en lignes.)

Poids dont elles ont été chargées dans le milieu.

	50	75	100	125	150	175	200	225	250	275
En bois de chêne.	6.00	8.75	10.00	11.50	12.75	14.00	15.25	16.75	18.25	19.75 | *rompue sous 300.*
Idem........	8.00	10.50	13.00	14.75	16.50	17.75	19.00	20.50	22.50	24.00 | *rompue sous 325.*
En bois de sapin.	6.00	18.50	10.00	11.75	13.50	15.75	16.50	18.50	20.00	*rompue sous 275.*
Idem........	7.25	9.50	12.00	13.50	15.50	17.25	19.50	21.50	24.00	*rompue sous 287.*

(Courbure en lignes.)

DEUXIÈME TABLE. *Autres expériences faites sur des barres de fonte grise et douce, et de bois de chêne, posées horizontalement sur deux appuis à 21 pouces de distance ; ces barres provenaient des précédentes.*

Poids dont elles ont été chargées dans le milieu.

	300	450	600	750	900	1050	1200	1350	1500	1650
Fonte grise....	0.75	1.00	*rompue sous 540.*							
Idem........	0.50	1.00	1.25	1.50	1.75	2.00	*rompue sous 1050.*			
En fonte douce..	0.50	1.00	1.50	1.75	2.00	3.25	3.50	3.75	4.00	5.25 | *rompue sous 1650.*
Idem........	0.50	0.75	1.00	1.25	1.50	1.75	2.00	*rompue sous 1272.*		
En bois de chêne.	2.50	8.75	*rompue sous 600.*							
Idem........	2.50	5.25	*rompue sous 570.*							

(Courbure en lignes.)

Fer éprouvé sous l'effort de la pression.

Un cube de fer de 6 lignes en tous sens, a commencé à se refouler sous un effort de 18250, ce qui fait environ 507 livres par ligne superficielle ou carrée.

Un autre cube de 8 lignes a commencé à se refouler sous un effort de 32640, répondant à 510 par ligne carrée.

Un troisième de 10 lignes ½ a commencé à se refouler sous un effort de 57200, répondant à 519 par ligne carrée.

Un quatrième d'un pouce sur tous sens, a commencé à céder sous un effort de 73750, qui répond à 512 par ligne carrée.

La force moyenne, résultante de ces quatre expériences, est de 512 livres par ligne carrée.

Un cinquième morceau de fer, formant un petit cylindre d'un pouce de diamètre, sur un pouce de hauteur, a commencé à fléchir sous un effort de 58750 livres, répondant à 520 livres par ligne carrée.

Un autre cylindre de 8 lignes de diamètre sur 8 lignes de hauteur, a commencé à se refouler sous un effort de 25900; ce qui fait un peu moins de 515 par ligne carrée.

Un autre cylindre de 6 lignes de diamètre sur 6 lignes de hauteur, a commencé à se comprimer sous un poids de 14450, qui donne un peu moins de 510 par ligne carrée.

La force moyenne est de 515, ce qui prouve que les cylindres sont un peu plus forts que les prismes à base carrée.

Il résulte de toutes les expériences sur la surface des fers :

Premièrement, que les barres de fer ont plié, sans se rompre, dans les mêmes proportions que celles de la table précédente;

II°. Que la fonte a plié avant de se rompre;

III°. Que la force de la fonte douce a été double de celle de la fonte grise;

IV°. Que la force du bois de chêne s'est trouvée à peu près moitié de celle de la fonte grise, et le quart de celle de la fonte douce, lorsque ces fontes sont bien pleines et sans soufflure; mais, quand il y en a, elles se trouvent souvent moins fortes que les barres de bois de chêne à dimensions et positions semblables;

V°. La raideur du bois de sapin est à peu près d'un neuvième moindre que celle du bois de chêne ;

VI°. Que la raideur du fer comparée à celle du bois de chêne, est comme 17 à 2 ; mais comme leur pesanteur est précisément en même raison, c'est-à-dire, comme 544 est à 64, il en résulte qu'une barre de fer, ne se soutient pas sans plier, à une plus grande longueur qu'une barre de bois de chêne de même grosseur. Le poids qui fait plier le fer étant 8 fois $\frac{1}{4}$ plus fort que celui qui fait plier le bois, il doit en résulter qu'un linteau de fer est aussi fort qu'un de bois de même longueur, dont l'épaisseur serait à celle du linteau de fer, comme $\sqrt{1}$ est à $\sqrt{8\frac{1}{4}}$, comme 1 est à 2 $\frac{2}{10}$; c'est-à-dire, près de trois fois plus épais ;

VII°. Qu'un linteau de fer doit avoir pour épaisseur au moins la trentième partie de sa longueur entre les appuis, puisqu'il commence à plier sous son poids, lorsqu'elle est moins de la cinquantième partie de sa longueur. On peut voir dans la table précédente que la barre F, qui avait 21 lignes de grosseur sur 20 lignes, pliait par son propre poids de 2 lignes, sur une longueur de 9 pieds 10 pouces $\frac{1}{2}$. Ce qui prouve combien peu on doit se fier aux barres posées sous les plates-bandes lorsqu'on ne les arrête pas par les bouts, pour les faire agir en tirant, afin de les empêcher de courber ; et comme alors elles ont un double effort à soutenir, il faut leur donner une largeur double de leur épaisseur verticale.

VIII°. La flexibilité des barres placées horizontalement et soutenues par leurs extrémités, dépend du rapport de leur épaisseur verticale à leur longueur ; leur raideur suit le même rapport, mais en raison inverse ; c'est-à-dire, que plus une barre a de longueur par rapport à son épaisseur verticale, plus elle a de flexibilité, et qu'au contraire moins elle a de longueur, par rapport à son épaisseur verticale, plus elle a de raideur ;

IX°. Dans les barres de même longueur, la flexibilité, mesurée par leur flèche de courbure, est en raison inverse du carré de leur épaisseur verticale. La largeur horizontale des barres ne contribue pas à les faire plier, par la raison que plusieurs barres de mêmes longueur et épaisseur, placées les unes à côté des autres, prennent une même courbure ; de même une tringle de bois de 2 pouces de largeur, coupée dans une planche de 12 à 15 pouces de largeur, ne plie pas plus que cette planche suspendue de même.

PREUVE.

Une barre de fer carrée, de 12 pieds de longueur, sur 1 pouce de grosseur, suspendue horizontalement par ses extrémités, plie d'environ 4 lignes.

Une autre barre carrée de même longueur, sur un demi-pouce de grosseur, courbe d'environ 32 lignes. En calculant la raideur de ces deux barres d'après la formule $\frac{p\,l}{4}$ dans laquelle p indique le poids, et l le nombre de fois que l'épaisseur de ces barres est contenue dans leur longueur, on remarquera que le poids de la seconde n'étant que le quart de celui de la première, tandis que le nombre de fois que l'épaisseur est contenue dans sa longueur est double, son expression par rapport à celle de la première barre sera $\frac{p}{4} \times \frac{2\,l}{4} \times \frac{1}{4}$, qui se réduit à $\frac{p\,l}{32}$. Pour l'expression de la seconde barre, celle de la première étant $\frac{p\,l}{4}$ et la valeur de $p\,l$ étant la même dans ces deux expressions, la raideur des barres sera en raison inverse des dénominateurs, c'est-à-dire, comme 32 est à 4, tandis que leur flexibilité sera comme 4 est à 32; en sorte que, si la première barre plie de 4 lignes, la seconde doit plier de 32 lignes, comme l'indique l'expérience.

Pour les barres méplates dont la largeur est plus grande que l'épaisseur, il ne faut prendre pour la valeur de p que le poids d'une barre carrée, répondant à l'épaisseur. Ainsi, pour une barre de mêmes longueur et épaisseur que la précédente, mais qui aurait le double de largeur, on ne prendrait pour la valeur de p, que la moitié de son poids, qui est celui d'une barre de 6 lignes en carré, ce qui donnera comme pour l'exemple précédent, la formule $\frac{p\,l}{32}$ répondant à une courbure de 32 lignes. Ce résultat est confirmé par l'expérience, qui prouve que la largeur des barres n'augmente ni ne diminue leur raideur ou leur flexibilité.

X°. Dans les barres de même épaisseur, leur flexibilité est comme le carré du produit de leur poids, multiplié par leur longueur.

PREUVE.

Une barre de fer d'un pouce en carré, sur 20 pieds de longueur, pesant 76 livres, étant suspendue horizontalement par les deux bouts, a plié dans le milieu de 5 pouces $\frac{1}{4}$ ou 63 lignes.

La même barre, ayant été coupée en deux parties égales de 10 pieds de longueur, pesant 38 livres, chacune de ces barres, suspendue de la même manière, a plié d'environ 4 lignes.

Une de ces moitiés, divisée en deux parties de 5 pieds de longueur pesant 19 livres, chacune a plié d'environ un quart de ligne

Pour appliquer la formule à ces expériences, il faut prendre pour la valeur de p, le poids d'un des quarts, ce qui donnera pour l'expression de leur raideur $\frac{pl}{4}$; pour les demi-barres $\frac{4pl}{4}$, qui se réduit pl; et pour la barre entière $\frac{16\,pl}{4}$, qui se réduit à $4\,pl$. Ces expressions $\frac{pl}{4}$, $p\,l$ et $4\,p\,l$ sont entre elles comme 1, 4 et 16, dont les carrés sont 1, 16, 256. Prenant le quart de chacun des carrés, on aura $\frac{1}{4}$, 4 et 64, qui indiquent les flèches de courbure comme les donne l'expérience.

XI'. Lorsque les barres sont de longueur et grosseur différentes, les flèches qui indiquent leur courbure sont entre elles en raison directe des carrés de leur longueur, et en raison inverse des carrés de leur épaisseur.

PREUVE.

La barre de fer désignée dans la table, page 289, par la lettre A, a de longueur 11 pieds $\frac{1}{4}$ sur 28 lignes de largeur et 7 lignes d'épaisseur; et en prenant cette épaisseur pour unité, sa longueur exprimée par L sera 231. Cette barre, suspendue horizontalement par ses extrémités, a plié de 19 lignes $\frac{1}{2}$.

La barre indiquée dans la même table par C, a 9 pieds 2 pouces de longueur sur 9 lignes d'épaisseur qui donne 146 pour le rapport de sa longueur à son épaisseur, que nous désignerons par l. Si l'on exprime l'épaisseur de la première barre par E, et celle de la seconde par e, on aura $\overline{L^2} : \overline{l^2} :: \overline{e^2} : \overline{E^2}$, d'où l'on tire l'analogie, force A est à force C, comme $\overline{L^2} \times \overline{e^2} : \overline{l^2} \times \overline{E^2}$; et en substituant les valeurs en chiffre, on aura $231 \times 231 \times 81 = 4322241$ pour la barre A, et $146 \times 146 \times 49 = 1044484$

pour la barre C : d'où l'on tire l'analogie, 4322241 : 19 ½ :: 1044484 est à un quatrième **terme**, qu'on trouvera à très-peu de chose près de 6 ½ pour la flèche de **courbure** de la barre C; l'expérience donne un peu plus de 6 lignes ½.

L'exactitude de la règle que nous venons d'indiquer est confirmée par plusieurs autres applications, dont les résultats se sont accordés avec le calcul, autant que les différentes qualités de fer ont pu le permettre.

XII°. Il résulte d'une infinité d'expériences faites sur des barres de fer de différentes grosseur et longueur posées verticalement, que leur force diminue en raison de ce que leur épaisseur est contenue un plus grand nombre de fois dans leur hauteur; et que, dans celle où l'épaisseur est contenue un même nombre de fois, la force par ligne carrée est la même, quoique les épaisseurs soient différentes.

Ainsi, la force par ligne carrée d'un morceau de fer d'un pouce, qui a en longueur 24 fois sa grosseur, est la même que celle d'une barre de 6 lignes de grosseur qui aurait aussi en longueur 24 fois son épaisseur.

Une barre de 2 pieds de hauteur sur un pouce de grosseur, commence à plier sous un effort de 39800; qui donne un peu plus de 276 livres par ligne carrée.

Une autre d'un pied sur 6 lignes de grosseur a commencé à fléchir sous 9890, ce qui donne un peu moins de 276 livres par ligne carrée. La petite différence vient de ce qu'en général les barres plus grosses donnent des résultats un peu plus forts, parce que les irrégularités sont moins sensibles, et qu'elles sont plus faciles à bien poser.

XIII°. La force sous laquelle un morceau de fer commence à plier est moindre que celle sous laquelle il se refoule.

Un morceau de fer plie plutôt que de se refouler, dès que sa hauteur est de plus de trois fois sa grosseur.

Tous ceux qui ont eu occasion de faire des expériences, savent combien il est difficile, quelques précautions que l'on prenne, d'éviter certaines circonstances qui influent sur les résultats. Il est cependant facile de concevoir que ces résultats doivent diminuer ou augmenter selon une progression régulière qui dépend autant des qualités de la matière, que du rapport des dimensions des barres éprouvées. Il est évident que plus une barre contient de fois son épaisseur dans sa longueur, moins elle doit avoir de force. Mais cette diminution est-elle précisément en raison inverse du nombre de fois que l'épaisseur est contenue dans la longueur ou hauteur, ou d'une autre progression? c'est ce que j'ai cherché à découvrir par l'expérience; et, pour parvenir à concilier les différences inévitables des résultats et les mettre pour ainsi dire en harmonie les uns avec les autres, j'ai tâché d'y appliquer le moyen dont j'ai ci-devant fait usage, page 242, à l'occasion de la force des bois, en considérant ces résultats comme les ordonnées d'une courbe qu'il est facile de rectifier.

XIVᵉ. Un très-grand nombre d'expériences faites sur des barres de fer carrés de 6, 8, 10 et 12 lignes de grosseur, qui avaient en longueur depuis 3 jusqu'à 240 fois leur grosseur, c'est-à-dire depuis un pouce et demi jusqu'à 20 pieds, m'a fait connaître que, lorsqu'une barre de fer a environ 26 à 27 fois son épaisseur en longueur, sa force, pour chaque ligne carrée de sa grosseur, est à peu près la moitié de celle sous laquelle des cubes de même grosseur commencent à se refouler. Dans les barres qui ont en longueur 53 à 54 fois leur épaisseur, la force n'est plus que le quart; pour 81 fois, $\frac{1}{8}$, et ainsi de suite; de sorte que les hauteurs étant 1, 27, 54, 81, 108, 135, 162, 189, 216, 243, les forces sont 512, 256, 128, 64, 32, 16, 8, 4, 2 et 1, pour chaque ligne superficielle de grosseur.

Ces résultats sont exprimés par les ordonnées de la courbe A, B, C, D, E, F, G, H, I, K, figure 7, Planche VIII. Les points marqués par un astérisque sont ceux déterminés par l'expérience.

La table suivante peut servir à faire connaître la force moyenne de toutes sortes de barres de fer posées d'aplomb pour soutenir un fardeau, ou pour résister à un effort qui agirait, en les comprimant, dans le sens de leur longueur. La première colonne indique la hauteur ou longueur de la barre, en prenant son épaisseur pour unité; et la seconde colonne, le poids en livres pour une ligne carrée.

LONGUEUR.	POIDS.	LONGUEUR.	POIDS.	LONGUEUR.	POIDS.
0	512.000	99	40.250	198	3.400
3	474.000	102	37.250	201	3.200
6	439.000	105	34.500	204	3.000
9	406.000	108	32 000	207	2.800
12	376.000	111	29.625	210	2.600
15	348.000	114	27.437	213	2.400
18	322.000	117	25.375	216	2.200
21	298.000	120	23.500	219	2.000
24	276.000	123	21.750	222	1.800
27	256.000	126	20.062	225	1.600
30	237.000	129	18 625	228	1.400
33	219.500	132	17.250	231	1.200
36	203.000	135	16.000	234	1.000
39	188.000	138	14.812	237	0.900
42	174.000	141	13.719	240	0.800
45	161.000	144	12.687	243	0.700
48	149.000	147	11.750	246	0.600
51	138.000	150	10.875	249	0.500
54	128.000	153	10.062	252	0.450
57	118.500	156	9.312	255	0.400
60	109.750	159	8.625	258	0.350
63	101.500	162	8.000	261	0.300
66	94.000	165	7.555	264	0.250
69	87.000	168	7.111	267	0.225
72	80.500	171	6.667	270	0.200
75	74.500	174	6.222	273	0.175
78	69.000	177	5.778	276	0.150
81	64.000	180	5.222	279	0.125
84	59.250	183	4.889	282	0.112
87	54.875	186	4.444	285	0.100
90	50.750	189	4.000	288	0.099
93	47.000	192	3.800	291	0.098
96	43.500	195	3.600		

Usage de cette Table.

On veut connaître la force capable de faire plier une barre de fer posée d'aplomb, de 6 pieds sur 2 pouces en carré de grosseur, en mesure ancienne. On cherchera la superficie de grosseur en lignes carrées en multipliant 24 par 24, qui donne 576; ensuite, considérant que la longueur de cette barre est de 36 fois son épaisseur, on cherchera dans la table la force qui répond à 36 de la première colonne, qu'on trouvera de 203. Le produit de 576 par 203 qui est de 116928, exprimera la force qu'on cherche. Mais pour connaître le fardeau qu'elle pourrait soutenir solidement sans plier, il faut supprimer le dernier chiffre, ce qui réduit sa force réelle à 11692 livres : en prenant la moitié de ce poids on aura environ 5846 kilogrammes.

Si l'on avait un poids de 24 milliers à soutenir avec un poteau de fer de 6 pieds de hauteur, et qu'on voulût connaître la grosseur qu'il faudrait lui donner pour le porter solidement, il faudrait faire la proportion 11692 : 576 :: 24000 est à un quatrième terme qu'on trouvera $=$ 1182, dont la racine 34,4 indiquera la grosseur à donner au poteau de fer.

De la force des fers inclinés.

La manière de trouver la force des barres de fer inclinées, agissant comme des liens ou des contre-fiches de charpente, est la même que celle que nous avons ci-devant indiquée pour les bois, page 274. Il faut multiplier la force de la barre, relative à sa longueur réelle, en prenant sa grosseur pour unité, par la verticale comprise entre son extrémité supérieure et la ligne horizontale qui passe par le pied, et diviser le produit par la longueur; parce que la force d'une barre de fer posée d'aplomb, est à celle de la même barre inclinée, comme le sinus total est au sinus de l'angle qu'elle forme avec l'horizon. Ainsi, ayant trouvé par le moyen de la table précédente que la force d'une barre de fer carrée d'un pouce de grosseur, sur 6 pieds de longueur, ou 72 fois sa grosseur, posée d'aplomb, pourrait soutenir avant de plier, 11592, on aura celle de la même barre inclinée à l'horizon de 50 degrés, en faisant la proportion, 100000 : sinus 50 degrés :: 11592 est à un quatrième terme, qu'on trouvera de 8880 pour la force de la barre inclinée.

RECHERCHES SUR LE RALLONGEMENT DES MÉTAUX ET AUTRES MATIÈRES DEPUIS LE DEGRÉ DE GLACE JUSQU'A CELUI DE L'EAU BOUILLANTE.

Dans le premier projet adopté pour la construction du pont d'Austerlitz, les voussoirs en fer fondu devaient être reliés par des plates-bandes en fer forgé, comme on l'a pratiqué au pont de Sunderland, dans le comté de Durham, en Angleterre[1] ; mais plusieurs motifs, au nombre desquels figure l'objection qui fut faite sur la différence

---

[1] Voyez, pour la figure et la description du pont de Sunderland, le Tome III, Livre VII, III⁰. Section, Chap. I⁰ʳ.

d'extension entre le fer fondu et le fer forgé, firent renoncer à cette combinaison. La connaissance que j'eus de ce fait, me donna l'idée de rechercher jusqu'à quel point cette objection pouvait être fondée.

Expériences.

[1] M. Bouguer, de l'académie des sciences, a éprouvé qu'une barre de fer forgé de 6 pieds de longueur s'allongeait de $\frac{47}{100}$ de ligne, ou de $\frac{1}{1838}$ de sa longueur, depuis le terme de congélation jusqu'à celui de l'eau bouillante, c'est-à-dire, pour 80 degrés du thermomètre de Réaumur, $\frac{47}{8000}$ de ligne, ce qui fait $\frac{1}{749664}$ par degré, en supposant la dilatation proportionnelle.

Le même académicien éprouva, à l'aide de son pyromètre, que des règles de 6 pieds des métaux ci-après s'étaient allongées depuis le degré de glace jusqu'à celui de l'eau bouillante ; savoir :

centième de ligne.

celle de fer, de . . . . 47 $\frac{1}{1838}$

celle d'or, de . . . . 63 $\frac{1}{1371}$

celle d'argent, de . . . . 81 $\frac{1}{1066}$

celle de plomb, de . . . . 94 $\frac{1}{919}$

Et en supposant la longueur de ces règles divisée en 33000 parties égales, il trouva le rallongement du fer, de . . . . . . 18 $\frac{1}{1832}$

celui de l'or, de . . . . 24 $\frac{1}{1375}$

celui de l'argent, de . . . . 31 $\frac{1}{1064}$

celui du plomb, de . . . . 36 $\frac{1}{916}$

M. Ellicot, physicien anglais, a trouvé qu'à un même degré de chaleur, la dilatation pour l'or, était de . . . . . . 73 $\frac{1}{1510}$

pour l'argent, de . . . . 102 $\frac{1}{1081}$

pour le similor, de . . . . 95 $\frac{1}{1160}$

pour le cuivre, de . . . . 89 $\frac{1}{1239}$

pour le fer forgé, de . . . . 60 $\frac{1}{1838}$

pour l'acier, de . . . . 56 $\frac{1}{1239}$

pour le plomb, de . . . . 149 $\frac{1}{740}$

Le chevalier don George Juan, Espagnol, ayant exposé aux rayons

[1] Physique de Muschembrock, Tome II, page 342—344.

du soleil des règles de même longueur, faites avec les différentes matières ci-après, trouva

centième de ligne.

le rallongement du fer, de. . . . . $13\frac{1}{4}$

celui de l'acier, de. . . . . $12\frac{1}{3}$

celui du cuivre, de. . . . . $19\frac{1}{4}$

celui du similor, de. 20

celui du verre, de. . . . . $3\frac{1}{2}$

celui de la pierre, de. 2

Muschembrock ayant plongé dans l'eau bouillante des fils de métal de 6 pouces de longueur, tirés à la même filière, trouva, au pyromètre, le rallongement de celui en plomb, de 160 degrés.

celui en étain, de. 124

celui en cuivre jaune du Japon, de. 84

celui en cuivre de Barbarie, de. 81

celui en similor, de. 92

celui en fer, de. 73

celui en acier, de. 67

Par les dernières expériences faites en Angleterre, avec un instrument perfectionné par Ramsden, et répétées en France par MM. Lavoisier et Laplace, on a trouvé qu'une verge d'acier, depuis la température de la glace fondante jusqu'à celle de l'eau bouillante, ou depuis 0 jusqu'à 80 degrés du thermomètre de Réaumur, s'allonge de $\frac{1}{873,75}$, et une en fer fondu de $\frac{2}{900191}$, qui peuvent se réduire à $\frac{1}{874}$ et $\frac{1}{904}$, ce qui donne pour chaque degré $\frac{1}{69920}$, pour l'acier, et $\frac{1}{72080}$ pour le fer fondu.

Quant au rallongement du fer forgé, il faut remarquer que son rapport avec celui de l'acier a été trouvé, à très-peu de chose près, le même dans les expériences ci-devant citées. M. Ellicot trouve ce rapport comme 60 est à 56, ou comme 15 est à 14.

Don George Juan trouve ce rapport comme $13\frac{1}{4}$ est à $12\frac{1}{3}$, comme 159 est à 148, qui ne diffère pas beaucoup de 15 à 14. Les expériences de Muschembrock donnent ce rapport comme de 73 à 67, et celui de 15 à 14 donnerait 73 et 68, ce qui en approche beaucoup.

Ainsi, en adoptant le rapport de 14 à 15, pour celui de la dilatation de l'acier et du fer forgé, à 80 degrés du thermomètre de Réaumur, d'après les dernières expériences; le rapport de l'acier au fer forgé serait comme $\frac{1}{874}$ est à $\frac{1}{816}$, et pour celui du fer forgé au fer fondu $\frac{1}{816}$ et $\frac{1}{901}$; ces deux fractions réduites à un même dénominateur deviennent $\frac{901}{735216}$ et $\frac{816}{735216}$, dont la différence $\frac{85}{735216}$ se réduit à $\frac{1}{8650}$: c'est-à-dire que pour deux barres de 8 mètres 65 centimètres ou 26 pieds 7 pouces 6 lignes de longueur, sur même grosseur, l'une de fer forgé et l'autre de fer fondu exposées à une chaleur de 80 degrés, le rallongement ne différerait que d'un millimètre.

Mais en prenant pour terme du plus grand froid en France 16 degrés au-dessous de 0, et 24 degrés au-dessus pour celui de la plus grande chaleur; la plus grande différence de température que puissent éprouver les fers exposés à l'air libre ne serait que de 40 degrés : et si l'on fait attention que la pose de ces ouvrages n'a presque jamais lieu lorsque la température est au-dessous de 0, on peut prendre 24 degrés pour la plus grande différence que puissent éprouver ces matières, qui donnerait $\frac{24448}{735216}$ pour la fonte, et $\frac{27001}{735216}$ pour le fer forgé, différence $\frac{25\frac{1}{2}}{735216}$, qui se réduit à $\frac{1}{28832}$: en sorte que la différence de dilatation pour des barres de 28 mètres 831 millimètres, ou 88 pieds 9 pouces, ne serait que d'un millimètre pour une longueur qui est plus de trois fois celle des barres précédentes, ce qui réduit à rien l'objection de l'emploi de ces deux espèces de fer.

Les plus grands efforts qui résultent de la dilatation ou de la condensation des métaux, ont lieu pour les barres droites qui sont retenues par leurs extrémités, et maintenues dans leur longueur de manière à ne pas pouvoir plier. Si les obstacles qui retiennent ces barres sont invincibles, elles se refoulent, et s'ils ne le sont pas, elles les éloignent. Lorsque les barres ne sont pas suffisamment maintenues dans leur longueur, elles plient.

On a vu au pont des Arts, que le rallongement des barres d'appui des balustrades en fer, par l'effet de la chaleur, a fait reculer les pierres dans lesquelles elles étaient scellées à leurs extrémités. Ces pierres, qui n'ont presque pas de charge, ont dû céder à cet effort, plutôt que de faire courber ces barres en dedans ou en dehors.

Pour donner une idée de cet effet, nous allons y appliquer le résultat des expériences que nous venons de citer.

La longueur de ces barres d'appui est de 535 pieds 6 pouces, ou 173 mètres, 951 millimètres; et comme le rallongement du fer forgé pour 24 degrés du thermomètre de Réaumur est de $\frac{1}{2710}$, celle d'une barre.de 173 mètres 951 a dû être d'un peu moins de 64 millimètres ou de 28 lignes $\frac{1}{2}$.

Bien que l'extension des matériaux au degré d'*eau bouillante* soit de beaucoup supérieure à celle qu'ils peuvent éprouver dans les constructions, nous avons pensé néanmoins, qu'il pouvait devenir intéressant de connaître l'étendue de cet effet à un degré de chaleur plus rapproché de l'état d'incandescence.

Le tableau suivant présente le résultat des expériences faites par le savant Poleni, sur différentes matières exposées pendant trois minutes à l'action d'une lampe, dont la chaleur faisait fondre le plomb au bout de 52 secondes. La dilatation a été mesurée par $\frac{1}{200}$ de lignes, avec un pyromètre de l'invention de l'auteur. C'est le pied de Paris qui a servi de module à ces expériences.

NUMÉROS des expériences.	MATIÈRES DES PARALLÉLIPIPÉDES.	Longueur en pouces des parallélipipèdes.	Largeur en lignes des côtés de la base des parallélipipèdes.	Durée du temps de l'expérience, en minutes.	Degrés marqués par le pyromètre.	Accroissement des parallélipipèdes exprimé en 1/200 de lignes.
I.	Plomb	10	4	$\frac{13}{14}$ [1].	144	$\frac{111}{200}$
II.	Fer.	10	4	3	77	$\frac{77}{200}$
III.	Fer.	10	6	3	51	$\frac{51}{200}$
IV.	Marbre blanc de Carrare.	10	8	3	80	$\frac{80}{200}$
V.	Marbre blanc de Carrare.	10	16	3	18	$\frac{18}{200}$
VI.	Pierre de Travertin. . .	10	8	3	84	$\frac{84}{200}$
VII.	Pierre de Travertin . . .	10	16	3	25	$\frac{25}{200}$
VIII.	Pierre de Nanto.	10	8	3	38	$\frac{18}{200}$
IX.	Pierre de Nanto.	10	16	3	11	$\frac{11}{200}$
X.	Pierre de Costosa.	10	8	3	54	$\frac{54}{200}$
XI.	Pierre de Costosa.	10	16	3	19	$\frac{19}{200}$
XII.	Terre cuite blanche. . .	10	6	3	25	$\frac{25}{200}$
XIII.	Terre cuite blanche. . . .	10	8	3	14	$\frac{14}{200}$
XIV.	Terre cuite blanche. . . .	10	16	3	6	$\frac{6}{200}$
XV.	Terre cuite rouge. . . .	10	6	3	32	$\frac{32}{200}$
XVI.	Terre cuite rouge. . . .	10	8	3	25	$\frac{25}{200}$
XVII.	Terre cuite rouge. . . .	10	16	3	9	$\frac{9}{200}$

1 Vers la fin de ce temps le plomb commençait à entrer en fusion.

L'esprit d'observation s'est également attaché à reconnaître le degré de condensation que les matières pouvaient éprouver par l'effet d'un froid rigoureux. On trouve dans l'Histoire de l'Académie des Sciences, depuis 1666 (tome I, page 116), que, pendant l'hiver de 1670, M. Picard observa que le froid resserre les pierres et les métaux; *en sorte que, sur une longueur d'un pied, ces corps perdaient un quart de ligne.* On gardait avec soin la mesure dans une cave pour la préserver de la froideur qui agissait sur les autres corps, et la tenir toujours, s'il est permis de le dire, en état de bien juger.

Au reste, il est essentiel de remarquer que dans la pratique, on ne saurait tirer aucune conséquence rigoureuse d'expériences de ce genre faites sur des morceaux de faibles dimensions, facilement pénétrés dans toute leur masse par le froid ou la chaleur; tandis que l'action de ces températures devient beaucoup moins sensible sur certaines matières en raison du volume sous lequel on les emploie ordinairement, et se réduit presque à rien sur les pierres.

DESCRIPTION D'UN PROCÉDÉ DE L'INVENTION DE M. BRARD, MINÉRALOGISTE, POUR RECONNAÎTRE D'AVANCE LE DEGRÉ DE GELIVITÉ DES PIERRES.

L'effet que l'action désagrégeante de la gelée pouvait produire sur les pierres a toujours paru une question d'autant plus difficile à résoudre d'avance, qu'on n'avait observé aucun rapport certain entre leurs qualités physiques et le degré de leur gelivité. Aussi, sans s'arrêter aux inductions spécieuses qu'on pouvait tirer, soit de leur texture, soit de la quantité d'eau dont elles se pénètrent, ou enfin de leur dureté plus ou moins grande, les constructeurs les plus habiles, n'ayant pas cru qu'il fût possible d'improviser, en quelque sorte, les leçons de l'expérience, ont-ils tous été d'avis qu'il fallait attendre l'action de plusieurs hivers sur les pierres nouvelles, avant d'oser les mettre en œuvre. Ce genre d'épreuve, en usage jusqu'à ce jour, et qui paraissait réunir au plus haut point toutes les conditions de la plus sûre garantie, était, il faut en convenir, sujet à de graves inconvéniens. En effet, indépendamment des entraves que pouvait faire naître, en bien des cas, le temps qu'il entraîne à sa suite, il devenait encore insuffisant lorsque les hivers sont peu rigoureux; car on a vu souvent des pierres de nouvelles carrières, employées dans les monumens, n'éprouver, pendant les hivers doux et tempérés, aucune influence de l'air ou de l'humidité, et se décomposer presque spontanément après plusieurs années, dans un hiver rigoureux ou même non rigoureux, mais présentant des successions de gelées ou de dégel plus ou moins prononcées.

Dans cet état, la somme des connaissances acquises sur la nature des matériaux offrait une lacune importante à remplir. Il s'agissait donc de trouver un moyen qui pût faire connaître, en peu de jours, si telle pierre est gelive ou non, et qui présentât des résultats aussi certains que ceux qu'on peut obtenir aujourd'hui sur sa force et sa résistance. C'est ce problème d'utilité publique que M. Brard, auteur du *Manuel du Minéralogiste* et de la *Minéralogie appliquée aux arts*, a résolu de la manière la plus satisfaisante.

Laissons M. Brard faire connaître lui-même l'origine de cette précieuse découverte, et les résultats de ses premiers essais.

« Les pierres gelives, dit-il, s'altèrent de trois manières différentes :
» 1°. En éclats irréguliers et anguleux ;
» 2°. En feuillets plus ou moins épais ;
» 3°. En grains plus ou moins fins [1].

» Les pierres gelives par éclats irréguliers sont assez souvent des » roches calcaires, compactes, à la surface desquelles on observe des » filets droits, gris ou jaunes, d'une finesse extrême et qui s'entre- » coupent dans tous les sens.

» Le second mode appartient aux calcaires argileux fissiles, aux » schistes grossiers et aux roches micacées.

» Enfin les pierres qui s'égrènent sont les plus communes : on en » rencontre parmi les roches calcaires à gros grain et à grain fin, » dans certains granits, et surtout parmi les grès. Je ne dis pas que » toutes ces pierres sont gelives, j'indique seulement la manière dont » elles se détériorent à la gelée quand elles ne peuvent lui résister.

---

[1] M. Brard aurait pu ajouter deux autres modes d'altération : 1°. celui dont l'effet est d'enlever des plaques de loin à loin, et aux endroits seulement qui renferment des flaches, espèce de défectuosités ou de solutions de continuité qui résultent d'une fissure ou de l'interposition d'une matière étrangère ; et 2°. celui de certaines pierres qui semblent se corroder avec une sorte de régularité, et qui présentent, dans leur état de dégradation, des reliefs vermiformes assez remarquables, et qu'on a souvent imités *à tort* dans les monumens publics. (*Note extraite du rapport de M. le vicomte Héricart de Thury.*)

» La force qui rompt l'adhérence des pierres gelives quand on les
» expose aux atteintes de la gelée et aux alternatives des saisons, qui
» se succèdent si rapidement en Europe, est la même force ou la même
» cause qui fait éclater les arbres dans nos forêts, et qui brise les vases
» de terre et de verre dans lesquels on fait congeler l'eau.... Cela étant
» reconnu, il s'agissait, pour résoudre le problème, de trouver un agent
» dont les effets fussent analogues à ceux de l'eau congelée : or, la
» première qui se présente est celle de produire un froid artificiel, et
» d'y exposer la pierre que l'on veut étudier autant de fois que la
» prudence l'exigerait, pour que l'on pût en obtenir une conviction
» satisfaisante. Ce moyen serait sans doute le meilleur de tous s'il
» était praticable en grand; mais comme il ne l'est point, et que les
» substances réfrigérantes pourraient d'ailleurs altérer certaines pierres
» et déguiser ainsi l'action de la gelée proprement dite, il faut renoncer
» à ce procédé, malgré tous les avantages qu'il semblerait promettre [1].
» Maintenant, si l'on compare l'eau congelée à un sel cristallisé, que
» l'on rapproche ses effets de ceux des substances salines, qui s'effleu-
» rissent à la surface des pierres, et qui finissent même par la réduire
» en poudre, on entrevoit un commencement d'analogie qui se fortifie
» de plus en plus à mesure que l'on en compare les résultats.
» C'est en examinant, je l'avoue, l'effet d'un sel sur des vases de terre
» cuite, que j'espérai pouvoir atteindre le but que je me proposais,
» en substituant l'action d'un *sel mural* à celle de l'eau congelée.

---

[1] Il ne serait peut-être pas aussi impossible que le pense l'auteur de faire éprouver aux pierres d'appareil l'action directe de la gelée produite par un froid artificiel : voici même, à ce sujet, ce que l'on a proposé dernièrement.

Ou placerait la pierre d'épreuve, convenablement humectée, dans un vase de fer-blanc, que l'on entourerait en tout sens d'un mélange réfrigérant, composé de glace pilée et de muriate de soude; on enfoncerait un thermomètre dans le mélange de sel et de glace, et un dans le vase qui contiendrait la pierre. Du moment où les thermomètres marqueraient en semble 2°, on examinerait la pierre une première fois, pour savoir si elle aurait déjà été attaquée à ce premier degré de froid, et l'on en ferait autant à chaque fois que les deux thermomètres descendraient ensemble à 4, 6, 8, 10, 15 degrés, qui est à peu près le maximum du froid à Paris.

Par ce moyen, l'on connaîtrait positivement le degré précis auquel telle pierre se détériorerait; mais outre que ce procédé ne serait nullement à la portée des praticiens, et ne remplirait point par conséquent l'une des parties essentielles de la proposition, nous croyons qu'il demande à être appuyé d'une série d'expériences comparatives avant que l'on puisse le conseiller, même pour les circonstances difficiles où l'on pourrait avoir recours aux cabinets de physique et aux laboratoires de chimie. (*Note de M. le vicomte Héricart de Thury*).

» J'avais par devers moi quelques anciennes observations sur la force
» expansive des sels. Je savais que certaines galeries de salines, situées en
» Bavière ou en Tyrol, s'étaient obstruées, dans l'espace de peu d'an-
» nées, par l'action seule du muriate de soude dont la roche est péné-
» trée en tous sens; je n'ignorais point que le toit et le mur de plusieurs
» couches de houille se réunissent quand le combustible est enlevé par
» le fait seul du gonflement du schiste alumineux; je savais aussi que la
» craie dont on se sert pour bâtir à Malte tombe en poussière quand l'eau
» de la mer vient à la toucher [1]; enfin, j'ai rassemblé toutes ces données, et
» j'ai commencé les expériences dont je vais rendre compte, en éliminant
» toutes celles qui ne m'ont amené à aucun résultat satisfaisant.

» Le nitrate de potasse, le muriate de soude, le sulfate de magnésie,
» le carbonate et le sulfate de soude, l'alun et le sulfate de fer, effleu-
» rissent assez généralement à la surface des roches qui les contiennent,
» et la réduisent en poudre ou en éclats absolument de la même
» manière que le fait l'eau congelée par rapport aux pierres gelives.
» Or, j'ai mis une suite assez nombreuse de pierres d'appareil, de
» diverses natures, successivement aux prises avec chacun de ces sels,
» afin de pouvoir choisir ensuite celui dont la force expansive me
» semblerait la plus énergique et la plus active. Le sulfate de soude
» (vulgairement *sel de Glauber*) m'a paru mériter la préférence,
» puisque c'est avec lui que j'ai fait toutes les expériences qui m'ont le
» plus parfaitement réussi. Passons donc sous silence tous les essais
» qui n'ont eu aucun succès, et toutes les épreuves qui m'ont amené
» au point que je considère aujourd'hui comme le meilleur procédé à
» employer pour reconnaître les pierres de mauvaise qualité, je dirai
» que, lorsqu'on veut s'assurer si une pierre d'appareil est susceptible
» ou non de résister à l'action de la gelée, il faut la faire bouillir dans
» une dissolution saturée à froid de sulfate de soude pendant une
» demi-heure, la retirer et la placer ensuite dans un vase plat, au fond
» duquel on verse environ une ligne d'épaisseur de cette même dissolu-
» tion, de manière à ce que la pierre en épreuve y trempe légèrement,

---

[1] Au Chap. VII du second Livre de Vitruve, il est aussi parlé de l'action destructive de
l'eau de mer sur les pierres tendres. Mais ce que dit le même auteur, sur l'effet que produit
le sable marin employé dans les constructions, *où il détruit les enduits en rejetant au
dehors le sel dont il est imprégné*, semblait devoir mettre plus directement sur la voie de
cette précieuse découverte. (Voyez ci-devant , page 129.)

» et par sa base seulement. On placera le tout dans un appartement
» chaud, si c'est en hiver, ou dans un grenier, si c'est en été, afin de
» faciliter l'effloraison du sel dont la pierre est imprégnée : au bout de
» vingt-quatre heures on trouvera l'échantillon couvert d'efflorescences
» neigeuses, et la liqueur évaporée ou absorbée. On aspergera légère-
» ment la pierre avec de l'eau pure, jusqu'à ce que toutes les aiguilles
» salines aient entièrement disparu, et que la pierre, que l'on ne doit
» pas sortir du vase, soit bien lavée. Il n'est pas rare de trouver tout
» à l'entour de l'échantillon, dès cette première lotion, des grains, des
» feuillets ou des fragmens anguleux qui s'en sont détachés, et beaucoup
» d'autres déjà soulevés, si l'on opère toutefois sur une pierre gelive.
» Ici l'expérience marche, mais n'est point terminée : il faut laisser
» effleurir de nouveau, puis arroser, et continuer ainsi pendant cinq à
» six jours; au bout de ce temps, si la température a été sèche, et que
» les efflorescences soient bien formées, on doit être fixé sur les bonnes
» ou mauvaises qualités de la pierre en épreuve. On lave alors l'échan-
» tillon à grande eau, l'on recueille tout ce qui s'en est détaché pendant
» le cours de l'expérience, et l'on juge, par la quantité de ces parties
» désunies, du degré d'altération qu'elle éprouverait un jour si on l'ex-
» posait à l'action de la gelée.
» Les pierres très-gelives que j'ai soumises à cette épreuve se sont
» détériorées dans le courant du troisième jour, quelques-unes se sont
» entièrement éboulées; celles qui sont moins mauvaises ont résisté cinq
» à six jours; mais peu de pierres, excepté les granits durs, les calcaires
» compactes et les marbres blancs, ont pu supporter l'épreuve pendant
» trente jours consécutifs. Il est donc un terme où il faut s'arrêter, et
» je crois que huit jours doivent suffire.
» Pour peu que l'on soit familiarisé avec ces sortes d'expériences, on
» s'explique facilement tout ce qui doit se passer dans le courant de
» l'épreuve dont il s'agit. L'eau bouillante et chargée de sels dilate la
» pierre et la pénètre, à une certaine profondeur, à peu près comme
» l'eau pluviale s'introduit à la longue dans l'intérieur des pierres
» exposées aux intempéries de l'atmosphère. L'eau pure, en se congelant,
» occupe un plus grand volume qu'à l'état de fluide, aussi se fait-elle
» jour à travers les pores de la pierre, en faisant effort contre les parois
» des cellules, qui ne peuvent plus la contenir dans ce nouvel état. De
» même le sel, tenu en dissolution au moment où il s'est introduit

» dans l'intérieur de la pierre, est forcé de se faire jour à l'extérieur, à
» mesure que son dissolvant s'évapore et le force à reprendre sa forme
» solide, sous laquelle il occupe également beaucoup plus de place.
» On conçoit que les lotions et les effloraisons réitérées qui sont pres-
» crites ci-dessus n'ont d'autre but que d'achever de séparer toutes
» les parties qui tendent à se détacher de la masse, et qui ne sont
» qu'ébranlées au commencement de l'épreuve. Je ferai remarquer
» encore une analogie frappante entre l'effet de l'eau congelée et celui
» de l'effloraison des sels sur la désagrégation des pierres gelives :
» c'est que l'eau pure n'agit elle-même sur la pierre qu'à l'état d'efflo-
» rescences neigeuses, qui viennent évidemment de l'intérieur à l'exté-
» rieur, comme les efflorescences salines; tandis qu'à l'état de glace
» dure, elle peut séjourner à la surface des pierres gelives sans les
» attaquer, et il en est de même des sels cristallisés, qui n'ont, dans
» cet état, aucune action sur ces pierres particulières. »

Les résultats des premiers essais de M. Brard ont été confirmés depuis
par de nombreuses expériences faites, soit par des ingénieurs des ponts
et chaussées, soit par la société royale de Genève. Mais les plus com-
plètes sont celles qui ont eu lieu à la direction des travaux publics de
Paris, sous les yeux de M. le vicomte Héricart de Thury, chargé en
dernier lieu, par la société d'encouragement, de vérifier, par de nouveaux
essais, le procédé de M. Brard. Le détail de ces expériences, et l'instruction pratique sur la manière de les faire, placés ci-après, nous ont
paru un complément nécessaire à ce qui a été dit précédemment sur
la connaissance des pierres.

COMPTE RENDU DES EXPÉRIENCES FAITES A L'INSPECTION GÉNÉRALE DES CARRIÈRES
DE PARIS SUR LES PIERRES D'APPAREIL, SUR LES MARBRES, LES BRIQUES ET LES
MORTIERS ANTIQUES ET MODERNES, PAR M. LE VICOMTE HÉRICART DE THURY.

Dans le cours des expériences qui ont été faites à l'Inspection générale
des carrières de Paris, depuis le mois de septembre 1822 jusqu'à ce jour,
nous nous sommes principalement attachés à chercher le point où l'action du sulfate de soude est absolument semblable à celle de la gelée,
dans la détérioration des pierres gelives : or, le seul moyen de parvenir
à ce but était d'agir sur des pierres dont les bonnes et les mauvaises qualités sont sanctionnées par le temps, et nous n'avons pas balancé à

adopter ce mode comparatif, qui met en regard les résultats d'une longue pratique avec ceux du procédé que nous examinons.

Nous avons fait plus : ce n'était pas assez de s'être assuré que l'eau saturée à froid produisait les mêmes effets que ceux de nos hivers accumulés, nous avons voulu savoir encore si l'on pouvait les outre-passer, et en cela nous sommes arrivés aux mêmes résultats que ceux qui sont consignés dans le procès-verbal des expériences de **M. *Vicat*,** dont on connaît la sévère exactitude; c'est-à-dire qu'en employant une dissolution saturée à chaud, au lieu de l'être à froid, nous sommes parvenus à attaquer des pierres que les siècles avaient respectées, telles que les liais. On peut donc non-seulement s'assurer si les pierres que l'on soumet à l'épreuve pourront braver à jamais l'action de nos climats tempérés; mais on peut encore, en forçant la proportion du sel, prévoir ce qui arriverait à ces mêmes pierres, si, par une cause quelconque, on venait à les exposer à des agens destructifs plus énergiques que ceux qui nous sont connus.

Cette tentative n'était pas une pure curiosité, puisqu'il est certain que toutes les parties extérieures d'un édifice ne sont pas également exposées à l'action destructive du froid et de l'air : ainsi, par exemple, les angles des corniches, les colonnes et leurs chapiteaux surtout, qui sont frappés dans tous les sens et par la pluie et par l'air humide, sont bien plus fortement exposés à leur action destructive que le parement d'un mur qui n'offre qu'une face plane à l'air. Les architectes, au reste, ont toujours eu égard à ces différentes situations des parties d'un même bâtiment, et nous n'en parlons ici que pour faire sentir combien il est avantageux de pouvoir augmenter l'énergie de la dissolution de sulfate de soude, toutes les fois qu'il deviendra nécessaire d'assortir plusieurs qualités de pierres aux différentes parties d'un même édifice, et nous allons voir à l'instant que cette circonstance vient précisément de se présenter.

Il s'agissait de choisir parmi les pierres des environs de Paris celles qui, par leur solidité, la hauteur de leur appareil et la finesse de leur grain, seraient susceptibles de servir à exécuter les grands chapiteaux corinthiens de l'église de la Madeleine.

L'épaisseur du banc et l'état des carrières de l'Abbaye du Val ont fait penser que les pierres qu'elles fournissent seraient les plus propres à l'exécution de ces chapiteaux; mais une difficulté se présentait, les avis étaient partagés. Tel architecte avait employé cette pierre avec le plus grand succès, tel autre, au contraire, l'avait vue se déliter complétement à la gelée. Pour juger et décider définitivement la question, on a pris, à la carrière même, des échantillons des deux bancs qui sont en exploitation, on les a soumis à l'épreuve de la lessive saturée à chaud, et l'on a appris, dès le surlendemain, que le banc supérieur était celui qui fournissait d'excellente pierre, et que le banc inférieur était celui qui fournissait les pierres gelives : la ressemblance parfaite du grain, de la couleur et de tous les caractères extérieurs de ces deux pierres, ne permettait pas de les distinguer lorsqu'elles étaient rendues au chantier. Ainsi, il ne peut plus rester aucun doute sur la véritable cause des avis contradictoires de nos architectes sur les pierres des carrières du Val de l'Ile-Adam, du Val d'en haut et de l'Abbaye du Val.

L'on a cru devoir encore, dans cette occasion, soumettre à l'épreuve, comme terme de comparaison, des fragmens de chapiteaux de pierre de Conflans, provenans des anciennes colonnes réformées par *Rondelet* lors de la restauration des piliers du dôme de l'église de Sainte-Geneviève, et qui étaient exposés à l'air depuis plus de vingt ans, sans en avoir souffert la moindre altération; et ici l'expérience a été de nouveau d'accord avec l'observation, car la lessive ne les a nullement attaqués.

Nous ne nous sommes point bornés, comme M. *Brard*, à soumettre les pierres d'appareil seulement à l'action désagrégeante du sulfate de soude; nous l'avons aussi appliquée aux marbres, dont un grand nombre ne sont pas susceptibles de servir à la décoration extérieure, et nous avons également produit des effets absolument semblables à ceux de la gelée sur les marbres argileux. Enfin, quelques mortiers et quelques briques antiques ont été soumis à la même épreuve, et sont venus à l'appui de ce que MM. *Vicat* et *Billaudel* ont consigné dans leurs rapports.

Les tableaux suivans présentent la série des pierres, des marbres, des briques et des mortiers qui ont fait le sujet de nos expériences.

TABLEAU des essais auxquels ont été soumises *différentes pierres* , suivant le procédé de *M.* Brard , *dans le but de* reconnaître si elles peuvent ou non résister à la gelée (septembre 1822).

Température de l'atmosphère , *maximum* , 19 dég., *minimum* 12 deg. == Hauteur du baromètre, *maximum* 28 p. 3 l., *minimum* 27 p. 6 l

DÉSIGNATION DES PIERRES.	N°s des bancs.	POIDS DES PIERRES. Avant d'avoir été plongées dans la liqueur tenue à l'état d'ébullition.			Après avoir été plongées dans la liqueur tenue à l'état d'ébullition.			POIDS de la liqueur dont la pierre s'est imbibée.			PESANTEUR spécifique approximative.	POIDS de la pierre après l'expérience.			PERTE de la pierre pendant l'expérience.			QUALITÉS.	OBSERVATIONS.
		onces.	gros.	gr.	onces.	gros	gr.	onc.	gr.	gr.	le pied cube.	onces.	gr.	gr.	onc.	gr.	gr.		
Blanc chlorité gris. . .	2	12	1	»	12	2	5¼	»	1	54	159 liv.	12	2	51	»	»	3	bonne.	Les petites quantités de 3 à 6 grains, qui sont tombées des cubes mis en épreuve, sont dues à la poussière que le ciseau ou la scie avait détachée de leur surface, et qui s'était logée dans les pores de la plupart de ces pierres, qui sont coquillères. Celles qui sont réellement gélives se comportent tout différemment: leurs angles, leurs arrêtes tombent: tel est le n°. 7.
Blanc chlorité nacré. .	3	11	4	36	11	7	40	»	3	4	152	11	6	45	»	»	31	médiocre.	
Coquiller rouge.	4	9	»	9	10	»	36	1	»	27	118	10	»	30	»	»	6	bonne.	
Coquiller blanc.	5	10	1	54	10	7	5¼	»	6	»	134	10	7	50	»	»	4	bonne.	
Lambourde.	6	8	6	46	9	7	»	1	»	26	133	9	6	60	»	»	12	médiocre.	
Banc vert.	7	11	»	»	11	3	36	»	3	36	147	11	1	»	»	2	36	très-mauv.	
Gros blanc.	8	11	1	18	11	6	9	»	4	63	147	11	6	»	»	»	9	assez bonne.	
Liais franc.	9	12	»	»	12	1	63	»	1	63	157	12	1	58	»	»	5	bonne.	
Banc des galets (laine).	10	8	7	54	9	7	36	»	7	54	118	9	7	30	»	»	6	bonne.	
Coquiller grignard. . .	11	10	3	»	11	»	54	»	5	54	136	11	»	48	»	»	6	bonne.	
Souchet pilé marin. . .	12	10	»	54	10	6	5¼	»	6	»	132	10	6	46	»	»	8	assez bonne.	
Banc franc (batard). .	13	8	4	54	10	»	5¼	1	4	»	113	10	»	50	»	»	4	bonne.	
Appareil cliquart. . . .	14	12	1	54	12	3	9	»	1	27	160	12	3	4	»	»	5	bonne.	
Roche coquillère. . . .	15	10	2	»	11	»	18	»	6	18	135	11	»	9	»	»	9	assez bonne.	
Rochette.	16	12	1	9	12	2	9	»	1	»	159	12	2	9	»	»	»	très-bonne.	

40.

Les pierres soumises aux essais avaient chacune 8 pouces cubes environ. — La quantité d'eau saturée de sulfate de soude employée pour chaque essai pesait 14 onces 2 gros. — On a mis la pierre dans l'eau saturée, et on lui a fait subir l'ébullition pendant une demi-heure ; après quoi, l'on a posé la pierre dans un vase plat et l'on a versé de la liqueur jusqu'à la hauteur de 3 lignes, et 24 heures après on a fait des lotions. — Chaque pierre soumise aux essais a soutenu six jours d'épreuve. — Toutes les pierres étaient placées sur leur lit.

TABLEAU des expériences faites en février 1824 *, en employant la lessive simplement saturée à froid.*

NOMS DES PIERRES ÉPROUVÉES.	OBSERVATIONS.
Les quinze pierres portées au tableau d'autre part (sept. 1822.)	Elles se sont absolument comportées comme dans la première épreuve.
Conflans ordinaire	N'a point été attaqué.
Conflans ferré.	*Idem.*
Ile-Adam. . . { Banc royal. . . . / Banc franc. . . . / Pierre dure. . . . / du Val.	Toutes les pierres de l'Ile-Adam avaient donné, le premier jour, quelques légères marques d'altération ; mais après la première lotion, cette altération apparente a cessé, et l'on s'est assuré que la poussière qui s'était détachée provenait de l'action de la scie à dents, avec laquelle on avait détaché les échantillons.
Cresanne, en Saintonge.	N'a éprouvé aucune altération. Une petite flaque que l'on remarquait vers l'une des arêtes du cube n'a pas même cédé.

TABLEAU des expériences faites en février 1824 *, en employant la lessive saturée à chaud.*

NOMS DES PIERRES ÉPROUVÉES.	OBSERVATIONS.
Abbaye du Val. — Supérieur. . .	A parfaitement résisté, quoique la pierre se soit couverte de longues efflorescences.
Abbaye du Val. — Inférieur. . .	Environ le tiers du cube, qui avait 4 pouces de côté, a été fortement attaqué au bout de 24 heures.
de Louvre. — Supérieur. . .	A bien résisté.
de Louvre. — Inférieur. . . .	A été fortement attaquée sur toute une face du cube.
de Parmin.	A été attaquée sur une de ses arêtes.
de Vergelet.	A bien résisté.
de Butry.	A parfaitement soutenu l'épreuve.
de Passy, compagnie Thorel. .	A bien résisté pendant huit jours, et a été ensuite légèrement attaquée sur l'une de ses faces.
de Passy, Faisanderie.	Comme la précédente.
Fragmens des volutes des chapiteaux corinthiens des colonnes réformées par *Rondelet* lors de la restauration du dôme de Sainte-Geneviève. Ces chapiteaux étaient de pierre de Conflans comme ceux du grand ordre du péristyle. . .	Deux morceaux de ces volutes ont été soumis à l'épreuve ; les faces qui avaient été taillées n'ont éprouvé aucune altération, celles qui avaient été brisées ont laissé tomber quelques fragmens, qui provenaient évidemment de la force du choc.
Liais franc.	Cette excellente pierre, exposée pendant trop longtemps à l'épreuve, n'a été que légèrement attaquée.

ESSAIS sur les marbres. — 12 et 13 *novembre* 1822.

MARBRES.	POIDS des échantillons			Dissolution absorbée.			Poids des échantillons après l'imbibition.			Perte après l'expérience.			OBSERVATIONS.
	onc.	gros.	gr.	onc.	gros.	gr.	onc.	gros.	gr.	onc.	gros.	gr.	
Blanc de Carare. . .	6	2	1	»	»	2	6	2	3	»	»	»	Première qualité.
Blanc des Pyrénées.	6	3	2	»	»	2	6	3	4	»	»	»	*Idem.*
Griotte d'Italie. . .	8	6	8	»	»	6	8	6	14	»	»	2	Quelques parties terreuses.
Vert Campan. . . .	7	4	6	»	»	15	7	4	21	»	8	31	Parties d'argile pyriteuses.
Brun vert *idem.* . .	7	»	4	»	»	28	7	»	32	»	7	22	Argile et pyrites.
Cerfontaine.	9	»	10	»	»	10	9	»	20	»	3	10	Pyrites disséminées.
Marquise.	9	6	21	»	»	13	9	6	34	»	5	6	Veines terreuses.
Sainte-Anne. . . .	8	3	15	»	»	8	8	3	23	»	»	46	Veines d'argile.
Caunes.	7	6	30	»	»	5	7	6	35	»	»	3	Petites veines terreuses.

Il résulte des expériences qui ont été faites sur dix échantillons de marbres différens,

1°. Que les marbres blancs statuaires de première qualité ne sont nullement attaqués par les efflorescences, tandis que les marbres blancs *pouf* le sont fortement;

2°. Que les marbres argilo-talqueux (le marbre Campan) sont attaqués dans les mêmes parties qui cèdent à l'action de l'air et de la gelée; c'est-à-dire dans les veines talqueuses et argileuses, qui se creusent par l'action de l'air comme par l'action du sel;

(Tout le monde connaît la décomposition des colonnes de marbre Campan de Trianon.)

3°. Enfin, que les marbres argileux et pyriteux, que l'on ne peut employer à la décoration extérieure ont été également attaqués plus ou moins par l'effet des effloraisons, tandis que ceux qui résistent à l'air en supportent parfaitement l'action.

ESSAIS faits sur les briques et les tuiles. — 23 *octobre* 1822.

BRIQUES ET TUILES.	POIDS des échantillons.			Dissolution absorbée.			Poids des échantillons après l'imbibition.			PERTE après l'expérience.			Observations.
	onc.	gros.	gr.	onc.	gr.	gr.	onc.	gros.	gr.	onc.	gros.	gr.	
Brique romaine.	12	4	6	»	1	6	12	5	12	»	»	8	Brique dure, faisant feu au briquet dans quelques parties.
Id. moderne de Bourgogne.	15	6	12	»	4	15	16	2	27	1	»	16	Brique dure, idem.
Id. moderne de Nanteuil. .	18	4	20	1	6	10	20	2	30	1	2	6	Brique tendre.
Grande tuile romaine. . .	18	3	2	»	1	10	18	4	12	»	»	27	Dure, sonore, bien cuite, bien conservée.
Tuile de Bourgogne. . . .	12	6	20	»	1	28	12	7	48	»	»	33	Dure, sonore, faisant feu.
Id. de Nanteuil.	11	»	36	1	2	6	12	2	42	»	»	24	Tendre avec partie de chaux.
Id. de Chavres.	11	6	22	2	3	10	14	1	32	3	»	6	Tendre, argilo-calcaire.
Poterie romaine d'une grande urne cinéraire. . .	4	1	2	»	6	1	4	7	3	1	»	2	Grosse poterie rouge, dure, mais inegale dans la pâte.

Les briques, la poterie dure et les tuiles romaines qui ont été soumises à l'épreuve ont parfaitement résisté.

Les briques et les tuiles de Bourgogne qui étaient assez cuites pour faire feu par le choc du briquet ont également résisté; mais les briques et les tuiles modernes de Nanteuil, qui étaient tendres, ont été fortement attaquées par les efflorescences du sulfate de soude; ce qui vient à l'appui des expériences faites à Bordeaux pendant treize mois consécutifs.

ESSAIS faits sur les mortiers antiques. — 3 *novembre* 1822.

ÉCHANTILLONS de mortiers.	POIDS des échantillons.			Dissolution absorbée.			POIDS après l'imbibition			PERTE.			OBSERVATIONS.
	onc.	gros.	gr.	onc.	gros.	gr.	onc.	gros.	gr.	onc.	gros.	gr.	
Pont du Gard. . .	6	2	»	1	2	6	7	4	6	»	»	8	Mortier à fragmens de terre cuite.
Aquéduc d'Arcueil.	10	3	8	4	6	15	15	1	23	2	6	5	Mortier avec sable, cailloux et gravier silicieux

Un échantillon de mortier du pont du Gard, soumis à l'épreuve, n'a point été attaqué.

Un échantillon de mortier de l'aquéduc d'Arcueil, mis en expérience, a été fortement attaqué; ce qui prouve que l'action désagrégeante du sulfate de soude est applicable aussi aux mortiers et aux cimens, ainsi que M. *Vicat* s'en est assuré par la série des expériences que nous avons déjà citées.

INSTRUCTION PRATIQUE POUR ESSAYER LES PIERRES D'APPAREIL D'APRÈS LE PROCÉDÉ DE M. BRARD.

I. On choisit les échantillons sur les points douteux du banc de pierre que l'on veut éprouver, par exemple sur les places qui présentent des différences dans la couleur, le grain ou l'aspect.

II. On fait tailler ou scier ces échantillons, en cubes de deux pouces de côté, à vives arêtes, les morceaux simplement cassés pouvant être tressaillés ou étonnés par le choc, et pouvant offrir ainsi des détériorations fausses qui ne tiendraient nullement à la qualité de la pierre, mais simplement à la force qui l'a brisée.

III. On numérote ou l'on marque chaque échantillon avec de l'encre de la Chine, ou avec une pointe d'acier, et l'on conserve des notes exactes du lieu et de la place d'où chaque cube a été détaché.

IV. On fait fondre, dans une quantité d'eau proportionnée au nombre des échantillons que l'on veut éprouver, tout le sel de Glauber (sulfate de soude) qu'*elle pourra dissoudre à froid*; et, pour être bien certain que cette eau ne peut en prendre davantage, il faut qu'il reste un peu de sel au fond du vase, une ou deux heures après qu'on l'y aura jeté : ainsi, par exemple, une livre de ce sel suffit pour saturer une bouteille d'eau ordinaire, à la température des puits, de 12 degrés environ du thermomètre de *Réaumur* (15 degrés centigrades).

V. On fait chauffer cette eau chargée de sel dans un vase quelconque, jusqu'à ce qu'elle bouille à gros bouillons, et l'on y plonge alors tous les échantillons sans la retirer de dessus le feu, et en déposant les cubes de manière à ce qu'ils plongent tous complétement.

VI. On laisse bouillir les pierres pendant une demi-heure. Les expériences faites par M. *Vicat* prouvent qu'il ne faut pas faire bouillir pendant plus long-temps, sous peine d'outre-passer les effets de la gelée. Ainsi cette ébullition de trente minutes est de rigueur.

VII. On retire chaque échantillon l'un après l'autre, et on les suspend à des fils, de manière à ce qu'ils ne touchent à rien, et qu'ils soient parfaitement isolés. On place au-dessous de chacun d'eux un vase rempli de la dissolution dans laquelle ils ont bouilli, mais en ayant soin de la laisser reposer, et de jeter le fond, qui renferme toujours de la poussière ou des grains détachés des échantillons.

VIII. Si le temps n'est pas trop humide ou trop froid, on trouvera, vingt-quatre heures après que ces pierres auront ainsi été suspendues, leur surface couverte de petites aiguilles blanches, salines, tout-à-fait pareilles au salpêtre des caves, par la manière dont elles se présentent. On plongera ces pierres dans le vase qui est au-dessous de chacune d'elles, pour faire tomber les premières efflorescences salines. On recommence ainsi toutes les fois que les aiguilles sont bien formées ; après la nuit surtout, on les trouve plus longues et plus abondantes que dans le courant du jour ; ce qui fait conseiller de faire l'expérience dans un appartement fermé, dans une cave, etc.

IX. Si la pierre que l'on a éprouvée n'est point gelive, le sel n'entraîne rien avec lui, et l'on ne trouve au fond du vase ni grains, ni feuillets, ni fragmens de la pierre éprouvée, que l'on doit avoir bien soin de ne point changer de place, dans le cours de l'expérience, non plus que le vase qui est au-dessous d'elle.

Si la pierre est gelive, au contraire, on s'apercevra, dès le premier jour que le sel paraîtra, qu'il entraîne avec lui des fragmens de pierre, que le cube perd ses angles et ses vives arêtes ; et enfin l'on trouvera au fond du vase tout ce qui s'en sera détaché dans le cours de l'épreuve, qui doit être achevée au bout du cinquième jour, à partir du moment où le sel pousse pour la première fois ; car cet effet retarde ou avance, suivant l'état de l'air.

On peut aider la pousse du sel, en trempant la pierre aussitôt qu'il commence à paraître sur quelques points, et en répétant cette petite opération cinq ou six fois par jour.

Nous insistons sur l'observation précédemment faite, qu'il faut bien se garder de saturer l'eau pendant qu'elle est chaude ; c'est à froid seulement que cette saturation doit avoir lieu : car, ainsi que nous l'avons déjà dit, et comme on l'a reconnu dans les expériences faites à l'inspection générale des carrières, telle pierre qui résiste bien à l'action de la gelée et à l'action de la lessive saturée à froid se délite complétement quand on l'expose à l'action de la lessive saturée à chaud; et il en serait souvent de même si l'on prolongeait les lotions au delà du quatrième jour, comme nous l'avons prescrit ci-dessus.

X. Si l'on veut juger comparativement du degré de gelivité de deux pierres indiquées comme devant se décomposer par l'action de la gelée, on pèse, après les avoir séchées, toutes les parties qui se sont détachées des six faces du cube, et l'on saura de suite celle qui sera la plus gelive des deux.

Enfin, si un cube de 24 pouces carrés de surface a perdu 180 grains, une toise carrée de la même pierre aurait perdu trois livres 6 onces dans le même espace de temps.

FIN DU LIVRE PREMIER.

NOTES EXPLICATIVES
DES PLANCHES
CONTENUES DANS LE PREMIER VOLUME.

PLANCHE Ire.

Obélisques de granite d'Egypte, d'après les auteurs, et les mesures prises sur ceux transportés à Rome et ailleurs [1].

PLINE l'ancien, qui avait consulté plusieurs auteurs dont les ouvrages n'existent plus, attribue l'invention des obélisques, ou plutôt l'usage de les dédier au soleil, à un roi d'Égypte qu'il nomme Mestrès; il ajoute que le premier de tous fut élevé par ce prince devant le temple d'Héliopolis, d'après un avertissement qu'il prétendait avoir reçu en songe; selon le même auteur, ce fait est exprimé par les hiéroglyphes qui sont gravés dessus.

Obélisques de Sésostris.

I. Diodore de Sicile parle de deux obélisques que le fameux Sésostris fit élever à Thèbes, qui avaient chacun 120 coudées de hauteur, et sur lesquels il fit graver le dénombrement de ses troupes, l'état de ses finances et les noms des différens peuples qu'il avait soumis.

Obélisques du soleil, à Héliopolis.

II. Nuncoréus, son fils et son successeur, en fit ériger deux autres, devant le temple du soleil à Héliopolis, formés d'une seule pièce de granite. Hérodote et Diodore s'accordent à dire qu'ils avaient chacun 100 coudées de haut, et que leur grosseur par le bas était de 8 coudées.

Obélisques de Sothis.

XIII. Sothis, un des successeurs de Mestrès, fit élever quatre obélisques de chacun 48 coudées de haut.

Obélisques de Rhamessès

III. Ramisès ou Rhamessès, qui régnait en Égypte du temps de la prise de Troie, en fit faire un de 40 coudées de hauteur, et un autre de 90, qu'il fit placer au devant du palais royal de Mnevis. Pline dit que ce roi employa vingt mille hommes pour le transport et l'élévation de cet obélisque; et qu'afin d'obliger les architectes chargés de ce transport à imaginer les machines et les moyens les plus propres à réussir, il avait fait attacher son propre fils au sommet. Cet obé-

---

[1] *Nota.* Les numéros, en tête de chaque article, rappellent ceux de la Planche Ire., et de la table placée à la page 16, où les obélisques sont dessinés par ordre de grandeur.

lisque, que tout le monde admirait à cause de sa hauteur et de sa beauté, fut épargné par Cambyse, lorsqu'après le siége de Thèbes il fit détruire et incendier les plus beaux édifices de cette ville.

Obélisques de Smarrès et d'Éraphius.

IV. Deux autres rois d'Égypte, nommés par Pline, Smarès et Éraphius, érigèrent chacun un obélisque de 88 coudées de hauteur sans hiéroglyphes.

Obélisque de Ptolomée, à Alexandrie.

V. Ptolomée Philadelphe en fit élever un de 80 coudées, à Alexandrie, qui était aussi sans hiéroglyphes ; il avait été fait sous le règne de Nectanébis. L'architecte qui fut chargé de le transporter, de la Haute-Égypte, fit creuser un canal depuis le bas de la carrière où il avait été taillé, jusqu'au Nil. Il introduisit ensuite sous l'obélisque, posé en travers du canal, deux forts bateaux liés ensemble, et chargés d'une quantité de briques, dont le poids était double de celui de l'obélisque. Lorsque ces bateaux furent placés d'une manière convenable, on les déchargea du poids de ces briques ; alors, en se mettant à flot, ils enlevèrent l'obélisque, qui fut ainsi conduit jusqu'à Alexandrie, où il fut élevé au devant du tombeau d'Arsinoë, femme et sœur de Ptolomée [1].

Le premier obélisque qui fut transporté d'Égypte à Rome, avait été fait par les ordres de Semnesertée, qui régnait dans le temps que Pythagore voyageait en Égypte. Pline dit que la hauteur de cet obélisque, sans le socle qui lui servait de base, était de 125 pieds romains ; et qu'Auguste, qui l'avait fait venir, le plaça dans le grand cirque.

Le second obélisque fut celui que ce même empereur fit élever au Champ-de-Mars pour servir de gnomon ; il avait 9 pieds de moins que le précédent ; Pline l'attribue à Sésostris, et il prétend que les hiéroglyphes dont ces deux obélisques sont chargés, contiennent l'interprétation des phénomènes de la nature, selon la philosophie égyptienne.

Le troisième était placé au milieu du cirque, bâti par Caligula et Néron, auprès du mont Vatican. Pline dit que cet obélisque est un de ceux que Nuncoréus, fils de Sésostris, avait consacrés au soleil, dont la hauteur était, comme nous l'avons déjà dit, de 100 coudées ; mais il se rompit en l'élevant.

Ces trois obélisques existent encore à Rome ; le premier, c'est-à-dire celui qu'Auguste avait érigé dans le grand cirque, est l'obélisque que le pape Sixte-Quint a fait transporter et élever au carrefour de la place du Peuple. Il fut trouvé avec celui de l'empereur Constance, dans les ruines du grand cirque, à plus de 24 palmes de profondeur. Ces deux obélisques étaient brisés chacun en trois

---

[1] Il y avait deux autres obélisques sur le port d'Alexandrie, érigés au devant du temple de César, Ces obélisques, qui avaient chacun 40 coudées de haut, passaient pour être l'ouvrage de Mestrès.

morceaux ; leurs bases étaient renversées sans dessus dessous , et loin de leur place. Les trois fragmens de celui de la place du Peuple formaient ensemble une longueur de 110 palmes, qui valent, à très-peu de chose près, 82 pieds $\frac{1}{4}$ romains antiques, tandis que Pline lui donne 125 pieds $\frac{1}{4}$. Une si grande différence porterait à croire que cet obélisque n'est pas celui d'Auguste, ou qu'il n'en est qu'un fragment. Quelques savans ont pensé, et entre autres Nardini , que l'obélisque d'Auguste était peut-être celui qu'on attribue à Constance, dont les trois morceaux réunis formaient une longueur de 111 pieds $\frac{1}{4}$ romains , mais il s'en faudrait encore de 14 pieds $\frac{1}{4}$ qu'il n'atteignît la mesure de Pline. De plus , ni l'un ni l'autre de ces obélisques ne sont susceptibles d'une aussi grande augmentation , parce que leur forme pyramidale exigerait une base plus grande que celle sur laquelle est gravée l'inscription d'Auguste. Ainsi, il est probable que cette différence ne vient que d'une faute de copiste dans le texte de Pline , où l'on a mis 125 pieds $\frac{1}{4}$ au lieu de 82 $\frac{1}{4}$, comme le pense Stuard , dans sa lettre sur l'obélisque du Champ-de-Mars.

Obélisque d'Auguste élevé sur la place de la Porte-du-Peuple.

IX. L'obélisque de la Porte-du-Peuple qui , d'après tout ce que nous venons de dire, paraît être celui qu'Auguste avait fait dresser au milieu du grand cirque, est élevé sur un piédestal dont la partie inférieure, jusqu'à 15 palmes [1] de hauteur , est en pierre travertine. Le dé de ce piédestal est formé par le tronc de granite , qui lui servait de base dans le grand cirque, sur lequel est gravée l'inscription d'Auguste; la corniche au-dessus est en pierre travertine. La hauteur totale de ce piédestal est de 38 palmes, ou de 26 pieds 1 pouce 5 lignes du pied de Par., qui répondent à 8 mètres 487 millimètres.

L'obélisque placé au-dessus est en trois morceaux ; celui du bas avait 52 palmes [2] , mais les angles de la base étaient tellement ruinés qu'on fut obligé d'en retrancher environ 3 palmes [3] pour lui donner une base suffisante , et d'incruster des morceaux de granite pour former les angles ; le morceau au-dessus a 32 palmes [4] , et le troisième, qui comprend la pointe, 26 [5] ; ce qui donne pour la hauteur de cet obélisque, tel qu'il existe , un peu plus de 107 palmes ou 73 pieds 8 pouces 7 lignes , qui valent 23 mètres 746 millimètres.

Sa grosseur par le bas est formée par un quadrilatère, dont deux côtés ont chacun 10 palmes $\frac{3}{4}$ [6] , et les deux autres 9 palmes $\frac{1}{2}$ [7] ; par le haut, à l'endroit où commence la pointe, les deux grands côtés sont de 6 palmes $\frac{2}{3}$ [8] , et les petits 5 palmes $\frac{3}{4}$ [9] , ce qui donne une grosseur moyenne par le bas de 10 palmes $\frac{1}{4}$ (7 pieds

1 10 pieds 3 pouces 9 lignes, ou 3 mèt. 343 mill.
2 35 p. 9º ou 11 m. 389.
3 2 p. 0º 9 lignes , ou 0,670.
4 22 p. 0º 9 lignes , ou 7,166.
5 17 p. 10 , 6 , ou 5,807.
6 7 p. 4, 8, ou 2 m. 400.
7 6 p. 6 , 4 $\frac{1}{4}$, ou 2 , 121.
8 4 p. 7, 0, ou 1,488.
9 3 p. 11 , o 1,273.

ou 2 mètres 274 millimètres), et par le haut 6 palmes $\frac{1}{4}$ (4 pieds 3 pouces $\frac{1}{2}$, ou 1 mètre 393 millimètres).

La hauteur entière, compris le piédestal, est de 135 palmes (84 pieds 0 pouces 4 lignes, ou 27 mèt. 296 millim.), sans y comprendre la croix, qui a 17 pieds $\frac{1}{2}$. C'est D. Fontana qui fut chargé par Sixte-Quint, du transport et de l'érection de ce monument à la place du Peuple, en 1589.

Obélisque horaire du Champ-de-Mars, élevé par Pie VI, sur la place de Monte-Citorio.

XI. Le second obélisque de Rome dont parle Pline, est celui qu'Auguste avait fait élever au Champ-de-Mars pour servir de gnomon. Cet obélisque est resté enseveli sous les décombres des anciens édifices du Champ-de-Mars jusqu'en 1748, que Benoît XIV le fit retirer, et placer dans la cour d'une maison voisine de l'église de Saint-Laurent-Lucine, avec la base, ou tronc de granite sur lequel il avait été placé. Cet obélisque était brisé en cinq morceaux et fort endommagé. La longueur des cinq morceaux, mesurés par Bandini avec un pied égal à celui de Statilius, s'est trouvée de 75 de ces pieds, qui font 68 pieds 4 pouces de Paris. Stuard trouve 67 pieds 10 lignes. L'ayant mesuré moi-même, j'ai trouvé 67 pieds 6 pouces 4 lignes, qui font 73 $\frac{3}{4}$ pieds romains antiques, de chacun 10 pouces 11 lignes $\frac{5}{8}$, au lieu de 116 $\frac{3}{4}$ de ces pieds, qu'il devrait résulter de la mesure qui se trouve dans Pline, en ôtant 9 pieds de 125 pieds $\frac{3}{4}$. Mais j'ai déjà observé que, si on prolongeait la longueur de cet obélisque jusqu'à 116 pieds $\frac{3}{4}$ en suivant l'inclinaison des faces, sa grosseur par le bas aurait 10 pouces de plus que la base ou tronc de granite sur lequel il était posé, où se trouve gravée l'inscription antique de la dédicace de ce monument par Auguste. Ainsi, la forme de cet obélisque est une nouvelle preuve de l'erreur qui se trouve dans le texte de Pline, et de ce qu'il faut substituer 82 $\frac{1}{4}$ à 225 $\frac{3}{4}$ pour la mesure de l'obélisque qu'Auguste fit placer au Champ-de-Mars.

On ne sait d'après quelle autorité Pline attribue cet obélisque à Sésostris; on ne connaît de ce prince que les deux obélisques cités par Diodore de Sicile, dont la hauteur était de 120 coudées; ainsi il ne pourrait tout au plus en être qu'un fragment; il est cependant probable que Sésostris en avait fait élever quelques autres, dont les anciens auteurs ont négligé de parler, parce qu'ils étaient de moindre importance. Cette conjecture se trouve appuyée par Pline lui-même, qui dit que les hiéroglyphes des obélisques d'Auguste contenaient l'interprétation des phénomènes de la nature, tandis que ceux cités par Diodore étaient des monumens de la puissance de Sésostris, qui présentaient le dénombrement de ses armées, celui de ses conquêtes et de ses finances.

Obélisque de la place Saint-Pierre.

VII. Le troisième obélisque de Rome cité par Pline, est celui du Vatican. Il était placé au milieu du cirque de Néron, d'où il a été transporté et élevé au milieu de la place de Saint-Pierre, par ordre de Sixte-Quint. C'est le seul obélisque de Rome qui ne fut pas renversé par les Goths lorsqu'ils saccagèrent cette ville en 547, sous leur roi Totila. Cet obélisque, qui est d'une seule pièce, est le plus grand morceau de granite qui existe ; sa longueur est de 113 palmes $\frac{1}{2}$, ou 78 pieds de Paris, qui valent 25 mètres 337 millimètres. Sa base est formée par un quadrilatère irrégulier, dont le plus grand côté mesuré en

	PALMES romains	PIEDS DE PARIS.			MÈTRES.
		p.	po.	lig.	
est de..	— 13 $\frac{1}{2}$	9	3	4 $\frac{1}{2}$	3,014
le 2e. de.	— 13	8	11	3	2,904
le 3e. de.	— 12 $\frac{1}{2}$	8	7	1 $\frac{1}{2}$	2,790
le 4e. de.	— 12	8	3	0	2,680
Somme des quatre côtés.	51 0	35	0	9	11,380

Prenant le quart de ces sommes pour la grosseur moyenne de cet obélisque par le bas, on aura 12 palmes $\frac{3}{4}$[1] ; la grosseur par le haut, où commence la pointe, est de 8 palmes[2] ; la hauteur de la pointe qui termine cet obélisque est de 6 palmes[3].

Dominique Fontana, qui fut chargé par Sixte-Quint de déposer cet obélisque, de le transporter et de l'élever au milieu de la place Saint-Pierre, évalue son cube à 11,204 palmes, qui répondent à 4,640 pieds de Paris, ou 159 mètres $\frac{461}{1000}$.

Ayant ensuite éprouvé qu'un palme cube de l'espèce de granite dont cet obélisque est formé pesait 86 livres romaines, il en conclut que son poids devait être de 963,538 de ces livres qui répondent à 694,005 livres $\frac{1}{2}$ poids de marc, et à 337,919 kilogrammes $\frac{1}{2}$. Mais, avec les armatures de fer, les moufles, les poulies, cordages et autres agrès qu'il fallut pour l'élever, il trouva que le poids à élever était d'un million 43 mille 537 livres romaines ou de 751,844 livres $\frac{1}{2}$ de Paris, qui font 370,637 kilogrammes.

On employa, pour enlever ce poids, 40 cabestans, 140 chevaux et 800 hommes. L'opération coûta 37,955 écus romains, équivalant à 200,000 francs monnaie actuelle de France.

Plusieurs auteurs ont donné des descriptions très-circonstanciées des moyens

[1] 8 pieds 9 pouces 2 lignes $\frac{1}{2}$, ou 2 mètres 858 millimètres.
[2] 5 pieds 6 pouces, ou 1 mètre 786 millimètres.
[3] 4 pieds 1 pouce 6 lignes, ou 1 mètre 340 millimètres.

employés par Dominique Fontana pour le transport et l'élévation de cet obélisque, entre autres Charles Fontana et Nicola Zabaglia.

Pline ne parle pas des deux obélisques qui étaient placés devant le mausolée
d'Auguste, ni de plusieurs autres qui existaient à Rome de son temps. Mercati[1].
prétend qu'ils furent élevés par l'empereur Claude, l'an 47 de l'ère vulgaire et le
cinquième de son règne. Ammien Marcellin est le premier auteur qui en ait fait
mention; après avoir parlé des deux obélisques, dont il vient d'être question, il dit
que, dans les âges suivans, on fit venir d'autres obélisques à Rome, dont un fut placé
au Vatican, un dans les jardins de Salluste, et deux devant le mausolée d'Auguste.

Dans la notice des régions de Rome de P. Victor, qui vivait sous le règne des
empereurs Valentinien et Valens, il est fait mention de six grands obélisques,
savoir : deux dans le grand cirque, à l'un desquels il donne 132 pieds romains et
à l'autre 88 pieds ½ ; un au Vatican, de 72 pieds ; un au Champ-de-Mars, de
même grandeur, et deux devant le mausolée d'Auguste, qui avaient chacun
42 pieds ½. Mais il faut observer que cette notice n'est qu'un fragment incorrect
dont les exemplaires diffèrent entre eux pour les mesures, et qui ne s'accordent
point avec les grandeurs des obélisques existans. Il ne porte la hauteur de celui
du Vatican qu'à 72 pieds romains, tandis qu'il en a plus de 85, et celle des obélisques du mausolée d'Auguste qu'à 42 pieds ½, tandis qu'elle est de 49 pieds ½.

*Obélisque du mausolée d'Auguste dressé derrière l'église de Sainte-Marie-
Majeure.*

XVIII. Les fouilles faites dans les ruines du mausolée d'Auguste ont fait connaître que chacun des obélisques érigés au devant de ce monument, étaient placés
sur un premier soubassement en marbre blanc, dont la hauteur était de 8 palmes[2] ;
sur ce soubassement était le tronc ou dé de granite de 17[3] palmes ¼ de haut, sur
10 palmes ½[4] de grosseur. L'obélisque ne posait pas immédiatement sur ce dé,
il était élevé au-dessus d'environ 5 palmes[5], placé sur un noyau moins grand que
la base de l'obélisque ; ce noyau était caché par des ornemens de bronze doré et
des lions qui paraissaient le soutenir. L'un de ces obélisques, dressé derrière l'é-
glise de Sainte-Marie-Majeure, s'est trouvé avoir 66 palmes[6] de hauteur, sans y
comprendre la pointe qui paraît avoir été retranchée pour y placer une statue ou
quelques autres ornemens de bronze. Ces deux obélisques furent renversés par
les Goths et brisés en plusieurs morceaux.

1 *De gli obelischi di Roma*, page 254.
2 5 pieds 6° o, ou 1 mètre 786 millimètres.
3 12 pieds 0° 4 ¼, ou 3 mètres 908 millimètres.
4 6 pieds 10° 6 lig., ou 2 mètres 533 millimètres.
5 3 pieds 5° 3 lignes, ou 1 mètre 117 millimètres.
6 45 pieds 4° 6, ou 14 mètres 740 millimètres.

Voici le détail de celui qui se voit aujourd'hui derrière Sainte-Marie-Majeure.

Sur le fondement solide préparé pour recevoir ce monument, est placé un premier soubassement en pierre travertine formant par le bas un carré, dont chaque côté est de 14 palmes $\frac{1}{3}$ [1], sur 10 palmes de hauteur. Au-dessus de ce soubassement, qui forme la base du piédestal, est placé le dé ou tronc de granite de 17 palmes $\frac{1}{2}$ de haut sur 10 palmes $\frac{1}{2}$ de grosseur, dont il a été ci-devant parlé ; ces mesures répondent pour la hauteur à 12 pieds 4 lignes $\frac{1}{2}$ de Paris, ou à 3 mètres 908 millimètres, et pour la grosseur à 7 pieds 2 pouces 7 lignes $\frac{1}{2}$, ou 2 mètres 344 millimètres.

Le dé de ce piédestal est couronné d'une corniche en marbre blanc, avec un piédouche au-dessus, sur lequel pose l'obélisque. Ces deux parties forment ensemble 8 palmes $\frac{2}{3}$ de haut, en sorte que la hauteur du piédestal entier est de 36 palmes 2 onces, qui répondent à 24 pieds 10 pouces 4 lignes $\frac{1}{2}$, qui valent 8 mètres 77 millimètres.

L'obélisque placé au-dessus avait, comme nous l'avons déjà dit, 66 palmes de hauteur, ou 45 pieds 4 pouces 6 lignes, (14 mètres 649 millimètres.)

Lorsque cet obélisque fut découvert, il était brisé en quatre morceaux ; le plus grand, qui était celui du bas, évalué en

	PALMES romains.	PIEDS DE PARIS.			MÈTRES.
		p	po.	lig.	mil.
s'est trouvé de.	— 45 $\frac{1}{2}$	31	3	4 $\frac{1}{2}$	10,070
le 2ᵈ. de.	— 5	3	5	3	1,117
le 3ᵉ. de.	— 12	8	3	0	2,680
le 4ᵉ. de.	— 3 $\frac{1}{2}$	2	4	10 $\frac{1}{2}$	0,782
Hauteur entière.	66	45	4	6	14,649

Ces pièces ont été si bien réunies, que leurs joints ne paraissent presque pas, et qu'elles forment un tout très-solide.

Les angles de la pièce du bas étaient tellement dégradés vers la base, qu'on a été obligé d'y incruster des morceaux de granite de même espèce avec des crampons scellés en plomb. Cet obélisque, qui n'avait pas de pointe, est terminé par un ornement de bronze, figurant trois monts surmontés d'une croix.

La hauteur entière de ce monument, sans y comprendre son couronnement de bronze, est, en palmes, de 102 $\frac{1}{6}$,

en pieds de Paris,—70 pieds 2 pouces 10 lignes,

en mètres. . . . . —22,816.

L'autre obélisque du mausolée d'Auguste, qui était de même dimension que le

[1] 9 pieds 11° 6 $\frac{1}{2}$, ou 3 mètres 237 millimètres.

42

précédent, est resté enseveli sous les ruines jusqu'en 1782, qu'il en a été retiré pour être érigé sur la place de Monte Cavallo, entre les deux groupes qui lui ont donné ce nom. M. Antinori, architecte florentin, chargé de cette opération, a retourné les piédestaux qui portent ces groupes, tout d'une pièce sans les démonter. Ces piédestaux ont plus de 12 pieds ou 4 mètres de grosseur, et les figures sont colossales. (*Voyez Livre IX, 2ᵉ. Section, Mouvement des matériaux.*)

Obélisque des jardins de Salluste.

XIX. Il paraît que cet obélisque est le plus ancien de Rome, après ceux dont il vient d'être question. Quelques auteurs pensent que c'est un ouvrage de Sethos, et que ce fut l'empereur Claude qui le fit venir d'Égypte après la mort de Caligula, et qui le fit ériger dans les jardins de Salluste. Mercati, qui a fait un ouvrage sur les obélisques de Rome, du temps de Sixte-Quint, donne une description détaillée de cet obélisque, qui diffère de celles qui ont été données depuis. Il dit que, de son temps, cet obélisque se trouvait dans une vigne, près la porte Salara, appartenant alors au cardinal Fulvio Orsino son ami; il était couché à côté de sa base, rompu en deux pièces, et couvert de terre jusqu'à moitié de sa grosseur; ses faces étaient chargées d'hiéroglyphes. Ayant fait découvrir cet obélisque et la base qui était à côté, il trouva que cette dernière était sans inscription; elle était composée d'un premier socle de marbre blanc, qui avait environ 8 palmes de haut [1]; sur ce socle était le tronc de granite qui servait de base à l'obélisque, sa hauteur était de 6 palmes [2]. La longueur de l'obélisque était de 59 palmes $\frac{1}{2}$ [3] jusqu'à la naissance du pyramidion, laquelle avait 6 palmes $\frac{1}{2}$ [4], de sorte que sa longueur entière était de 66 palmes [5], comme ceux du mausolée d'Auguste. Il était isolé de sa base par quatre astragales de bronze de chacun un palme de haut. Ainsi la hauteur de ce monument, depuis le sol jusqu'à l'extrémité de la pointe, devait être de 81 palmes [6]. La base de cet obélisque était un rectangle, dont les deux grands côtés avaient 6 palmes $\frac{1}{2}$ [7], et les deux petits 5 palmes $\frac{1}{4}$ [8]. Sixte-Quint avait eu l'intention de le faire élever dans la place qui est au devant des Thermes de Dioclétien.

L'obélisque que les auteurs modernes, qui ont écrit depuis Mercati, donnent pour celui des jardins de Salluste, vient de la Villa Ludovisi. M. Lalande dit qu'il fut cédé par la princesse Hyppolito-Ludovisi Buon Compagni, au pape Clément XII qui le fit conduire sur la place de Saint-Jean-de-Latran, où il voulait le faire élever lorsque la mort le surprit en 1740. Il était resté, depuis ce temps, couché sur cette place et brisé en trois morceaux, qui formaient ensemble une

---

[1] 5 pieds 6 pouces, ou 1 mèt. 786 mil.
[2] 4 pieds 1 po. 6 lig., ou 1 mèt. 340 mil.
[3] 40 pieds 10 po. 10 lig. $\frac{1}{2}$, ou 13 mèt. 289 mil.
[4] 4 pieds 5 po. 7 lig. $\frac{1}{4}$, ou 1 mèt. 451 mil.
[5] 45 pieds 4 po. 6 lig., ou 14 mèt. 740 mil.
[6] 55 pieds 8 po. 3 lig., ou 18 mèt. 090 mil.
[7] 4 pieds 5 po. 7 lig. $\frac{1}{4}$, ou 1 mèt. 451 mil.
[8] 3 pieds 9 po. 4 lig. $\frac{1}{4}$, ou 1 mèt. 229 mil.

longueur de 28 pieds 3 pouces, mesure de Paris. C'est celui que le pape Pie VI
vient de faire élever au haut du grand escalier qui communique de la place d'Espagne, à celle de la Trinité-des-Monts. Cet obélisque, dont les faces sont chargées
d'hiéroglyphes, est probablement un reste de celui dont parle Mercati.

Deuxième obélisque du grand cirque élevé par l'empereur Constance, et depuis
par Sixte-Quint sur la place de Saint-Jean-de-Latran.

VI. Nous avons déjà dit, en parlant du premier de ces deux obélisques élevé près
de la Porte-du-Peuple, qu'ils furent trouvés du temps de Sixte-Quint, ensevelis
sous les ruines du grand cirque, à 24 palmes [1] de profondeur ; brisés chacun en
trois morceaux, et leurs bases renversées sans dessus dessous. Les trois fragmens réunis de l'obélisque de Constance formaient ensemble une longueur de
148 palmes [2]. La base de cet obélisque était absolument ruinée ; mais ses faces
prolongées font connaître qu'elle était formée par un quadrilatère, dont les deux
grands côtés opposés étaient de 13 palmes $\frac{1}{3}$ [3], et les deux autres de 12 palmes $\frac{1}{2}$ [4].
La grosseur par le haut, à l'endroit où commence la petite pyramide qui forme
la pointe, est de 9 palmes $\frac{1}{4}$ [5], sur 7 palmes $\frac{1}{4}$ [6], la pointe a 14 palmes [7] de haut.
De toutes ces dimensions, il résulte que la masse entière de cet obélisque devait
être de 15880 palmes $\frac{1}{7}$ cubiques [8] ; et comme la pesanteur d'un palme cube de
cette espèce de granite fut trouvée de 86 livres romaines [9], il s'ensuit que le poids
de cet obélisque devait être, lorsque l'empereur Constance le fit élever, d'un
million 365709 livres romaines [10].

Cet obélisque était placé au milieu de l'épine du grand cirque, élevé sur
une base de granite rose de 13 palmes $\frac{1}{4}$ de haut, sur 16 palmes en carré ; elle
n'était pas formée d'un seul bloc, comme celle des autres obélisques, mais de six
morceaux réunis. Au-dessous de cette base était un socle de marbre blanc dont la
hauteur, comprise celle de l'épine, était de 10 palmes $\frac{1}{2}$. L'obélisque ne posait pas
immédiatement sur cette base, il était élevé au-dessus par quatre astragales ou
osselets de bronze d'un palme et $\frac{1}{7}$ de haut, de sorte que la hauteur entière de ce
monument, depuis le sol du cirque, jusqu'à l'extrémité de la pointe, était de
172 palmes $\frac{1}{4}$ qui font un peu plus de 130 pieds romains antiques. On trouve dans
la notice de Rome, de Publius Victor, que la grandeur de cet obélisque était de
131 pieds $\frac{1}{2}$ ou de 132 pieds (car les exemplaires ne sont pas d'accord) ; d'autres

[1] 16 pieds 6 po., ou 5 mèt. 359 mil.
[2] 101 pieds 9 po., ou 33 mèt. 053 mil.
[3] 9 pieds 2 po., ou 2 mèt. 978 mil.
[4] 8 pieds 7 po. 1 lig. $\frac{1}{2}$, ou 2 mèt. 791 mil.
[5] 6 pieds 6 po. 4 lig. $\frac{1}{4}$, ou 2 mèt. 065 mil.
[6] 5 pieds 3 pouces 11 lig. $\frac{1}{4}$, ou 1 mèt. 730 mil.
[7] 9 pieds 7 po. 6 lig., ou 3 mèt. 126 mil.
[8] 5160 pieds $\frac{1}{5}$ cubes, ou 176 mèt. $\frac{876}{1000}$ cubes.
[9] Le pied cube de cette espèce de granite pèse 190 livres 10 onces 29 grains, et le mètre cube
2722 kilogrammes 344 grammes.
[10] 983,678 livres, poids de marc, ou 481,520 kilogrammes.

notices ne la portent qu'à 122 pieds. Mais les différences que nous avons déjà trouvées entre les grandeurs réelles des obélisques du Vatican et du mausolée d'Auguste, et celles indiquées par P. Victor et les autres notices de Rome, font voir qu'on ne peut pas toujours compter sur les mesures indiquées dans les anciens auteurs, dont les expressions sont souvent corrompues par les copistes qui, pour la plupart, n'avaient aucune connaissance des arts.

Ce fut encore l'architecte Dominique Fontana qui fut chargé par Sixte-Quint de le transporter et de l'ériger sur la place de Saint-Jean-de-Latran. Il eut beaucoup d'obstacles à surmonter pour retirer cet obélisque de l'endroit où il avait été découvert, à cause de la profondeur et de la nature du sol bas et humide, pénétré de toutes les eaux qui s'écoulent du mont Palatin et de plusieurs conduites d'eau interceptées. On fut obligé, pour dégager les fragmens de cet obélisque, d'employer jusqu'à cinq cents hommes, dont trois cents occupés jours et nuits à vider l'eau avec différentes machines. Une des grandes difficultés venait moins des décombres dans lesquels il se trouvait enterré, que de la quantité de fumier dont le sol supérieur était couvert ; et qui y avait été amené depuis plusieurs années, pour servir à la culture des jardins formés sur cet emplacement. Un aussi mauvais sol faisait que les cabestans s'enfonçaient et se dérangeaient à chaque effort que l'on faisait pour mouvoir des masses aussi considérables.

Le plus grand des fragmens de l'obélisque dont il s'agit, avait, selon Mercati, 65 palmes $\frac{1}{2}$ [1] de longueur ; sa base, qui était mutilée, devait avoir, comme nous l'avons déjà dit, 13 palmes $\frac{1}{2}$ [2] sur 12 palmes $\frac{1}{2}$ [3]. La grosseur se réduisait par le haut à 11 palmes $\frac{1}{3}$ [4] sur 10 palmes [5] ; d'après ces dimensions, la solidité aura dû être de 9,191 palmes cubes ; mais elle peut être réduite, à cause des dégradations de la base, à 8861 palmes cubes [6], lesquels, à raison de 86 livres romaines [7] trouvées pour chaque palme, donneraient pour le poids de ce fragment 762, 046 de ces livres [8].

Les angles de la base étaient tellement ruinés qu'elle ne présentait plus qu'une pointe obtuse. On fut obligé, pour lui procurer une assiette convenable, d'en retrancher 4 palmes ; de sorte que cette première partie n'a actuellement, en place, que 61 palmes $\frac{1}{2}$ [9], qui réduisent son cube à 8,631 palmes [10], et son poids à 73,666 livres romaines.

[1] 45 pieds 4 lig. $\frac{1}{2}$, ou 14 mèt. 628 mil.
[2] 9 pieds 2 po. 0 lig., ou 2 mèt. 977 mil.
[3] 8 pieds 7 po. 6 lig. $\frac{1}{2}$, ou 2 mèt. 791 mil.
[4] 7 pieds 9 po. 6 lig., ou 2 mèt. 530 mil.
[5] 6 pieds 10 po. 6 lig., ou 2 mèt. 232 mil.
[6] 2879 pieds cubes $\frac{1}{2}$, ou 98 mèt. cubes $\frac{2}{10}$.
[7] 61 livres 15 onces 52 grains, ou 30 kilogrammes 321 grammes. La livre romaine vaut 11 onces 4 gros et 14 grains, poids de marc, ou 453 grammes.
[8] 548,878 liv., ou 268,681 kilog. $\frac{1}{4}$.
[9] 42 pieds 4 po. 4 lig. $\frac{1}{2}$, ou 13 mèt. 735 mil.
[10] 514,021 liv., ou 251,618 kil. $\frac{1}{2}$.

La seconde pièce ou fragment a été restaurée sans être raccourcie ; sa hauteur est de 43 palmes $\frac{1}{3}$ [1]. Par le bas, sa grosseur se raccorde avec la partie supérieure de la première, et par le haut, elle se réduit à 10 palmes [2] pour la grande face, et à 8 palmes $\frac{2}{3}$ [3]. pour la petite. Son cube est de 4,376 palmes $\frac{7}{11}$ [4], et son poids, en livres romaines, de 378,888 $\frac{2}{3}$ [5].

Le troisième fragment, comprenant la pointe, avait 39 palmes [6] de haut ; sa grosseur, à l'endroit où commence la pointe, est de 9 palmes $\frac{1}{4}$ [7], sur 7 palmes $\frac{1}{4}$ [8]. La pointe, qui s'est conservée entière, a 14 palmes [9] de haut. Cette dernière pièce contient en solidité 2,811 palmes cubiques [10], et devait peser 198,746 livres romaines [11].

Cet obélisque, actuellement élevé sur la place de Saint-Jean-de-Latran, est le plus grand obélisque connu ; sa hauteur est de 144 palmes [12]. Le cube des trois parties réunies dont il est formé, est de 15,218 palmes [13], et le poids de 1,308,748 livres romaines [14]. Les calculs faits du temps de Mercati, ne portent ce cube qu'à 15,129 palmes [15], et le poids qu'à 1,301,094 livres romaines [16].

Dominique Fontana trouve 15,383 palmes [17], et 1,322,938 livres [18]. Le père Kircher évalue le poids à 1,310,494 livres [19] ; mais il paraît que ces différens auteurs n'ont pas eu égard à l'irrégularité de la figure de cet obélisque. Il ne forme pas en élévation une pyramide tronquée régulière, dont les faces prolongées aboutiraient à un même point ; car les deux grandes faces continuées ne se réuniraient qu'à 430 palmes [20] de la base, tandis que les deux autres, qui ont plus d'inclinaison, se rencontreraient à 350 palmes [21], de cette même base ; de manière que, au lieu de se terminer par une pointe, il finirait par une arête qui aurait 2 palmes $\frac{10}{17}$ [22] de longueur.

Le piédestal sur lequel cet obélisque est actuellement élevé dans la place de Saint-Jean-de-Latran, est tout en pierre travertine. On n'a pu faire aucun usage de l'ancienne base de granite sur laquelle il était placé dans le grand cirque, parce que les six pièces dont elle était composée, se trouvaient en trop mauvais état pour être réemployées. Ce piédestal a 38 palmes de hauteur depuis le pavé jusque sous l'obélisque ; sa largeur est de 16 palmes $\frac{1}{3}$: il est placé sur un double socle orné d'une fontaine.

---

[1] 29 pieds 10 po. 10 lig. $\frac{1}{3}$, ou 9 mèt. 715 mil.

[2] 6 pieds 10 po. 6 lig., ou 2 mèt. 233 mil.

[3] 5 pieds 11 po. 6 lig., ou 0 mèt. 925 mil.

[4] 1422 pieds cubes $\frac{1}{8}$, ou 48 mèt. $\frac{746}{1000}$.

[5] 272,901 liv., poids de marc, ou 133,588 kilog.

[6] 26 pieds 9 po. 9 lig., ou 8 mèt. 709 mil.

[7] 6 pieds 4 po. 3 lig. $\frac{1}{4}$, ou 2 mèt. 065 mil.

[8] 5 pieds 3 po. 11 lig. $\frac{1}{4}$, ou 1 mèt. 730 mil.

[9] 9 pieds 7 po. 6 lig., ou 3 mèt. 126 mil.

[10] 750 pieds cubes $\frac{21}{100}$, ou 25 mèt. cubes $\frac{72}{100}$.

[11] 143,150 liv., ou 70,073 kilog. $\frac{1}{3}$.

[12] 99 pieds, ou 32 mèt. 159 mil.

[13] 4945 pieds cubes, ou 169 mèt. cubes $\frac{1}{3}$.

[14] 942,650 liv. $\frac{1}{4}$, ou 461,437 kilog.

[15] 4911 p. cubes $\frac{2}{7}$, ou 168 mèt. cubes $\frac{1}{4}$.

[16] 938,223 liv., ou 458,732 kilog. $\frac{1}{4}$.

[17] 4998 pieds $\frac{1}{2}$., ou 171 mèt. cubes $\frac{1}{7}$.

[18] 952,871 liv. $\frac{1}{3}$, ou 466,439 kilog. $\frac{1}{4}$.

[19] 943,691 liv. $\frac{1}{4}$, ou 461,946 kilog.

[20] 287 pieds 3 po. 6 lig., ou 93 mèt. 224 mil.

[21] 240 pieds 7 po. 6 lig., ou 78 mèt. 164 mil.

[22] 1 pied 8 po. 4 lig. $\frac{1}{3}$, ou 552 mil.

On se servit, pour élever l'obélisque sur ce piédestal, des mêmes moyens que pour celui de la place de Saint - Pierre, dressé par le même architecte. On fit aussi construire une forte tour de charpente; mais, comme ce dernier obélisque avait 30 palmes $\frac{1}{2}$ de hauteur de plus que celui du Vatican, on fut obligé de donner à cette tour une plus grande élévation; et, comme cet obélisque était composé de trois grands fragmens de granite qui devaient être placés immédiatement les uns sur les autres, il fallut aussi donner au vide intérieur de la tour une largeur double de l'obélisque par le pied, afin qu'après avoir dressé et mis en place le premier fragment qui formait la partie inférieure, il restât encore un espace suffisant pour dresser le second, et l'élever au devant du premier jusqu'au-dessus de sa partie supérieure.

L'architecte fut quelque temps embarrassé sur la manière de lier les autres fragmens pour les élever, à cause de leur forme pyramidale qui exigeait que les armatures ou liens passassent en dessous; mais ce moyen aurait empêché de les poser immédiatement les uns sur les autres; il ne pouvait pas non plus fier d'aussi grands fardeaux à des crampons ni à des louves plantées dans la masse. Après avoir bien réfléchi à tous ces inconvéniens, il lui vint dans l'idée de creuser dans les parties qui devaient se joindre, deux entailles en forme de croix, qui aboutissaient aux paremens opposés. Ce moyen simple, mais qu'il fallait trouver, lui procura les avantages de pouvoir, sans inconvéniens, faire passer les liens en dessous, de les en retirer facilement, et de réunir avec solidité ces fragmens. Pour cela, il fit faire ces entailles plus larges dans le fond qu'à la surface du joint; ensuite il fit tailler avec du granite de même espèce des morceaux à doubles queues d'aronde, Pl. 1, fig. VI''', qui remplissaient en même temps les deux entailles et qui s'enfonçaient par les quatre paremens. Ces morceaux taillés bien justes, étaient reliés entre eux à l'intérieur avec des crampons scellés en plomb.

Cet obélisque, qui est le plus grand de tous ceux qui existent, paraît être celui que Pline attribue à Ramisés ou Rhamessès. Le nombre considérable d'hommes qu'il employa pour le transport; l'idée d'attacher son fils au sommet, afin d'engager les architectes à prendre les plus grandes précautions pour que cet obélisque ne fût pas rompu en le dressant; l'admiration qu'il excitait dans tous ceux qui le voyaient, et qui le fit épargner par le furieux Cambyses, quand il saccagea Thèbes, prouvent qu'il était à cette époque un des plus grands obélisques; et qu'au lieu de 90 pieds romains qui se trouvent, sans doute par erreur, dans la plupart des exemplaires de Pline, il devait avoir au moins 90 coudées. Cependant, comme cet auteur ne donne que quatre coudées de largeur à la base de cet obélisque, sa proportion, qui serait de quinze fois sa base pour sa hauteur, ne s'accorderait avec aucun de ceux qui nous sont parvenus, dont la base n'est que la dixième ou onzième partie de la hauteur : ainsi il faudrait encore corriger le texte de Pline, en mettant huit coudées au lieu de quatre.

Peut-être encore se trouve-t-il, en cet endroit du texte, une lacune qui fait confondre l'obélisque de Thèbes avec celui de Ramisès ; car il ne paraît pas naturel de croire que Pline finisse le huitième chapitre du trente-sixième livre par les mesures de l'obélisque de Ramisès, et qu'il commence le neuvième par le nombre d'hommes qu'on avait employés pour le transporter et le dresser. On peut très-bien supposer que c'est de l'obélisque de Thèbes qu'il s'agit, et que le nom du roi, auteur de cette entreprise, devait se trouver consigné dans un passage qui n'existe plus aujourd'hui.

Obélisque de la place Navone.

XVI. Cet obélisque fut tiré, en 1649, sous le pontificat d'Innocent X, du cirque de Caracalla où il était à moitié enseveli dans les débris, et rompu en plusieurs morceaux. Le cavalier Bernin fut chargé de le restaurer et de l'élever au milieu de la place Navone, en face de l'église de Sainte-Agnès ; sa hauteur en place est de 75 palmes [1] ; sa grosseur par le bas de 6 palmes [2], et par le haut de 4 palmes [3].

Quelques auteurs prétendent qu'il est l'ouvrage d'un roi d'Égypte, nommé Ramessès qui vivait 1500 ans avant l'ère vulgaire ; il fut transporté à Rome, par ordre de Caracalla, vers l'an 249 depuis cette même ère. Le père Kircher a fait sur cet obélisque un très-grand ouvrage, où il essaie d'expliquer les hiéroglyphes dont il est couvert.

Obélisque Barbérini.

XXII. Cet obélisque, couché dans une des cours du palais Barberini, est brisé en trois morceaux. Sa longueur est de 41 palmes [4], sa grosseur par le bas de 4 palmes [5], et par le haut de 3 palmes [6] ; il est chargé d'hiéroglyphes. Il a été tiré des ruines d'un cirque construit par l'empereur Héliogabale, et terminé par Aurélien, qui l'y fit placer. On dit que c'est un de ceux que Ramessès ou son père Sothis avaient fait faire. Il n'a jusqu'à présent été question, sous aucun pape, de restaurer ni d'ériger cet obélisque.

[1] 51 pieds 6 po. 9 lig., ou 16 mèt. 749 mil.
[2] 4 pieds 1 po. 6 lig., ou 1 mèt. 340 mil.
[3] 2 pieds 9 po., ou 0 mèt. 893 mil.
[4] 28 pieds 2 po. 3 lig., ou 9 mèt. 156 mil
[5] 2 pieds 9 po., ou 0 mèt. 893 mil.
[6] 2 pieds 0 po. 6 lig., ou 0 mèt. 690 mil.

Obélisque de Saint-Mahuto, actuellement érigé sur la place du Panthéon,
ou de la Rotonde, à Rome.

XXIV. Cet obélisque n'est qu'un fragment d'un plus considérable, qui fut trouvé auprès des ruines d'un temple de Minerve ou d'Isis. Mercati dit qu'en réunissant deux autres fragmens de cet obélisque, qui se voyaient, de son temps, employés comme pierre dans des fabriques voisines, sa longueur devait être de plus de 45 palmes[1]. La partie élevée sur la place de la Rotonde, est de 27 palmes ⅓[2] ; sa grosseur par le bas est de 3 palmes ½[3]. Il est chargé d'hiéroglyphes.

Obélisque Mathei.

XXIII. Cet obélisque est situé dans les jardins d'une maison de plaisance de Rome, appelée Villa Mathei ; il est composé de deux fragmens. La partie du haut est chargée d'hiéroglyphes, et celle du bas est tout unie ; sa hauteur est de 36 palmes[4], et sa grosseur par le bas de 4 palmes[5]. C'est un présent que le peuple romain fit à un duc Mathei, qui le fit élever en 1582. Ces deux fragmens étaient couchés dans un jardin derrière l'église de l'*Ara cœli.*

Obélisque Médicis.

XXVI. L'obélisque placé dans les jardins de Villa Médicis, a 22 palmes[6] de hauteur ; la grosseur de sa base est de 3 palmes ¼[7] : il est placé au-dessus de son piédestal, sur quatre tortues de bronze doré. Cet obélisque provient du cirque de Flore, où l'empereur Claude l'avait fait élever. Ses faces sont chargées d'hiéroglyphes.

Obélisque de la place della Minerva.

XXV. L'obélisque dont cette place est décorée, fut trouvé dans le jardin du couvent des Dominicains ; il est couvert d'hiéroglyphes. Sa hauteur est de 24 palmes[8], sa grosseur au droit de la base est de 3 palmes ⅙[9], et par le haut de 2 palmes ¾[10]. Ce fut le cavalier Bernin qui fut chargé de l'élever au milieu de cette place. Il a imaginé de le faire supporter par un éléphant placé sur un piédestal. Le père Kircher a essayé d'en expliquer les hiéroglyphes. On croit qu'il était placé au devant d'un temple de Sérapis.

Les obélisques de Rome que nous venons de décrire, sont tous en granite rouge d'Égypte ; ils sont au nombre de treize, dont huit depuis 111 pieds ro-

---

[1] 30 pieds 11 po. 3 lig., ou 10 mèt. 050 mil.
[2] 18 pieds 10 po. 10 lig. ⅐, ou 6 mèt. 141 mil.
[3] 2 pieds 4 po. 10 lig. ½, ou 0 mèt. 782 mil.
[4] 24 pieds 9 po. 0, ou 8 mèt. 040 mil.
[5] 2 pieds 9 po. 0, ou 0 mèt. 893 mil.
[6] 15 pieds 1 po. 6 lig., ou 4 mèt. 913 mil.
[7] 2 pieds 2 po. 9 lig. ¼, ou 0 mèt. 725 mil.
[8] 16 pieds 6 po., ou 5 mèt. 360 mil.
[9] 2 pieds 2 po. 1 lig. ½, ou 0 mèt. 707 mil.
[10] 1 pied 8 po. 8 lig. ¼, ou 0 mèt. 613 mil.

mains jusqu'à 50 et cinq depuis 34 jusqu'à 18. Pline, qui ne fait mention que des grands, n'en compte que trois ; Ammien-Marcellin, qui vivait en 370, compte six grands obélisques, et Pub. Victor, que l'on place à peu près dans le même temps, en comptait six grands et 42 petits. Mais l'inexactitude qui se trouve dans les mesures qu'il donne des grands obélisques, soit qu'elle vienne de lui ou des copistes, est telle qu'on ne peut pas plus se fier à cet auteur pour les grandeurs que pour le nombre.

Il est certain qu'il en reste encore à découvrir, que plusieurs ont été détruits pour faire d'autres ouvrages, et qu'il s'en trouve encore à Rome des fragmens que l'on débite pour des pavés, des revêtemens et des restaurations.

Obélisques de Constantinople.

XXI. La place où se trouve cet obélisque, était autrefois un cirque appelé par les Grecs *hippodrome*. Plusieurs auteurs croient que ce fut Constantin qui le fit venir d'Égypte pour le placer au milieu de cet *hippodrome*, et qu'ayant été renversé par un tremblement de terre, ou quelque autre accident, il fut relevé par l'empereur Théodose. Mais comme dans les anciennes descriptions de Constantinople, faites avant Théodose, il n'est pas fait mention d'obélisque dans l'hippodrome, et que cependant on y parle d'un obélisque placé dans la cinquième région de cette ville, on peut présumer que Constantin avait eu le projet d'y placer le grand obélisque qu'il avait fait conduire de Thèbes à Alexandrie, et qu'il était sur le point de faire transporter à Constantinople lorsqu'il mourut. Nous avons déjà dit que son fils Constance fit conduire cet obélisque à Rome, et qu'il le fit élever dans le grand cirque. Ainsi on peut croire que l'hippodrome de Constantinople resta sans obélisque jusqu'à ce que l'empereur Théodose y fit placer celui qui existe, qu'il tira de la cinquième région, selon l'opinion de Panvinius. Il est même probable qu'il y avait plusieurs autres obélisques à Constantinople ; car Pétrus Gyllius qui y avait été deux fois, dit qu'à son premier voyage, il vit deux obélisques de granite d'Égypte, un dans l'hippodrome, et l'autre couché auprès de la cour royale ; ce dernier avait 35 pieds de long [1], et 6 pieds de grosseur par le bas. Il fut acheté par un Vénitien, appelé Antoine Prioli, et transporté à Venise pour être élevé au milieu de la place Saint-Étienne.

XV. Quant à l'obélisque de l'hippodrome, il est élevé sur quatre astragales de bronze, de chacun un pied et demi, placés sur une base cubique ornée de bas-reliefs. Gyllius prétend qu'au-dessous de cette base est un grand socle élevé sur deux gradins ; le premier a un pied de haut sur autant de large : la hauteur du

---

[1] On ne connaît pas l'espèce de pied dont Gyllius s'est servi

second est de 2 pieds [1], et le dessus a 4 pieds ¼ de largeur. Les joints de ce gradin supérieur indiquent qu'il n'est qu'appliqué contre le grand socle; ce socle a 12 pieds en carré sur 4 pieds ½ de haut. Il forme en dessus une retraite d'un pied et demi, de sorte que la base cubique qui pose sur ce socle, a 9 pieds en carré sur 7 pieds ¼ de haut; ce dernier socle cubique excède d'un pied et demi sur tous sens la base de l'obélisque, qui forme un carré dont les côtés sont de 6 pieds. La hauteur de l'obélisque est évaluée à 50 pieds.

Les deux inscriptions gravées sur la base, dont une grecque et l'autre latine, font connaître que cet obélisque fut élevé en 32 jours par les soins d'un nommé Proclus. On a voulu représenter dans un des bas-reliefs les moyens mis en usage pour cette opération; mais ce bas-relief assez mal entendu ne présente que des espèces de treuils verticaux, traversés par des leviers avec des cordages qui correspondent à l'obélisque. Quatre hommes appliqués à ces leviers, font tourner chaque treuil, pour mouvoir le fardeau par le moyen du câble qui s'enroule dessus. Un autre homme, assis par terre, tire le câble pour le *faire filer*, comme on le pratique encore dans l'usage du cabestan. On remarque derrière l'obélisque, que l'on traîne une grande roue à laquelle le pied de l'obélisque paraît attaché. Il est difficile de deviner quel pouvait être l'usage de cette roue qui est incomplète; peut-être était-ce un moyen pour dresser l'obélisque, et le placer sur sa base, dont la hauteur est à peu près égale à la distance entre le dessous de l'obélisque et la circonférence de la roue [2].

Obélisque d'Arles.

XVII. Cet obélisque en granite d'Egypte est, je crois, le seul qui existe en France; il est sans hiéroglyphes. Sa hauteur est de 47 pieds (ou 15 mètres 267 millimètres.) La grosseur de sa base est de 7 pieds (ou 2 mètres 273 millimètres.) Il fut trouvé en fouillant dans les jardins des Augustins de Saint-Remy près du Rhône, où l'on prétend qu'était un ancien cirque dans lequel l'empereur Constance fit célébrer les jeux en 354; peut-être est-ce lui qui l'avait fait élever. Cet obélisque avait été découvert vers l'an 1389. Charles IX avait eu le projet de le faire relever; mais les circonstances ne le lui permirent pas. En 1676, il fut transporté sur la place de l'archevéché où il fut élevé; on plaça sur la pointe un globe d'azur, aux armes de France, surmonté d'un soleil, qui était la devise de Louis XIV, en l'honneur duquel il fut érigé. Sur chacune des quatre faces du piédestal, on grava de pompeuses inscriptions latines, composées par Pellisson.

Cet obélisque, pesant environ 2,000 quintaux, fut élevé au moyen de huit

---

[1] Il est probable que le pied dont Gyllius a fait usage est le pied romain, parce qu'il le divise en 16 doigts.

[2] Planche I, fig. XV″ et XV‴.

mâts de navire et de huit cabestans équipés avec des cordages, des moufles et des poulies de renvoi. Il fut suspendu en l'air, et posé sur son piédestal en un quart d'heure de temps [1]

Obélisques qui se trouvent actuellement en Égypte.

XII. Il existe auprès des murailles de la vieille Alexandrie deux obélisques de granite rouge, chargés d'hiéroglyphes. Celui qui est debout, appelé Aiguille de Cléopâtre, a de hauteur (suivant les dernières mesures prises par les artistes français envoyés en Égypte), depuis le dessous de la base jusqu'à l'extrémité de la pointe, 62 pieds 10 pouces (ou 20 mètres 410 millimètres $\frac{1}{4}$); sa grosseur par le bas est de 7 pieds (ou 2 mètres 273 millimètres $\frac{2}{3}$); par le haut il a 4 pieds 10 pouces (ou 1 mètre 057 millimètres); la pointe a 6 pieds (ou 1 mètre 949 millimètres); les angles de la base sont brisés et remplacés par des pierres grossièrement posées. Le dé ou cube qui lui sert de base a 8 pieds 4 pouces en carré (ou 2 mètres 707 millimètres). Il est élevé sur trois gradins en pierre. Celui du bas a 24 pouces de haut (ou 650 millimètres. La largeur du dessus est de 16 pouces (ou 433 millimètres). La hauteur du second gradin est de 20 pouces (ou 541 millimètres; le dessus a 13 pouces (ou 351 millimètres). Le troisième gradin a 18 pouces de haut (ou 487 millimètres); sa saillie en avant du dé qui sert de base à l'obélisque, est de 17 pouces (ou 460 millimètres). La hauteur entière de ce monument, depuis le sol sur lequel pose le premier gradin jusqu'à l'extrémité de la pointe, est de 24 mètres 2 décimètres, ou 74 pieds 6 pouces.

Parmi les débris de l'autre obélisque brisé et renversé, on remarque la partie inférieure d'environ 17 pieds de longueur (ou 5 mètres $\frac{1}{2}$) sur 6 pieds 7 pouces de grosseur à la base (ou 2 mètres 138 millimètres) : ainsi cet obélisque devait être un peu moins grand que celui qui est debout.

L'obélisque de Matareen ou de l'ancienne Héliopolis est, selon Norden, de même hauteur que celui de Cléopâtre à Alexandrie. Pockocke, qui le mesura, trouva sa hauteur apparente d'environ 67 pieds anglais ou 62 pieds 10 pouces 7 lignes de Paris; mais comme il est enterré, on peut présumer qu'il est plus grand. Sa grosseur par le bas est de 6 pieds 7 pouces 7 lignes (ou 2 mètres 154 millimètres), sur 7 pieds (ou 2 mètres 274 millimètres; de sorte que sa base n'est pas carrée. Il est chargé d'hiéroglyphes.

XX. A trois mille environ de l'ancienne Arsinoé, auprès du village de Bijige on trouve un obélisque en granite rose d'une forme toute particulière. Il a 4 pieds à sa base dans un sens (1 mètre 299 millimètres) et 6 pieds (1 mètre 949 millimètres) de l'autre; sa hauteur est de 40 pieds 3 pouces 9 lignes (13 mètres 095 millimètres). Chacune de ses faces est divisée par des cannelures en trois

---

[1] Dictionnaire géographique de la France, par Expilly.   43.

colonnes, dont celle du milieu a un pied de large (325 millimètres). Il est orné d'hiéroglyphes.

Obelisques de l'ancienne Thèbes, ou Diospolis de la haute Égypte.

XIV. Pockocke parle de quatre grands obélisques, dont deux, au devant de la grande entrée du temple de Karnak, ont leur partie apparente de 58 pieds 6 pouces de haut (ou 19 mètres) sur 6 pieds 7 pouces 7 lignes (ou 2 mètres 154 millimètres) de grosseur par le bas; ils n'ont qu'une seule colonne d'hiéroglyphes sur la hauteur.

X. Plus loin, vers l'orient, sont deux autres obélisques plus grands; leur grosseur par le bas est de 7 pieds 7 lignes ½ (ou 2 mètres 29 centimètres); leur hauteur de 68 pieds 7 pouces (ou 22 mètres 278 millimètres). Ils ont été découverts par les artistes de l'expédition d'Égypte qui ont mesuré les ruines de Thèbes.

VIII. Deux autres obélisques à Luxerein, d'environ 75 pieds de haut sur 7 pieds 9 pouces de base.

La première planche représente la suite des différens obélisques dont nous venons de parler, rangés selon l'ordre de leur grandeur, et dessinés sur une même échelle. On a profité de l'espace que laisse l'inégalité des obélisques pour y placer, selon un ordre inverse, les bases et piédestaux antiques de quelques-uns de ces obélisques que nous avons distingués, par les numéros correspondans, des obélisques auxquels il appartiennent.

PLANCHE II.

Parallèle des colonnes d'une seule pièce, et autres en plusieurs assises, exécutées par les anciens, en porphyre, en granite, en marbre et en pierre, avec plusieurs ouvrages modernes du même genre [1].

Colonnes en Porphyre.

IX. Colonne de la mosquée, connue sous le nom de Sainte-Sophie de Constantinople, citée à la page 10.

XIII. Colonne de l'église de Saint-Paul hors des murs, mentionnée à la même page.

XIV. Colonne du Baptistère de Saint-Jean-de-Latran, citée même page.

XVIII. Colonne des petits autels à fronton circulaire, dans l'intérieur du Panthéon de Rome, même page.

---

[1] Les numéros placés en tete de chaque article, correspondent à ceux de la Planche II, où les colonnes se trouvent dessinées selon l'ordre de leur grandeur.

Colonnes en granite.

III. Colonne d'Alexandrie, érigée, selon quelques auteurs, à la mémoire de Pompée, et, selon d'autres en l'honneur de Septime Sévère; citée à la page 17.

V. Colonne du portique de l'église de Saint-Isaac, à Saint-Pétersbourg, citée à la page 23.

VIII. Colonne de *Monte-Citorio*, à Rome, citée à la page 17.

X. Colonne du portique du Panthéon de Rome, citée à la page 17 [1].

XI. Colonne des Thermes de Dioclétien aujourd'hui église des Chartreux citée page 17.

XIX. Colonne du Musée royal, à Paris, citée page 32.

Colonnes en marbre.

VI. Colonne provenant du Temple de la Paix, érigée par Paul V, devant l'église de Sainte-Marie-Majeure; citée à la page 30.

XV. Colonne de marbre Campan rouge, au Musée royal, à Paris, citée page 32.

XVI. Colonne de marbre *Cipolino*, *idem*, citée page 33

XVII. Colonne de brèche violette, *idem*, citée page 33.

XX. Colonne de marbre africain, *idem*, citée page 33.

Colonnes en marbre, construites par assises.

I. Colonne des Bourbons, à Boulogne, commencée en 1804, terminée en 1821. M. Labarre, architecte de ce monument, se propose de publier dans les plus grands détails tous les travaux relatifs à sa construction. En attendant ce précieux travail, qui intéresse vivement tous les amis des arts, nous en offrons ici la figure, réduite à l'échelle commune des autres colonnes de cette planche. Le dessin de la colonne et les notes consignées à la page 48, nous ont été transmis par cet architecte, notre estimable confrère.

II. *Colonne Trajane.*

II. Ce monument, si justement admiré pour la justesse de ses proportions et la beauté des reliefs dont il est orné, n'est peut-être pas moins digne de fixer l'attention par le rare mérite de sa construction. La colonne Trajane, ainsi que le Forum du même nom, au milieu duquel elle fut érigée, furent construits par l'architecte Apollodore de la ville de Damas. Si l'on se forme une idée de l'ensemble d'après ce précieux morceau, reste unique aujourd'hui de toutes ces constructions, certes l'architecture en aucun temps n'aurait jamais produit rien d'aussi parfait ni d'aussi magnifique.

---

[1] Les Fig. XXI et XXII de cette Planche offrent des détails recueillis, en 1813, dans les fouilles faites, auprès de l'Arc de Titus. Ces indications peuvent servir à expliquer le travail intérieur des joints ondulés qu'on remarque aux 2e. et 7e. colonnes du frontispice du portique du Panthéon de Rome et dont la figure X fait connaître la place.

Il n'entre pas dans le sujet que nous traitons de donner la description de ce monument sous le rapport de l'art ou de l'histoire, elle se trouve dans plusieurs ouvrages généralement connus, et qui ne laissent rien à désirer à cet égard; nous nous bornerons à mettre dans tout son jour le détail de sa construction.

La hauteur totale, compris le piédestal jusqu'à l'arête du socle qui termine l'acrotère, est de 170 palmes 7 onces $\frac{1}{5}$ [1]. d'après Piranèse qui paraît en avoir relevé les mesures avec la plus scrupuleuse exactitude. Il entre dans sa composition 29 morceaux de marbre blanc dont plusieurs présentent un volume très-considérable.

La base du piédestal porte en carré 27 palmes 8 onces $\frac{1}{5}$ [2]. Sa hauteur, en y comprenant le socle de la base toscane, est de 28 palmes 4 onces $\frac{1}{5}$ [3]. Cette masse cubique est formée de 4 assises de deux morceaux chacune, dont les joints montans se trouvent, pour les première et troisième assises, sur les côtés du piédestal; et pour les deuxième et quatrième assises, sur la face de l'entrée et celle qui lui est opposée.

La première a de hauteur 6 palmes 0 onces $\frac{1}{4}$ [4].

La deuxième 7   7 $\frac{1}{4}$ [5].

La troisième 6   0 $\frac{1}{2}$ [6].

La quatrième. 8   8 $\frac{1}{6}$ [7].

On trouve pour la solidité de cette masse 21726 palmes 6 onces $\frac{6}{5000}$ cubes [8], et pour l'un des morceaux, formant la quatrième assise, 3327 palmes 3 onces $\frac{7841}{16000}$ cubes [9].

La colonne, compris base (sans le socle) et chapiteau, se compose de 19 assises, chacune d'un seul morceau de marbre. La hauteur de ces assises n'est pas égale; voici leur mesure particulière, toujours d'après Piranèse.

Le premier morceau comprenant le tore, le filet et une petite partie du fût au-dessus du congé, a de hauteur 6 palmes 11 onces $\frac{1}{4}$ [10].

Le deuxième 6   11   [11].

Le troisième 6   11 $\frac{1}{2}$ [12].

Le quatrième 6   10 $\frac{1}{2}$ [13].

Le cinquième 6   9   [14].

Le sixième. 6   9 $\frac{1}{4}$ [15].

Le septième 6   10 $\frac{1}{5}$ [16].

---

[1] 117 pieds 3 po. 11 lig. $\frac{1}{150}$, ou 38 mèt. 1125.

[2] 19 pieds 0 po. 5 lig. $\frac{1011}{1600}$, ou 6 mèt. 1845.

[3] 19 pieds 5 po. 11 lig. $\frac{1071}{1600}$, ou 6 mèt. 3335.

[4] 4 pieds 1 po. 8 lig. $\frac{17}{1440}$, ou 1 mèt. 3451.

[5] 5 pieds 3 po. 9 lig. $\frac{21}{1440}$, ou 1 mèt. 6988.

[6] 4 pieds 1 po. 10 lig. $\frac{47}{144}$, ou 1 mèt. 3497.

[7] 5 pieds 5 po. 11 lig. $\frac{1671}{1600}$, ou 1 mèt. 9399.

[8] 7067 p. 2 p. 31. $\frac{111}{613}$ cubes, ou 242 m. 24896 cubes

[9] 1082 p. 3 p. 81. $\frac{524}{613}$ cubes, ou 37 m. 00869 cubes

[10] 4 pieds 9 po. 3 lig. $\frac{7}{160}$, ou 1 mèt. 5499.

[11] 4 pieds 9 po. 5 lig. $\frac{151}{160}$, ou 1 mèt. 5452.

[12] 4 pieds 9 po. 6 lig. $\frac{111}{160}$, ou 1 mèt. 5558.

[13] 4 pieds 8 po. 8 lig. $\frac{41}{44}$, ou 1 mèt. 5359.

[14] 4 pieds 7 po. 8 lig. $\frac{19}{40}$, ou 1 mèt. 5080.

[15] 4 pieds 7 po. 10 lig. $\frac{155}{160}$, ou 1 mèt. 5126.

[16] 4 pieds 8 po. 6 lig. $\frac{117}{600}$, ou 1 mèt. 5303

Le huitième . . . . 6 palmes 8 onces [1].

Le neuvième. 6   10 $\frac{1}{3}$ [2].

Le dixième. 6   9   [3].

Le onzième 6   11   [4].

Le douzième 6   10 $\frac{3}{4}$ [5].

Le treizième 6   7 $\frac{1}{2}$ [6].

Le quatorzième 6   8 $\frac{1}{3}$ [7].

Le quinzième 6   8   [8].

Le seizième 6   8 $\frac{4}{5}$ [9].

Le dix-septième 6   9   [10].

Le dix-huitième 6   10 $\frac{3}{4}$ [11].

Le dix-neuvième 6   9 $\frac{1}{3}$ [12].

La dernière assise comprend le tailloir du chapiteau.

Le diamètre inférieur de la colonne est de 16 palmes 4 onces $\frac{1}{2}$, [13], et celui du haut de 14 palmes, [14].

Le premier morceau comprenant le tore de la base porte 22 palmes de diamètre [15], et produit un cube de 2638 palmes 2 onces $\frac{11}{14}$ [16].

Le tailloir porte 19 palmes 3 onces sur chaque face [17], qui donnent pour le cube de ce morceau 2507 palmes 5 onces $\frac{27}{40}$ cubes [18].

Le cube de la colonne avec le tore de la base et le chapiteau est de 26142 palmes 6 onces $\frac{367}{1004}$ [19].

L'acrotère qui termine la colonne est composé de deux assises : la première porte de hauteur 6 palmes 8 onces [20].

La deuxième 6 palmes 3 onces $\frac{1}{3}$ [21].

Le diamètre de l'acrotère est de 13 palmes 0 onces $\frac{1}{2}$ [22], son cube est de 1731 palmes 8 onces $\frac{11199}{16128}$ [23].

Le cube de tout le monument est de 27874 palmes 3 onces $\frac{205345}{2145024}$ [24].

L'entrée et le vide pratiqués dans le piédestal, ainsi que l'escalier ménagé dans l'intérieur de la colonne, ont été entièrement dégagés dans la masse de chaque assise, comme on le voit pour l'une d'elles sur la figure II'.

[1] 4 pieds 7 po. 0 lig. $\frac{2}{9}$, ou 1 mèt. 4894.
[2] 4 pieds 8 po. 9 lig. $\frac{1121}{1800}$, ou 1 mèt. 5378.
[3] 4 pieds 7 po. 8 lig. $\frac{19}{40}$, ou 1 mèt. 5080.
[4] 4 pieds 7 po. 0 lig. $\frac{702}{720}$, ou 1 mèt. 4911.
[5] 4 pieds 8 po. 10 lig. $\frac{1121}{1440}$, ou 1 mèt. 5405.
[6] 4 pieds 6 po. 8 lig. $\frac{21}{140}$, ou 1 mèt. 4800.
[7] 4 pieds 7 po. 1 lig. $\frac{1571}{1800}$, ou 1 mèt. 4931.
[8] 4 pieds 7 po. 0 lig. $\frac{2}{9}$, ou 1 mèt. 4894.
[9] 4 pieds 7 po. 6 lig. $\frac{247}{100}$, ou 1 mèt. 5042.
[10] 4 pieds 7 po. 8 lig. $\frac{19}{40}$, ou 1 mèt. 5080.
[11] 4 pied 8 po. 10 lig. $\frac{1121}{1440}$, ou 1 mèt. 5405.
[12] 4 pieds 7 po. 10 lig. $\frac{111}{1205}$, ou 1 mèt. 5116.
[13] 11 pieds 3 po. 1 lig. $\frac{161}{740}$, ou 3 mèt. 6582.
[14] 9 pieds 7 po. 6 lig. $\frac{7}{13}$, ou 3 mèt. 1276.
[15] 15 pieds 1 po. 6 lig. $\frac{11}{13}$, ou 4 mèt. 9149.
[16] 857 p 7 p. 5 l. $\frac{256}{675}$ cubes, ou 29 mèt. 3969 cubes.
[17] 13 pieds 2 po. 10 lig. $\frac{47}{120}$, ou 4 mèt. 3005.
[18] 815 p. 7 p. 0 l. $\frac{27}{675}$ cubes, ou 27 m. 9560 cubes.
[19] 8487 p. 8 p. 3 l. $\frac{81}{125}$ cubes, ou 290 mèt. 9151 cub
[20] 4 pieds 7 po. 0 lig. $\frac{2}{9}$, ou 1 mèt. 4894.
[21] 4 pieds 3 po. 11 lig. $\frac{61}{720}$, ou 1 mèt. 4056.
[22] 8 pieds 11 po. 7 lig. $\frac{401}{720}$, ou 2 mèt. 9135.
[23] 563 p. 8 p. 11 lig. $\frac{13}{125}$ cubes, ou 19 mèt 3083
[24] 9051 p. 5 p. 2 l. $\frac{24}{125}$, ou 310 mèt. 2234 cubes.

Chaque assise comprend le nombre de marches que comporte sa hauteur; on en compte 184 du sol intérieur de la colonne, au-dessus du chapiteau. L'escalier à vis sur noyau plein, tenant à la masse, est éclairé par 45 petites lumières percées dans l'épaisseur des tambours : elles sont distribuées à distances égales sur la hauteur, et répondent à chacune des faces du piédestal, en suivant le contour de l'hélice intérieure, qui décrit 10 révolutions, tandis que l'hélice extérieure en décrit 23.

L'inscription placée au-dessus de la porte d'entrée nous apprend que cette colonne indiquait par sa hauteur la quantité de terre enlevée pour former la planimétrie du Forum de Trajan, et que Milizzia trouve avoir dû être de 144 pieds romains antiques [1]. En ajoutant à la hauteur totale que nous avons ci-devant donnée, celle des 9 marches que Piranèse indique comme ayant été découvertes au temps de Sixte V, on trouverait pour cette hauteur 144 pieds romains $\frac{1}{4}$ de 11 pouces (d'après notre évaluation), [2] qui ne diffère pas sensiblement de la mesure de Milizzia.

Nous donnons dans tous ses détails l'épure, ou tracé de l'appareil de cette colonne, *au second livre de cet ouvrage, chapitre Ier.*, des Constructions antiques.

XII. *Colonne de l'empereur* PHOCAS *dans le Forum romanum, aujourd'hui* (Campo Vaccino).

Pendant long-temps cette colonne a été considérée comme le seul reste d'un édifice élevé en cet endroit, et cette ruine a fait naître diverses conjectures sur la nature du monument dont elle avait pu faire partie. Plusieurs savans ont pensé qu'elle indiquait le lieu où fût bâti le temple de Jupiter Conservateur; d'autres y ont vu le reste du portique qui joignait le palais d'Auguste au Capitole. Ce n'est qu'à la suite des fouilles ordonnées, en 1813, au pied de ce monument, que l'on parvint à le connaître dans son entier, et à découvrir sa véritable destination. Une inscription gravée sur le piédestal nous apprend que cette colonne fut érigée l'an 608 de l'ère vulgaire, en l'honneur de l'empereur PHOCAS.

Ce monument se compose d'un soubassement formé par onze gradins revêtus de dalles de marbre assez minces, d'un piédestal, et de la colonne en marbre, surmontée autrefois d'une statue en bronze doré, ainsi que l'indique l'inscription dont nous avons déjà parlé.

La hauteur du massif de maçonnerie, revêtu de dalles de marbre, formant gradins, est de 14 palmes $\frac{1}{2}$ [3].

---

[1] 140 pieds 4 pouces, ou 45 mètres 5859.

[2] *Voyez, au Livre X*, notre Dissertation sur les rapports des mesures anciennes avec les nouvelles mesures.

[3] 10 pieds, ou 3 mètres 248 millimètre

Celle du piédestal est de 19 palmes [1].

La colonne, compris base et chapiteau, porte 62 palmes 9 onces 2 minutes [2].

Son diamètre est de 6 palmes 2 onces 4 minutes [3].

La décadence dans laquelle les arts étaient tombés, à l'époque de l'érection de ce monument, conduit à penser que l'on se servit, dans cette circonstance, d'une colonne provenant de quelque ancien édifice, et ce ne serait pas le seul exemple de l'impuissance de l'art en pareille occasion. Cette opinion est encore fortifiée ici par la forme grossière donnée au piédestal sur lequel elle a été placée. Quant au travail de la colonne, on croit y retrouver le caractère de l'art à l'époque des Antonins. On compte 16 assises dans la hauteur de ce monument.

IV. *Colonnes en pierre en plusieurs assises.*

Les Romains signalèrent leur puissance sur toute l'étendue de leur domination, par d'immenses ouvrages d'architecture; mais, hors de Rome et de Constantinople, on ne rencontre plus le porphyre, le granite et le marbre employés à la construction des édifices. La ville d'Héliopolis, autrefois Baalbek, en Syrie, renferme encore aujourd'hui des ruines considérables de monumens dont on reporte la construction au temps d'Antonin le Pieux. Ces monumens étaient construits en pierre blanche, de la nature du granite, à grandes facètes luisantes comme le gypse. Sa carrière, dit Volney [4], règne sous toute la ville et dans la montagne adjacente; elle est ouverte en plusieurs lieux et entre autres en arrivant à la ville. Il y est resté une pierre taillée sur trois faces, qui a 69 pieds 2 pouces de long, sur 13 pieds 3 pouces de large, et 12 pieds 10 pouces d'épaisseur.

Le grand Temple du Soleil, dans cette ville, était bâti de cette pierre. Le fût des colonnes dont il était environné, était formé de 3 ou 4 morceaux pour une hauteur de 58 pieds, et 7 pieds de diamètre [5]. Les tronçons sont réunis entre eux par des axes de fer. Ces axes remplissent si bien leur objet, que plusieurs colonnes ne se sont pas déjointes dans leur chute.

VII. Colonne du portique de l'église de Sainte-Geneviève, à Paris. Ces colonnes au nombre de 18 isolées, et 4 engagées, ont de hauteur, compris base et chapiteau, 58 pieds 2 pouces 9 lignes [6]; elles sont construites en 56 assises, dont 53 en pierre dure, pour la base et le fût, jusqu'à l'astragale, et 3 en pierre tendre pour le chapiteau. Leur diamètre est de cinq pieds 6 pouces [7].

XXIII. Cette figure sert à expliquer ce qui est écrit à la page 32 sur le revêtement en marbre du monument connu à Rome sous le nom de *l'Arc des Orfèvres.*

---

[1] 13 pieds, ou 4 mètres 223 millimètres.
[2] 43 pieds 2 pouces, ou 14 mètres 010 millim.
[3] 4 pieds 3 pouc., 6 lig., ou 1 mèt. 390 millim.
[4] *Voyage en Syrie*, Tom. II, Chap. xxix.
[5] 18 mètres 841, sur 2 mètres 274.
[6] 18 mètres 951 millimètres.
[7] 1 mètre 786 millimètres.

PLANCHE III

Forme et disposition des briques crues en usage chez les anciens ; nouveaux procédés pour la fabrication de ces briques.

C. Tétradoron des Grecs; brique cubique dont chaque face porte quatre *dorons*, ou palmes, en carré; répondant à 2 pieds romains, 22 pouces du pied de Paris, 596 millimètres.

G. Pentadoron des Grecs; brique de forme cubique, ayant 5 palmes ou *dorons* en carré, sur chaque face, qui valent 2 pieds ½ romains, 27 pouces ¼ de Paris, 745 millimètres.

D. Demi-tétradoron; brique de 4 palmes en carré, 2 pieds romains, 22 pouces de Paris, ou 596 millimètres, sur 2 palmes, 1 pied romain, 11 pouces, ou 298 millimètres d'épaisseur.

F. Demi-pentadoron; brique de cinq palmes ou dorons, 2 pieds ½ romains, 27 pouces ½, 745 millimètres en carré, sur 2 palmes ½, 1 pied ¼ romain, 13 pouces ¾ de Paris, 372 millimètres d'épaisseur.

Le didoron, dont l'usage était commun aux Grecs et aux Romains, avait deux *dorons* ou palmes en carré, 1 pied romain, 11 pouces de Paris, 298 millimètres, sur un palme ou *doron*, demi-pied romain, 5 pouces ½ de Paris, 149 millimètres d'épaisseur. Il est facile d'évaluer la grandeur de cette brique, qui n'est pas figurée ici par les divisions tracées sur les figures précédentes.

La figure 1 représente un mur en briques crues avec deux parties en retour, dont les arrachemens indiquent la manière de placer les briques entières A et les demi-briques B, pour les murs d'une brique et demie et de deux briques d'épaisseur.

Les figures 2 et 3 indiquent les procédés communs à la fabrication des briques en mortier, dont il est parlé à la page 101; et de celles en terre, dont on propose l'emploi à la page 109 de ce livre. (*Voyez pages* 101 *et* 109.)

PLANCHE IV.

Fig. 1ʳᵉ. et Fig. 2. Encaissement, ou *banchée* pour la fabrication du pisé vu par dehors.

1. Planches à rainures et languettes, fortifiées par d'autres planches, posées en travers, marquées 2, arrêtées par de forts clous rivés.

3. Petits poteaux portant un tenon par le bas, nommés aiguilles.

4. Traverses appelées clefs, ou lassoniers, percées de deux grandes mortaises, dans lesquelles se placent les petits poteaux ou aiguilles.

5. Coins de bois servant à serrer les banches par le bas contre l'épaisseur du mur.

6. Petits bâtons, appelés gros de murs, servant à fixer l'épaisseur du mur par le haut de la banchée.

6. Désigne aussi le bâton court servant de garrot, pour serrer les liens de cordes qui maintiennent les aiguilles par le haut.

7. Pisoir. La figure de cet instrument le fait assez connaître ; la masse de bois dont il est formé porte à peu près 10 pouces en tout sens : tout emmanché, le pisoir a 4 pieds 1 ou 2 pouces de hauteur.

12. Planche servant à former le parement de l'extrémité de la première banchée.

C, d. Pente de 60 degrés, ménagée à l'extrémité des banchées courantes, servant à les relier entre elles.

13. Sergent servant à maintenir la planche formant le fond de la première banchée.

Fig. 3, 14 et 16. Terre préparée et autres instrumens à l'usage des piseurs.

Fig. 4. Encaissement à piser, ou banchée, d'une autre construction. Ici l'appareil est monté sur l'angle du bâtiment ; on y voit la planche servant de fonds, arrêtée au moyen de traverses de bois I, passés dans des oreilles L qui portent à leurs extrémités les deux planches de la banchée. Pour le reste les lettres D, E, F, G, H, répondent aux n°°. 1, 4, 3, 5, et D de la fig. 2.

Fig. 5. Cadre pour mouler les briques en mortier.

Fig. 6. Brique moulée avec le cadre démonté.

Fig. 17. Batte de bois pour massiver les briques en mortier.

Fig. 18, 19 et 20. Batte de bois dont on se sert à Naples pour massiver le mortier nommé *lastrico*.

PLANCHE V.

Aspect extérieur d'une maison en pisé.

On a laissé subsister sur cette figure toutes les traces de l'appareil qui sert à la fabrication du pisé : on y reconnaît les trous des clefs, et la jonction des banchées. Le pisé ordinaire n'ayant pas assez de fermeté pour résister à la fatigue qu'éprouvent les linteaux, seuils, appuis, et jambages des portes et des fenêtres, on est obligé d'avoir recours au bois, à la brique et à la pierre, pour donner à ces parties la résistance convenable. La même figure présente ces divers moyens mis en œuvre. (*Voyez page* 108).

44.

PLANCHE VI.

Fig. 1, 2, 3, 4. Détails d'un four imaginé par M. Morveau pour la préparation de la chaux qui entre dans la composition du mortier Loriot. (*Voyez page* 143.)

Fig. G, H, I, K, L, M. Divers appareils et instrumens nécessaires pour la préparation du mortier. (*Voyez page* 154.)

Fig. 5, 6, 7. Machine à broyer le mortier.

Bien que Vitruve ne soit entré dans aucun détail relativement à la préparation manuelle que les anciens faisaient subir à leurs mortiers avant de les employer, l'importance qu'ils attachaient à cette manutention semble s'être perpétuée traditionnellement dans la pratique. En effet, de temps immémorial, il est reconnu chez les modernes que, toutes choses égales d'ailleurs, les mortiers acquièrent d'autant plus de qualité, qu'ils ont été plus exactement broyés. Cette condition essentielle, si long-temps négligée parmi nous, est sans doute l'unique *secret* auquel on doive attribuer l'étonnante conservation de leurs ouvrages de maçonnerie, dans les lieux mêmes où il paraît encore impossible d'atteindre à cette perfection.

La négligence, et plus encore le désir d'abréger la main-d'œuvre, sont, comme nous l'avons déjà dit, la plupart du temps, la principale cause de la défectuosité des mortiers. La connaissance de ce fait dut souvent faire sentir la nécessité de substituer à une manœuvre pénible l'action puissante des machines. Cependant, les premiers essais en ce genre ne remontent pas au-delà de la fin du dix-septième siècle. Ce n'est qu'en 1662, époque à laquelle Bocklerius, architecte et ingénieur de Nuremberg, publia son *Theatrum Machinarum*, qu'on voit paraître la figure et la description d'une machine appropriée à cet usage. Le nom de ΤRΙΒΟΜΥLOS, *meule à broyer*, qui lui fut donné par l'auteur, exprime bien le but qu'il se proposait de remplir. Une meule tournant comme une roue dans un bassin circulaire est emmanchée à un essieu fixé par son milieu à un arbre vertical, lequel est mû sur son axe par un mécanisme fort simple, au moyen d'un cours d'eau ou d'un cheval : un instrument assez semblable à une houe est attaché de l'autre côté de l'essieu, de manière à pouvoir, pour ainsi dire, labourer la matière (*materia*) [1] dans le fond du bassin, et la rejeter ainsi incessamment sous le passage de la meule. Tel est le tribomylos.

L'idée première de cette machine a été reproduite depuis, pour le même objet, dans plusieurs circonstances, et récemment encore pour la préparation des mor-

---

1 Quoique dans la description du ΤRΙΒΟΜΥLOS, Bocklerius semble n'assigner d'abord aucun usage spécial à cette machine, l'emploi du mot *materia*, dont il se sert pour désigner la *matière* soumise ici à l'action des meules, annonce cependant qu'il la croyait plus particulièrement appropriée à la préparation du mortier. En effet, le sens que Vitruve donne à ce mot souvent répété au Chapitre VIII du second Livre, et la profession connue de Bocklerius, ne peuvent laisser aucun doute à cet égard. (*Voyez le Chapitre* 1er. *de la* 2e. *Section du* IVe. *Livre de cet ouvrage, qui traite de la maçonnerie.*)

tiers employés à la construction du canal Saint-Martin. La première application
en est due à M. Saint-Léger. Voici la description qu'en donne M. De Villiers, ingénieur en chef des ponts-et-chaussées, dans le mémoire qu'il a publié sur les travaux du canal Saint-Denis et du canal Saint-Martin.

« La machine de M. Saint-Léger est composée d'une auge annulaire en bois,
» dans laquelle roule une roue de voiture [1], tournant sur un essieu dont une
» extrémité est fixée au centre de la fosse annulaire et à l'extrémité duquel est
» attelé un cheval.

» Les distances entre le centre de la fosse, la roue et le point d'attache du
» cheval, sont calculées de manière à employer le plus utilement possible toute
» la force d'un cheval marchant au pas. La largeur de la fosse est en rapport
» avec celle de la roue, qui est ordinairement une vieille roue de charrette hors
» de service pour tout autre usage.

» Ayant eu beaucoup de mortier à faire au canal Saint-Martin sur une même
» place, on a jugé avantageux de faire faire les fosses plus larges et de placer
» deux roues sur le même essieu, lesquelles parcourent deux voies un peu dif-
» férentes. Il a fallu alors attacher deux chevaux à l'essieu prolongé de part et
» d'autre en dehors de chaque roue. (*Voyez figures 5 et 6.*)

» On met d'abord dans la fosse toute la chaux qu'on veut employer dans une
» bassinée, en ayant soin de ne pas l'accumuler sur un seul point, mais en la
» jetant au contraire dans toute l'étendue de la fosse. On fait faire quelques tours
» aux roues afin de bien ramollir et étendre la chaux, on jette ensuite successi-
» vement à la pelle, et au fur et à mesure que le mélange s'opère, tout le sable
» nécessaire, d'après les proportions adoptés et sans arrêter la marche des che-
» vaux. Dans une demi-heure la bassinée est fabriquée. On prend une demi-
» heure pour vider le mortier et recharger la fosse en chaux seulement. Ce temps
» est nécessaire pour le repos des chevaux, dont le travail est fort pénible à la fin
» de la fabrication de chaque bassinée. On peut faire facilement 3 mètres cubes
» par bassinée. On aura donc autant de fois 3 mètres cubes par jour que l'on aura
» d'heures de travail des chevaux. Dans un cas pressant, on peut établir des ate-
» liers de relais, et faire par conséquent 72 mètres cubes de mortier en vingt-qua-
» tre heures.

» Dans la marche des roues, le mortier comprimé sur le fond de la fosse tend à
» remonter des deux côtés et à s'appliquer contre les parois. Pour le rabattre, on
» adapte à l'essieu deux racloirs en bois garnis de tôle (*voyez la figure 7*), qui

---

[1] Il est inutile d'observer que la roue remplit ici les mêmes fonctions que la meule de la machine de
Bocklerius. A cette différence près, cet appareil peut encore rappeler le moulin dont on sert en Égypte
pour écraser le plâtre. Il en a déjà été question au Chapitre IV de la première Section de ce livre. On
peut en voir la figure dans la description de l'Égypte, état moderne, 2. volume, planche XXVI, n. 3.

» chacun suivent de très-près une des parois de la fosse. Le racloir et la roue si-
» tuée sur le même bras de l'essieu sont placés de manière à suivre les parois
» opposés de la fosse.

» La machine est facilement transportée, et même la fosse, si elle est en bois.
» Dans les grands ateliers, il vaut mieux la faire en moellons, qui trouvent toujours
» leur emploi à la fin des travaux.

» Au moyen de cette machine, le mortier est parfaitement mélangé, et de plus
» il est broyé par le poids de la roue, qui doit être tel, qu'elle pénètre toujours jus-
» qu'au fond de la fosse. Quand la roue n'est pas assez lourde par elle-même pour
» cela, il faut charger l'essieu près du moyeu avec des pierres, ou tout ce que l'on
» a à sa portée. La marche oblique de cette roue augmente encore son bon effet.

» Les avantages qui résultent de l'emploi des machines à mortier sont 1° *l'éco-*
» *nomie sur le prix de la fabrication quand on en fait une quantité assez consi-*
» *dérable.*

» *2° La certitude du dosage, parce que la surveillance en est très-facile, et*
» *qu'un charretier regarde moins à donner un coup de fouet à son cheval, qu'un*
» *manœuvre à pousser vigoureusement son rabot.*

» *3° La diminution énorme du nombre d'ouvriers manœuvres employés à la*
» *fabrication, ce qui est d'une grande importance, car les manœuvres font sou-*
» *vent la loi dans les ateliers.* Aux époques de la fauchaison, des moissons et des
» vendanges, ils disparaissent des chantiers, où ils gagnent moins qu'aux tra-
» vaux de la campagne, et laissent souvent de grands ateliers dans l'embarras. Il
» faut les faire remplacer par des ouvriers d'un plus haut prix, ou laisser lan-
» guir les travaux.

» Par les mêmes raisons qu'il faut préférer l'emploi des chevaux à celui des
» hommes, pour la fabrication du mortier, on devrait préférer aussi celui des
» machines à vapeur; mais pour que ce moyen fût réellement utile, il faudrait
» avoir sur un même point une très-grande quantité de mortier à fabriquer, afin
» de construire des fosses qui en continssent au moins 10 mètres cubes. On
» pourrait faire ainsi 240 mètres cubes de mortier en vingt-quatre heures. L'éco-
» nomie que l'on ferait sur la fabrication pourrait servir à payer un trans-
» port plus éloigné qu'il ne l'est ordinairement.

PLANCHES VII.

*Machines à éprouver la résistance comparative des pierres, sous l'effort
de la pression.*

Fig. 1er. Machine ayant servi aux expériences sur la force des pierres, faites
en 1775, par G. Soufflot.

Cette machine est composée d'un montant de fer A, de 4 pieds et demi de haut, sur 2 pouces et un quart de grosseur, assujetti fortement au mur par plusieurs scellemens. Ce montant porte à ses côtés six petits talons ou tassaux, servant, les deux du bas, à former empatement, et les quatre autres de supports aux scellemens, et de points d'arrêt contre l'effort du levier. Au milieu de la longueur se trouve une mortaise dont les jouées renflées sur le devant sont percées d'un trou rond pour recevoir un boulon.

C'est dans cette mortaise que s'adapte l'extrémité du levier B, dont la grosseur auprès du tenon est de 3 pouces sur 1 pouce et demi, et d'un pouce et demi en carré à l'autre bout. On ajoute à ce levier un rallongement de 3 pieds, que l'on assujettit par le moyen de deux brides, ou anneaux, comme on le voit dans la figure. La petite mortaise que l'on voit en F, à la tête du levier, a été faite pour les expériences des tringles de fer tirées par les deux bouts.

Le montant A est arrêté par le haut par une pièce de fer C, à deux scellemens, qui pose sur les premiers tasseaux.

Au-dessous de la mortaise dans laquelle s'adapte le levier, est une espèce de banc, formé par deux châssis horizontaux, aussi en fer E, O, qui embrassent le montant et entrent à scellement dans le mur. Ces deux châssis sont réunis par deux petits montant R S.

Le châssis supérieur E a trois traverses : la première, qui unit ses deux branches (*à la naissance des scellemens*) passe derrière le montant A (*elle ne peut être vue dans le dessein*); la seconde traverse G, se trouve au-devant du montant, en laissaut un vide de 2 pouces ¼ en carré servant au passage du *mouton* M.

Le châssis inférieur O assujettit le pied du montant; il repose sur les talons *t*; il entre aussi à scellement dans le mur; il est assemblé par deux traverses dont la première (*qui ne peut se voir dans le dessin*) appuie contre le pied du montant.

Lorsqu'on veut faire usage de cette machine pour éprouver des pierres, on relève le levier, et on soutient le mouton en l'air; on place ensuite la pierre à écraser, équarrie et taillée en parallélipipède, sur le bloc N, entre deux cartons, pour représenter le mortier, avec une plaque de fer et des cales de bois, selon que la pierre à écraser est plus ou moins haute. Il faut que lorsqu'on a baissé le levier, et qu'il pèse sur le biseau qui termine le mouton, il se trouve un peu élevé au-dessus du niveau. On adapte ensuite à la dernière division du levier un plateau de balance que l'on charge de poids en les posant avec précautions pour éviter les contre-coups; on en met jusqu'à ce que la pierre commence à s'écraser, en observant toujours de laisser un intervalle de temps entre l'addition d'un nouveau poids, afin de mieux suivre l'effet, qui souvent ne se détermine qu'à la longue.

Pour connaître le poids que la pierre a soutenu avant de s'écraser, il faut premièrement compter combien de fois la distance comprise entre le centre du boulon et le biseau du mouton est contenue de fois dans la longueur du levier, depuis le centre du boulon jusqu'à la division où l'on accroche le plateau de balance ; il faut ensuite peser avec une romaine l'effort que le levier produit par sa propre pesanteur : en soutenant avec le crochet de la romaine le levier à l'endroit même où l'on attache le plateau, on ajoute ensuite le poids trouvé avec le montant des poids qui se trouvent sur le plateau, et on multiplie le poids total par le nombre de fois que la distance comprise entre le boulon et le biseau du mouton est contenue dans la longueur du levier, sur lequel elles sont gravées comme on le voit dans la Figure.

On peut allonger le levier depuis 24 fois cette distance jusqu'à 36 fois. A 30 fois cette distance, l'effort de la pesanteur du levier, joint au plateau de balance était de 70 livres sans être chargé de poids.

Fig. 2. Nouvelle machine à éprouver la force des matériaux, établie dans l'un des vestibules de l'église de Sainte-Geneviève.

Pendant le cours des expériences faites, avec la machine que nous venons de décrire, par MM. Soufflot et Perronet, et dont je fus chargé de rédiger les résultats, je remarquai plusieurs fois que, lorsque le plateau de balance était chargé de plus de 200 livres, le levier éprouvait, autour du boulon auquel il était arrêté, un frottement considérable , qui exigeait un plus grand effort pour écraser la pierre. Afin d'éviter ce frottement qui empêchait d'obtenir des résultats justes , je fis faire, en 1787, la nouvelle machine représentée par la figure 2 de la même planche. J'évitai dans celle-ci d'arrêter le levier par un boulon ; je le fis seulement reposer sur l'arête d'un appui triangulaire. L'extrémité du levier est engagée dans une grande ouverture pratiquée dans une forte pièce de charpente, et qui la traverse d'outre en outre. Les parois latérales de cet orifice sont garnies verticalement de fortes plate-bandes en fer, portant des parties saillantes qui servent à maintenir les pièces mobiles de l'appareil. On place sur l'extrémité du levier une première pièce en fer, refouillée des deux côtés, sur la hauteur, de rainures qui glissent le long des côtes saillantes dont nous venons de parler ; la pierre en expérience C se pose sur cette pièce, et l'espace libre qui reste au-dessus est ensuite exactement rempli par d'autres pièces de fer , de différente hauteur, en raison de la grandeur de l'objet que l'on veut éprouver. Il résulte de cette disposition que, lorsque le levier est en action, il comprime la pierre de bas en haut.

Dans la suite, pour obvier à quelques inconvéniens, inséparables de l'emploi du levier, j'imaginai de remplacer son effet par l'action d'une forte vis à filets carrés, à la tête de laquelle je fis ajuster un quart de cercle M. La vis est mise en mouvement par le moyen d'une corde attachée d'un bout à l'extrémité *f* du quart de cercle, passant sur une poulie N, et soutenant de l'autre bout un plateau de balance Y, chargé de poids. L'effort du poids total, tendant à faire tourner la vis, produit une pression considérable sur la pierre, qui finit par s'écraser.

Il résulte de cet arrangement que l'on peut opérer, au moyen du levier, ou par l'action de la vis, et que, pour cette dernière manière, qui est la plus sûre, le jeu du levier sert à faire connaître le rapport de l'effort de la vis avec le poids qui l'occasione. Nous n'entrons pas ici dans de plus longs détails sur l'effet de cette machine, dont le principe se trouve développé à la **IV**ᵉ section du **IX**ᵉ livre de cet ouvrage.

PLANCHE VIII.

Force des bois et des fers.

Fig. 1. Expression figurée de la proportion décroissante de la force des bois, en raison du rapport entre la longueur et la grosseur des pièces (*Voyez page* 242).

Fig. 2. Démonstration relative à la force des bois inclinés (*Voyez page* 274).

Fig. 3, 4, 5 et 6. Épreuves sur la raideur et la force des barres de fer posées horizontalement, et d'un assemblage formé de deux barres jointes à angle droit. (*Page* 286.)

Fig. 7. Expression figurée de la progression décroissante de la force des barres de fer, en raison du rapport entre la longueur et la grosseur des barres (*Page* 300).

TABLE DES MATIERES.

SOMMAIRE DU PREMIER LIVRE

DU TRAITÉ DE L'ART DE BATIR.

PREMIÈRE SECTION.

Description architectonique des principales matières en usage dans la construction des bâtimens.

CHAPITRE PREMIER.

DES PIERRES.

ARTICLE PREMIER.

ARTICLE II.

ARTICLE III.

ARTICLE IV.

ARTICLE V.

TABLE DES MATIÈRES. 357

ARTICLE VI.

CHAPITRE DEUXIÈME.

DES PIERRES ARTIFICIELLES.

ARTICLE PREMIER.

ARTICLE II.

ARTICLE III.

CHAPITRE TROISIÈME.

DU MORTIER.

ARTICLE PREMIER.

ARTICLE II.

ARTICLE III.

CHAPITRE SIXIÈME.

Du fer.

DEUXIÈME SECTION.

CHAPITRE PREMIER.

Résultats d'expériences faites pour déterminer la force des matériaux.

De la force des pierres.

ARTICLE PREMIER.

ARTICLE II.

ARTICLE III.

NOTES EXPLICATIVES DES PLANCHES
CONTENUES DANS CE VOLUME.

FIN DE LA TABLE DES MATIÈRES.